大学工程训练教程

——附二维码扫描学习资料

(第三版)

商利容　汤胜常　　主编

華東理工大學出版社
EAST CHINA UNIVERSITY OF SCIENCE AND TECHNOLOGY PRESS
·上海·

内 容 提 要

“大学工程训练”课程是一门实践性很强的技术基础课，它是高等院校工科专业和部分理科专业的必修课程。本书是根据教育部对大学工程训练的基本要求，并结合华东理工大学“工程实践课程教学执行大纲”的内容，认真总结了1999年成立工程训练中心以来工程训练教学改革的经验编写的。

本书编写时，对教学内容进行了精选和更新，删除和压缩了现代工业生产中已经较少使用的工艺方法，增加了管道技术、仿真技术、电子技术、数控技术等内容，有利于对学生进行综合工程素质教育和现代制造技术教学。

本书共12章，主要内容有管道工程、系统仿真、电子技术、工程材料和钢的热处理、焊接、钳工、铸工、车工、铣工、磨工和数控加工。

本书可作为工程类高等院校本科教学的工程训练通用教材，也可作为高等专科院校、职工大学、电视大学、函授大学的高职和成人教育相关课程教材使用。

图书在版编目(CIP)数据

大学工程训练教程 / 商利容，汤胜常主编. —3版. —上海：华东理工大学出版社，2016.7(2025.1重印)

附二维码扫描学习资料

ISBN 978-7-5628-4653-6

Ⅰ.①大… Ⅱ.①汤… ②商… Ⅲ.①工业技术-高等学校-教材 Ⅳ.①T-0

中国版本图书馆CIP数据核字(2016)第102504号

策划编辑 / 徐知今

责任编辑 / 吴蒙蒙

出版发行 / 华东理工大学出版社有限公司

地址：上海市梅陇路130号，200237

电话：021-64250306

网址：www.ecustpress.cn

邮箱：zongbianban@ecustpress.cn

印　　刷 / 广东虎彩云印刷有限公司

开　　本 / 787mm×1092mm　1/16

印　　张 / 20.5

字　　数 / 491千字

版　　次 / 2016年7月第3版

印　　次 / 2025年1月第7次

定　　价 / 45.00元

前 言
(第三版)

(课程的性质、任务和学习方法)

《大学工程训练教程》(简称金工实习)的教学过程、教学内容和教学手段,与传统的金工实习已发生了很大的变化,成为一门系统性、综合性和实践性的课程。根据课程的性质和任务,相应地安排了实践性教学过程、教学原则和方法,以及教学效果的检查和评价体系,形成了本课程独特的教学体系和学习方法。是培养复合型人才和建立多学科知识结构的重要技术基础课;是机械、材料、管理和工艺类各专业的必修课;也是部分专业学生唯一的一门机械制造工艺学方面的课程。通过本课程的教学,能使学生初步了解设备和机械产品的生产过程,以及材料的选用和加工工艺知识,对现代工业生产方式有初步认识;能使学生获得较宽的知识面,较强的工程实践能力;培养学生严谨务实的科学作风,并具有独立地学习与掌握新知识的能力和方法,以具备创新能力和竞争意识,适应21世纪社会主义市场经济复合型和创新型人才的需求。

以零件生产工艺的全过程为载体,学生通过这一过程的学习,理解和掌握机械制造工艺过程的基本知识、基本技术与操作方法;也了解了整个过程的管理方法、组织方法和协同配合的团队精神。

本课程的教学是在相应的理论指导下,强调基础,强调工程观点,重视实践,通过各工种的课堂讲课、实践教学、实验、电化教学、工艺分析讨论等教学环节,从抽象的理论化研究模式和方法转变为以工程观点来观察工程实际问题;启发学生动手、动脑、积极思维,勇于创新的积极性,逐步掌握分析和解决工程实际问题的能力和方法。

学习本课程的方法:听课时,边听边记笔记、边思考;提倡教与学互动,有问必答;充分利用现场环境,实现情景化学习,仔细观察、思考;课外及时完成作业。

《大学工程训练教程》第一、第二版是根据1995年原国家教委颁布的《工程材料与机械制造基础》系列课程教材基本要求编写的。本版修订时,根据国家教育部新颁布的〔重点高校《工程材料及机械制造基础》系列课程改革指南〕,参照了历年来兄弟院校和我校对本门课程的教学经验与改革成果,结合国内外在现代机械制造技术方面的发展,尤其是2008年8月制定的《国家中长期教学改革和发展规划纲要》,强化科教兴国、人才强国和可持续发展战略,坚持以人为本,遵循教育规律和人才成长规律,提高高校人才培养与国家人才需求的契合度,形成人才成长的可持续学习体制的要求,而对原《大学工程训练教程》内容作出了全面改版和更新,以适应21世纪国家对科技人才的新要求。

本着少而精的教学原则,我们对传统金工实习中的内容作出了更新和遴选,例如切削加工中的刨削加工,作了删除;铸工中的熔化部分,改用了电阻炉加热,删除了传统的冲天炉。同时,也增加了若干新工艺、新技术,如铸工中的消失模铸造(Lost Form Casting);塑料管道与管件等内容。

国内外机械制造装备与加工工艺的迅速发展,不仅直接促进了数控机床及其加工工艺自身的发展,也有力地改变着未来各类机件的结构设计与加工方法,所以,在本次改版中,修订和充实了数控加工的教学内容,并新设计了若干习题和思考题等。

在学校教务处领导的关心和指导下,我们将倾力把本课程建设成为精品课程,除面向学生的教学过程不断改进外,课程教材的修订改版,题库的设计和练习题详解的编著,都是本课程 CAI 的核心内容。编写上力求做到基本知识和工艺原理阐释清楚,学生在阅读时能领悟出所蕴含的基本概念与相应的工艺原理。文句简练扼要,重点突出。

本教材共分 12 章,包括了管道工程、系统仿真、零件的表面处理、电子技术、工程材料和钢的热处理、焊接与切割、钳工、铸造、车削加工、铣削加工、磨削和数控加工等内容。它们都是以机械零件的生产工艺过程为体系,阐释了设备、机床、工具、量具、夹具等,在加工工艺过程中的合理使用方法与操作步骤,以及零件的加工工艺程序和方法。其中第 2 章,系统仿真,由商利容老师修订编著;其余各章,均由汤胜常老师修订编著。

本教材可作为机械类、近机类、非机类专业的本科、专科、高职和继续教育院校的《机械制造基础工程训练》或《金工实习》课程教材;也可作为相应专业的网络教育学院和开放大学的教材使用。

本书的修订改版,倾注了我们对课程建设与教学改革的无限热忱,相信通过我们的辛勤劳动,将在今后的教学过程中会取得丰硕的成果。

由于水平所限和时间仓促,错漏之处,恳请读者批评指正。

编者
2016 年 3 月

前　　言

近年来，全国各高等院校都相继成立了工程训练中心，传统的金工实习教学已拓展成为大学工程训练的新课程，教学过程、教学手段与教学内容都发生了很大的变化。为了适应新的教学要求，我们编写了《大学工程训练教程》。

工程训练课程是一门实践性很强的技术基础课，是培养复合型人才和建立多学科知识结构的重要基础课，是机械、材料、管理和工艺类各专业的必修课程。通过本课程的工程教学与实践训练，结合其他课程，能使学生获得较宽的知识面，较强的工程实践能力；培养学生严谨务实的科学作风，并具有独立地学习与掌握新知识的能力，以具备创新能力和竞争意识，适应21世纪社会主义市场经济复合型和创新型人才的需求。

《大学工程训练教程》是根据1995年原国家教委颁布的“工程材料与机械制造基础”课程教学基本要求和其后新颁布的“重点高等工科院校‘工程材料及机械制造基础’系列课程改革指南”的各项要求，并结合华东理工大学“工程实践课程教学执行大纲”的内容，认真总结了1999年成立工程训练中心以来工程训练教学改革的经验编写的。本书在编写过程中，根据新教学要求的精神，删除和压缩了现代工业生产中已经较少使用的工艺方法，增加了管道技术、仿真技术、电子技术、数控技术等内容，有利于各相关学校对本科生进行综合工程素质教育和现代制造技术教学。

本书共十二章，主要内容有管道工程、系统仿真、电子技术、工程材料和钢的热处理、焊接、钳工、铸工、车工、铣工、磨工和数控加工。

本书由商利容、汤胜常主编。参加编写工作的有潘蓉、叶志辉、陈青蟾、刘正道和谢佑国。胡德兴和沈荣昌对编写工作也提供了部分素材，在此表示衷心的感谢。

本书在编写过程中得到工程训练中心领导的大力支持，得到了华东理工大学教务处教材立项资助，在此一并表示衷心感谢。

由于编者水平有限，编写时间较紧，书中难免有不妥和错误之处，恳请读者批评指正。

编者

目 录

第 1 章 管道工程 ……………………………… (1)
1.1 基本知识 ……………………………… (1)
1.2 管道加工 ……………………………… (14)
1.3 管道流程 ……………………………… (19)
1.4 塑料管道与管件 ……………………………… (27)
第 2 章 系统仿真 ……………………………… (48)
2.1 基本概念 ……………………………… (48)
2.2 仿真技术 ……………………………… (49)
2.3 化工仿真 ……………………………… (52)
2.4 离心泵及液位单元操作 ……………………………… (57)
2.5 换热器 ……………………………… (59)
2.6 连续反应 ……………………………… (61)
2.7 精馏系统 ……………………………… (65)
2.8 加热炉 ……………………………… (69)
第 3 章 零件的表面处理 ……………………………… (74)
3.1 概述 ……………………………… (74)
3.2 零件表面的氧化处理 ……………………………… (77)
3.3 零件表面的镀覆处理 ……………………………… (78)
3.4 零件表面的磷化处理 ……………………………… (80)
3.5 零件表面的渗镀处理 ……………………………… (81)
3.6 零件表面处理先进工艺简介 ……………………………… (83)
第 4 章 电子技术 ……………………………… (93)
4.1 基本原理 ……………………………… (93)
4.2 电子元件 ……………………………… (97)
4.3 焊接技术 ……………………………… (100)
4.4 调试技术 ……………………………… (103)
4.5 故障分析和处理 ……………………………… (105)
第 5 章 工程材料和钢的热处理 ……………………………… (110)
5.1 工程材料的分类 ……………………………… (110)
5.2 金属材料的性能 ……………………………… (113)
5.3 钢的热处理 ……………………………… (115)
5.4 零件的热处理 ……………………………… (119)

第6章　焊接与切割 ……………………………………………………………… (122)
6.1　概述 ……………………………………………………………………… (122)
6.2　手工电弧焊 ………………………………………………………………… (123)
6.3　气焊 ……………………………………………………………………… (132)
6.4　氧气切割 ………………………………………………………………… (135)
6.5　其他焊接方法 ……………………………………………………………… (136)
第7章　钳工 ……………………………………………………………………… (144)
7.1　概述 ……………………………………………………………………… (144)
7.2　划线 ……………………………………………………………………… (145)
7.3　锉削 ……………………………………………………………………… (149)
7.4　钻孔 ……………………………………………………………………… (151)
7.5　锯削 ……………………………………………………………………… (155)
7.6　攻螺纹 …………………………………………………………………… (157)
7.7　套螺纹 …………………………………………………………………… (158)
第8章　铸造 ……………………………………………………………………… (165)
8.1　铸造生产工艺过程及特点 ………………………………………………… (165)
8.2　砂型的组成及其作用 ……………………………………………………… (166)
8.3　造型和造芯 ………………………………………………………………… (167)
8.4　浇注、落砂和清理 ………………………………………………………… (173)
8.5　铸件质量检验与缺陷分析 ………………………………………………… (175)
8.6　特种铸造 ………………………………………………………………… (177)
第9章　车削加工 ………………………………………………………………… (187)
9.1　概述 ……………………………………………………………………… (187)
9.2　卧式车床 ………………………………………………………………… (189)
9.3　车刀 ……………………………………………………………………… (192)
9.4　车削精度 ………………………………………………………………… (197)
9.5　车削过程基本规律 ………………………………………………………… (200)
9.6　车削加工 ………………………………………………………………… (202)
9.7　量具的使用和保养 ………………………………………………………… (211)
9.8　典型零件车削工艺 ………………………………………………………… (215)
第10章　铣削加工 ……………………………………………………………… (229)
10.1　概述 …………………………………………………………………… (229)
10.2　铣床及主要附件 ………………………………………………………… (230)
10.3　常用铣刀种类及安装 …………………………………………………… (234)
10.4　铣削加工的基本知识 …………………………………………………… (235)
10.5　铣削加工 ……………………………………………………………… (237)

第 11 章　磨削 ………………………………………………………………………………………… (248)
11.1　磨削的特点及应用 ……………………………………………………………………… (248)
11.2　砂轮的组成、特性及选用 ……………………………………………………………… (249)
11.3　砂轮的检查、安装、平衡和修整 ……………………………………………………… (253)
11.4　磨削运动与磨削用量 ………………………………………………………………… (254)
11.5　外圆磨床的主要组成及功用 ………………………………………………………… (255)
11.6　外圆磨削方法 ………………………………………………………………………… (256)
11.7　其他磨床的结构特点 ………………………………………………………………… (259)
第 12 章　数控加工 ……………………………………………………………………………… (268)
12.1　概述 ……………………………………………………………………………………… (268)
12.2　数控编程基础 …………………………………………………………………………… (276)
12.3　数控车床 ………………………………………………………………………………… (284)
12.4　数控铣床 ………………………………………………………………………………… (293)
12.5　脉冲数控电火花线切割加工 …………………………………………………………… (302)
参考文献 ……………………………………………………………………………………………… (316)

第1章　管道工程

管道是用来输送流体介质的一种设备，例如热能传递，给排水，各种气体、液体和物料的输送等。在工业生产中，需要用管道将各种设备、阀门和管件等用不同材料和直径的管材稳固而整齐地连通在一起，保证系统正常地工作。

1.1　基本知识

1.1.1　专业术语

(1) 公称直径　管子和管件能按此互相连接在一起的标准直径。其数值既不是管子的内径，也不是管子的外径，而是与它们相接近的一个整数值。公称直径用符号 DN 表示，其后为公称直径数值，单位为毫米(mm)。

表 1-1　普通钢管结构参数(水、煤气钢管的规格 YB234—63)

公称直径/mm	相当的管螺纹/in	外径/mm	壁厚/mm	内径/mm	公称直径/mm	相当的管螺纹/in	外径/mm	壁厚/mm	内径/mm
8	$\frac{1}{4}$	13.50	2.25	9	50	2	60.00	3.50	53.00
10	$\frac{3}{8}$	17.00	2.25	12.50	65	$2\frac{1}{2}$	75.50	3.75	68.00
15	$\frac{1}{2}$	21.25	2.75	15.75	80	3	88.50	4.00	80.50
20	$\frac{3}{4}$	26.75	2.75	21.25	100	4	114.00	4.00	106.00
25	1	33.50	3.25	27.00	125	5	140.00	4.50	131.00
32	$1\frac{1}{4}$	42.25	3.25	35.75	150	6	165.00	4.50	156.00
40	$1\frac{1}{2}$	48.00	3.50	41.00					

(2) 公称压力　在基准温度下的耐压强度，称为公称压力，用符号 PN 表示，其后为公称压力数值，单位为兆帕(MPa)。

(3) 管道　由管道组成件和管道支承件组成，用以输送、分配、混合、分离、排放、计量、控制或阻止流体流动的管子、管件、法兰、螺栓、垫片、阀门和其他组成件或受压部件的装配总称。

(4) 管道组成件　用于连接或装配管道的元件。它包括管子、管件、法兰、垫片、紧固件、阀门以及膨胀接头、耐压软管、疏水管、过滤器和分离器等。

(5) 管道支承件　管道安装件和附着件的总称。

(6) 安装件　将负荷从管子或管道附着件上传递至支承结构或设备上的元件。它包括吊杆、弹簧支吊架、斜拉杆、平衡锤、松紧螺栓、支撑杆、链条、导轨、锚固件、鞍座、垫板、滚柱、托座和滑动支架等。

(7) 附着件　用焊接、螺栓连接等方法附装在管子上的零件,它包括管吊、吊(支)耳、圆环、夹子、吊夹、紧固夹板和裙式管座等。

1.1.2　管材的分类

常用的管材种类很多,一般可分为金属管、非金属管和衬里管三大类。

1. 金属管

金属管包括钢管、铸铁管、紫铜管和黄铜管。铸铁管由于耐腐蚀性好,常用于埋地给水管道、煤气管道和室内排水管道;紫铜管和黄铜管主要用于制造换热设备、低温管路,以及机械设备的油管和控制系统管路。钢管是各种工程中最常用的管材,可分为有缝钢管和无缝钢管两类。

(1) 有缝钢管　有缝钢管又称焊接钢管,可分为低压流体输送钢管和电焊钢管两类。低压流体输送钢管常用来输送水和煤气,故俗称水煤气管。电焊钢管的工作温度不宜超过 200℃。

(2) 无缝钢管　无缝钢管是由圆钢坯加热后,经穿管机穿孔轧制(热轧)而成的,或者再经过冷拔而成为外径较小的管子,它没有缝,强度高,可用在重要管路上,如高压蒸汽和过热蒸汽的管路,高压水和过热水管路,高压气体和液体管路,以及输送燃烧性、爆炸性和有毒害性流体的物料管路等。

2. 非金属管

非金属管中常用的有陶瓷管、玻璃管及塑料管。它们都具有耐化学腐蚀的优点,常用于化工厂、城建工程中,如用水泥做成大直径的下水道等。

3. 衬里管

凡是有衬里的管子,统称为衬里管。一般是在碳钢管和铸铁管内衬里。作为衬里的材料很多,相应就称为衬橡胶管、衬玻璃管、搪瓷管等。衬里管可以用于输送各种腐蚀性介质,可大大节省金属,降低工程费用。

1.1.3　常用管件

在管路中改变走向、标高或改变管径,以及由主管上引出支管,均需采用管件来实现。常用管件种类和用途如表 1-2 所示。

表1-2　常用管件种类及用途

种　类	用　途	种　类	用　途
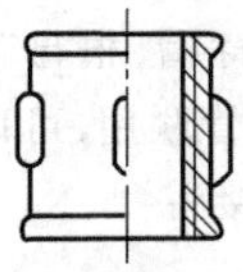 内螺纹管接头	俗称"内牙管、管箍、束节、管接头、死接头"等。用以连接两段公称直径相同的具有外螺纹的管子	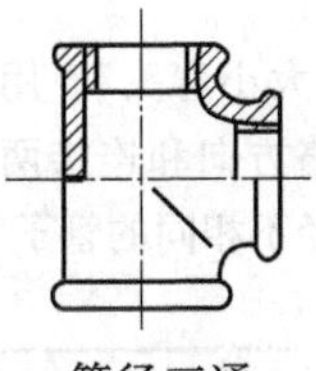 等径三通	俗称"T形管"或"天"。用于由主管中接出支管、改变管路方向和连接三段公称直径相同的管子
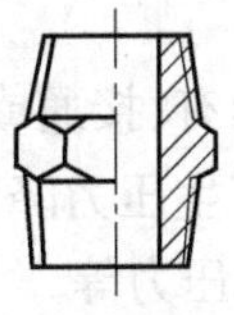 外螺纹管接头	俗称"外牙管、外螺纹短接、外丝扣、外接头、双头丝对管"等。用以连接两个公称直径相同的具有内螺纹的管件	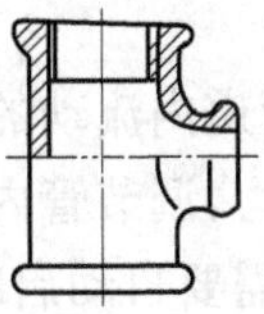 异径三通	俗称"中小天"。用以由主管中接出支管、改变管路方向和连接三段具有两种公称直径的管子
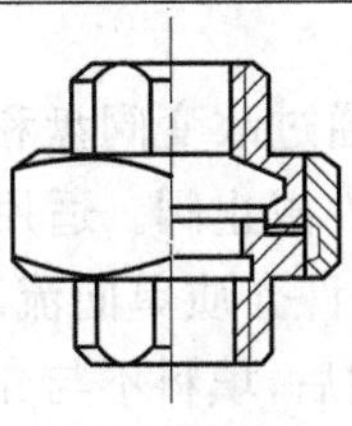 活管接	俗称"活接头、由壬"等。用以连接两段公称直径相同的管件	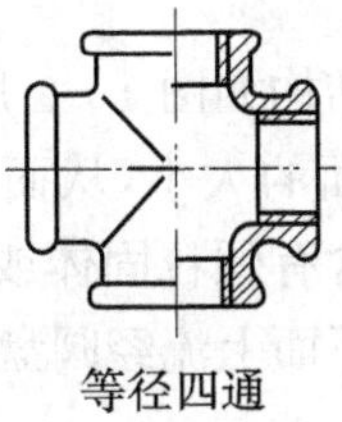 等径四通	俗称"十字管"。用以连接四段公称直径相同的管子
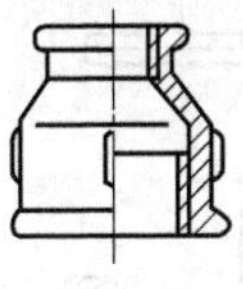 异径管	俗称"大小头"。用以连接两段公称直径不相同的管子	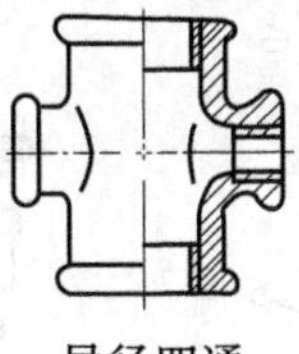 异径四通	俗称"大小十字管"。用以连接四段具有两种公称直径的管子
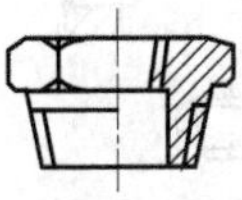 内外螺纹管接头	俗称"内外牙管、补心"等。用以连接一个公称直径较大的具有内螺纹的管件和一段公称直径较小的具有外螺纹的管子	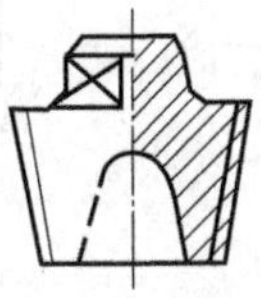 外方堵头	俗称"管塞、丝堵、堵头"等。用以封闭管路
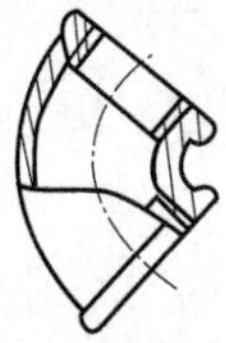 等径弯头	俗称"弯头、肘管"等。用以改变管路方向和连接两段公称直径相同的管子，它可分为45°和90°两种	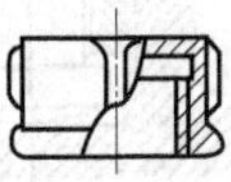 管帽	俗称"闷头"。用以封闭管路

(续表)

种　类	用　途	种　类	用　途
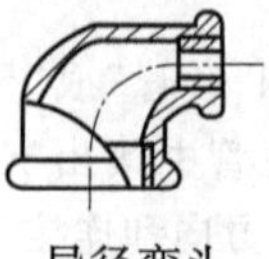 异径弯头	俗称“大小弯头”。用以改变管路方向和连接两段公称直径不相同的管子	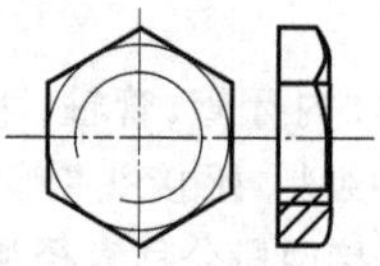 锁紧螺母	俗称“背帽、根母”等。它与内牙管联用,可以得到可拆的接头

1.1.4　阀门

阀门是用来控制流体在管道内流动的装置。在生产过程中,其主要作用有:接通或截断管内流体的流动;改变管道阻力,调节管内流体的速度;使流体通过阀门后产生压力降,达到节流的目的;有些阀门能根据需要自动启闭,以控制流体的流向、维持一定的压力等。

1. 常用阀门

1) 截止阀

截止阀也称切断阀,其结构如图 1－1 所示。截止阀的阀瓣为盘形,通过改变阀盘和阀座之间的距离,可以改变截面的大小,从而调节流量,也可截流,所以称为截止阀。适用于低、中、高压管道,不适用于含有颗粒固体或黏度较大的流体管道,且只允许介质单向流动。安装时,应使管道中流体由下而上流经阀盘,流体阻力小,开启省力。关闭后,填料不与介质接触,易检修。

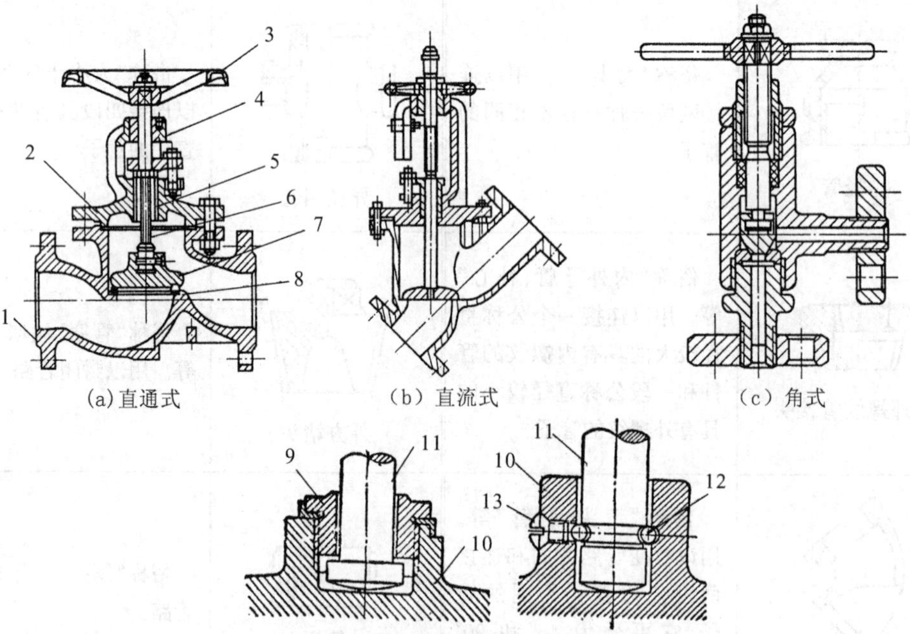

(a)直通式　(b) 直流式　(c) 角式

(d) 阀杆与阀瓣的连接

图 1－1　截止阀

1—阀体;2—阀盖;3—手轮;4—阀帽;5—导向套;6、11—阀杆;7、10—阀瓣;8—阀座;9—螺纹连接套;12—钢球;13—丝堵

2）旋塞阀

旋塞阀俗称考克，其结构如图 1－2 所示。启闭方便迅速。旋塞阀适宜输送带有固体颗粒的流体，在化工、医药和食品工业的液体、气体、蒸汽、浆液和高黏度介质管道上都有应用，主要用于低压和小通径管路中。启闭时，将旋塞绕自身轴线回转≤90°即可。

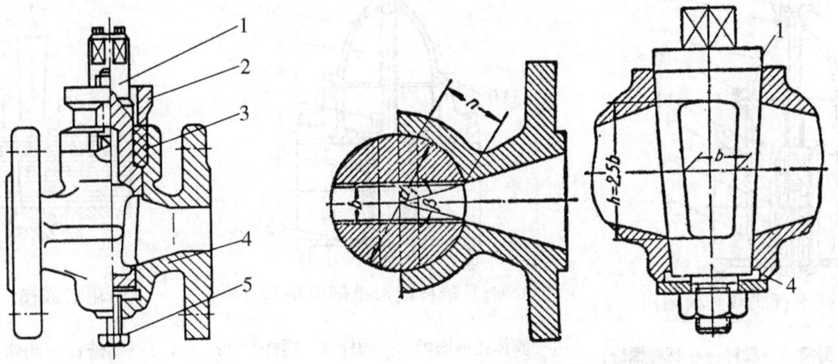

（a）结构　　（b）旋塞与阀座

图 1－2　旋塞阀(考克)

1—旋塞；2—压盖；3—填料；4—阀体；5—退塞螺栓

3）蝶阀

蝶阀采用圆盘式启闭件，圆盘状阀瓣固定于阀杆上(图 1－3)，阀杆旋转角度的大小，就是阀门的开度。蝶阀只适用于低压管路，输送水、空气、煤气等。

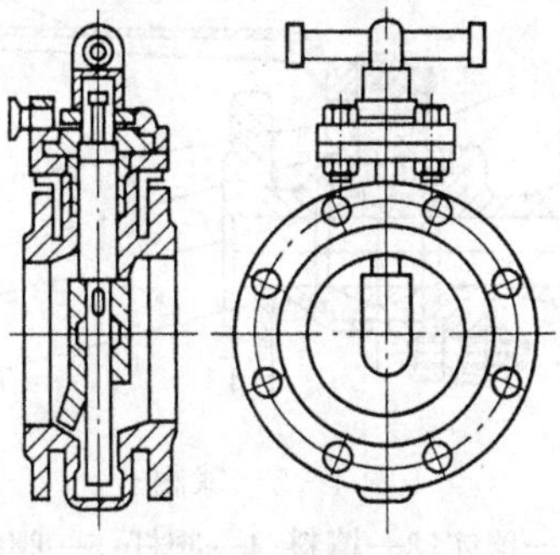

图 1－3　蝶阀

4）闸阀

闸阀又称闸门阀或闸板阀，是利用闸板升降来控制启闭或调节的一种阀门。其阀瓣的启闭方向与介质流动方向垂直，如图 1－4(c)所示。阀瓣升起，阀开启，介质通过；落下时，阀关闭，介质流切断。闸阀采用旋转阀杆的方法升降闸板，启闭过程缓慢、省力。适用于压力≤1MPa、温度＜200℃的介质。常用于水管总控制管上，以切断或调节流量，因其流动阻力小，操作方便，开启缓慢而无水锤现象，管道上尤其水管上用得较多。其结构见图 1－4。

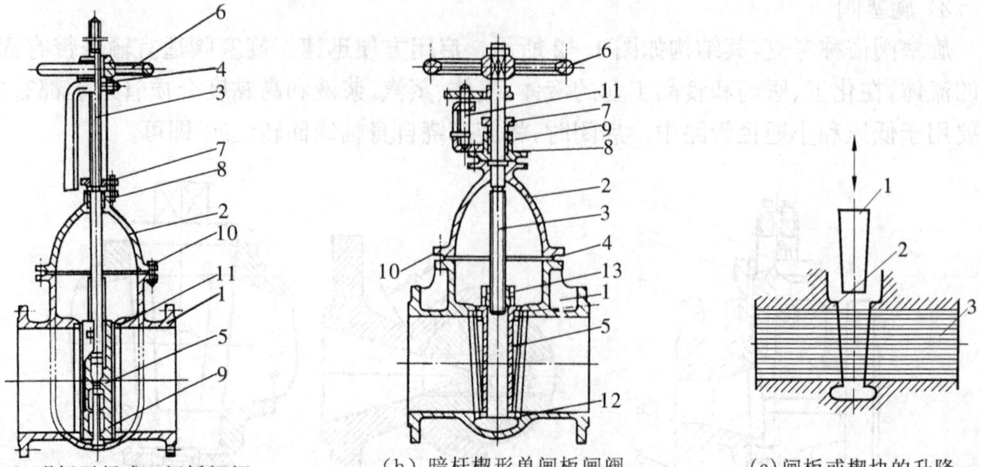

(a) 明杆平行式双闸板闸阀

1—阀体;2—阀帽;3—阀杆;4—阀杆螺母;5—闸板;6—手轮;7—填料压盖;8—填料;9—顶楔;10—垫片;11—密封圈

(b) 暗杆楔形单闸板闸阀

1—阀体;2—阀帽;3—阀杆;4—阀杆螺母;5—闸板;6—手轮;7—压盖;8—填料;9—填料箱;10—垫片;11—指示器;12,13—密封圈

(c) 闸板或楔块的升降

1—阀瓣;2—阀座;3—介质流

图 1-4 闸阀

5) 球阀

球阀一般用于需快速启闭的场合,阀体内部阀芯呈圆球状。其结构见图 1-5。

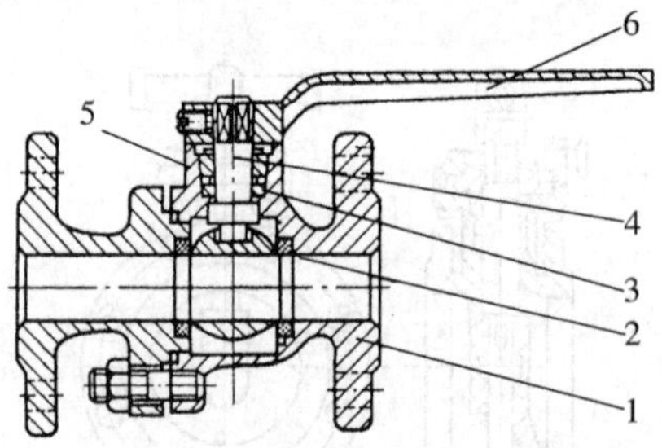

图 1-5 球阀

1—阀体;2—球体;3—填料;4—阀杆;5—阀帽;6—手柄

6) 减压阀

减压阀是一种能使介质压力降低到一定数值的自动阀。减压阀主要是靠膜片和弹簧等敏感元件来改变阀杆的位置,从而实现减压目的,使设备和管道中的介质压力达到生产工艺所需的工作压力,同时也能依靠介质本身的能量,使出口压力自动保持稳定。其结构见图1-6。

7) 蒸汽疏水阀

蒸汽疏水阀的作用是自动地排除加热设备或蒸汽管中的蒸汽凝结水,且不漏出蒸汽。又能防止管道中的水锤现象发生,又称阻汽排水器或回水盒。利用蒸汽和冷凝水的热力性质不同,使阀瓣启闭,达到排水阻汽目的,称为热力型疏水阀,分为热动力式和脉冲式两种。

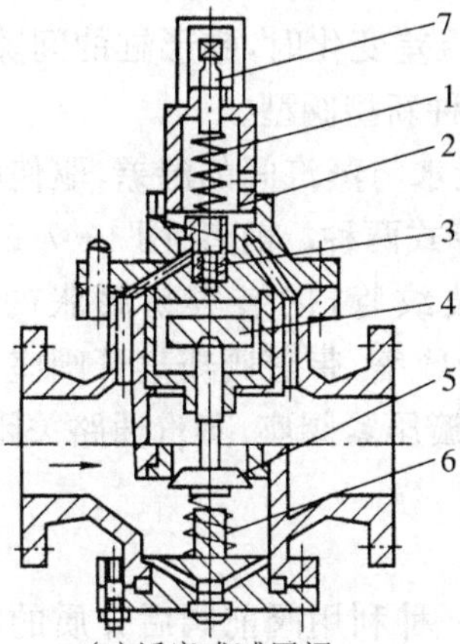

(a)活塞式减压阀

1—调节弹簧;2—金属薄膜;3—先导阀;4—活塞;
5—主阀;6—主阀弹簧;7—调整螺栓

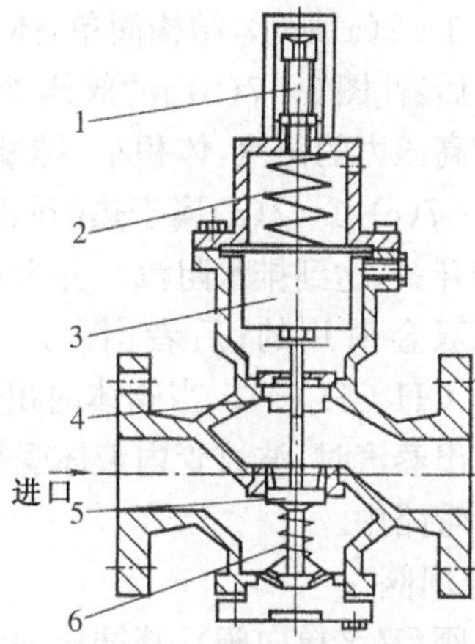

(b)波纹管式减压阀

1—调整螺栓;2—调节弹簧;3—波纹管;
4—平衡盘;5—阀瓣;6—顶压弹簧

图1-6 减压阀

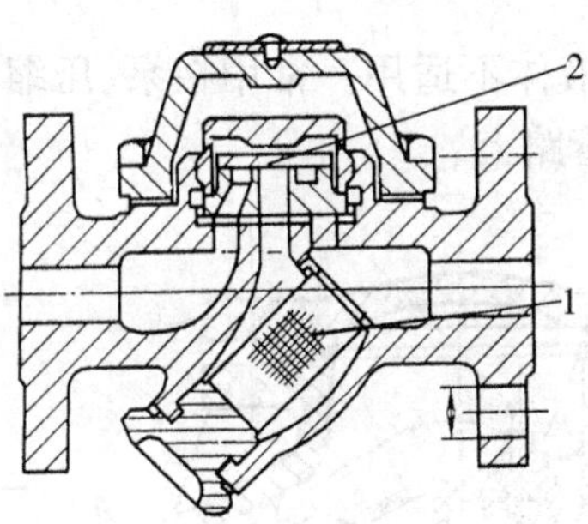

(a)热动力式疏水阀

1—过滤器;2—阀瓣

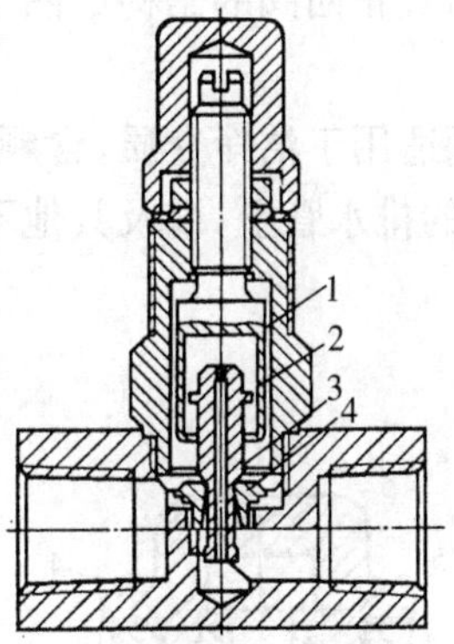

(b)脉冲式疏水阀

1—倒锥形缸;2—控制盘;
3—阀瓣;4—阀座

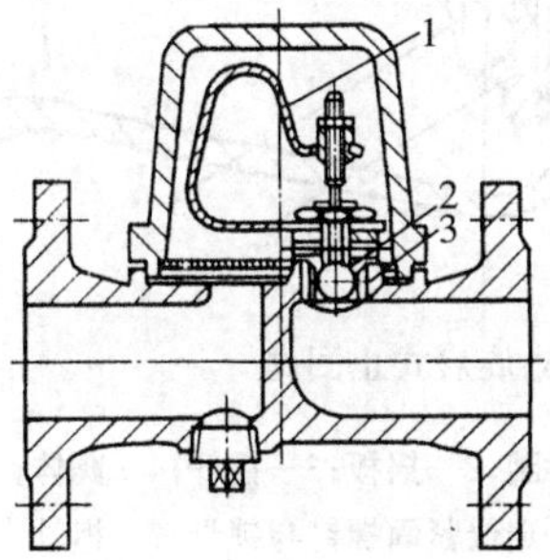

(c)双金属片式疏水阀

1—双金属片;2—阀瓣;
3—冷凝水出口

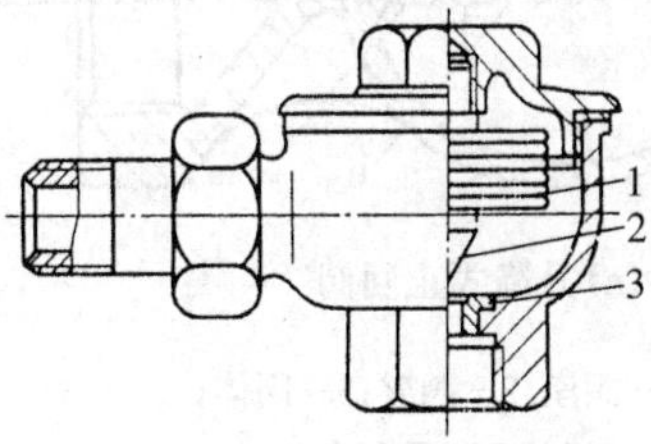

(d)波纹管式疏水阀

1—波纹管;2—阀瓣;
3—阀座

图1-7 疏水阀

前者如图 1-7(a)所示，结构简单，体积小，能防止介质逆流，工作压力范围大，使用最广，但噪声大。后者[图 1-7(b)]的阀瓣处在倒锥形缸内，当压差变化时，锥形缸的间隙也变化。适用于较高压力的蒸汽，体积小，排量大，便于检修，是一种新型阀型。

图 1-7(c)、1-7(d)属于热膨胀型疏水阀，利用冷凝水与蒸汽间的温差，驱使膨胀元件推动阀瓣开关，达到排水阻汽。分为双金属片式和波纹管式两种。前者[图 1-7(c)]的热膨胀元件是双金属片的；后者[图 1-7(d)]是封闭的波纹管，内装容易膨胀的液体(如 C_2H_5OH、CH_3CH_2Cl)。当阀体内积聚冷凝水时，波纹管收缩，带着阀瓣离开阀座，排水；当水排净泄出蒸汽时，波纹管内液体受热汽化膨胀，带着阀瓣压紧阀座，蒸汽通路关闭，常用于低压采暖管路中。

8) 止回阀

止回阀(又名单向阀)，其结构如图 1-8 所示，它是一种利用阀前阀后介质的压力差而自动启闭的阀门，适用于防止流体逆向流动的场合。

按结构型式的不同，止回阀可分为升降式和旋启式两种。升降式止回阀的结构如图 1-8(a)所示，当介质向右流动时，推开阀瓣流过；反之，阀瓣沿导向套下降，阻断通路，阻止逆流。旋启式止回阀的结构如图 1-8(b)所示。利用摇板来启闭。摇板的密封环由橡胶、黄铜制造。

止回阀适用于洁净介质，含颗粒固体、黏度大的液体不适用。常用在泵、压缩机出口管上，疏水阀的排水管上，以及其他不允许介质倒流的管路上。

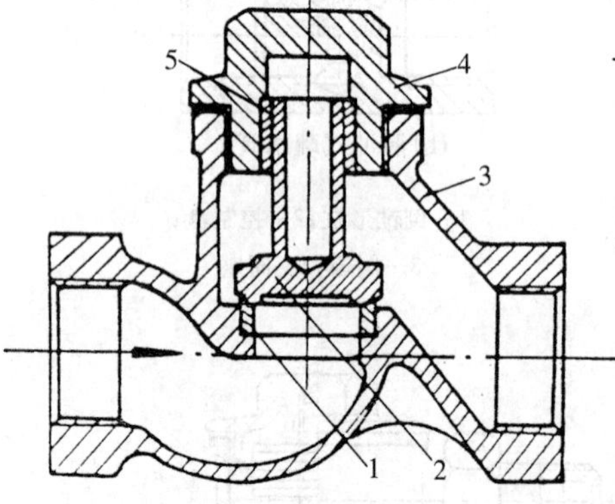

(a) 升降式止回阀

1—阀座；2—阀瓣；3—阀体；
4—阀盖；5—导向套

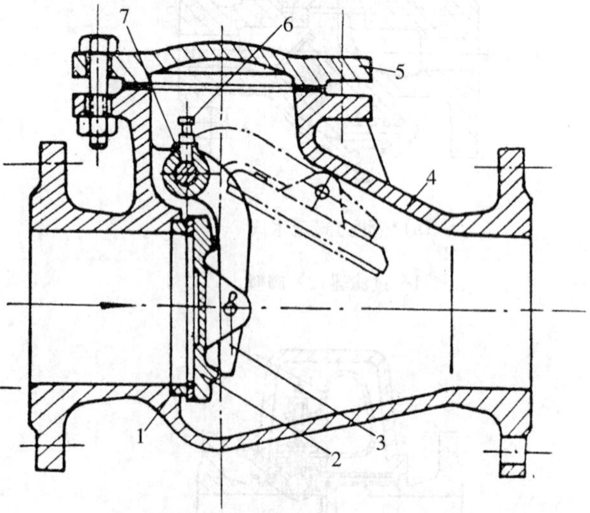

(b) 旋启式止回阀

1—阀座密封圈；2—摇板；3—摇杆；4—阀体；
5—阀盖；6—定位紧固螺钉与锁母；7—枢轴

图 1-8 止回阀

9）安全阀

安全阀又称保险阀，是容器管道系统中的安全装置。当系统中的介质超过规定工作压力时，即能自动开启，将过量的介质排出，泄除压力；当压力恢复正常后即能自动关闭。

安全阀可分为弹簧式、脉冲式和杠杆式三种。

使用最多的是弹簧式安全阀，按其启闭高度，分为全启式和微启式[图 1-9(a)]。全启式用于气体和蒸气使用场合；微启式用于液体使用场合。它利用弹簧压力平衡内压，按工作压力大小调节弹簧：卸下阀帽，拧松锁紧螺母，调节套筒螺母，改变弹簧压缩程度，使阀瓣在指定工作压力下才能压缩弹簧而自动开启。调节好后，固定锁紧螺母，拧上阀帽，并铅封。

易燃易爆或有毒介质应采用全封闭式；蒸汽、空气或惰性气体等，可采用敞开式。

脉冲式安全阀如图 1-9(b)所示。当压力超过许用值时，先导阀先起反应，促使主阀开启。主要用在高压、大口径管路中。

杠杆式安全阀如图 1-9(c)所示。由平衡锤重量经杠杆放大后的压力，来平衡工作压力，一旦超过其平衡力，阀即自动开启。这种阀主要用于高温场合。

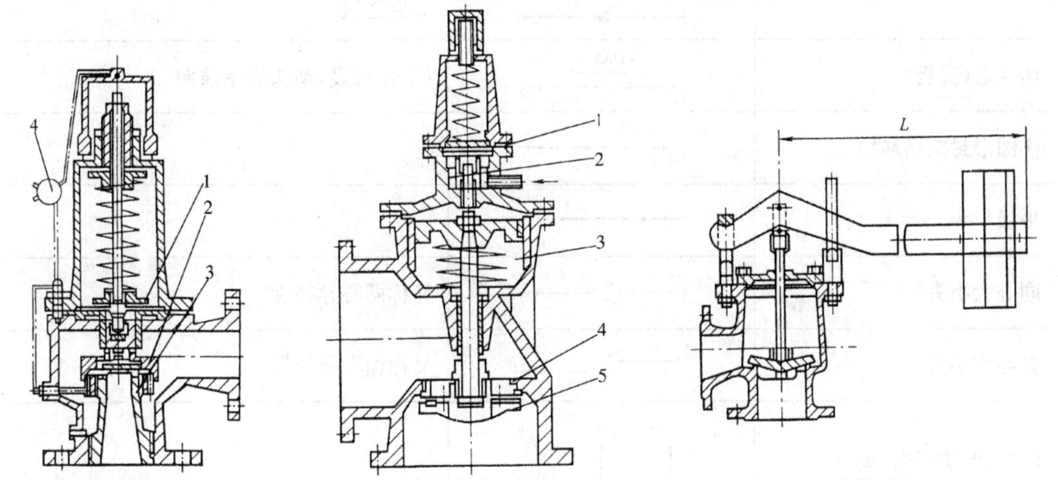

（a）弹簧微启式安全阀

1—反冲盘；2—阀瓣；3—阀座；
4—铅封

（b）脉冲式安全阀

1—隔膜；2—副阀瓣；3—活塞缸；
4—主阀座；5—主阀瓣

（c）杠杆式安全阀

L—杠杆的臂长

图 1-9　安全阀

2. 管道符号

在工艺流程图中，管件都以管道符号来表示。这些符号不仅表示什么地方需有一个阀，而且还要表明阀门的类型。如表 1-3 所示。

表 1-3　管道符号

名　称	图 例 符 号	备　注
裸管	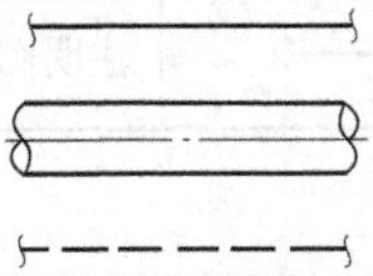	单线表示小直径管，双线表示大直径管，虚线表示暗管或埋地管

(续表)

名　　称	图 例 符 号	备　注
绝热管	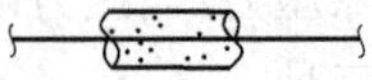	例如保温管、保冷管
蒸汽伴热管道		
电伴热管道		
夹套管道	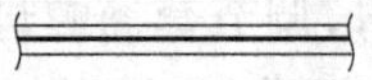	
软管、翅形管	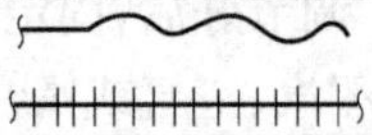	例如橡胶管,例如翅形加热管
管道连接	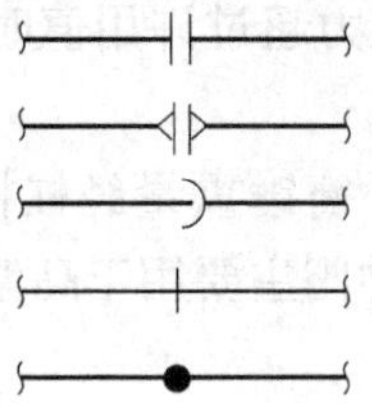	法兰连接 高颈法兰连接 承插连接 螺纹连接 焊接连接
法兰盖(盲板)	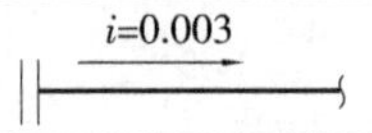	i 表示坡度,箭头表示坡向
椭圆形封头(管帽)		
平板封头		
同心大小头	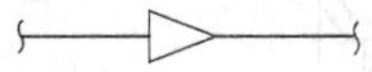	又称同心异径管
偏心大小头	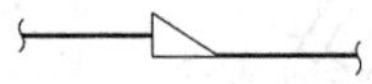	又称偏心异径管
防空管、防雨帽、火炬	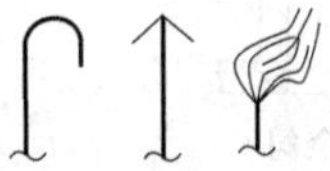	
孔板	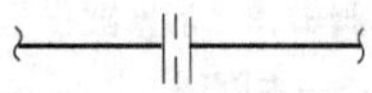	锐孔板或限流锐孔板
分析取样接口	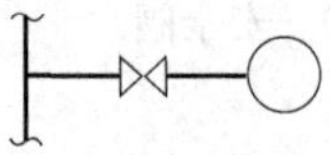	
计量器管嘴	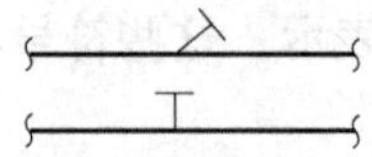	注明：温度口 3/8″,压力口 1/2″
漏斗、视镜、转子流量计	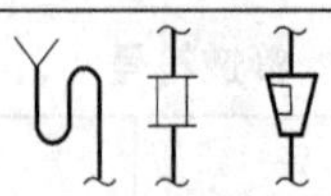	注明型号或图号
临时过滤器	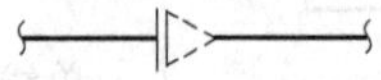	注明图纸档案号

（续表）

名　　称	图 例 符 号	备　　注
玻璃管液面计、玻璃板液面计、高压液面计	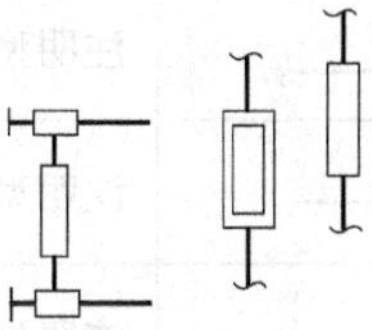	注明型号或图号
取样阀、实验室用龙头、底阀	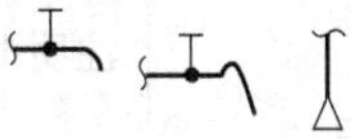	注明型号
丝堵		
活接头	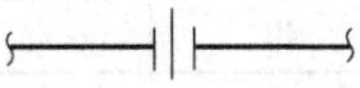	
挠性接头		
波形补偿器	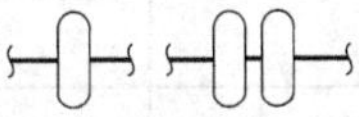	注明型号或图号
方形补偿器		注明型号或图号
填料式补偿器	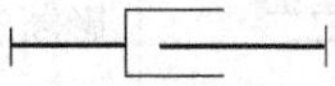	注明型号或图号
Y形过滤器	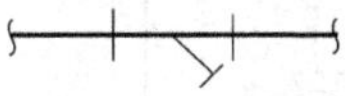	注明型号
锥形过滤器		注明型号
消音器、阻火器、爆破膜	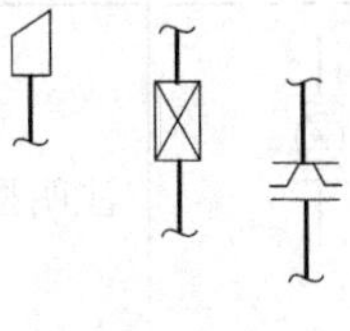	注明型号或图号
喷射器		注明型号或图号
疏水器	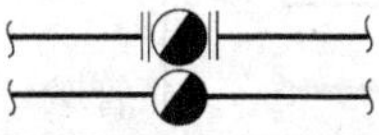	注明型号
液动阀或气动阀	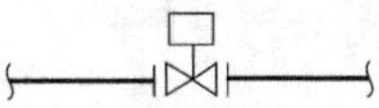	注明型号

(续表)

名　称	图 例 符 号	备　注
电动阀	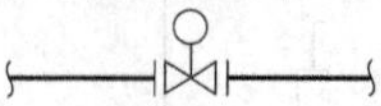	注明型号
球阀	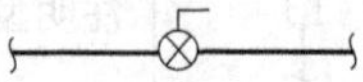	注明型号
蝶阀		注明型号
角阀	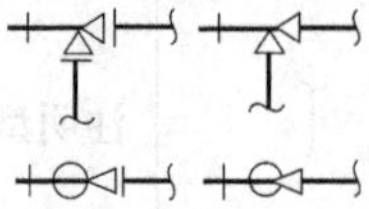	注明型号
90°弯管(向上弯)	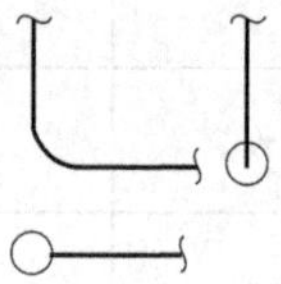	俯视图中竖管断口画成圆,圆心画点,横管画至圆周;左视图中横管画成圆,竖管画至圆心
90°弯管(向下弯)	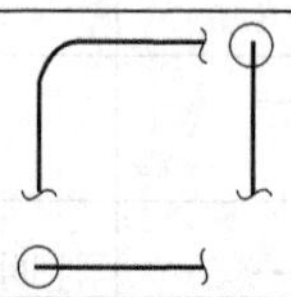	俯视图中,竖管画成圆,横管画至圆心;左视图中横管画成圆,竖管画至圆心
管路投影相交	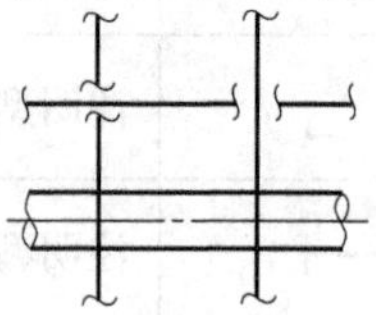	其画法可把下面被遮盖部分的投影断开或画成虚线,也可将上面可见管道的投影断裂表示
闸阀(螺纹连接)	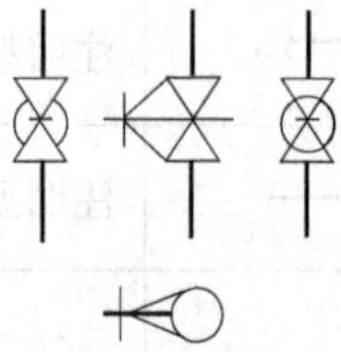	注明型号
闸阀(法兰连接)	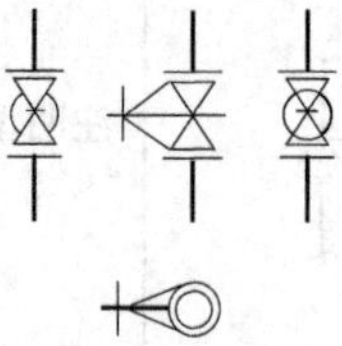	注明型号
管架		固定管架 架空管架 管墩

3. 阀门的选用

阀门的种类、型号、规格较多,应使用何种阀门,要根据阀门的用途、介质的特性、最大工作压力、最高工作温度以及介质的流量等来选择。选用阀门一般遵循以下原则:

(1) 输送流体的性质：阀门用于控制流体，而流体的性质各种各样，如液体、气体、蒸气、浆液、悬浮和黏稠液等，选用的阀门应适用于不同的流体。

(2) 阀门的功能：各类阀门有它的特性和适用场合。在设计过程中，应考虑阀门究竟是用于切断还是用于调节流量，应选用合适的阀门。

(3) 阀门的尺寸：根据流体的质量和允许的压力损失来决定阀门的规格，一般与工艺管道的尺寸一致。

(4) 阻力损失：管道内压力损失有相当一部分是由阀门结构所造成，但各类阀门的阻力大小不同，选用时要适当考虑。

(5) 温度和压力：应根据阀门的工作温度和压力，决定阀门的材质和压力等级。

(6) 阀门的材质：当阀门的压力、温度及流体特性确定后，应合理选择不同材质的阀门，达到经济、耐用的目的。

1.1.5　管道连接

管路中管子和管件、阀门之间的连接方法、连接结构各不相同，如图 1－10 所示。有焊接、螺纹、法兰、承插等连接方法。

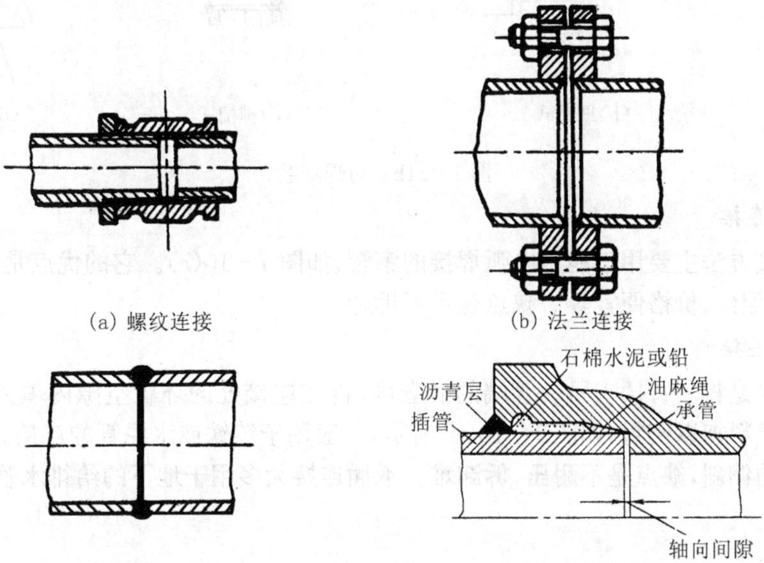

(a) 螺纹连接　(b) 法兰连接

(c) 焊接连接　(d) 承插连接

图 1－10　管子的连接方法

1. 螺纹连接

螺纹连接(丝扣连接)，适用于水、煤气、蒸汽钢管的连接和螺纹阀体及设备的连接。用于水和热水管道时，其公称直径 DN≤100mm，公称压力 PN≤1MPa，介质温度＜100℃；用作饱和蒸汽管道时，公称直径 DN＜50mm，公称压力 PN＜0.02MPa。

管螺纹连接方法有以下三种：长丝连接、短丝连接和活接头连接(由壬连接)，由壬连接见表 1－2。图 1－10(a)所示为短丝连接，公称直径 DN 相同的外螺纹管子，用 DN 相同的内螺纹管接头，进行固定性连接的一种操作方法。尽管可拆，但须从头拆起。管件螺纹多为锥形管螺纹，少数是圆柱螺纹。优点为结构简单、可拆装；缺点是整体安装后不易拆卸、容易漏。

2. 法兰连接

法兰是管道系统的一种可拆连接件。连接方法是在两个法兰之间垫以垫片，并用螺栓紧固，使管道与管道附件连接成一个整体。法兰分为螺纹法兰和焊接法兰。法兰的密封面有宽面、凹凸面、榫槽面和梯形槽面等几种形状，如图 1－11 所示。

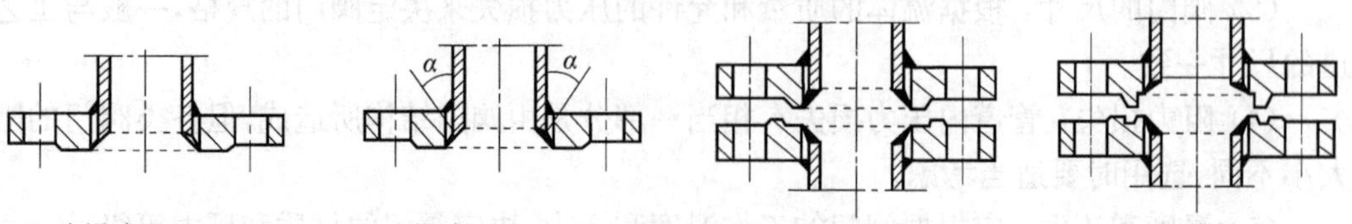

（a）光滑式（PN≤1MPa） （b）光滑式（PN=1.6～2.5MPa） （c）凹凸式 （d）榫槽式

图 1－11a 平焊法兰

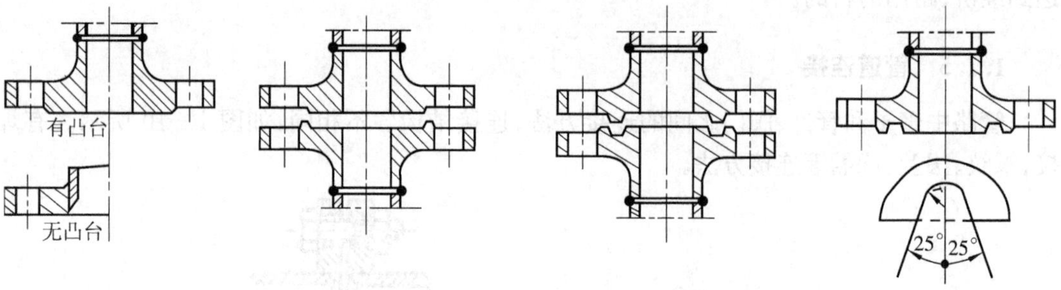

（a）光滑式 （b）凹凸式 （c）榫槽式 （d）梯形槽式

图 1－11b 对焊法兰

3. 焊接连接

这种连接方法主要用于能用电弧焊接的钢管，如图 1－10(c)。它的优点是强度高、密封性好、不需要配件、价格便宜等。缺点是不可拆卸。

4. 承插连接

承插连接是将一管插入另一管端的插套内，再在连接处的环状空隙内填入石棉、水泥、铅或沥青等填料加以密封，如图 1－10(d)所示，一般用于铸铁或水泥管的连接。安装时可以允许有少量的偏斜，缺点是不耐压，拆卸难。承插连接大多用于地下的给排水管道连接。

1.2 管道加工

1.2.1 管子的切断

在管道安装过程中，经常要结合现场的条件，对管子进行切断加工。

切割管材常用的工具有手工锯、台虎钳、管子虎钳和管子割刀等。

1. 手工锯和台虎钳

手工锯和台虎钳及具体操作方法可以参阅第 7 章中的有关内容。在操作过程中还应该注意：

(1) 选用细齿锯条，否则锯齿容易崩裂；

（2）锯割时，必须使锯条和管子轴线始终保持垂直；

（3）锯割大口径管子，锯前应画切断线；

（4）在锯割中，在锯口处滴些机油，不允许为了省力将最后未锯断的部分用手强行折断，以影响后道工序的套丝和焊接；

（5）当锯穿管壁时，将管子转一角度后再锯。

2. 管子虎钳

管子虎钳又名龙门钳，其结构如图1-12所示。钳口由两块上下相对并带有齿形的V形铁组成，夹持圆管特别稳固。松钳时可将龙门架连带上钳口一起翻转180°；当夹持时，在反转180°龙门架的同时，弯钩能自动套住下底座，操作方便。

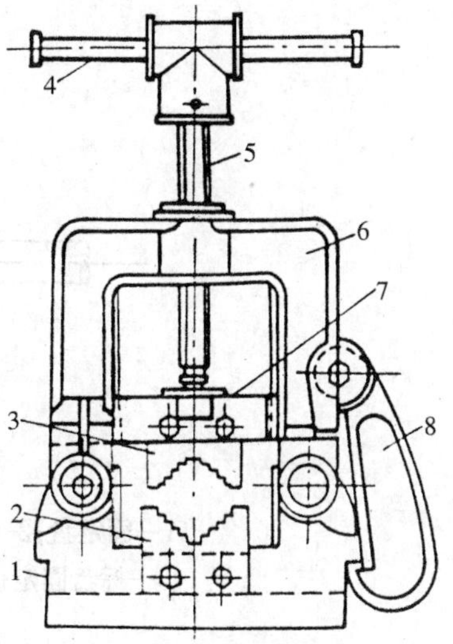

图1-12　龙门钳

1—底座；2—下钳口；3—上钳口；4—手把；5—丝杠；6—龙门架；7—滑动块；8—弯钩

3. 管子割刀

管子割刀又称切管器，结构如图1-13所示，它主要靠切割滚刀对管材进行切割。在切割过程中必须使滚刀垂直于管子轴心线，并使切口相接，避免将管子切偏。切管时，因管子受到滚刀挤压，内径略有缩小，故在切割后须用铰刀插入管口，割去管口缩小部分。

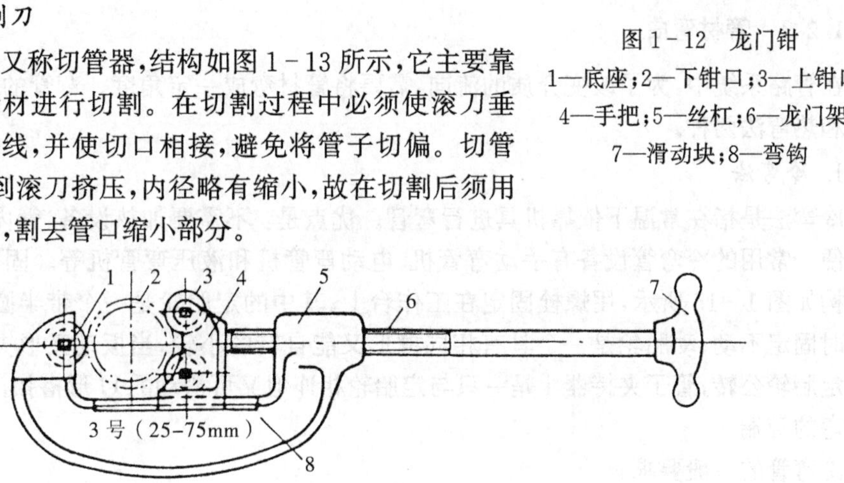

图1-13　管子割刀

1—切割滚刀；2—被切管子；3—压紧滚轮；4—滑动支座；5—弯臂；6—螺杆；7—手把；8—滑道

以上方法多用于小批量、小直径管子的切断，效率较低。对于大批量、大直径管子的切断，为了提高效率，可采用机械切断、氧-乙炔焰气割和等离子切割等方法。

1.2.2　管材套丝

管道工程中，螺纹连接是常用的一种方法，而螺纹连接需要在管端切出外螺纹，即进行套丝。套丝方法有机械和手工两种。机械套丝由车床或套丝机完成。为了把各种所需的管件、阀门和设备连接成一套管路系统，必须掌握手工套丝。手工套丝的工具是管子铰板，如图1-14所示。根据管子公称直径选择标准螺纹板牙，将牙座插入铰板内孔后，套在加工管子上，顺时针方向旋转，即可加工螺纹。

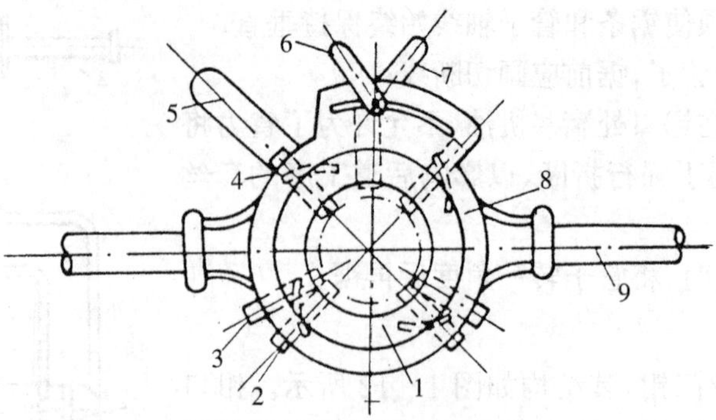

图 1-14　管子铰板

1—固定盘;2—板牙;3—后卡爪;4—板牙滑轨;5—后卡爪手柄;
6—标盘固定螺丝把;7—板牙松紧装置;8—活动标盘;9—扳把

1.2.3　管材弯曲

在管路系统中,为了改变介质的流向,需要将管材弯成一定角度。弯管的方法一般有冷弯法和热弯法两种。

1. *冷弯法*

冷弯法是指在常温下依靠机具进行弯管。优点是:不需要加热设备,管内也不充沙,操作简便。常用的冷弯管设备有手动弯管机、电动弯管机和液压弯管机等。固定式手动弯管机结构如图 1-15 所示,用螺栓固定在工作台上,其中的定胎轮是一个带半圆形槽的扇轮,工作时固定不动;动胎轮是一个具有相同槽形又能自转的小轮,当扳动叉形夹手柄 1 时,可围绕定胎轮公转;管子夹持器 4 是一只与定胎轮相连但又可摆动的 U 形搭扣,便于顺利地夹住被弯的管端。

冷弯管的一般要求:

(1) 冷弯管机只能用来弯制 DN≤250 mm 的管子,当弯制大管径及厚壁管时,宜采用中频弯管机或热弯法。

(2) 冷弯时,弯曲半径应为管子公称直径的 4 倍。当用中频弯管机进行弯管时,弯曲半径可为管子公称直径的 1.5 倍。

(3) 金属钢管具有弹性,冷弯过程中,施加在管子上的外力撤除后,会弹回一个角度。弹回角度的大小与管子的材质、管壁厚度、弯曲半径的大小有关,因此在控制弯曲角度时,应增加这一弹回角度。

冷弯管操作步骤:

(1) 将待加工的管子插入定胎轮和动胎轮相配合的圆槽中。

(2) 扳动手柄 1 和管子夹持器 4,使待加工管子的端头插入管子夹持器 4。

(3) 按弯管的折线段长度,移动管子调整到位。扳动手柄 1,使管子弯到所需角度,最大可达 180°。

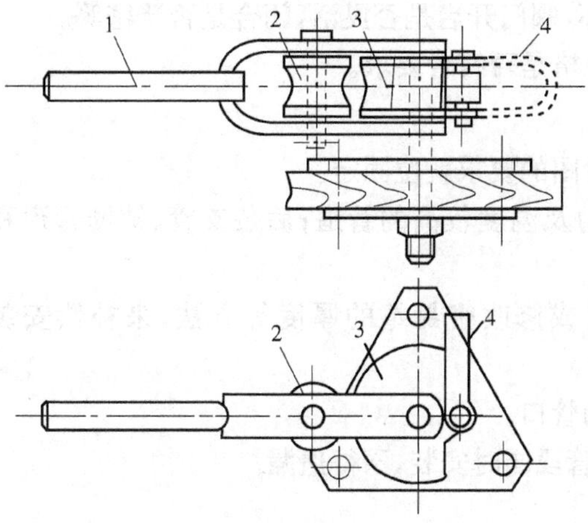

图 1-15 手动弯管器

1—手柄;2—动胎轮;3—定胎轮;4—管子夹持器

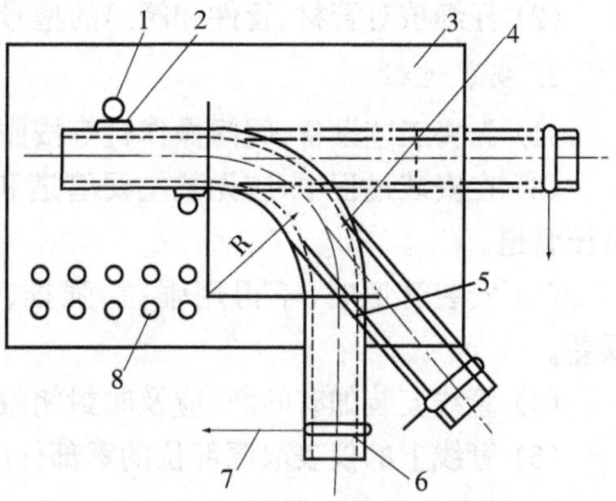

图 1-16 手动热弯管器

1—插杆;2—垫铁;3—平板;4—管子;
5—已弯成管;6—钢丝绳;7—拉力;8—插孔

2. *热弯法*

灌沙后将管子加热后弯管的方法称为热弯法,这种方法灵活性大,但效率低,能源浪费大,成本高。热弯法最大的优点是可弯曲大直径管子,但手动弯管器只能加工管径不超过50mm 的弯管(图 1-15)。手动热弯管器如图 1-16 所示,弯管平台一般采用铸铁板,也可用混凝土制成。平板上开有一定数量的插孔,供插入挡管桩之用,作为弯管的支承。热弯管主要分为充沙、加热、弯制和清沙四个操作步骤。

(1) 充沙　充沙的目的是减少管子在热弯过程中的径向变形,同时也可以延长管子出炉后的冷却时间,便于煨弯操作。选用清洁、干燥、颗粒均匀的沙子充入一端已被木塞封闭的管内。充沙时,要确保充实。充完沙后,应将另一端用木塞或钢板封堵。

(2) 加热　施工现场一般用地炉加热。将钢管被弯部分放入地炉加热到颜色呈红中透黄约 850~950℃(小直径的管子取低的温度),且没有局部发暗的部位时,就可以出炉了。加热过程中,升温应缓慢、均匀,保证管子热透,并防止过烧和脱碳;到预定温度后,要保温一段时间,目的是使管内沙子烧透,使内部温度一致,且又不使管壁温度过热。

(3) 弯制　管子运送到平台上后,一端夹在两根插杆之间,管子下垫两块木板或钢板,使管子和平台之间间隔一定距离,然后,用钢丝绳系住另一端,用人工或机械慢慢地按一定方向拖动,直到弯到所需的角度。

(4) 清沙　弯管完成后可在空气中冷却,待冷到室温后去除塞子,即可将管内的沙子清除,沙子倒完后,再用击、刷、吹、洗等方法将管内壁粘住的沙粒清掉。

1.2.4 管道安装

管道系统一般由管道、管件、阀门、仪表和工艺设备等连接而成。在管道安装中需要遵循的原则如下。

1. *准备工作*

(1) 按照图样或工艺条件要求,准备好管道安装中所需的各种管材、管件和阀门等,检查其质量是否达到要求。如:是否有裂纹或损坏,阀门开启是否灵活,闭合是否严密等。

(2) 仔细核对管材、管件和阀门的型号和规格是否符合要求。

2. 安装过程

(1) 先将工艺设备、阀门操作台等按照布置图的要求就位固定。

(2) 在安装过程中,应先装主要管道和压力及温度较高的管道;后装支管、辅助管道和常压管道。

(3) 安装管道时,不得用强拉、强推、强扭或修改密封垫的厚度等方法,来补偿安装误差。

(4) 管线安装如有间断,应及时封闭敞开的管口。

(5) 管线上的仪表取源部位的零部件应和管段同时安装,不得遗漏。

3. 阀门安装

(1) 由于截止阀的阀体内腔左右两侧不对称,安装时必须注意流体的流向,应使管道中流体由下向上流经阀盘(俗称低进高出)。因为这样流动的阻力较小,开启省力;关闭后填料不与介质接触,避免填料长期处在受压和被浸泡的状态,便于检修阀门。

(2) 安装闸阀、旋塞阀、隔膜阀时,允许介质从任意一端流入或流出。但明杆式闸阀不宜装在地下,以防阀杆锈蚀。

(3) 安装止回阀时,必须特别注意介质的流向,才能保证阀盘能自动开启。对于直通升降式止回阀,应水平安装,要求阀盘垂直中心线与水平面互相垂直;对于旋启式止回阀要求保证摇板的旋转枢轴水平。

(4) 减压阀应安装在震动较小、周围较空之处,以便于检修。

(5) 安全阀前后均不装设切断阀,以保证安全可靠。工艺设备和管道上的安全阀应垂直安装,并检查阀杆的垂直度;杠杆式安全阀应使杠杆保持水平。

(6) 疏水器应直立安装在管道的最低处。

1.2.5 管道的试压

在管道安装前、安装过程中、安装结束后或投入运行前,应对管道进行压力实验,检查已安装好的管道系统的强度和严密性是否达到要求,它是检查管道安装质量的一项重要措施。

1. 管道的压力

1) 工作压力和试验压力

工作压力是指系统工作时的压力。在介质温度为常温时,最大允许的工作压力可等于公称压力;当介质温度升高时,最大工作压力应相应降低。工作压力常用 p_N 表示。试验压力用 p_T 表示,为了保证使用安全,进行强度试验时 $p_T > p_N$;进行密封性试验时 $p_T = p_N$。

2) 试验介质

试验介质可根据管道输送的介质来确定,一般选用水和空气。水压试验适用于各种化工工艺管道和 p_N 较高的管道系统;当设计压力小于或等于 0.6MPa 时,可用气体为试验介质,但应采取有效的安全措施。脆性材料严禁使用气体进行试验。

2. 液压试验

一般采用水压试验。强度试验时,p_T 取 0.4MPa;密封试验时,p_T 取 0.25MPa。

(1) 试验前,注水时应排尽空气。

(2) 试验时,环境温度不宜低于5℃,当环境温度低于5℃时,应采取防冻措施。

(3) 试验时,应测量试验温度,严禁材料试验温度接近脆性转变温度。

(4) 当管道与设备作为一个系统进行试验时,管道的试验压力等于或小于设备的试验压力时,应按管道的试验压力进行试验;当管道的试验压力大于设备的试验压力,且设备的试验压力不低于管道设计压力的1.5倍时,可按设备的试验压力进行试验。

(5) 对位差较大的管道,应将试验介质的静压差计入试验压力中。

(6) 液压试验应缓慢升压,待达到试验压力后,稳压10min,再将试验压力降至设计压力,停压30min,以压力不降、无渗漏为合格。

(7) 当试验中发现泄漏时,不得带压处理。消除缺陷后,应重新进行试验。

3. 气压试验

(1) 严禁使试验温度接近金属的脆性转变温度。

(2) 试验时,应逐步缓慢增加压力,当压力升至实验压力的50%时,如未发现异状或泄漏,继续按试验压力的10%逐级升压,每级稳压3min,升至试验压力为止。稳压10min,再降至设计压力,停压时间应根据查漏工作需要而定。以发泡剂检验不泄漏为合格。

(3) 输送有毒流体、可燃流体的管道,必须进行泄漏性试验。

(4) 真空系统的压力试验合格后,还应进行24小时的真空试验,增压率不应大于5%。

1.3 管道流程

按照工艺要求,通过管道将管件、阀门、储槽、动力输送设备、反应器等各种化工单元过程设备连接、组合起来的流程,称为化工工艺管道流程;由锅炉、空气分离、压缩空气、循环水等公用工程设备所构成的流程,称为公用工程管道流程。现代化工生产装置主要由以上两大管道流程所组成。

1.3.1 管道流程图的构成与表示

化工工艺管道流程图或公用工程管道流程图应清楚地表示出设备、配管、仪表等方面的内容和数据。管道流程图由下列方面构成:设备图例、管线和管件、标注、仪表控制、附注。

1. 设备图例

设备的简单图例须能显示设备特征,有时也画出具有工艺特征的内件示意结构,如塔板、填充物、加热管、冷却管和搅拌器等。

由图1-17管道流程图可以知道,这是由油泵、冷却器、过滤器和压缩机曲轴箱,经管道接通后,组成的一套润滑油冷却循环系统。曲轴箱(304)润滑油从管线$L_1-\phi38\times3$,进入油泵(303-1或303-2),经加压后,由管线$L_2-\phi32\times3$和$L_4-\phi32\times3$打出,至冷却器(302)进行冷却后,由管线$L_5-\phi32\times3$至过滤器(301)过滤。最后,由管线$L_6-\phi32\times3$返回至压缩机曲轴箱内。

从上述流程图,还可知道油泵出口管上,各装有压力表(P303A和P303B);在冷却器

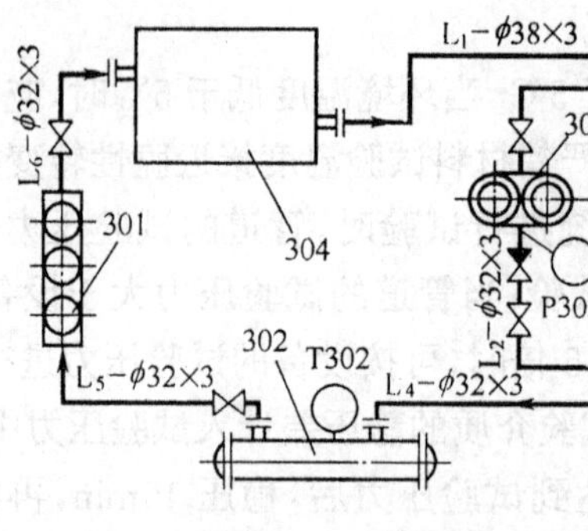

图 1-17　管道流程图

(302)油管出口处,装有温度计(T302)。两台油泵中,一台为备用泵。当出现故障或维修时,应先关闭检修泵的进出口阀,关闭泵,再开启备用泵进出口阀,启动备用泵。

表 1-4 列出了工艺流程图中使用的一些常用化工设备的图例。

2. 管线和管件

管道流程图中的工艺物料管线用粗实线画出,用箭头表示管道中物料的流动方向。如遇管线与管线、管线与设备交叉、重叠时应将其中一线断开或曲折绕过,以使各设备之间管线表达清楚、排列整齐。辅助管线用中实线绘制,对保温/伴热等管道还要画出一小段保温层。

表 1-4　常见化工设备图形示例

序号	设备类别	代号	图　例
1	泵	B	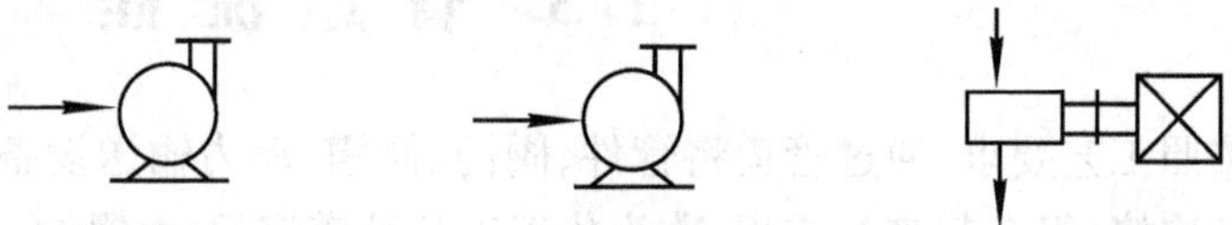 (电动)离心泵　(气轮机)离心泵　往复泵
2	反应器和转化器	F	 固定床反应器　管式反应器　聚合釜
3	换热器	H	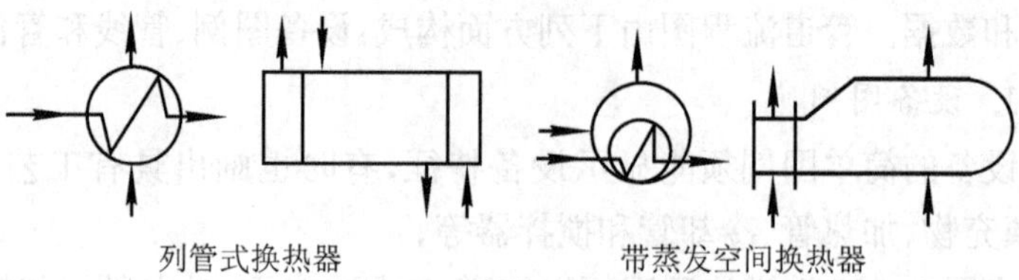 列管式换热器　带蒸发空间换热器 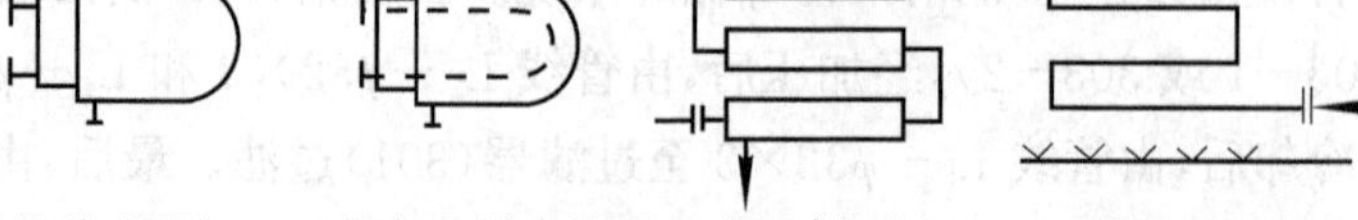 预热器(加热器)　热水器(热交换器)　套管式换热器　喷淋式冷却器

（续表）

序号	设备类别	代号	图　例
4	压缩机 鼓风机 驱动机	J	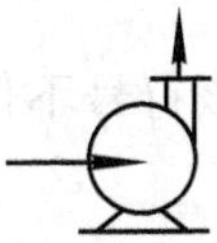 离心式鼓风机  罗茨鼓风机 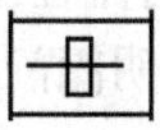 轴流式通风机 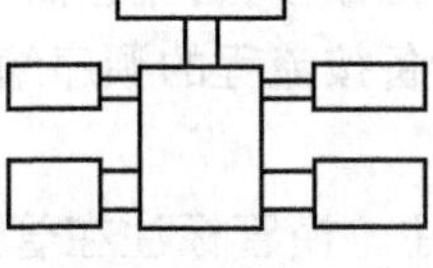 多级往复式压缩机 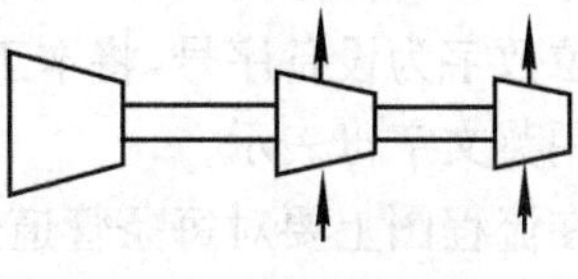 汽轮机传动离心式压缩机
5	工业炉	L	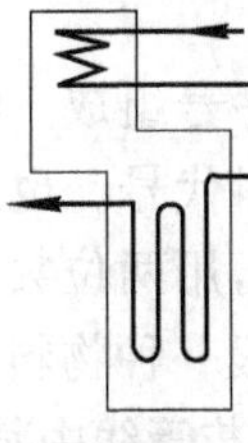 箱式炉 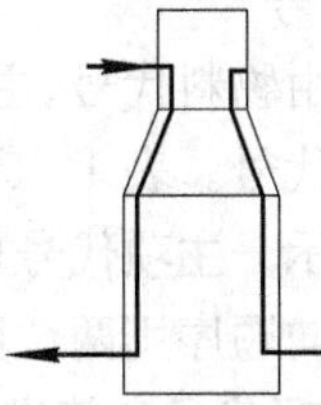 圆筒炉
6	贮槽和 分离器	R	 卧式槽  立式槽 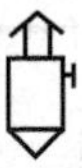 除尘器 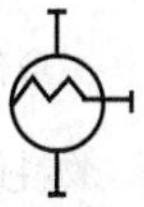 油分离器 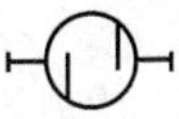 滤尘器 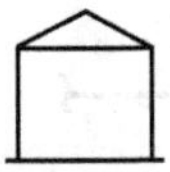 锥顶罐 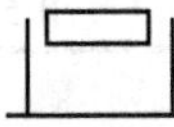 浮顶罐 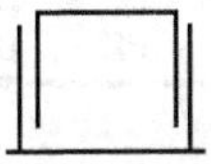 湿式气柜 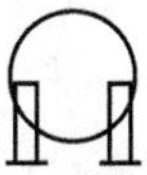 球罐
7	起重和 运输设备	Q	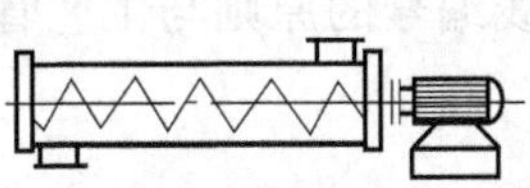 螺旋输送机 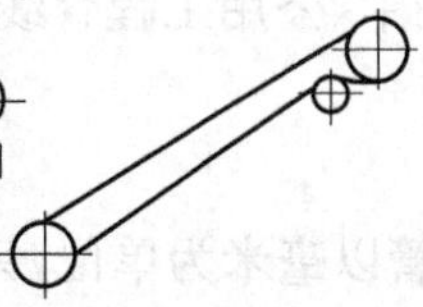 皮带输送机 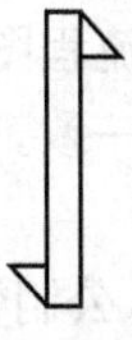 斗式提升机 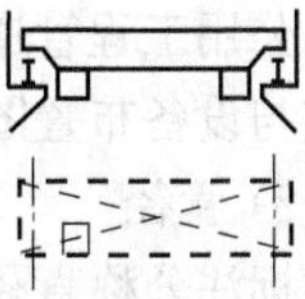 桥式吊车
8	塔	T	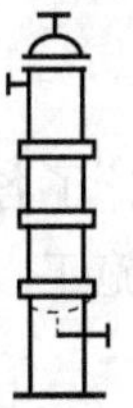 精馏塔  填料吸收塔 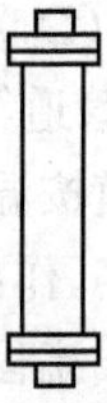 合成塔

公用工程管道流程图的设备布置及其他要求与工艺管道流程图相同。几个公用工程(如蒸汽、压缩空气、工艺水、冷却水等)的分配系统可以画在同一张图上,并将类似介质放在一起,如水系统包括冷却水、饮用水、工艺用水等。

在工艺管道流程图中,管件都是以符号表示的。该符号不仅应表示什么地方需要有阀门,而且还应注明阀门类型。

3. 标注

管道流程图中每台设备都应编写设备位号,同时在流程图的上方或下方标注设备位号及名称。设备位号由三部分组成:前两位数字(若流程简单也可用一位数字)为设备分类号,后两位数字为设备序号,将本工段的设备按流程的顺序编写。相同设备可用尾号加以区别,尾号用英文字母表示。

在流程图上要对每条管道进行标注。横管标注在管道上方,直管标注在管道左边。管道标注由管道号、管径和管道等级三个部分组成。

1) 管道号

管道号由物料代号、主项代号和管道分段顺序号组成。物料代号以物料的英文名称的首字母作为代号。表 1-5 列出了一些常用的物料代号。也有些部门规定用物料汉语拼音的首字母表示。主项代号也就是工段或工序代号,用两位数字表示。管道分段顺序号按生产工艺的流向顺序用两位数字 01,02,…编号,一般一种物料在一个工段中的分段数很少超过 99。由主项代号和管道分段顺序号就构成了工艺管线中某一管段的唯一性。

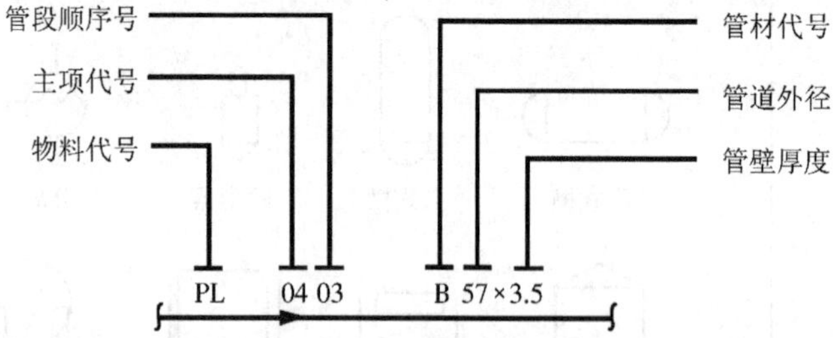

图 1-18 管道的标注

公用工程管道流程图中,公用工程管线编号的原则与工艺管线相同。设备及装置的位置应与设备布置图一致。

2) 管径

标注公称直径,公制管以毫米为单位,只标注数字,不标注单位。如 32,80,150,英制管径以英寸为单位,需标注英寸的符号,如 1/2",4",10",目前只有水管、煤气输送钢管用公称直径 DN(D_g)表示。

3) 管道等级

管道按温度、压力和介质腐蚀程度等情况,预先设计了各种不同管材、壁厚及阀门等附件的规格,作出等级规定,以便于按各等级规定进货和施工。如果没有预先规定,则必须在工艺管线流程图上标注,如管材的代号、管径和壁厚等。

表 1-5 管道流程图中使用的物料代号

物料代号	物料名称	
A	空气	Air
AM	氨	Ammonia
BD	排污	Blow Down
BF	锅炉给水	Boiler Feed Water
BR	盐水	Brine
CS	化学污水	Chemical Sewage
CW	循环冷却水上水	Cooling Water
DR	排液、排水	Drain
DW	饮用水	Drinking Water
FG	燃料气	Fuel Gas
FO	燃料油	Fuel Oil
H	氢	Hydrogen
HS	高压蒸汽	High Pressure Steam
HW	循环冷却水回水	Cooling Water Return
IA	仪表空气	Instrument Air
LO	润滑油	Lubricating Oil
LS	低压蒸汽	Low Pressure Steam
MS	中压蒸汽	Medium Pressure Steam
NG	天然气	Natural Gas
N	氮	Nitrogen
O	氧	Oxygen
PG	工艺气体	Process Gas
PL	工艺液体	Process Liquid
PW	工艺水	Process Water
R	冷冻剂	Refrigerant
SW	软水	Soft Water
TS	伴热蒸汽	Tracing Steam
VT	放空	Vent

4. 仪表控制

在流程图上，在相应的管道上，用符号标出仪表的控制点，并用字母代号表示出其被测的变量和功能。

仪表控制点的标注有以下几个部分。

1) 图形符号

仪表控制点的图形符号为直径约10mm的圆,空心圆表示就地安装仪表,圆中有横线的则表示集中仪表盘面安装仪表。

2) 字母代号

表示被测变量和仪表功能的几个主要变量列于表1-6。

表1-6 常用被测变量和仪表功能的字母代号

字母	第一位字母代表的被测变量	后续字母代表的功能	字母	第一位字母代表的被测变量	后续字母代表的功能
C	电导率	控制	P	压力或真空	—
E	电压(电动势)	检出	T	温度	传递
F	流量	—	U	多变量	多功能
I	电流	指示	V	黏度	—
L	物位	指示	Z	位置	执行

3) 仪表位号

在检测控制系统中,构成一个回路的每个仪表都有自己的仪表位号。仪表位号由字母代号和数字组合而成。第一位字母表示被测变量,后续字母表示仪表的功能,如TI表示温度指示。在流程图中,标注仪表位号的方法是:字母代号填写在圆圈的上半圆中,数字编号填写在圆圈的下半圆中。

5. 附注

管道流程图的附注内容是对流程图中所采用的所有图例、符号、代号作出说明。

1.3.2 管道布置图

1. 管道布置图的内容和要求

表达厂房内外设备、机器间的管道组成与走向等安装位置的图样,称为管道布置图,也称配管图。它是管道安装施工的依据。

管道布置图包括管道平面图、立面图、剖面图、局部图和管段图等。

1) 管道平面布置图

管道平面布置图是用来表达车间(或装置)内管道的空间位置情况的图,是根据设备平面图和工艺流程图来绘制的。一般情况下,只需绘制管道平面图就可以满足管道施工的要求。在某些情况下,可以在管道平面布置图上或单独绘出需要表示的立面或剖面图。

管道平面图是管道安装中应用最多、最关键的图样,它包含如下内容:

(1) 厂房各层楼面或平台的平面布置及定位尺寸;

(2) 机器设备的平面布置、定位尺寸及设备的编号和名称;

(3) 管线的平面布置、定位尺寸、编号、规格和介质流向,每根管子的坡度和坡向、标高等数据;

(4) 管配件、阀件及仪表控制点等平面位置及定位尺寸;

(5) 管架或管墩的平面布置及定位尺寸。

2）管道立面图

在平面图上无法表达清楚时，可用剖面图或立面图加以补充。所以管道立面图包括了如下内容：

(1) 厂房各层楼面或平台的垂直剖面及标高；

(2) 机器设备的立面布置、标高尺寸、设备编号、名称；

(3) 管线立面布置、标高尺寸、编号、规格、介质流向；

(4) 管件、阀件、仪表控制点的立面布置和标高尺寸。

3）管段图

它是表述一个设备至另一设备(或另一管段)的一段管线及其所附管件、阀、仪表等具体配置的立体图，表明了某一路管线的具体走向和安装尺寸，便于材料分析和安装。

4）管件图

完整地表达管件具体结构、尺寸，供加工制造和安装用的零部件制造、装配图，图面要求与“机械制图”相同。如图 1－19 所示，即为管件图。除按视图原理标出尺寸、公差、形位要求以外，还须标明件号明细表和标题栏等。

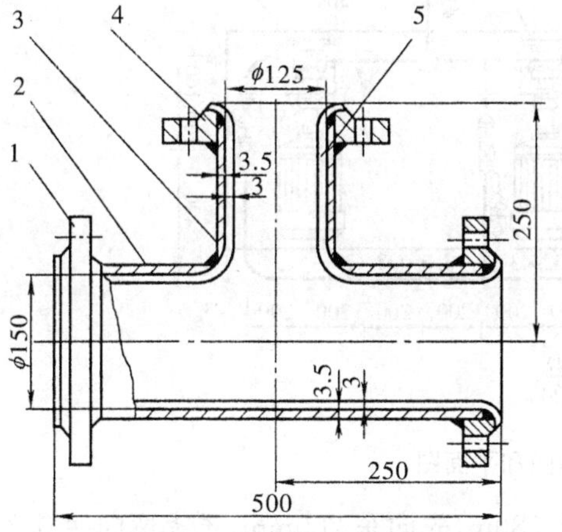

图 1－19　衬胶钢三通的管件

1、4—法兰；2、3—接管；5—衬橡胶层

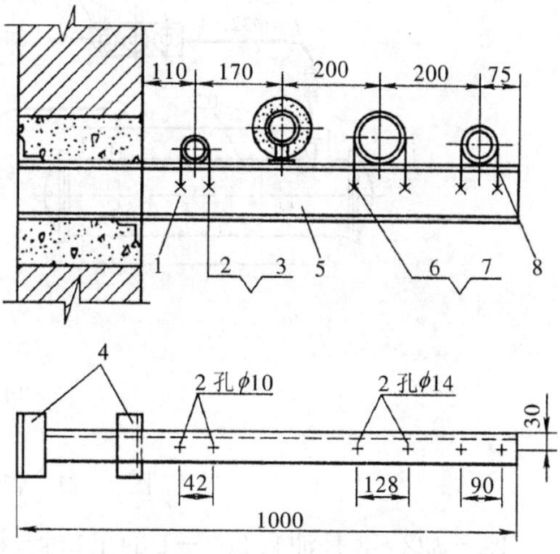

图 1－20　悬臂管架

1、8—螺栓；2、7—垫圈；3、6—螺母；4—角钢∠40×40×4.5，L=120；5—槽钢 120×53×5.5，L=1000

5）管架图

表达管架具体结构、制造、安装尺寸和要求的图。图 1－20 所示为固定于壁上的管架。支架用粗实线表示，而不属于管架的墙壁等用细实线表示，螺栓孔、螺母等，以交叉粗实线表示其中心位置。

明白了管道流程图后，根据它就可分析或设计管道平面图、立面图了。

根据图 1－17 管道流程图和图 1－21 管道平面图和立面图，可以知道，从压缩机曲轴箱引出的油管管道 L_1—ϕ38×3，由北向南，从标高 1.000m 处拐弯 90°后，垂直向下，至标高 0.850m处，与三通接通，分为二路。一路向西 600mm，一路向东 200mm，分别拐弯朝下，至标高 0.28m 处,又都由西向东 200mm,分别与泵(303－1 和 303－2)进口接通。在两根立管上于标高 0.550m 处,都装有截止阀。

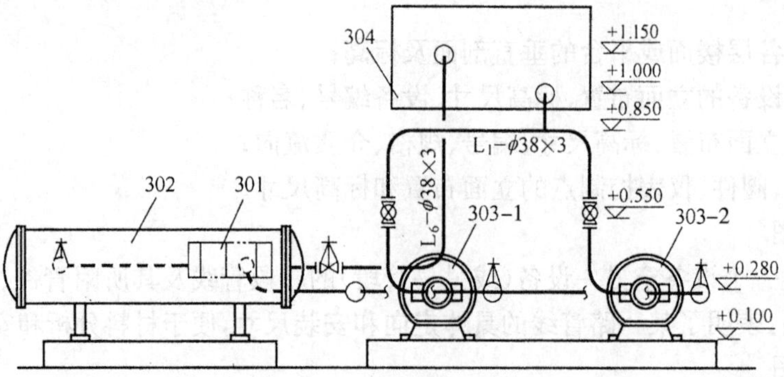

(a)立面布置

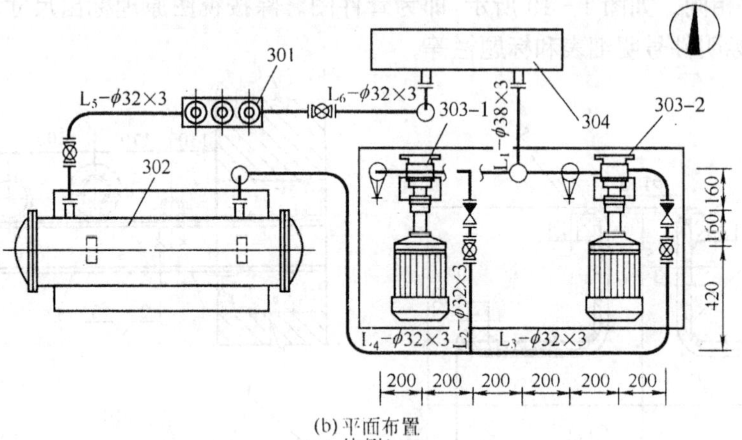

(b)平面布置
比例1:20

图 1－21　管道立面图和平面图

$L_2-\phi32\times3$ 是油泵 303－1 的出口管,标高 0.280m,先向东 200mm,再拐弯向南 0.74m 与管线 $L_3-\phi32\times3$、$L_4-\phi32\times3$ 经三通接通。其中,止回阀中心离泵出口管中心为0.16m,截止阀中心又距止回阀中心 0.16m。

$L_3-\phi32\times3$ 是油泵 303－2 的出口管,标高 0.280m,先向东 0.2m,再拐弯向南 0.74m,再向西 0.80m,经三通,与 $L_2-\phi32\times3$ 和 $L_4-\phi32\times3$ 相通。

$L_4-\phi32\times3$ 是管道 $L_2-\phi32\times3$、$L_3-\phi32\times3$ 的汇合管道之一,标高 0.28m,从汇合处经三通后向西,再转弯向北,与油冷却器(302)接通,标高 0.380m。

$L_5-\phi32\times3$ 由冷却器至过滤器(301)的管道。从冷却器(302)出口处,先向北,继而弯过 90°向东,与过滤器接通,标高 0.380m。

$L_6-\phi32\times3$ 是过滤器(301)出口处,至曲轴箱(304)进口的管线。从出口处先向东,标高 0.380m,继而弯 90°向上,至标高 1.150m,再向北与曲轴箱接通。

通过流程图、管道平面图和管道立面图的分析,初步建立起管道系统的空间概念,为巩固与拓展认识过程,可以按“机械制图”课程轴测投影原理,绘制出各段管段图,再综合起来绘成系统管段图,如图 1－22 所示。反之,也可以根据管道流程图和厂房状况,先设计管段图,进而设计管道平面图、立面图。这样整个生产系统一目了然,可以按图加工和安装。

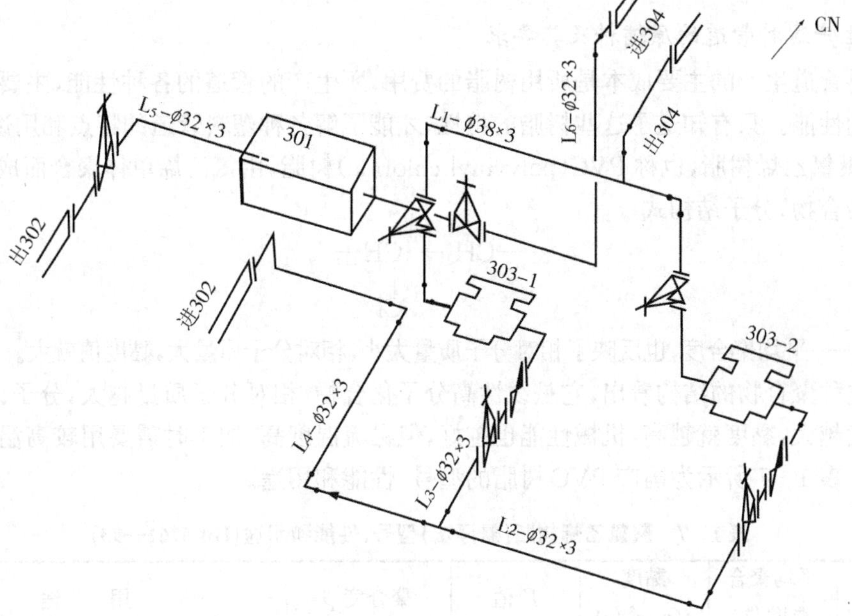

图 1-22 系统管段

1.4 塑料管道与管件

1.4.1 概述

高分子材料工业的发展,使塑料管道的加工技术日益完善,其应用领域不断拓展。在管材工业中,塑料已占有半壁江山。用量最大的首推硬质聚氯乙烯管(UPVC),其他依次为聚乙烯(PE)管、聚丙烯(PP)管和聚苯乙烯(PS)管等。尤其是在建筑工业中,所用的给排水管、电缆护套管和采暖通风系统管道已逐步塑料化。

未经塑化加工的高分子聚合物,称为树脂,如PVC树脂、PE树脂、PP树脂等;以树脂为基础原料,加入助剂、填料等辅料,经塑化加工后,才成为可用来制成各种成品的塑料,也称为熟料。

塑料与合成橡胶、合成纤维并称为三大合成材料,但它们之间的物理、化学性能截然不同。塑料兼具柔韧性和刚性,而并不具备橡胶那样的高弹性,也没有合成纤维分子结构的链式取向排列和晶相结构。其独特的结构,具备了许多优良性能,密度小,比强度高,可代替木材、水泥、砖瓦等,用于建筑材料领域;耐化学腐蚀性优良,可用于制作化工设备和管道、管件的耐蚀衬里;摩擦系数小,耐磨性好,可用于制造滑动轴承和滚动轴承的隔离圈等,能在润滑不足或无润滑工况下使用;易加工成型,易着色。塑料与钢铁、水泥、木材并称为四大工业材料,且年增长率以塑料居首位。

1.4.2 聚氯乙烯管(PVC 管)

1. 生产这种管道的原辅料及其要求

塑料管道生产的主要成本是所用树脂的费用,所生产的管道的各种性能,主要取决于所用树脂的性能。只有知道了这些树脂的特性,才能了解各种塑料管道的特点和用途。

1) 聚氯乙烯树脂,也称 PVC(polyvinyl chloride)树脂,由氯乙烯单体聚合而成的热塑性高分子聚合物,分子结构式

$$\left[CH_2 - \underset{\underset{Cl}{|}}{CH} \right]_n$$

式中 n——平均聚合度,也反映了相对分子质量大小,相对分子质量大,黏度值就大。n 值也大。

从这种聚合物的结构看出,它是线性高分子化合物,相对分子质量越大,分子链就越长,卷曲程度越大,黏度就越高,机械性能也越好,但黏流温度高,加工时需要用较高温度才能产生黏流。表 1-7 所示为国产 PVC 树脂的型号、性能和用途。

表 1-7 聚氯乙烯树脂(悬浮法)型号、性能和用途(GB 5761—93)

型号	平均聚合温度/℃	黏度/(mm^2/s)	K 值	聚合度 p	用 途
SG-1	48.2	144~154	75~77	1650~1800	高级电气绝缘材料
SG-2	50.5	136~143	73~74	1500~1650	电气绝缘材料、一般柔软制品
SG-3	53.0	127~135	71~72	1350~1500	电气绝缘材料、农膜、塑料鞋
SG-4	56.5	119~126	69~70	1150~1250	一般薄膜、软管、人造革、高强度硬管
SG-5	58.0	107~118	66~68	1000~1100	透明硬制品、硬管、型材
SG-6	61.8	96~106	63~64	850~950	唱片、透明片、硬板、纤维、焊条
SG-7	65.5	87~95	60~62	750~850	吹塑瓶、透明片、管件
SG-8	68.5	73~86	55~59	650~750	过氯乙烯树脂

(1) 树脂含水量:水分超过 0.3%,树脂过筛时,易堵塞筛孔;管道挤出成型时或注塑成型时,易产生气泡,需进行烘干前处理。如直接把粉料放入螺杆挤出机加工时,必须考虑水分的抽出。可在料筒上加料段末端与熔融塑化段始端之间的无螺纹区内设置一排气口,通过抽真空将挤出机内的水汽和挥发物抽出,以减少产品产生气孔或水泡的可能,并提高塑化质量。

(2) 加工成型温度:由聚氯乙烯的结构式可知,这类树脂属于非晶态线性聚合物,无固定的熔点,85℃左右开始软化,130℃开始变为黏弹态,160℃开始转变为黏流态,熔融范围 175~190℃,200℃以上分解,所以,其加工成型温度应在软化至黏流态温度区间。为了减少加工残余应力,保持加工尺寸稳定性和达到良好的力学性能,加工成型温度应控制在黏流态温度以上,成型后的制品冷却定型温度应控制在开始软化温度(玻璃化温度)以下。

(3) 树脂的颗粒结构:从树脂的颗粒结构上看,可分为紧实型与疏松型两类,其中紧实型树脂颗粒较细,颗粒大小分布悬殊,外观呈光滑紧实的圆球状,断面呈实心状;疏松型树脂颗粒较粗,颗粒大小均匀,外观呈粗糙不平的棉团状,断面呈多孔疏松状。它们的加工性能如表 1-8 所示。

表 1-8 PVC树脂的颗粒结构与加工性能的关系

颗粒结构 / 加工性能	紧实型	疏松型
溶胀温度和溶胀速度	65℃以上开始溶胀， 85℃以上，溶胀变慢	没有明显起始温度， 65℃即达终点，溶胀快
粉粒输送性能	细粉多，易飞扬， 易粘壁，输送效率低	飞扬少，不粘壁， 输送效率高
挤出机上加料	易搭桥，进料慢，干流动性差	不易搭桥，进料快，干流动性好
塑化性能	塑化慢，消耗功率大	塑化快，消耗功率小
变色性能	着色制品不鲜艳，变色大	着色制品鲜艳，变色小
残留氯乙烯单体	多	少
白度，杂质含量如黑点、鱼眼	差	好
制品质量	外观光洁度差，电气绝缘性差	外观光洁，电气绝缘性好

2）辅料

PVC树脂与各种辅料混合均匀、相互渗透、反应，混炼成熟料后，才能挤塑、注塑成制品。辅料的作用，在于提高熟料的塑化质量，从而改进制品质量，扩大应用范围；另一作用是改善塑料的加工工艺性，便于加工；再者，在满足使用条件的前提下，可降低制品成本，具有更佳的经济效益。

（1）热稳定剂

PVC树脂分子结构因热不稳定性，受热时间较长，会发生降解反应，释出HCl气体，树脂色泽变深。

提高其热稳定性的措施，可以用其他树脂共聚或共混改性，提高其内在的稳定性，减少其不稳定原子的数量，也可以在混炼时加入一定比例的稳定剂，以抑制树脂在塑炼、挤塑过程中和日后制品使用时发生变色或性能恶化。

① 铅盐类热稳定剂　这类化合物用作PVC稳定剂已有70多年，其优点是价廉、较强的长期热稳定作用、具有外润滑性，长期以来，应用广泛。其缺点是有毒性和不透明性，从环境保护和人类健康考虑，不应该用于制造接触食品的制品和玩具制品，也不能用于透明制品。(GB/T)17219—1998规定：Pb含量≤0.005mg/L，而塑料的热稳定剂中氧化铅含量≥80%，如用于生产上水管道，显然不符合卫生标准。同时，塑炼时铅盐类热稳定剂粉尘，也对操作人员造成危害。

表 1-9 铅盐类热稳定剂

品　名	化学分子式	外　观	密度/(g/cm^3)	Pb含量/%
三碱式硫酸铅	$3PbO \cdot PbSO_4 \cdot H_2O$	白色，粉末	7.1	89±1
二碱式亚磷酸铅	$2PbO \cdot PbHPO_3 \cdot \frac{1}{2}H_2O$	白色，粉末	6.9	89±0.5
二碱式邻苯二甲酸铅	$2PbO \cdot Pb(C_8H_6O_4)$	乳白色或微黄	4.6	81.5±1.5
二碱式硬脂酸铅	$2PbO \cdot Pb(C_{17}H_{35}COO)_2$	白色，粉末	2.15	53±2
硬脂酸铅	$Pb(C_{17}H_{35}COO)_2$	白色，粉末	1.48	88.5±1

铅盐类热稳定剂中,以三碱式硫酸铅的热稳定效果最理想,是制硬质PVC管(UPVC管)的主要稳定剂,通常每100份PVC树脂中,加入5～6份;二碱式亚磷酸铅的热稳定性略低于三碱式硫酸铅,但它具有光稳定性作用,所以,常两者并用,具备良好的协同效应。

② 金属皂类热稳定剂　其热稳定性略低于铅盐类热稳定剂,但制品的透明性、润滑性皆比铅盐类热稳定剂好,常与铅盐类或与有机锡类热稳定剂协同使用,且兼具外润滑性能。

其热稳定性机理和铅类稳定剂相同,Cd、Zn皂类稳定剂也能像铅盐类稳定剂一样地使PVC高温分解作用中止,并将PVC分解时产生的HCl气体吸收掉,其吸收反应如下式所示,形成熔点很高的白色晶体$PbCl_2$微粒。还能抑制PVC变色。

$$2HCl+PbO \longrightarrow PbCl_2+H_2O$$

Ba·Mg皂类稳定剂也能吸收HCl气体,阻止PVC分解,但不能抑制PVC变色。因此,须与不同金属基的皂类稳定剂协同作用。

③ 有机锡类热稳定剂　这类稳定剂是含碳—锡键的烷基化锡化合物,有良好的耐热性和透明性,常用于无毒PVC硬制品中,既能提高PVC的热稳定性,又能防止变色。缺点是有臭味和污染加工设备,价格较高,但用量很少。

④ 复合热稳定剂　其中一类是金属皂类为基础与其他热稳定剂和辅料协同的热稳定体系;另一类是以有机锡为基础与其他稳定剂和辅料组成的协同热稳定体系,分为液体和固体粉末两种。其中的金属皂类液体复合热稳定剂用得最多。利用各种热稳定剂的协同效应,显著提高了其综合性能,其中液体复合热稳定剂使用方便、无粉尘,有利于工作环境和操作人员健康保护。

(2) 填充剂

也称为填料,赋予塑料具有良好的机械性能和使用性能,并能降低制品成本。

填料颗粒:颗粒愈细,表面积/体积比愈大,与树脂间的吸附作用、黏附接触面积愈大,表面能也愈大;树脂与填料颗粒物理吸附或化学吸附力愈大,对塑料制品刚性、韧性、强度、尺寸稳定性大为改善。例如碳酸钙填料微粉粒度较大时,经混炼成熟料后,填料颗粒仅包裹在树脂内而已,只能起降低成本的增量剂作用;而当采用粒度较小时,就起着增强效果,填料与树脂间发生了物理吸附和化学吸附,显著提高了内聚结合力。实验表明,2500目$CaCO_3$粉末,比用325目三飞粉填充PVC树脂,其强度可提高30%。所以用纳米级(0.1～0.001μm颗粒直径)的固体$CaCO_3$粉末为填料,因比表面积(面积/体积)大,表面上非配对原子多,而表面能高,高度活化状态下,与树脂发生吸附反应而高度结合,大大提高了塑化后熟料的强度、刚性和韧性。

碳酸钙填料($CaCO_3$粉末)是最普遍使用的填料,它是无机化合物,易吸潮,使塑料制品易产生气泡、纹路,储运时要避免吸湿结块和架桥,塑炼时注意抽真空排气。PVC管道中用下列三种类型:

轻质碳酸钙　用化学方法制成。

重质碳酸钙　用物理方法将石灰石粉碎、过筛制成,粒度从325～1400目。

胶质碳酸钙　与轻质碳酸钙粉末不同之处,其颗粒表面吸附了一层脂肪酸皂,作为表面偶联剂,制成活性填充剂。

(3) 润滑剂

PVC树脂与辅料一起熔融混炼的塑化过程，实质上也是内外热量的传递均匀化过程。聚集热量来自设备的外部加热，以及塑化时物料本身之间的挤压、剪切造成相对运动而形成的内部摩擦热。由于这些物料的导热性差、润滑能力低，当其黏附在设备工作表面上后，使设备负荷剧增，还引起物料局部过热，导致高分子链断裂而裂解，色泽变深，质量恶化。因此需要润滑剂来改善质量。

① 金属皂类　有硬脂酸铅、硬脂酸钡、硬脂酸镉、硬脂酸钙等，都是兼备内外润滑剂作用的塑料加工润滑剂，生产上都用作外润滑剂使用，其中以硬脂酸铅($Pb(C_{17}H_{35}COO)_2$)的外润滑作用最强，在UPVC生产制品过程中使用效果最佳，用量约0.3～3.0份，过多，外润滑性太强，反而不易混炼塑化。

② 饱和烃类　常用的有下列各种润滑剂：

合成蜡(聚乙烯蜡)　它与PVC树脂不相容，外润滑作用很强，因其分子中无极性基团，是非极性高分子，而PVC树脂是极性高分子，两者不相容，只能用作外润滑剂，用量为0.5份以下，过多会使PVC树脂的热稳定性恶化。其熔融温度高，挥发性低，在很高的加工温度和剪切速率下仍具备良好的润滑作用。

氧化聚乙烯蜡(OPE)　经氧化改性了的聚乙烯蜡，其分子链上带有极性基团，所以它们在PVC树脂微粒间的分散性比未经氧化改性的聚乙烯蜡要强一些，但它们还不能与PVC树脂充分相容，所以它们仍是PVC树脂的外润滑剂。

石蜡　石蜡是从石油加工中提取的C_nH_{2n+1}固体饱和烃，用作外润滑剂效果良好，还可提高PVC制品表面的光泽度，但热稳定性差，加入量不能多，过多会使制品外观质量下降，甚至有“泛霜”出现，常与其他润滑剂复配使用，取其协同效应。

③ 高级脂肪酸类　常用的饱和脂肪酸是硬脂酸($C_{17}H_{35}COOH$)，尽管其含有极性基团COOH，但与PVC树脂的相容性不大，所以高级脂酸仍是外润滑剂为主。

④ 高级脂肪醇和高级脂肪酸酯类　高级脂肪醇化学分子式$CH_3 + CH_2 +_n OH$，高级脂肪酸酯化学分子式$CH_3 + CH_2 + COOR$，由于其极性分子的极性基团较强，与极性高分子PVC的相容性较好，而能渗透到PVC分子之间，起良好的内润滑作用，所以，它们都用作内润滑剂，而脂肪醇的内润滑性比其相应的高级脂肪酸酯的内润滑性要强一些。

⑤ 褐煤蜡　也称为蒙旦蜡，由褐煤中提取，其主要成分为蜡酯(由C_{16}～C_{34}酸和C_{24}～C_{26}和C_{30}醇组成的酯)、长链高级脂肪酸(C_{16}酸～C_{35}酸)、高级脂肪醇(C_{20}醇～C_{34}醇)和长链烷烃(C_{23}烷～C_{33}烷)组成。化学稳定性好，具有光泽度，能与石蜡、硬脂酸等配伍使用。常用作内、外润滑剂，兼具内润滑和外润滑作用。

(4) 着色剂

改善塑料制品的外观，还具有抗氧、耐热、耐候性。

① 钛白粉(TiO_2)　无机颜料，化学性十分稳定，热稳定性高，遮盖力强，是白色颜料中最佳品种。分两类，锐钛型和金红石型。锐钛型TiO_2，质软，呈蓝白色，价廉，耐候性差；金红石型耐候性好，价贵。TiO_2纯度越高，遮盖力越好。

② 炭黑　无机颜料，常用槽法炭黑，其热稳定性强、耐候性好，可以单独用作黑色着色剂，也可调制成灰色或咖啡色着色剂。

③ 酞菁蓝　有机颜料,略带微红的蓝色着色剂,色泽鲜艳,热稳定性强,耐候性好,较高的遮盖力,塑料中广泛使用。

(5) 紫外线吸收剂　聚氯乙烯塑料长时间受紫外光照射后,老化裂解,发脆。在PVC树脂塑化过程中加入热稳定性和光稳定性好、不易挥发、能与PVC树脂相容的紫外光吸收剂,能吸收紫外光,并转化为无害的长波,以保护塑料制品。

① 邻羟基二苯甲酮类:如2-羟基-4-甲氧基二苯甲酮(UV-9);

② 水杨酸酯类:如对,对′-异亚丙基双水杨酸酯(BAD);

③ 三嗪类:如2,4,6-三(2′-羟基-4′-丁氧基苯基)-1,3,5-三嗪(三嗪-5)。

(6) 抗冲击改性剂(增韧剂)

PVC树脂抗冲击韧性较低,尤其是低温冲击韧性,造成UPVC管道脆裂;同时,其耐热性(热稳定性)也不高。为改善其性能,在混炼塑化过程中,必须加入改性剂。

① 氯化聚乙烯(Chlorinated Polyethylene,CPE)　它是聚乙烯(PE)氯化产物,含氯量34%~40%的CPE是UPVC材料的优良增韧剂,与PVC相容性好,使共混物不仅达到所需的低温抗冲击韧性(GB/T 14152-2000),还提高了耐候性和化学稳定性。混炼塑化后,CPE在PVC基体微粒上形成一弹性网络,能有效吸收冲击能量,而不致发脆。其添加量一般为4%~12%。此外,还具有阻燃性。参考用量见图1-23。

② 乙烯-醋酸乙烯酯共聚物(EVA)　EVA是弹性体,其性能随共聚物中醋酸乙烯酯(VA)的含量和熔体指数(Melting index,MI)的不同而变化。当MI一定时,VA含量愈多,弹性愈好,与PVC树脂的相容性增大。所以用于UPVC改性的EVA,其VA含量须大于40%。

③ 甲基丙烯酸甲酯—丁二烯—苯乙烯共聚物(Copolymer of methyl methacrylate-butadiene-styrene,MBS)　MBS与PVC树脂共混改性,可提高PVC树脂低温冲击韧性,具有吸振、消音作用,且耐酸、碱等无机溶剂,但会降低UPVC管材的光老化性,在UPVC的透明管材和制品的改性上用得最多,其用量参见图1-24所示。

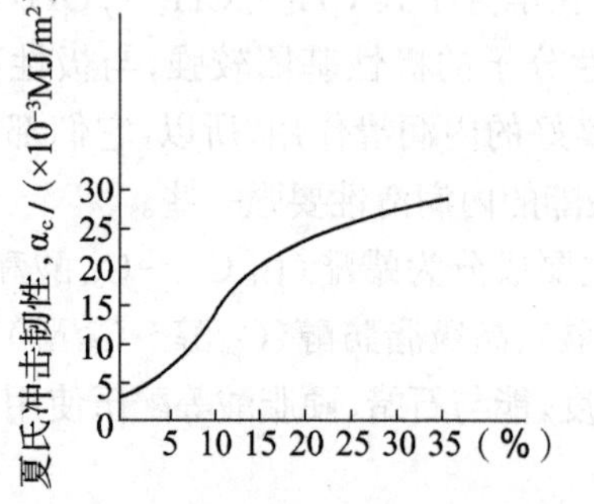

图1-23　CPE对UPVC冲击韧性的影响

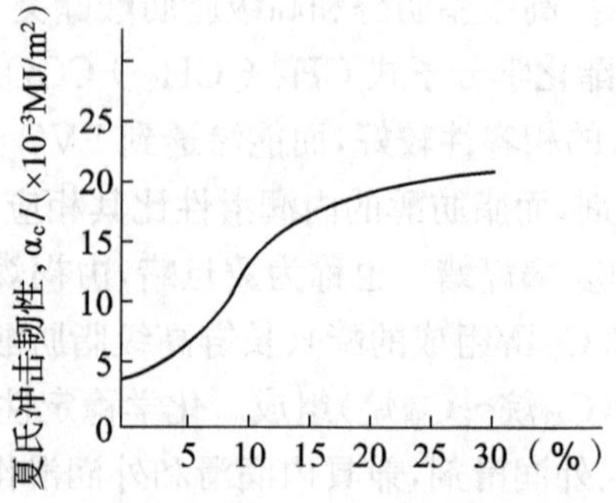

图1-24　MBS对UPVC冲击韧性的影响

④ 丙烯酸酯共聚物(Acrylate copolymer,ACR)　ACR的耐冲击性、耐候性最为优良,是PVC树脂的新型增塑剂。

丙烯酸酯类共聚物由甲基丙烯酸甲酯(MMA)和丙烯酸、苯乙烯等活性单体接枝共聚组成的共聚物,因甲基丙烯酸甲酯分子量的不同,丙烯酸类型的不同和苯乙烯含量的不同,构成了适用于各种混炼条件下的不同ACR产品种类,如ACR-201,ACR-401、PA-20、PA-21等都适用于PVC管材加工的ACR产品牌号。其中ACR-201,由MMA与丙烯酸乙酯(EA)

共聚而成，用于 UPVC 挤出管道和注塑管件的加工中，不仅具有提高抗冲击韧性作用，还能促进塑化过程质量；ACR-301，由 MMA、EA、丙烯酸丁酯（BA）共聚而成；ACR-401，由 MMA、BA、甲基丙烯酸丁酯（BMA）和甲基丙烯酸乙酯（EMA）共聚而成，它们都同时兼具抗冲击性和促进塑化质量的功能。

ACR 呈核-壳结构，核是一弹性体，吸收冲击能量，提高塑料的抗冲击性，其外壳与 PVC 树脂的相容性很好，成为 PVC 混炼塑化过程中优良的传热介质，防止粘壁和局部过热裂解，改善了热塑性塑料高温下的流变学行为，物料易于流动，加快塑化，也提高了制品的光泽度。ACR 的用量一般为 1～5 份，而 PA20 和 PA-21 的用量为 0.5～3 份，塑化能力好的设备用下限，差的用上限。

(7) 增塑剂　在 PVC 树脂加工过程中，加入恰当量的增塑剂，能使 PVC 分子间距扩大，有利于加入填充剂，尤其是液态增塑剂，使树脂膨胀，与 CPE 配伍下，可大量吸收填充剂，而不增加塑化加工难度。

① 邻苯二甲酸二辛酯（DOP）　与 PVC 树脂的相容性很好，价廉，无毒，加工性好，且无色透明，不影响色泽。

② 环氧大豆油（ESBO）　虽与 PVC 树脂的相容性不佳，但热稳定性好，能提高制品光泽度。

③ 氯化石蜡　常作为 PVC 树脂辅助增塑剂，可提高制品的阻燃性。

2. 聚氯乙烯塑料管的制造及其性能要求

1) 制造工艺

PVC 塑料管是一种多组分塑料，按不同用途所需要的性能，采用不同的配伍组分，生产出各种用途和性能的管材，其大致的制造工艺流程如下：

按配比主辅料各组分混炼塑化→过筛→挤出成型→冷却定径→定长截断→扩口或不扩口→检验→包装入库。

混炼塑化过程工序十分严格，如将主辅料一次性投入，其中液体添加剂除渗入 PVC 树脂外，还渗透到填充剂、改性剂中，尤其是添加量极少的有机锡等高效稳定剂因部分渗入其他组分中而降低了它的使用效果。粉状或颗粒状添加剂的加入，也应按其性质遵循一定的程序，如过早加入外润滑剂，因其在 PVC 树脂颗粒表层形成一层膜，阻碍了其余组分与树脂的塑化反应。

因此，加料方法和混炼工艺过程为：PVC 树脂加入液体添加剂，混炼 1～2min，当混炼温度达 60～70℃时，加入固体热稳定剂、内润滑剂；混炼温度达 90～100℃时，加入外润滑剂，如石蜡类等；混炼温度达 105～125℃，立即转入低速冷却至 40～45℃。

凡采用 CPE、EVA、MBS 类增韧剂改性 PVC 树脂时，混炼塑化温度不宜超过 110℃，混炼塑化时间愈短愈好，高温下时间过长会使 CPE 等增韧剂发黏成团。CPE 也要在液态添加剂之后投入，否则，松软的 CPE 将吸收液体后成团。

当纯白色 PVC 产品混炼塑化时，需加入 TiO_2 的，必须在混炼塑化结束前 1～2min 时投入，投入过早，它与含金属元素的添加物结合，而影响产品白度。

PVC 管材的生产，都采用螺杆挤出机干法塑化工艺连续操作，通过螺杆的转动，把装在料斗中的各种原料进入挤出机螺杆的加料段，由外加热和内摩擦热，使混炼料熔化而成为熔体，在设备中不断往前流动，在螺杆剪切力和挤压力的作用下，将各混炼组分均匀分散，充分塑化成为熟料。呈熔融体的熟料在挤出机机头口模中成型,连续地被螺杆挤往机外,冷却凝固成管材,挤出过程和成型过程的关键设备是螺杆挤出机和成型机头,图 1-25 为挤出机的料斗加料装置;图 1-26 表示管材挤出机的成型机头结构图。混炼塑化后的熟料,从挤出机往外流,经分流梭形成环形,穿过分流梭支架流线形肋孔,进入口模支架与芯棒间压缩环形空间,再穿过口模与芯棒组成的压缩环形模孔,使熟料压缩紧实,消除孔隙、气泡,提高成品质量。最后进入口模孔型的平直段,达到所需尺寸而成型,然后随即进入冷却定径和截成定长度管段。

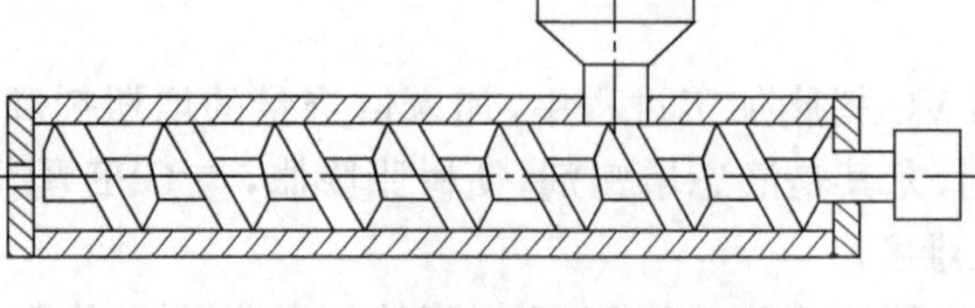

图 1-25　挤出机料斗加料装置

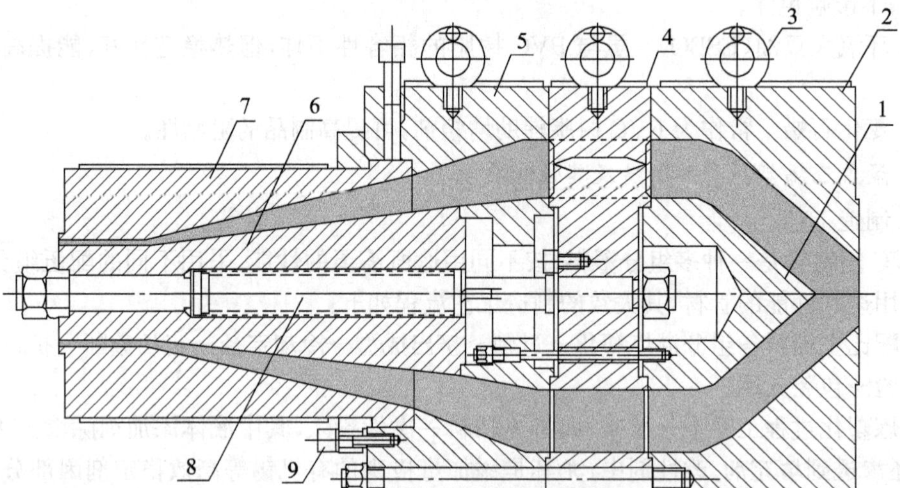

图 1-26　管材挤出机成型机头结构

1—分流梭;2—挤出机入口端;3—环首螺钉;4—分流梭支架;

5—口模支架;6—芯棒;7—口模;8、9—紧固件

管道间连接,主要有两种,用密封圈的柔性连接,如图 1-27 所示,以及溶剂黏结法刚性连接,如图 1-28 所示。前者于管道安装时,在连接处装有橡胶密封圈,管道连接后,还可任意伸缩和转动,即柔性连接;后者在承插件和插入件的接触面上涂有黏结剂,固化牢固,成为一体,即刚性连接。为此,制造管材过程中,一部分管段必须在扩口机上进行扩口,以方便安装连接,将承插件管段的一端进行平扩(溶剂粘接用)或 R 形扩口(柔性连接用),如图 1-27 和 1-28 所示。刚性连接结构也有采用热熔、电熔和热熔胶连接的,其扩口型式与图 1-28 相同。

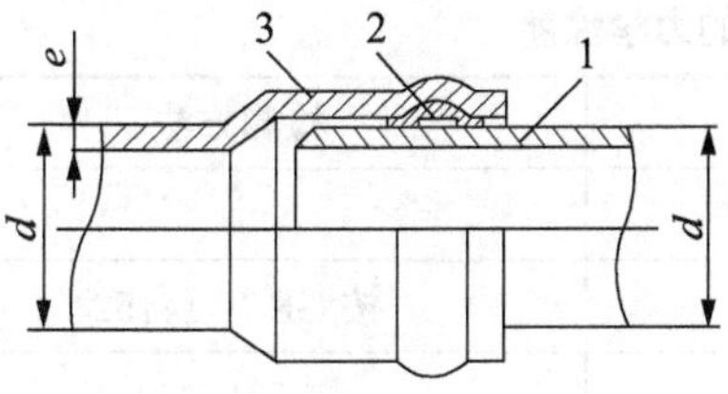

图1-27 密封圈柔性连接
1—插入管材；2—橡胶密封圈；
3—承插管材的R形扩口
e—管材壁厚；d—管材外径

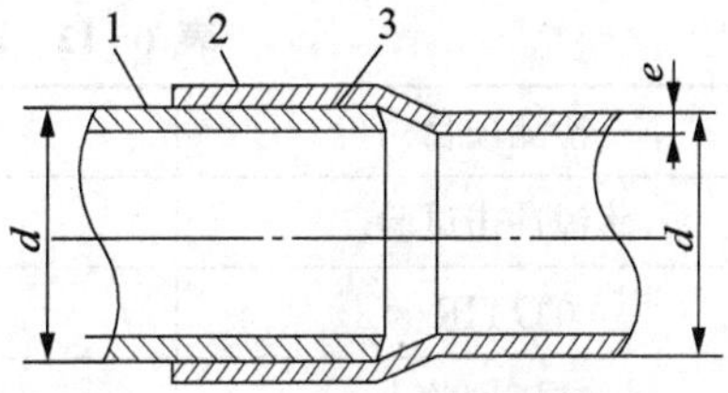

图1-28 溶剂黏结法刚性连接
1—插入管材；2—承插管材平扩口；
3—均匀涂覆的黏结剂；
d—管材直径；e—管材壁厚

2）应用选择

聚氯乙烯(PVC)管占各类塑料管总量的80%以上，而在混炼塑化过程中不加入增塑剂，如邻苯二甲酸二辛酯等辅料的称为：UPVC(Unplasticized Polyvinyl chloride)管或硬质聚氯乙烯(Hard polyvinyl chloride)管。常用的PVC管，除注明者外，主要是指UPVC管，按工作压力区分，可分为压力管和非压力管，压力管有给水压力管、饮用水压力管；非压力管有埋地排污排水管和建筑排水管。且主要为实壁管，也称平管。

UPVC给水压力管可以在一定压力下输送温度<45℃的介质，包括饮用水、非饮用水、各种气体，以及规定工况下的酸、碱、盐、酯等有机或无机化学介质，适用于建筑物内外挂壁或埋地敷设。安装管道时，应采用柔性连接，管材生产时需扩口。

输送饮用水的压力管，尤需注意卫生要求。其检测指标须符合“GB/T 1000 2.1—1996 给水用硬质聚氯乙烯(UPVC)管材”的技术要求，和“GB/T 17219—1998 生活饮用水输配水设备及防护材料的安全性评价标准”的卫生要求，如表1-10、表1-11、表1-12所示。

表1-10 UPVC给水压力管的卫生指标

检测项目	技术指标	检测方法
Pb萃取值	第一次萃取≤1.0mg/L	按GB 9466
	第三次萃取≤0.3mg/L	
Sn萃取值	第三次萃取≤0.02mg/L	按GB 9466
Cd萃取值	三次萃取，每次≤0.001mg/L	按GB 9466
氯乙烯单体含量	≤0.3mg/kg	按GB 4615

表1-11 UPVC给水压力管的物理性能

检测项目	技术指标	检测方法
密度	1350～1460kg/m³	按GB 1033
维卡软化温度	≥80℃	按GB 8802
纵向回缩率	≤5%	按GB 6671.1
CH_4Cl_2浸渍(15℃，15min)	表面无变化	按GB/T 13526

表 1-12 UPVC 给水压力管的力学性能

检测项目	技术指标	检测方法
落锤冲击试验		
0℃TIR	≤5%	按 GB/T 14152
液压试验	无破裂,无渗漏	按 GB 6111
连接密封试验	无破裂,无渗漏	按 GB 6111

注:TIR(Torn Impact ratio)——破损冲击率。

塑料对环境和人类健康的影响,主要在于塑化过程中的添加剂,所以,绿色建材应禁用下列各种有毒有害添加剂,如重金属(Hg、Pb、Cr、Cd 等)及其化合物;卤化烷烃和卤化二苯醚等有机物;烷基族的邻苯二甲酸盐类。这些物质都是对环境有害、对人类健康有毒的,化学建材生产过程中,必须按日后使用要求,严格掌握各种添加剂的选用。且在每根管材上打印上永久性标志,严格分类存放,以供正确选用。

UPVC 管道是热塑性材料,承载能力与工作温度相关,温度升高,其耐内压能力下降,如表 1-13 所示。

表 1-13 UPVC 管道耐内压能力—温度关系

介质温度(℃)	20	25	30	40	50	60
耐内压力比率(%)	100	95	85	65	35	10

不同用途的 UPVC 管道,都严格规定其使用温度范围,如上述 GB/T 10002.1—1996 规定输水温度<45℃,当在不同温度下工作时,须利用温度折减系数,校核其使用压力。

室内、外的给、排水管道,都应按表 1-14 计算其最大允许工作压力。GB/T 10002.1—1996 中规定 UPVC 给水压力管的公称压力,是指管道在 20℃温度时,输送水的工作压力。若温度超过 20℃,就应按表 1-14,在不同工作温度下的下降系数来修正工作压力,即用表中的下降系数乘以公称压力(PN)而得该工作温度下的最大允许工作压力值。但最高工作温度不得超过 45℃。

表 1-14 工作温度折减系数

工作温度(℃)	折减系数
0~25	1
25~30	0.8
30~35	0.76
35~40	0.70
40~45	0.63

UPVC 管道规格的选择,UPVC 管道的生产、使用都有严格规定。GB/T 1002.1—92 规定了 UPVC 给水管的公称外径、公称压力和公称壁厚,与 ISO 4422—1996 标准中规定的给水管公称外径和公称壁厚相对应,选用时,必须按标准选用公称壁厚,以承受使用压力。

表1-15 UPVC给水管的公称外径、公称压力和壁厚(C=2.5)

公称直径	公称壁厚 e_N				
	公称压力 PN(MPa)				
d_N	0.6	0.8	1.0	1.25	1.6
20					2.0
25					2.0
32				2.0	2.4
40			2.0	2.4	3.0
50		2.0	2.4	3.0	3.7
63	2.0	2.5	3.0	3.8	4.7
75	2.2	2.9	3.6	4.5	5.6
90	2.7	3.5	4.3	5.4	6.7
110	3.2	3.9	4.8	5.7	7.2
125	3.7	4.4	5.4	6.0	7.4
140	4.1	4.9	6.1	6.7	8.3
160	4.7	5.6	7.0	7.7	9.5
180	5.3	6.3	7.8	8.6	10.7
200	5.9	7.3	8.7	9.6	11.9
225	6.6	7.9	9.8	10.8	13.4
250	7.3	8.8	10.9	11.9	14.8
280	8.2	9.8	12.2	13.4	16.6
315	9.2	11.0	13.7	15.0	18.7
355	9.4	12.5	14.8	16.9	21.1
400	10.6	14.0	15.3	19.1	23.7
450	12.0	15.8	17.2	21.5	26.7
500	13.3	16.8	19.1	23.9	29.7
560	14.9	17.2	21.4	26.7	
630	16.7	19.3	24.1	30	

表1-15中的C称为管道总体设计使用系数，设计管道时，按管道的最小强度要求(Minimum strength requirement，MRS)，除以系数C(C为大于1的无量纲数)，而得的设计许用压力值σ_D(MPa)来设计管道。

管级(系列号)S，称为管系列号，无量纲数，与管道公称外径d_N和公称壁厚e_N相关的编号数，

$$S=\frac{(d_N/e_N)-1}{2}$$

标准尺寸比 SDR(Standard dimension ratio),表征公称外径 d_N 与公称壁厚 e_N 的比率,

$$SDR=d_N/e_N$$

这些都是设计管道时的优先数系列,生产、使用时,都须按这些系列选取。

1.4.3 聚乙烯管(PE 管)

原、辅料及其要求:

聚乙烯树脂(Polyethylene ,PE),由乙烯单体聚合而成,分子结构式:

$$\left[CH_2—CH_2 \right]_n$$

低压 PE,即高密度 PE(HDPE,密度 0.941～0.965g/cm^3),中压聚乙烯即中密度 PE(MDPE,密度 0.926～0.940g/cm^3),低密度高压聚乙烯(LDPE,密度 0.910～0.925g/cm^3)。表征聚乙烯树脂流动特性的指标,称为融体指数(MI)或熔体指数,是选用树脂牌号的主要参数,生产管材的 LDPE,MI≥2.0;线性低密度聚乙烯(LLDPE),MI 介于 0.6～0.8 为佳;HDPE 的 MI≤0.5,通常取 0.1～0.3 为佳;LDPE、LLDPE 和 HDPE 用作注塑管件时,MI 应小于 8;LLDPE 的 MI 应介于 6～8;LDPE 的 MI 应介于 1～6;HDPE 的 MI 应介于 1～8 为佳。

高密度聚乙烯(HDPE)给水管,须承受一定的压力,所以应选用 MI 小的树脂,MI 越小,树脂相对分子质量越大,机械性能越好,黏性大,流动性差,使 MI 指数变小。通常选用 MI 0.1～0.5g/10min 之间的 HDPE 树脂为生产给水用 PE 管的树脂。生产 PE 给水管时,只要选妥正确牌号的树脂粒料,直接挤出成型,不要如 UPVC 那样塑化混炼成熟料,才进行挤出成型。管内壁、外壁都光滑平整、无气泡、裂口、无变色线和划痕等缺陷。

表 1-16 HDPE 给水管的压力一壁厚选择(GB/T 13663—92)

公称直径 d_N	压力等级(MPa)							
	0.25		0.40		0.60		1.00	
	壁厚	极限偏差	壁厚	极限偏差	壁厚	极限偏差	壁厚	极限偏差
16							2.0	+0.4 −0
20							2.0	+0.4 −0
25					2.0	+0.4 −0	2.3	+0.5 −0
32					2.0	+0.4 −0	2.9	+0.5 −0
40			2.0	+0.4 −0	2.4	+0.5 −0	3.7	+0.5 −0
50			2.0	+0.4 −0	3.0	+0.5 −0	4.6	+0.7 −0

（续表）

公称直径 d_N	压力等级(MPa)							
	0.25		0.40		0.60		1.00	
	壁厚	极限偏差	壁厚	极限偏差	壁厚	极限偏差	壁厚	极限偏差
63	2.0	+0.4 −0	2.4	+0.5 −0	3.8	+0.5 −0	5.8	+0.8 −0
75	2.0	+0.4 −0	2.9	+0.6 −0	4.5	+0.6 −0	6.8	+0.9 −0
90	2.2	+0.5 −0	3.5	+0.6 −0	5.4	+0.7 −0	8.2	+1.1 −0
110	2.7	+0.5 −0	4.2	+0.7 −0	6.6	+0.8 −0	10.0	+1.2 −0
125	3.1	+0.5 −0	4.8	+0.7 −0	7.4	+0.9 −0	11.4	+1.3 −0
140	3.5	+0.6 −0	5.4	+0.8 −0	8.3	+1.0 −0	12.7	+1.5 −0
160	4.0	+0.6 −0	6.2	+0.9 −0	9.5	+1.1 −0	14.6	+1.7 −0
180	4.4	+0.7 −0	6.9	+0.9 −0	10.7	+1.2 −0	16.4	+1.9 −0
200	4.9	+0.7 −0	7.7	+1.0 −0	11.9	+1.3 −0	18.2	+2.1 −0
225	5.5	+0.8 −0	8.6	+1.1 −0	13.4	+1.4 −0	20.5	+2.3 −0
250	6.2	+0.9 −0	9.6	+1.2 −0	14.8	+1.6 −0	22.7	+2.4 −0
315	7.7	+1.0 −0	12.1	+1.5 −0	18.7	+1.7 −0	28.6	+3.1 −0

HDPE 给水管的尺寸规格，按压力等级选用，且已标准化，其压力等级与壁厚关系见表 1－16 所示。其力学性能应符合 GB/T 13663—92 的规定，如表 1－17 所示。HDPE 管的工作温度也限于 45℃以内，且其工作压力，必须随温度的升高而降低，如表 1－18 所示。

表 1－17　HDPE 给水管的力学性能(GB/T 13663—92)

检测项目		指标	检测方法
拉伸屈服强度(MPa)		≥20	按 GB 8802.2
纵向尺寸收缩率(%)		≤3	按 GB 6671.2
水压试验	温度:20℃，保压:1h，环应力:11.8MPa	不破裂,不渗漏	按 GB 6111
	温度:80℃,保压:170h,环应力:3.9MPa(或 4.9MPa)	不破裂,不渗漏	按 GB 6671.2

表 1－18　HDPE 给水管的工作温度—工作压力关系(GB/T 13663—92)

温度(℃)	0～20	20～25	25～30	30～35	35～40	40～45
工作压力修正系数	1	0.9	0.8	0.7	0.6	0.5

低密度聚乙烯(LDPE)给水管,LDPE 和 LLDPE 树脂的熔融黏度小,流动性好,易加工,所以其融体指数的选择范围宽,MI 0.3～3g/10min 间的树脂均适用于生产管材,如大庆乙烯厂生产的树脂牌号 24B、18D 都可选用。此外,LLDPE 树脂的工艺性能与使用性能,与其共聚体所用的单体相关,选料时,应选用挤出级,树脂的融体指数 MI 0.3～2.0g/10min 为佳。管材的生产工艺过程,基本上与 HDPE 管的生产工艺相同。

管材的尺寸规格,也按压力等级选用,且已标准化,其压力等级与壁厚关系,如表 1－19 所示。从表中我们看到 PE 管的壁厚比相同使用条件下的 UPVC 管厚很多,因为其拉伸强度、耐压和刚性都较低的缘故,而且企标(QB)1930—93 规定,只适宜生产公称直径 110mm 以下的管材。标准还规定了 LDPE 和 LLDPE 给水管的力学性能要求,如表 1－20 所示。输送饮用水的各种 PE 管都须符合 GB 9687—88 规定的卫生指标要求。

表 1－19　LDPE、LLDPE 给水管的使用压力—壁厚关系(QB 1930—93)

公称直径 d_N	公称压力					
	PN 0.4		PN 0.6		PN 1.0	
	管级系列号					
	S—6.3		S—4		S—2.5	
	公称壁厚 e_N		公称壁厚 e_N		公称壁厚 e_N	
	基本尺寸	偏差	基本尺寸	偏差	基本尺寸	偏差
16			2.3	+0.5 −0	2.7	+0.5 −0
20	2.3	+0.5 −0	2.3	+0.5 −0	3.4	+0.6 −0
25	2.3	+0.5 −0	2.8	+0.5 −0	4.2	+0.7 −0

（续表）

公称直径 d_N	公称压力					
	PN 0.4		PN 0.6		PN 1.0	
	管级系列号					
	S—6.3		S—4		S—2.5	
	公称壁厚 e_N		公称壁厚 e_N		公称壁厚 e_N	
	基本尺寸	偏 差	基本尺寸	偏 差	基本尺寸	偏 差
32	2.4	+0.5 −0	3.6	+0.6 −0	5.4	+0.8 −0
40	3.0	+0.5 −0	4.5	+0.7 −0	6.7	+0.9 −0
50	3.7	+0.6 −0	5.6	+0.8 −0	8.3	+1.1 −0
63	4.7	+0.7 −0	7.1	+1.0 −0	10.5	+1.3 −0
75	5.5	+0.8 −0	8.4	+1.1 −0	12.5	+1.5 −0
90	6.6	+0.9 −0	10.1	+1.3 −0	15.0	+1.7 −0
110	8.1	+1.1 −0	12.3	+1.5 −0	18.3	+2.1 −0

表1-20 LDPE和LLDPE给水管的力学性能(QB 1930—93)

项 目			指 标	检测方法
延伸率,%			≥350	按GB 8804.2
纵向回缩率,%			≤3.0	按GB 6671.2.A或B
水压试验	短期	温度20℃,保压:1h,环应力:6.9MPa	不破裂,不渗漏	按GB 6111
	长期	温度70℃,保压:100h,环应力:2.5MPa	不破裂,不渗漏	按GB 6111

1.4.4 聚丙烯(PP)管

原、辅料及其要求

聚丙烯(PP)树脂，是由丙烯聚合而成的线性高分子聚合物，其分子结构式为：

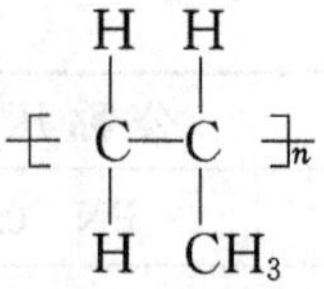

是热塑性塑料中最轻的一种,密度在 0.90～0.91g/cm^3,工作温度可达 95℃,化学稳定性和卫生性能十分优越,机械性能很好,不易裂开,抗蠕变能力强,加工性能也较好。其缺点是易氧化,耐老化性和耐冲击性较差。

由于聚合反应工艺的不同,PP 树脂分为三种:

(1) PP-H 树脂,以均聚 PP 树脂为原料,引入一定量的增韧改性剂,如聚丁二烯等橡胶类物质,或与 EVA 共混,加入量约 5%～20%左右。目前最为通用的是与乙丙橡胶共混,添加量为 15%～20%,显著改善聚合物的抗氧化性和抗冲击能力,不易老化,延长了使用寿命。但需要有共混塑化过程,以达到混炼匀化。

也可与 $CaCO_3$ 共混改性,添加量 30～100 份(以树脂量为 100 份计),显著提高了制品的尺寸稳定性和冲击韧性。可以用滑石粉共混改性,使制品表面光滑、收缩率降低,冲击韧性和热变形温度提高。但必须与填充 $CaCO_3$ 时一样,先经酞酸酯类偶联剂进行表面处理(3%),以改善与树脂的相容性,添加量为 10～40 份(质量份)。

用玻璃纤维(Glass Fibre,GF),填充 PP-H 树脂,以提高其机械性能,长度为 3～9mm。为提高与树脂的相容性,先以硅烷作表面处理,常用的硅烷偶联剂牌号为 A-151、A-150、KH-550,随即进入混炼塑化过程,与 PP-H 共混匀化,然后挤出成型,也可注塑、模压,具有较高的韧性、耐热,耐老化,不易变形,可用做轿车保险杠、电视机壳、齿轮、泵体等,价廉。性能与聚碳酸酯(PC)、尼龙(PA)和聚酯(PBT)等工程塑料相当。

所用的 PP-H 树脂,融体指数 MI0.2～0.4g/min(ASTM D 1238-79),熔点:165～175℃,弹性模量:1200MPa,最低强度要求(MRS):10N/mm^2。国产牌号:燕山石化的 1200 和 1300 型号,兰州化学公司的 K 型号,以及扬子石化的 B200 型号。

(2) PP-B 树脂,是化学改性树脂,将前一反应釜由丙烯单体均聚 PP,在第二釜中与乙烯嵌段共聚,构成乙烯-丙烯弹性段。这种 PP-B 树脂的流动性略差一些,但加工工艺性能依然很好,可以直接挤成管材,且价廉。所以它是嵌段共聚树脂,可直接供生产管材用,抗氧化剂和防老剂等辅料都已在聚合过程中添加,使用时,直接挤出成型。其弹性模量:1000 MPa,熔体流动速率≤0.5g/10min (230℃,2.16kg),树脂的最低强度(MRS):8N/mm^2。

(3) PP-R 树脂,是化学改性的无规共聚树脂。由于聚合工艺的改变,使分子结构改变,比 PP-H、PP-B 等具有更佳的抗裂性和耐老化性。其弹性模量为:808MPa,拉伸强度极限 26MPa,熔体流动速率 0.3g/10min(230℃,2.16kg),熔融状态下黏度大,比 PP-H 和 PP-B 的加工难度大。在-10℃环境温度下,脆性较大,100℃以上时,易软化变形,而同样温度条件下的 PP-H 和 PP-B 树脂的制品就好得多。

由此可知,PP 树脂有三种类型,PP-H 是均聚聚丙烯,称为一型树脂;PP-B 是嵌段共聚聚丙烯,称为二型树脂;PP-R 是无规共聚聚丙烯,称为三型树脂。但其性能上基本相似,所以,国标中规定的公称尺寸和壁厚都相同。如表 1-21 所示。用作饮用水管道时,其卫生指标须符合 GB/T 17219-1998 的规定:已在本节表 1-10 列出。

表1-21 PP-H、PP-B、PP-R给水管材使用工况——规格及其偏差(QB 1929-93)

公称直径 d_N	公称压力PN(MPa)											
	0.25		0.4		0.6		1.0		1.6		2.0	
	管级系列号 S											
	20		12.5		8.0		5.0		3.2		2.5	
	e_N		e_N		e_N		e_N		e_N		e_N	
16							1.8	+0.4 −0	2.2	+0.5 −0	2.7	+0.5 −0
20					1.8	+0.4 −0	1.9	+0.4 −0	2.8	+0.5 −0	3.4	+0.6 −0
25					1.8	+0.4 −0	2.3	+0.5 −0	3.5	+0.6 −0	4.2	+0.7 −0
32					1.9	+0.4 −0	2.9	+0.5 −0	4.4	+0.7 −0	5.4	+0.8 −0
40			1.8	+0.4 −0	2.4	+0.5 −0	3.7	+0.6 −0	5.5	+0.8 −0	6.7	+0.9 −0
50	1.8	+0.4 −0	2.0	+0.4 −0	3.0	+0.5 −0	4.6	+0.7 −0	6.9	+0.9 −0	8.3	+1.1 −0
63	1.8	+0.4 −0	2.4	+0.5 −0	3.8	+0.6 −0	5.8	+0.8 −0	8.6	+1.1 −0	10.5	+1.3 −0
75	1.9	+0.4 −0	2.9	+0.5 −0	4.5	+0.7 −0	6.8	+0.9 −0	10.3	+1.3 −0	12.5	+1.5 −0
90	2.2	+0.5 −0	3.5	+0.6 −0	5.4	+0.8 −0	8.2	+1.1 −0	12.3	+1.5 −0	15.0	+1.7 −0
110	2.7	+0.5 −0	4.2	+0.7 −0	6.6	+0.9 −0	10.0	+1.2 −0	15.1	+1.8 −0	18.3	+2.1 −0
125	3.1	+0.6 −0	4.8	+0.7 −0	7.4	+1.0 −0	11.4	+1.4 −0	17.1	+2.0 −0	20.8	+2.3 −0
140	3.5	+0.6 −0	5.4	+0.8 −0	8.3	+1.1 −0	12.7	+1.5 −0	19.2	+2.2 −0	23.3	+2.6 −0
160	4.0	+0.6 −0	6.2	+0.9 −0	9.5	+1.2 −0	14.6	+1.7 −0	21.9	+2.4 −0	26.6	+2.9 −0
180	4.4	+0.7 −0	6.9	+0.9 −0	10.7	+1.3 −0	16.4	+1.9 −0	24.6	+2.7 −0	29.9	+3.2 −0
200	4.9	+0.7 −0	7.7	+1.0 −0	11.9	+1.4 −0	18.2	+2.1 −0	27.3	+3.0 −0		

1.4.5 管件

(1) 管件的功能及其重要性　管件是管路中不可缺少的组成部分,起着管道间的相互连接,控制管内流动的介质、改变介质流量和流向的作用。

管件大多注塑成型,间歇性地生产,也就是模塑成型加工。物料用外加热和摩擦热加热至熔融塑化状态,在挤压力下物料通过喷嘴注入模具,充满型腔而成型,所以其混炼塑化过程依然是十分重要的工艺步骤。

(2) UPVC压力管件,具有一定的承压能力,其公称压力须不低于所连接管道承受的内压,因而,其壁厚不小于所连接管道的壁厚,从表1-15可知,压力管道有不同的内压等级。但为了减少模具起见,将同一规格的管件仅采用一种壁厚,即公称直径ϕ50mm以下的管件,不论其属于哪个压力级,均取1.6MPa系列的壁厚;公称直径ϕ50mm以上的,取1.0MPa系列的壁厚。用于饮用水管路中的压力管件还须有严格的卫生要求,必须符合国家规定的标准要求。

由于注塑成型加工,要求物料的流动性,比挤塑的更好一些,而选用聚合度较低的树脂,如PVC树脂,则用型号为S700或S800,即SG8或SG7型树脂,其中S700(SG8)的流动性最佳,更适于注塑成型加工。

除树脂外,还需要稳定剂、润滑剂、填充剂、改性剂等。由于注塑成型加工过程中注射压力大,物料流速快,摩擦热大,易造成物料分解,所以,热稳定剂用量比挤出时用得多些。UPVC饮用水管件采用有机锡稳定剂(T395)或硫醇有机锡稳定剂(T395A),用量少,热稳定性高,符合卫生要求,也是目前热稳定性最好的稳定剂。但它是液态,应先与树脂混炼2~3min,充分分散起效后,再添加其他组分。同时,凡使用硫醇有机锡稳定剂的车间,必须与使用铅盐类稳定剂的车间严格隔离,因其各自化学成分中的S和Pb,在室温下可生成不溶于水的黑色沉淀物PbS,而污染产品。

(3) PP-H、PP-B、PP-R管件,由于PP树脂的流动性好,加工塑化温度范围宽(160~240℃),开始分解温度为260℃,可以注塑加工出形状复杂、可厚可薄的精美光滑的管件。但必须采用同一生产厂同一牌号的树脂制造管材和管件,因PP管路的使用压力和工作温度都较高,当管件与管道材料性能上稍有差异,两者的相容性就下降,产生不同的伸缩变形量,从而酿成管件连接处泄漏、发裂、甚至脱落。

PP-H、PP-B、PP-R管件适用于工业、民用生活冷、热水、饮用水,以及采暖、空调等系统冷热水输送,水温不超过95℃。不适用于灭火系统和非水冷、热介质系统。图1-29所示为常用的各类塑料管件。

PP-H、PP-B、PP-R管件与管道的连接,采用热熔连接法,如图1-30(a)所示,图中管件承口尺寸:D_e—管件承口公称内径;L—承口最小长度;D_1和D_2—承口内径;图1-30(b)所示为电熔连接法的管件承口尺寸:D_1—熔合段最小内径;L_2—熔合段最短长度;L_1—管道插入长度。图1-29所示的各种管件,都可采用上述两种方法进行连接。

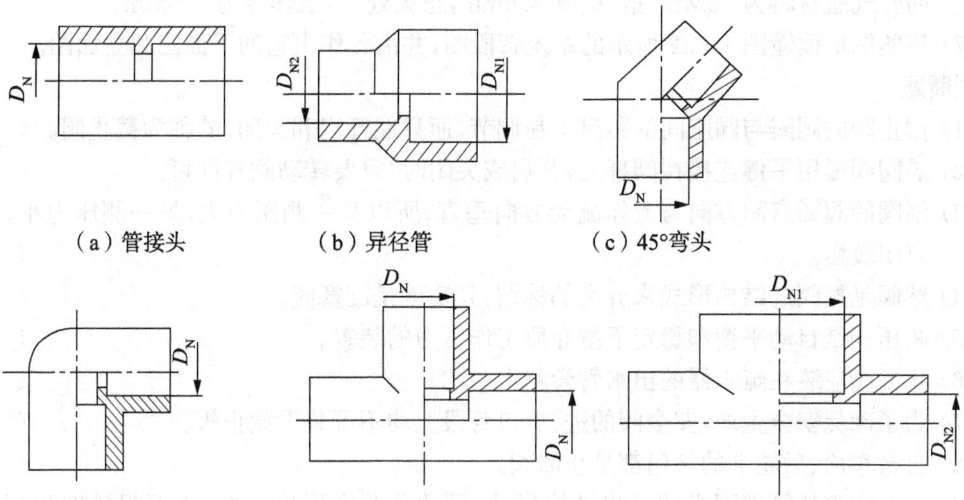

（a）管接头　（b）异径管　（c）45°弯头

（d）90°弯头　（e）等径三通　（f）异径三通

图 1－29　塑料管件

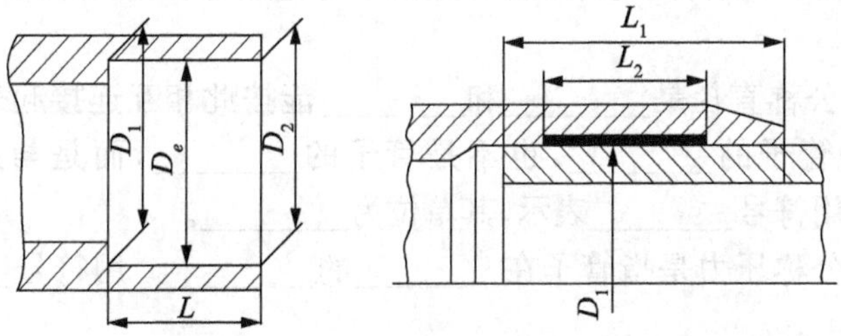

（a）热熔连接法　（b）电熔连接法

图 1－30　塑料管件与管道的连接

习 题 一

1. 思考题

(1) 做管子的材料种类有哪些？给水管用什么材料？排水管用什么材料？家用生活煤气管用什么材料？锅炉房输送出来的高压蒸汽管用什么材料？家用冰箱的冷却器管用什么材料？下水道的排水管用什么材料？输送化学腐蚀性介质的管子用什么材料？

(2) 你到过奉贤新校区旁海湾的海塘大水闸，看到过它的启闭和调整进出水量吗？从它的结构元件和动作原理来看，它是典型的闸阀(Gate valve)在当地水利上的成功应用，请详细说明动作过程。

(3) 疏水阀都装在管路最低处的水平段上，不宜装在垂直段上，为什么？

(4) 一旦把止回阀(check valve)的进口和出口装错了，那整个管路将会出现什么状况？

(5) 使用管子割刀切断的管子，切口内径缩小了，你应采用何种后续工序修整切口内径？

(6) 请你能否设计一下氧气瓶的试验压力是多少？其水压试验和气密性试验是如何进行

的？气瓶材料为42Mn2钢，壁厚4.5mm，正火处理，工作压力150atm。

(7) 请熟练地读懂图1－22所示的系统管段图，并由此作出它的平面图和立面图。

2. 判断题

(1) 截止阀的阀瓣与阀座间的距离不易调节，而只能开启和关闭，故称为截止阀。(　　)

(2) 蝶阀阀瓣用平健连接在阀杆上，开启或关闭时，只要转动阀杆即可。(　　)

(3) 闸阀的阀瓣启闭方向与流体流动方向垂直，所以其一侧压力大，另一侧压力小，而致启闭缓慢。(　　)

(4) 球阀是按阀的结构形式来分类的称谓，其实就是旋塞阀。(　　)

(5) 减压阀是自动平衡和稳定下游介质工作压力的装置。(　　)

(6) 止回阀应装在疏水器的出水管管路上。(　　)

(7) 为了确保安全生产，安全阀的进、出口管段上均不可装设截止阀。(　　)

(8) 自行车前、后轮上的气门都是止回阀。(　　)

(9) 一张完整的管件图必须标出结构尺寸、尺寸公差和形位公差、表面粗糙度和配合要求，所以它和机械零件制造图的绘图要求完全相同。(　　)

(10) 聚氯乙烯(Polyvinyl chloride，PVC)树脂混炼时，除加热作用外，还因物料分子间的内摩擦和物料与设备间的外摩擦作用而局部过热，使之发生降解。(　　)

3. 填空题

(1) 所谓管道的公称直径是________和________能按此相互连接起来的____________。它们既不是管子的________，也不是管子的________，而是与此________的一个________。用符号________表示，其单位为________。

(2) 所谓管道的公称压力是指管子在________的________。用符号________表示，其单位为________。

(3) 当管路中需要改变________和________，以及引出________时，就须选用________来实现。常用的________如________、________、________、________和由壬、束节等。

(4) 管道连接方法有________、________、________、________，其中________主要用于地下铸铁和混凝土管的连接。

(5) 管子套丝是在管端切出________，所用工具为________，按管子公称直径选用________，套在管端上，________旋转，即可切出________来。

(6) 弯管时，弯曲半径________愈困难，所以________只能用在弯曲半径≥管子公称直径4倍的场合；________可用在弯曲半径≥管子公称直径________的场合。

(7) 通常管道投入运行前，必须经过________和________，以检查管道系统的________和________是否达到设计要求，只有达到要求的，才能投入运行。

(8) 国产聚丙烯一型树脂(PP－H)是以均聚PP树脂为原料，与________或________共混，也可填充________，以增强其韧性、耐热、耐老化和不易变形。由于质轻、价廉、工艺性好而广泛使用，如Santana轿车上每辆采用了17.5kg此类材料的配件，例如保险杠、驾驶盘等。

4. 选择题

(1) 安装截止阀时，应使管道中流体(　　)流经阀盘。

1. 自上而下　2. 自下而上　3. 自左至右　4. 自右至左

(2) 减压阀(Pressure relief valve)之所以能调节介质压力是靠(　　)或(　　)来改变阀杆位置,以升降主阀阀瓣(Disc),改变阀门间隙而降低压力。

1. 先导阀　　2. 膜片和弹性元件

3. 波纹管　　4. 手动操作

(3) 切断管子时,除用管子割刀外,也可使用手工锯,管壁薄时,须选用(　　)。

1. 细齿锯条　2. 中齿锯条　3. 粗齿锯条　4. 随便取用

(4) 管道安装时,必须按照(　　)设计要求来安装。不清楚时可查看(　　)或(　　)。

1. 管道平面图　2. 管道立面图　3. 管段图　4. 系统管段图

第2章 系统仿真

仿真技术作为一门独立的科学已经有50多年的发展历史了,它不仅用于航天、航空各种系统的研制部门,而且已经广泛应用于电力、交通运输、通信、化工、核能各个领域。特别是近20年来,随着系统工程与科学的迅速发展,仿真技术已从传统的工程领域扩充到非工程领域,因而在社会经济系统、环境生态系统、能源系统、生物医学系统、教育系统也得到了广泛的应用,并且将随着计算机硬件技术的飞速发展而发挥更加重要的作用。为了适应科学技术的发展,作为21世纪的工科大学生必须要了解一些仿真方面的知识,为以后的学习和工作打下良好的基础。

本章简要介绍系统仿真及计算机技术的一些基本知识,为后面涉及的具体仿真训练的内容打下基础。

2.1 基本概念

2.1.1 常用术语

1. 系统

系统是指在一定条件下完成一定功能或实现一定目的,由若干互相联系、互相影响的部分或要素组成的一个整体。

描述系统的“三要素”包括实体、属性、活动。实体确定了系统的构成;属性也称为描述变量,用来描述每一实体的特性;活动定义了系统内部实体之间的相互作用,从而确定了系统内部发生的过程。举个例子说,我们可以把一个反应器定义为一个系统。该系统的“实体”包括反应器设备和反应器内的物料,反应器的设备特性和物料的特性就是这两个实体的“属性”,而整个生产过程就是“活动”。

2. 模型

模型就是系统某种特定功能的一种描述,它集合了系统必要的信息,通过模型可以描述系统的本质和内在的关系。

由于研究目的的不同,表达的特性不同,对同一事物、同一原型可用不同的模型加以描述。另外,也有可能使用同一模型描述不同的原型。关于模型的种类一般分为物理模型和数学模型两大类。物理模型与实际系统有相似的物理性质,它们与实际系统外貌相似,只不过按比例改变尺寸,如各种飞机、轮船的模型等。数学模型是用抽象的数学方程描述系统内部各个量之间的关系而建立的模型,这样的模型通常是一些数学方程。如带电粒子在电场中运动的数学模型，我们关心的是粒子的速度、位移随时间的变化。于是我们将系统的特征如电场强度、时间、粒子的荷质比全部数量化，根据动力学方程列出它们之间的关系，也就是数学模型：

$$\frac{\mathrm{d}v}{\mathrm{d}t}=\frac{qE}{m} \tag{2-1}$$

$$\frac{\mathrm{d}x}{\mathrm{d}t}=v \tag{2-2}$$

一般的计算机模拟模型都是数学模型。

评价模型的根本标准是适用、简单、预测性好。模型的好坏与是否使用了复杂的方法、是否使用了前沿的成果、是否使用了时髦的理论无关。

3. 仿真

"仿真"一词译自英语单词"Simulation"，有时也译作"模拟"。明确研究系统，建立系统的模型，然后在模型上进行实验，这一过程称为仿真。

2.1.2 系统仿真

系统仿真技术是利用计算机建立、校验、运行模拟系统的模型以得到系统的行为特性，从而达到分析、研究该实际系统目的的一种技术。这里的"系统"是广义的，它包括工程系统，如：电气系统、热力系统、计算机系统等；也包括非工程系统，如：交通管理系统、生态系统、经济系统等。

2.1.3 计算机仿真

计算机仿真就是利用计算机运算系统的数学模型来达到对被仿真系统的分析、研究、设计等目的。计算机仿真技术是集计算机技术、多媒体技术、通信技术、控制技术于一身的现代高科技技术，它能仿真出一个真实的环境，一种真实的感受，可应用于宇宙飞船、核电站、飞机、轮船、生产等各行各业的仿真训练。

2.2 仿真技术

2.2.1 系统仿真的分类

在工程技术界，系统仿真是通过对系统模型实验，去研究一个存在或设计中的系统。根据不同的分类标准可以对系统仿真进行分类。

根据被研究系统的特征，仿真可以分为两大类：连续系统仿真及离散事件系统仿真。连续系统仿真是指对系统状态变量随时间连续变化，其基本特点是能用一组方程来描述。离散事件系统仿真则是指系统状态只在一些时间点上由于某种随机事件的驱动而发生变化的系统。在两个事件之间状态变量保持不变，也即是离散变化的，这类系统的数学模型一般很难用数学方程来描述，通常是用流程图或网络图来描述。

按使用的计算机分类，则有：

(1) 模拟计算机仿真。由于模拟计算机能快速解算常微分方程,所以当采用模拟计算机仿真时,应设法建立描述系统特性的连续时间模型。由于在模拟计算机上进行的计算是"并行的",因此运算速度快。当参数变化时,容易掌握解的变化,这些是主要优点;主要缺点是:在处理多变量时或非线性较强的场合,对于偏微分方程难以求得高精度的解。

(2) 数字计算机仿真。20 世纪 60 年代后,由于数字计算机的发展,它已逐步取代早期采用的模拟计算机,而成为仿真技术的主要工具,它适用于把数学模型当作数字计算问题,用求解的方法进行处理,而且由于数值分析及软件的发展,使数字式仿真领域不断扩大,由于数字计算机不仅能解算常微分方程,而且还有较强的逻辑判断能力,所以数字式仿真可以应用于任何领域。如系统动力学问题,系统中的排队、管理决策问题。主要缺点是计算速度不如模拟式仿真。但近年来已开发了大量数字仿真的软件,因而提高了仿真工作的自动化程度。

(3) 混合计算机仿真。这是一种将模拟式仿真与数字式仿真的优点结合起来,通过一套混合接口(如 A/D,D/A 转换器)组合在一起的混合计算机系统。它兼有模拟计算机的快速性及数字计算机的灵活性,它不仅能解决系统的动力学问题,而且也能解决许多排队、管理决策等问题,并且还包括流程图形式的模型。这种仿真的结果是模拟模型和数字模型的最优系统,混合式仿真最近也应用于解偏微分方程和求最优值的问题。缺点是造价昂贵,难以在民用部门推广。表 2-1 列出了系统仿真的仿真类型、模型类型、计算机类型和经济性,可以对不同的类型进行比较。

表 2-1 系统仿真分类

仿真类型	模型类型	计算机类型	经济性
物理仿真(模拟仿真)	物理模型	模拟计算机	费用很高
半物理仿真(混合仿真)	物理—数学模型	混合计算机	费用中等
计算机仿真(数字仿真)	数学模型	数字计算机	费用不高

由表 2-1 可见,计算机仿真已成为系统仿真的一个重要分支,系统仿真很大程度上指的就是计算机仿真。计算机仿真技术的发展与控制工程、系统工程及计算机工程的发展有着密切的联系。一方面,控制工程、系统工程的发展,促进了仿真技术的广泛应用;另一方面,计算机的出现以及计算机技术的发展,又为仿真技术的发展提供了强大的支撑。计算机仿真一直作为一种必不可少的工具,在减少损失、节约经费开支、缩短开发周期、提高产品质量等方面发挥着重要的作用。

2.2.2 计算机仿真的发展历史及其展望

计算机仿真开始于 20 世纪 40 年代,最初的计算机仿真主要采用模拟计算机,50 年代末为了研究洲际导弹研制出了数字-模拟混合计算机,60 年代后期由于数字计算机的飞速发展,数字计算机逐步占领仿真领域,现在模拟计算机及混合计算机已经很少使用了。

进入 21 世纪,计算机仿真进入了飞速发展的时代。2001 年世界计算机仿真大会的主题是:"用仿真来构造未来",并明确当前计算机仿真的六大挑战性课题,包括核聚变反应、宇宙起源、生物基因工程、结构材料、社会经济、作战模拟等。未来 10 年的计算机仿真研究将集中于大规模复杂系统的仿真。战争指挥就是一类复杂系统仿真。未来的计算机仿真的主要特点是超大规模、模糊化、智能化。对于仿真机而言，也必须超大规模，只有智能主体，方便知识推理，善于学习和知识积累的新颖的体系结构。人类有望在新的世纪里窥测未来和享受未来生活，那是计算机仿真构造的未来世界。

2.2.3 计算机仿真的用途

计算机仿真的用途十分广泛，它可应用于系统生命周期的三个阶段，即系统论证—分析、系统开发—建立和系统运行—维护。

在系统论证—分析阶段，计算机仿真可用于论证新系统建立的可能性及必要性，分析原有系统存在的问题及改进的途径，减少盲目性和投资风险。在系统开发—建立阶段，计算机仿真可用于实验所建立的系统(或子系统)的动态性能，帮助现场人员进行系统调试与安装，缩短研制周期，提高工程质量。在系统运行—维护接待，计算机仿真可用于对系统运行进行指导(如调度)，训练系统的操作人员或管理人员，提高系统的运行质量。

可能有人会说，这些事情在真实系统上做不是更好吗？为什么要仿真呢？主要原因在于：

(1) 系统还处在设计阶段，真实的系统尚未建立，人们需要更准确地了解未来系统的性能，这只能通过对模型的实验来了解。

(2) 在真实系统上进行实验可能会引起系统破坏或是发生故障，例如，对于一个真实的化工系统或是电力系统进行没有把握的试验将会冒巨大的风险。

(3) 需要进行多次试验时，难以保证多次系统试验的条件都相同，因而无法准确判断试验结果的优劣；

(4) 系统试验时间太长或费用昂贵。

早期的仿真主要是物理仿真(或称实物仿真)，采用的模型是物理模型，物理仿真的优点是直观、形象化，如柴油机模型，建筑物模型等。但是要为系统构造一套物理模型，尤其是十分复杂的系统，将花费很大的投资，周期也很长。另外，在物理模型上做实验，很难修改其中的参数，改变系统结构也比较困难，而且它对真实系统的贡献并不大。至于社会、经济现象和生态系统就更无法用实物来做仿真实验了。故现在广泛采用的是数字仿真，为所研究的系统建立合适的数学模型，通过计算机求出相应的数值解并作出相应的二维或三维图像、动画。

在某些系统的研究中，还把数学模型与物理模型以及实物结合起来一起实验，这种仿真称为数学—物理仿真，或称为半实物仿真。

现在我们说的计算机仿真主要是数字仿真，或是半实物仿真。它主要包括三个要素：系统、系统模型与计算机。联系这些要素的三个基本活动是：模型的建立(抽象出数学关系式)、仿真模型的建立(选择合适的算法)和仿真实验(运行程序并进行分析)。

2.2.4 计算机仿真的步骤

计算机仿真，概括地说包括“建模—实验—分析”这三个基本部分，即仿真不是单纯的对模型的实验，而且包括从建模到实验到分析的全过程。因此进行一次完整的计算机仿真应经过以下步骤：

(1) 明确仿真对象(系统)　要明确以什么样的精密度来校正对象的哪一部分和仿真什么样的行为，并根据仿真的目的确定所研究系统的边界及约束条件，以及系统的规模及变量

个数等;

(2) 建立数学模型(或流程图) 建立什么样的数学模型与建模的目的有密切的关系。如果仅仅要求了解系统的外部行为,则要设法建立一个描述系统的外部行为的外部模型;如果不仅要了解系统的外部行为,还要求了解系统内部的活动规律,就要设法建立一个描述系统输入集合、状态集合及输出集合之间关系的模型,称为内部模型或状态模型;

(3) 模型变换 即把数学模型变成计算机可以接受的形式,称为仿真模型;

(4) 设计仿真实验 例如利用数学公式、逻辑公式或算法等来表示实际系统的内部状态和输入输出之间的关系;

(5) 模型装载 把模型装入计算机;

(6) 仿真实验 模型装入计算机后,便可以利用计算机对模型进行各种规定的实验,并测定其输出;

(7) 实验结果的评价和分析 首先要确定评价标准,然后反复进行仿真,对多次仿真的数据进行分析、整理,从代替方案中选出最优系统或找出系统运用的最优值,列出仿真报告并输出。

2.3 化工仿真

化工仿真实习软件具有真实的工业背景,其工艺流程、设备结构和自控方案都来源于实际。下面介绍此仿真软件界面操作方法和操作要点。

2.3.1 概述

化工仿真实习软件根据操作需要设计七种基本画面。

(1) 流程图(G1—G4),仿真实习的主操作画面,如图 2-1 所示。

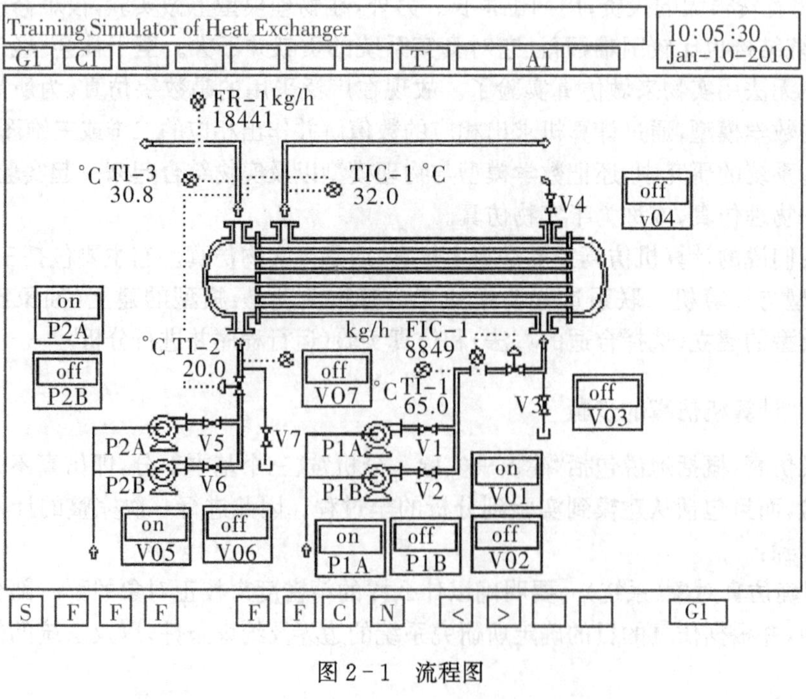

图 2-1 流程图

(2) 控制组(C1—C4),集中组合调节器、手操器或开关,如图 2-2 所示。

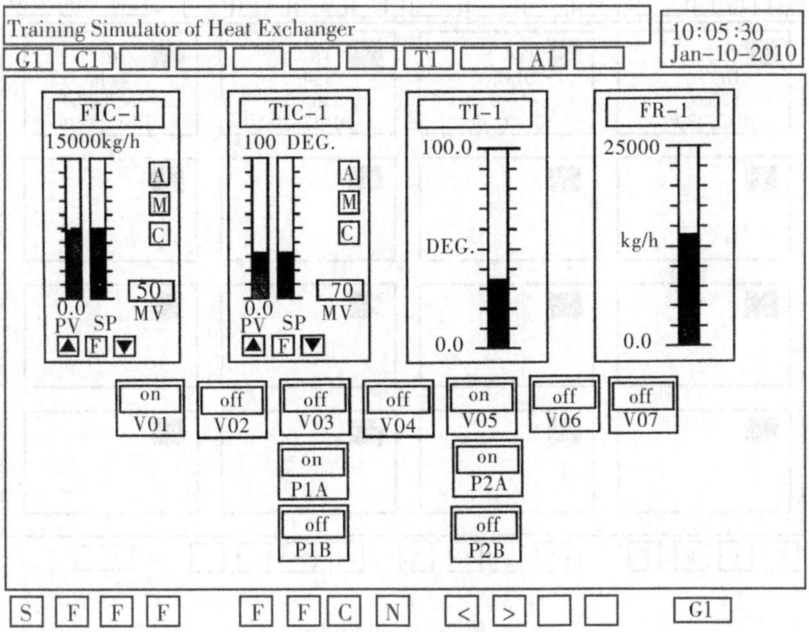

图 2-2 控制组

(3) 趋势组(T1、T2),集中组合重要变量趋势曲线,如图 2-3 所示。

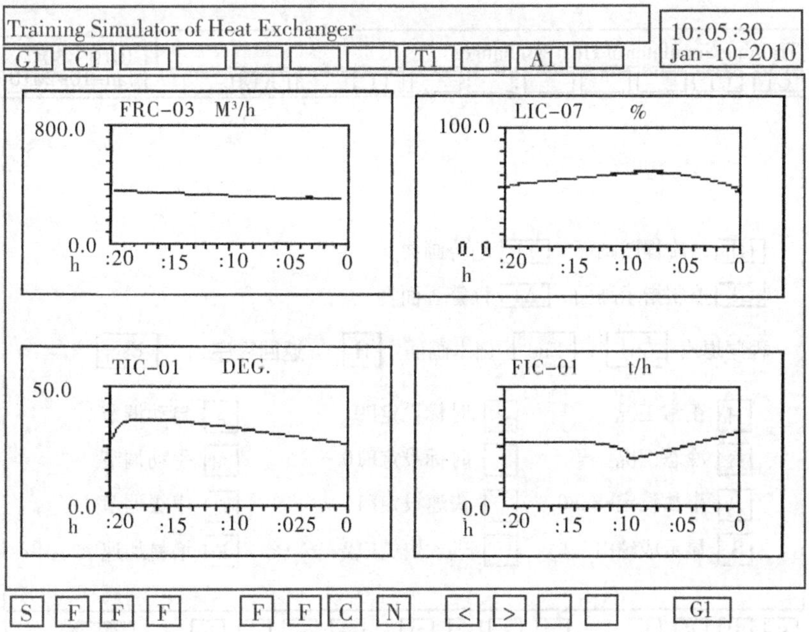

图 2-3 趋势组

(4) 报警组(A1、A2),集中组合重要变量超限声光报警,如图 2-4 所示。

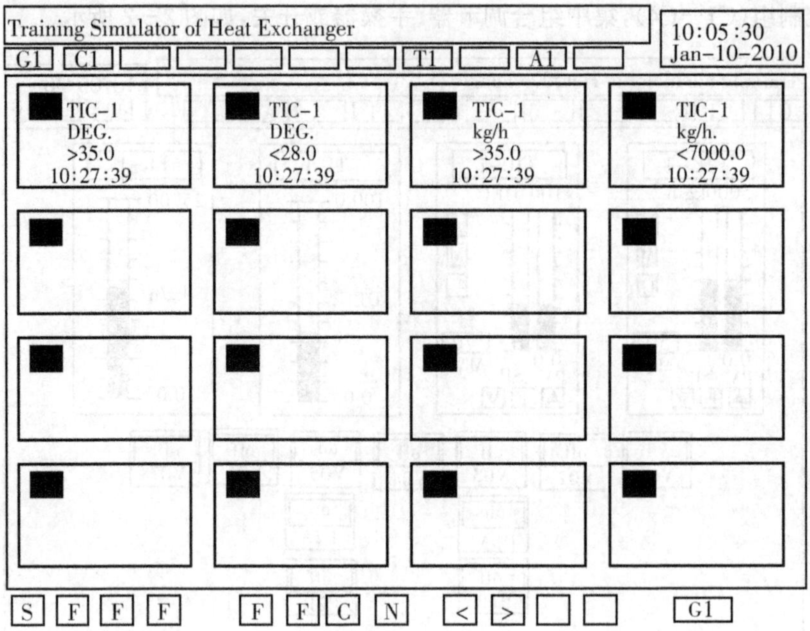

图 2-4　报警组

(5) 帮助,操作过程中随时可以调出(按键盘的 H 键即可调出),如图 2-5 所示。

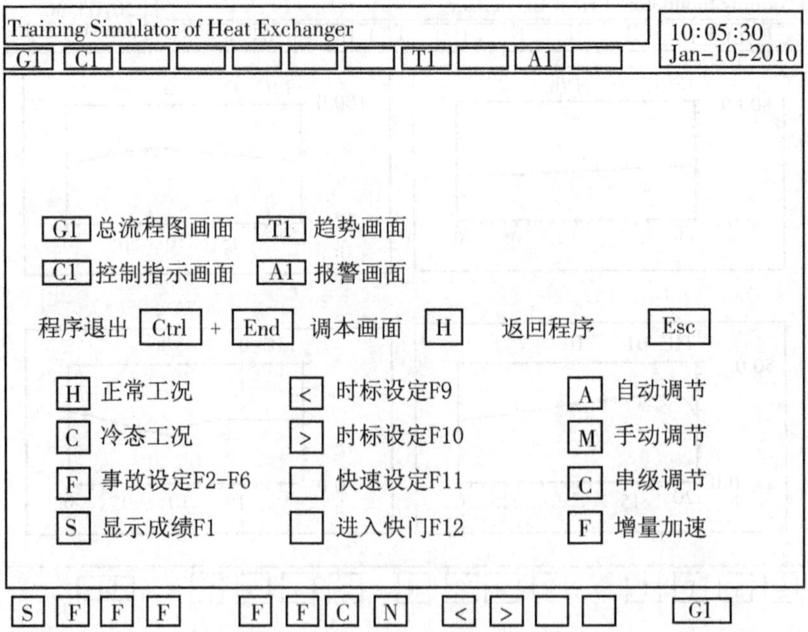

图 2-5　帮助

(6) 开车成绩显示位图(按键盘的 F1 键调出),如图 2-6 所示。

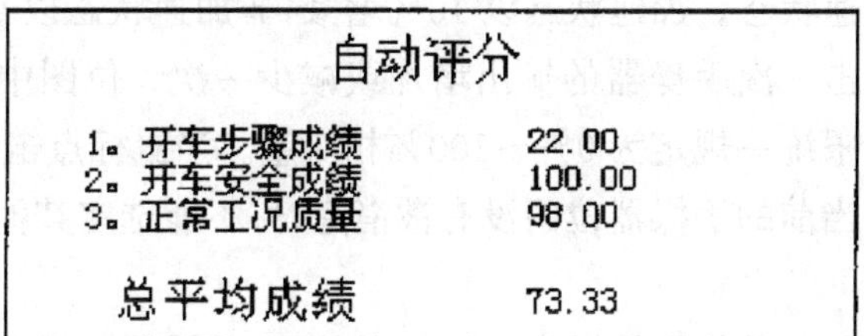

图 2-6 成绩显示

(7) 评分记录(按键盘 Alt+F 键调出),如图 2-7 所示。

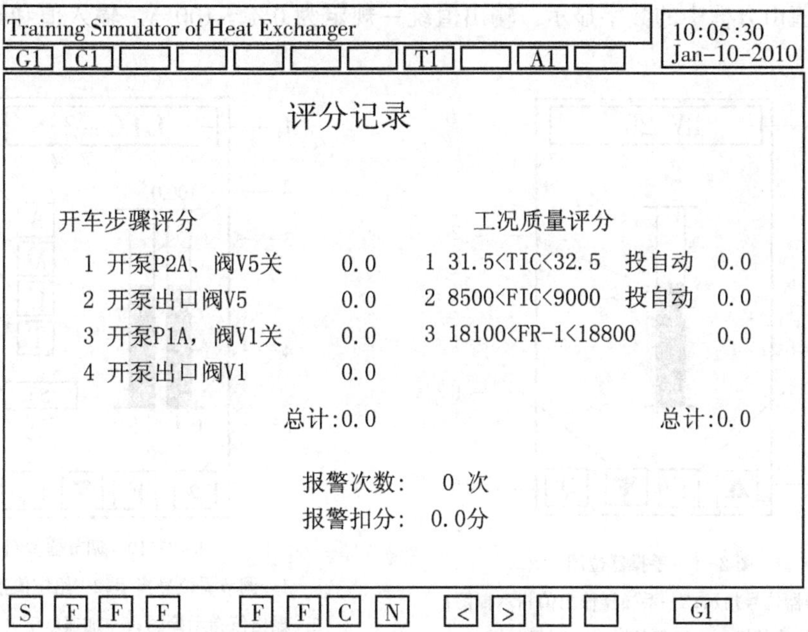

图 2-7 评分记录

2.3.2 主要操作

(1) 开关位图

如图 2-8 所示,开关位图的操作方法如下:用鼠标左键点击开关选定框(彩色区域),每点击一次开关状态切换一次。"开"状态为"on"(背景为红色)、"关"状态为"off"(背景为绿色)。

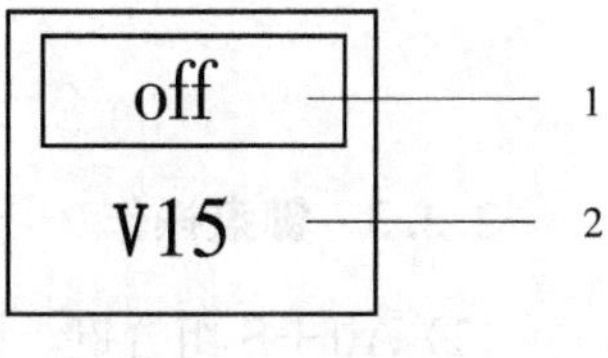

图 2-8 开关位图
1—开关状态指示及选定框;
2—开关位号指示

(2) 手操器位图

如图 2-9 所示,手操器位图的操作方法如下:用鼠标指向手操器位号处,其上出现一个长方形的绿色单线矩形框,点击鼠标左键,在图面的右上角将立即弹出手操器位图。用鼠标左键点击手操器位图中的加速软键后,其状态在加速与非加速之间切换。键位颜色变深为加速状态,变浅为非加速状态。加速状态以10%增减,非加速状态以0.5%增减。当点击增量或减量软键时,每点击一次手操器的输出增加或减少一次。位图中红色的指示棒图显示手操器的开度,其上下限统一规定为0%~100%相对量。当鼠标点击消隐软键,则当前选定的手操器位图消隐;若当前的手操器位图没有被消隐时,不能选定其他手操器。

(3) 调节器位图

如图2-10所示,调节器位图的操作方法如下:用与手操器的操作同样的方法调出调节器位图。设定各操作软键的方法都是用鼠标使其颜色加深。设定串级的方法是使串级软键颜色加深,且相关的主、副调节器均处于串级及自动状态。当调节器处于手动状态时,位图中的增、减软键和加速软键控制调节器的输出。当调节器处于自动状态时,位图中的增、减软键和加速软键控制调节器的设定。调节器的输入值由绿色棒图指示,给定值由红色棒图指示,输出值由方框中的数字显示。输出值统一规定为0%~100%。输入值和给定值的上下限一致。

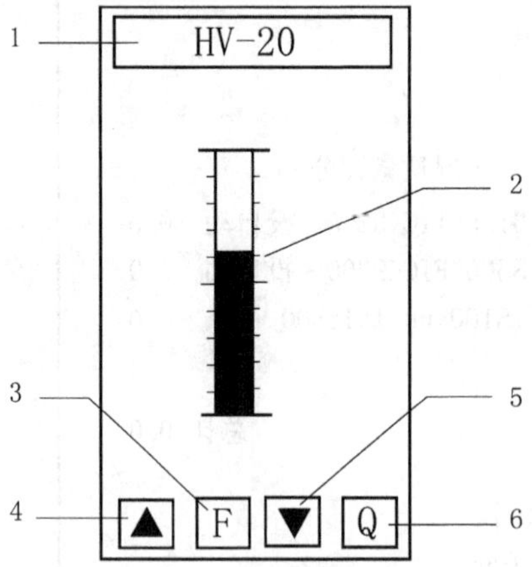

图2-9 手操器位图

1—手操器位号指示;2—手操器输出值指示棒图;
3—加速软键;4—增量软键;5—减量软键;
6—消隐软键

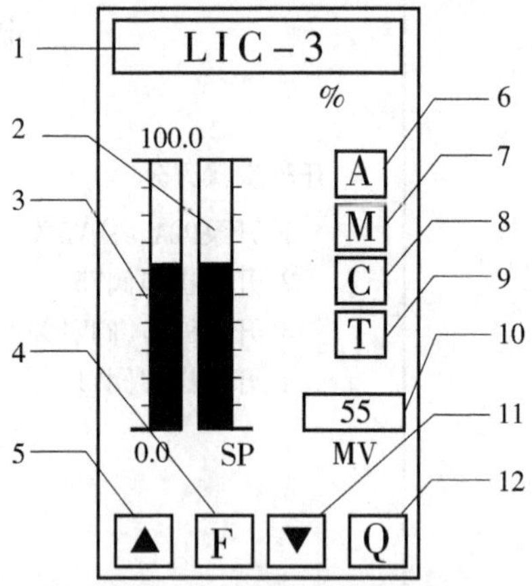

图2-10 调节器位图

1—调节器位号指示;2—给定值指示棒图;
3—输出值指示棒图;4—加速软键;5—增量软键;
6—自动软键;7—手动软键;8—串级软键;
9—参数整定位图导出、消隐软键;
10—调节器输出指示;11—减量软键;
12—调节器位图消隐软键

2.3.3 键盘操作

(1) Alt+S组合键　随机存入工况(图2-11),可以存储1,2,3,4,5,6,7,8,9,0共10个状态。存入的文件事后可随机读取。完成后按回车键返回。

(2) Alt+R组合键　随机读取工况(图2-12),可以随时读取已经存储的任一状态。

(3) Alt+F组合键　可以查询详细的评分记录。

(4) F1键　可以随时查询开车成绩。

(5) F7键　冷态工况,若要重新开车按此键。

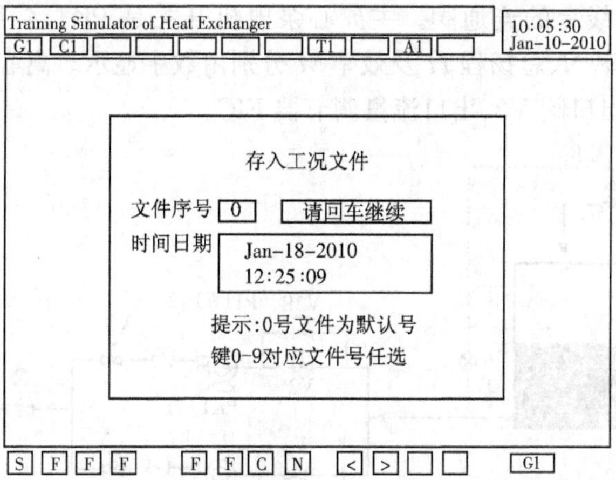

图 2-11　随机存入工况文件

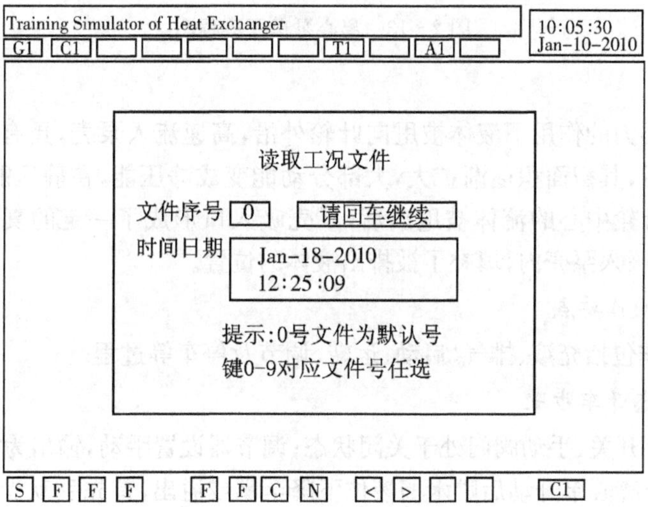

图 2-12　读取历史工况文件

(6) F8 键　正常工况，开车正常后的状态。

(7) F2，F3，F4，F5，F6 键　事故状态，每一个键对应一种事故状态，可以训练操作人员排除故障的能力。

2.4　离心泵及液位单元操作

1. 工艺流程

如图 2-13 所示，离心泵系统由一个贮水槽、一台主离心泵、一台备用离心泵、管线、调节器及阀门等组成。外界水源由调节阀 V1 控制进入贮水槽，其管线上有孔板流量计 FI 检测显示流量。调节器 LIC 控制水槽液位。离心泵的入口管线连接至水槽下部。管线上有手操器 V2、旁路备用手操器 V2B 和离心泵入口压力表 PI1。离心泵设有高点排气阀、低点排液阀及高低点连通管线上的连通阀。主离心泵电机开关是 PK1,备用离心泵电机开关是 PK2。离心泵电机功率 N、总扬程 H 及效率 M 分别由数字显示。离心泵出口管线设有出口压力表 PI2、止回阀、出口阀 V3、出口流量调节器 FIC。

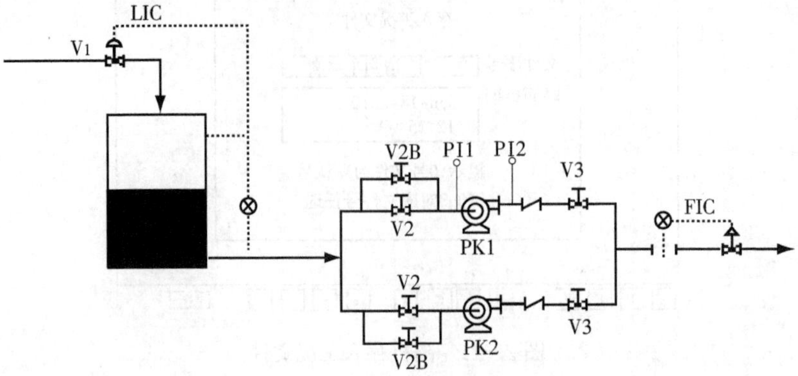

图 2-13 离心泵单元流程图

2. 工作原理

离心泵在离心力的作用下液体被甩向叶轮外沿,高速流入泵壳,具有很高的动能,当液体到达蜗形通道后,其截面积逐渐扩大,大部分动能变成静压能,在静压能的作用下被送至所需的地方。当叶轮中心的流体被甩出后,泵壳吸入口形成了一定的真空,在压差的作用下,液体经吸入管吸入泵壳内,填补了被排出液体的位置。

3. 离心泵的操作要点

离心泵的操作包括充液、排气、启动、运转、调节及停车等过程。

4. 离心泵冷态开车步骤

(1) 检查所有开关、手动阀门处于关闭状态;调节器设置手动,输出为零。

(2) 为了防止离心泵开动后贮水槽液位下降至零或溢出,首先手动操纵 LIC 的输出,使液位升至 50%时投自动,实行无扰动切换。

(3) 进行离心泵充水和排气操作。开启离心泵入口阀 V2。开启离心泵排气阀 V5,直至排气口出现蓝色点,表示排气完成。关闭阀门 V5。

(4) 在泵出口阀 V3 关闭后,开启离心泵电机开关 PK1,低负荷启动电动机。

(5) 开启离心泵出口阀 V3,此时泵输出流量为零。

(6) 手动调整 FIC 的输出,使流量逐渐上升至 6kg/s 且稳定不变时投自动。

(7) 当贮水槽入口流量 FI 与离心泵出口流量 FIC 达到动态平衡时,离心泵开车达到正常工况。

5. 离心泵的停车操作

(1) 将 FIC 置手动,将输出逐步降为零。

(2) 关闭离心泵出口阀 V3。

(3) 将 LIC 置手动,将输出逐步降为零。

(4) 关闭 PK1。

(5) 关闭离心泵进口阀 V2。

(6) 开启离心泵低点排液阀 V7 及高点排气阀 V5，直至蓝色点消失，说明泵体中的水排干。最后关闭 V7。

6. 事故设置及排除

(1) 离心泵入口阀门堵塞

事故现象：离心泵输送流量降为零。离心泵功率降低。流量超下限报警。

排除方法：首先关闭出口阀 V3，再开启旁路备用阀 V2B，最后开启 V3 阀恢复正常运转。

(2) 电机故障

事故现象：电机突然停转。离心泵流量、功率、扬程和出口压力均降为零。贮水槽液位上升。

排除方法：立即启动备用泵。首先关闭离心泵出口阀 V3，停主泵电机开关 PK1，开启备用电机开关 PK2，最后开启泵出口阀 V3。

(3) 离心泵"气缚"故障

事故现象：离心泵几乎送不出液体，检测数据波动，流量超下限报警。

排除方法：及时关闭出口阀 V3，关电机开关 PK1，打开高点排气阀 V5，直至蓝色点出现后，关闭阀门 V5，然后按开车规程开车。

(4) 离心泵叶轮松脱

事故现象：离心泵流量、扬程和出口压力降为零，功率下降，贮水槽液位上升。

排除方法：与电机故障相同，启动备用泵。

(5) FIC 流量调节器故障

事故现象：FIC 输出值大范围波动，导致各检测量波动。

排除方法：迅速将 FIC 调节器切换为手动，通过手动调整，使过程恢复正常。

7. 思考题

(1) 离心泵的主要构件有哪些？各起什么作用？

(2) 同一型号相同工厂制造的离心泵特性曲线完全一样吗？

(3) 如何在仿真系统上测试离心泵特性曲线？

(4) 何为离心泵气缚现象？如何克服？

(5) 为什么离心泵开车前必须充液、排气？否则会出现什么后果？

(6) 为什么离心泵开动和停止时都要在出口阀关闭的条件下进行？

2.5 换热器

1. 工艺流程

此单元仿真的对象是双程列管式结构的换热器。管程走冷却水，壳程走的是 30% 的磷酸钾溶液。工艺流程说明如下。

冷却水经过泵 P2A、阀门 V5 或备用泵 P2B、阀门 V6 进入到换热器的管程，在管程中经过一个往返换热后离开换热器。在冷却水的出口管线上装有冷却水的出口温度显示仪表

TI－3 和冷却水流量显示仪表 FR－1。磷酸钾溶液经过 P1A、阀门 V1 或备用泵 P1B、阀门 V2 进入到换热器的壳程，换热后离开换热器。磷酸钾溶液的出口温度通过调节管程冷却水的流量来控制。另外，阀门 V4 是高点排气阀。阀门 V3 和 V7 是低点排液阀。

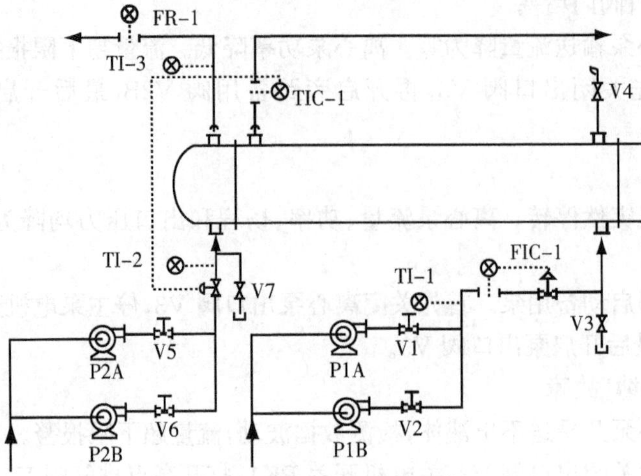

图 2－14　换热器流程图

2. 开车步骤

(1) 检查并保证各开关、手动阀门处于关闭状态；各调节器处于手动状态且输出为零。

(2) 开启冷却水泵 P2A 和 P2A 的出口阀 V5。

(3) 调节器 TIC－1 处于手动状态。逐渐开启冷却水调节阀开度至 50%。

(4) 开启磷酸钾溶液泵 P1A 和 P1A 的出口阀 V1。

(5) 调节器 FIC－1 处于手动状态，逐渐开启磷酸钾溶液调节阀开度至 10%。

(6) 壳程高点排气：开启阀 V4，直到 V4 阀出口显示蓝色点标志，指示排气完成，关闭 V4 阀。

(7) 手动调整冷却水量，当壳程出口温度手动调节至(32±0.5)℃且稳定时投自动。

(8) 缓慢提升负荷，逐渐手动将磷酸钾溶液的流量增加至 8800kg/h 左右时投自动。开车达正常工况的设计值可以按 F8 键调出状态查看。

3. 停车步骤

(1) 调节器 FIC－1 切换到手动，关闭调节阀。

(2) 停泵 P1A，关闭出口阀 V1。

(3) 将调节器 TIC－1 切换到手动，关闭调节阀。

(4) 停泵 P2A，关闭出口阀 V5。

(5) 开低点排液阀 V3 和 V7。等待蓝色点标志消失，此时排液完成，停车操作完成。

4. 事故设置及排除

(1) 换热效率下降

事故现象：事故初期壳程出口温度上升，冷却水出口温度上升。由于自控作用将冷却水流量开大，使壳程出口温度和冷却水出口温度回落。

处理方法：开高点放气阀 V4。将气排净后，恢复正常。

(2) P1A泵坏

事故现象:热流流量和冷却水流量同时下降至零,温度下降报警。

处理方法:启用备用泵P1B,按开车步骤重新开车。

(3) P2A泵坏

事故现象:冷却水流量下降至零,热流出口温度上升报警。

处理方法:启用备用泵P2B,开启出口阀V6;关闭泵P2A及出口阀V5。

(4) 冷却器内漏

事故现象:冷却水出口温度上升,导致冷却水流量增加,开启排气阀V4试验无效。

处理方法:停车。

(5) TIC—1调节器工作不正常

事故现象:TIC—1的测量值指示达上限,输出达100%;热流出口温度下降,无法实现自动控制。

处理方法:将TIC—1切换到手动。通过现场温度指示,手动调整到正常。

5. 思考题

(1) 列管式换热器由哪些部件组成?

(2) 什么是管程?什么是壳程?

(3) 壳程的折流板起什么作用?举出两种折流板形式。

(4) 多管程热交换器的结构有何特点?对传热效果有什么好处?

(5) 当外壳和列管的温差较大时,常用哪几种方法对热交换器进行热补偿?

(6) 影响换热器传热速率的因素有哪些?

(7) 简述换热器流体流道选择的一般原则。

(8) 换热器开车前为什么必须进行高点排气?

(9) 换热器停车后为什么必须进行低点管程、壳程排液?

(10) 怎么判断本换热器运行时发生内漏?

(11) 列举两种换热器温度控制方案并说明控制原理。

2.6 连续反应

1. 工艺流程

如图2-15所示,带搅拌的连续釜式反应器(CSTR)是工业生产过程中常见的单元设备。反应过程是丙烯聚合,此过程采用两釜并联进料、串联反应的流程。聚合反应在己烷溶剂中进行,所以称为溶剂淤浆法聚合。第一聚合釜D—201同时设有夹套冷却水散热和汽化散热,用以及时移走反应产生的大量热量。汽化散热是汽化气体经冷却器E—201进入D—207罐,D—207罐上部汽化空间的含氢(相对分子质量调节剂)未凝气体通过鼓风机C—201经插入釜底的气体循环管返回首釜D—201,形成丙烯气体压缩制冷回路来实现的。第二釜D—202采用夹套冷却和浆液釜外循环散热,浆液釜外循环管线上有一个换热器,用冷却水移走热量。

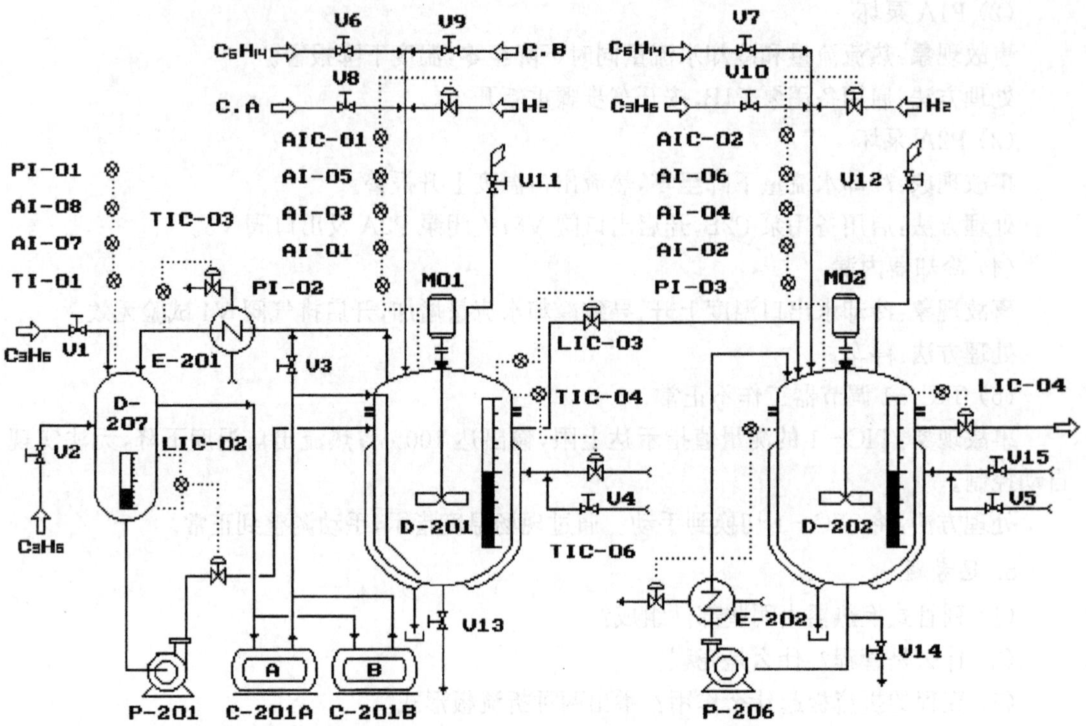

图 2-15　连续反应流程图

连续反应工艺流程说明如下:新鲜丙烯经阀门 V1 进入储罐 D-207;少量后续工段回收的循环丙烯经阀门 V2 进入储罐 D-207,两种物流在储罐 D-207 中混合。混合后的物料再经泵 P-201 输送到第一聚合釜 D-201。己烷经过阀门 V6 和阀门 V7 分别进入第一聚合釜 D-201 和第二聚合釜 D-202。第一聚合釜 D-201 由阀门 V8 与阀门 V9 分别控制添加催化剂 A 和活化剂 B。气相丙烯经阀门 V10 进入第二聚合釜 D-202 作为补充进料。少量氢气分别通过调节阀 AIC-01 和调节阀 AIC-02 进入两釜,控制聚丙烯熔融指数。熔融指数表征了聚丙烯的分子量分布,是操作过程中需要重点控制的指标。

2. 主要设备的操作要点

第一聚合釜的主要操作点:超压或停车时使用的放空阀 V11,釜底泄料阀 V13,夹套加热热水阀 V4,搅拌器电机开关 M01,气体循环冷却手动调整旁路阀 V3,鼓风机开关 C01 及备用鼓风机开关 C1B。

第二聚合釜的主要操作点:超压或停车时使用的放空阀 V12,釜底泄料阀 V14,夹套加热热水阀 V5,夹套冷却水阀 V15,搅拌器电机开关 M02,浆液循环泵电机开关 P06。

储罐 D-207 的主要操作点:丙烯进料阀 V1,循环液相回收丙烯进料阀 V2,丙烯输出泵 P-201 开关 P01 及备用泵开关 P1B。

3. 冷态开车步骤

(1) 检查并确保所有阀门处于关闭状态,各泵、搅拌和压缩机处于停机状态。

(2) 将己烷进口阀 V6 的阀门开度调到 50%,向第一聚合釜 D-201 充己烷。当液位达 50%时,将调节器 LIC-03 投自动。

(3) 将己烷进口阀 V7 的阀门开度调到 50%，向第二聚合釜 D—202 充己烷。当液位达 50%时，将调节器 LIC—04 投自动。

(4) 开丙烯进料阀 V1，向储罐 D—207 充丙烯。当液位达 50%时，开泵 P—201，将调节器 LIC—02 投自动。

(5) 开鼓风机 C—201A 的开关 C01。全开手操阀门 V3，使丙烯气走旁路而暂不进入反应釜。手动调节 TIC—03 使其阀开度约 30%，使冷却器 E—201 预先工作。

(6) 开启第一聚合釜 D—201 的搅拌电机 M01。打开催化剂阀 V8 和 V9，开度都为 50%。控制夹套热水阀 V4 的开度，使釜温逐渐上升至 45～55℃左右诱发反应。关闭热水阀 V4 后观察釜温的变化。只要釜温继续上升则说明第一釜的反应已被诱发。反应放热逐渐加强，必须通过夹套冷却水系统来控制釜温的上升速度，即手动开 TIC—04 输出，向夹套送冷却水。逐渐关小旁路阀 V3，加大气体循环冷却流量控制釜温，防止超温、超压及"暴聚"事故。将温度调节器 TIC—04 设定为(70±1)℃后投自动。

(7) 开启第二聚合釜 D—202 的搅拌电机 M02。将汽相丙烯补料阀 V10 的开度设置为 50%。在第一聚合釜 D—201 反应的同时必须随时关注第二釜的釜温。因为第一釜的反应热会通过物料带到第二釜。有可能在第二釜即使没有用热水加热产生诱发反应，也会发生反应。正常情况下应调整夹套热水阀 V5，使釜温上升至 40～50℃左右诱发反应。如前所述，由于首釜的浆液进入第二釜所带来的热量会导致釜温上升，因此要防止过度加热。关闭热水阀后如果釜温继续上升，说明第二釜的反应已被诱发。同时反应放热逐渐加强，必须通过夹套冷却水系统进行冷却，即开夹套冷却水阀 V15 和浆液循环冷却系统，打开泵 P—206 电机开关 P06，手动开启 TIC—06 输出，控制釜温。防止超温、超压及"暴聚"事故。将温度调节器 TIC—06 设定在(60±1)℃，投自动。

(8) 待两釜温度控制稳定后，手动调整 AIC—01，向首釜加入氢气，使熔融指数达 6.5 左右，投自动。

(9) 在调整 AIC—01 的同时，手动调整 AIC—02，向第二釜加入氢气，使熔融指数达 6.5 左右，投自动。

(10) 开启循环液相丙烯阀 V2，适当关小阀 V1，使丙烯进料总量保持不变。

(11) 微调各手动阀门及调节器，使本反应系统达到正常设计工况。

4. 开车过程中的注意事项

在开车过程中，要密切关注两个聚合釜的温度变化。

对第一聚合釜：如果加热诱发反应过度，当开大冷却量仍无法控制温度时，应超前于温度尚未达 90℃时暂停搅拌，或适当减小催化剂量等方法及时处理。一旦釜温达到 100℃，软件就认定为"暴聚"事故，只能重新开车。如果加热诱发反应不足，当一关闭热水阀 V4，釜温 TIC—04 就会下降。这时应继续开大 V4 强制升温，若强制升温还不能奏效，应检查是否在升温的同时错开了气体循环冷却系统或 TIC—04 有手动输出冷却水流量。必须关闭所有冷却系统，同时开大催化剂流量，直到反应诱发成功。

对第二聚合釜：与第一釜相同，如果加热诱发反应过度，开大冷却量仍然无法控制温度，这时应超前于温度尚未达到 90℃时暂停搅拌，或用适当减小催化剂流量等方法及早处理。一旦釜温达到 100℃，软件就认定为"暴聚"事故，只能重新开车。如果加热诱发反应不足，这时只要一关闭热水阀 V5，釜温 TIC—06 就下降。应继续开启 V5 强制升温。若强制升温还不能奏效,应检查是否在升温的同时,错开了浆液循环冷却系统或 V15 有手动输出冷却水流量。必须全关所有冷却系统,甚至开大催化剂流量直到反应诱发成功。

5. 停车参考步骤

(1) 关闭 D—202 汽相丙烯加料阀 V10。

(2) 关闭 A,B 催化剂阀 V8,V9。

(3) 关闭丙烯进料阀 V1。

(4) 关闭循环液相丙烯阀 V2。

(5) 关闭 D—201 加己烷阀 V6。

(6) 关闭 D—202 加己烷阀 V7。

(7) 开启 D—201 放空阀 V11。

(8) 开启 D—202 放空阀 V12。

(9) 开启 D—201 泄液阀 V13。

(10) 开启 D—202 泄液阀 V14。

(11) 将调节器 TIC—04 置手动全开。

(12) 将调节器 TIC—06 置手动全开。

(13) 将调节器 TIC—03 置手动全开。

(14) 将调节器 LIC—02 置手动全开。

(15) 将调节器 LIC—03 置手动全开。

(16) 将调节器 LIC—04 置手动全关。

(17) 将调节器 AIC—01 置手动全关。

(18) 将调节器 AIC—02 置手动全关。

(19) 关闭泵 P—201。

(20) 关闭泵 P—206。

(21) 关闭 D—201 搅拌。

(22) 关闭 D—202 搅拌。

(23) 将 D—201、D—202 和 D—207 的液位降至零。

(24) 关闭气体循环阀 V3。

(25) 关闭压缩机 C—201。

6. 事故设置及排除

(1) 催化剂浓度降低

事故现象:开始时 D—201 釜温有所下降,由于温度控制 TIC—04 的作用,使冷却量自动减少,温度回升。最终使聚丙烯浓度下降。导致第二釜也有相同现象。

处理方法:适当开大 A,B 催化剂量。

(2) 催化剂进料增加

事故现象:开始时 D—201 釜温有所上升,由于温度控制 TIC—04 的作用,使冷却量自动加大,温度回落。最终使聚丙烯浓度上升。导致第二釜也有相同现象。

处理方法:适当关小 A,B 催化剂量。

(3) D－201出料阀堵塞

事故现象：D－201中液位上升。LIC－03的输出自动开大，但无法阻止液位继续升高。

处理方法：开T－1开关。

(4) D－202出料阀堵塞

事故现象：D－202中液位上升。LIC－04的输出自动开大，但无法阻止液位继续升高。

处理方法：开T－2开关。

(5) P－201停止运转

事故现象：D－207中液位上升。由于丙烯原料被切断，第一釜丙烯和聚丙烯浓度同时下降。

处理方法：开备用泵P1B开关，使备用泵运转投用。

7. 思考题

(1) 溶剂在丙烯聚合中起何作用?

(2) 催化剂在丙烯聚合反应中起什么作用? 丙烯聚合采用何种催化剂?

(3) 丙烯聚合反应进行的快慢和哪些因素有关?

(4) 聚丙烯熔融指数与相对分子质量有什么关系? 如何控制?

(5) 在丙烯聚合过程中为什么第一釜比第二釜反应剧烈?

(6) 首釜采用气相循环冷却的作用原理是什么? 和夹套水冷有何不同? 如何调整冷却量?

(7) 第二釜为什么用釜内浆液外循环冷却?

(8) 冷态开车时如何控制夹套热水加热? 为什么加热不能过度?

(9) 反应过程中如果停止搅拌会出现什么情况?

(10) 丙烯聚合为什么常用多釜串联工艺?

(11) 聚合反应为什么常用低转化率工艺? 未反应的丙烯如何处理? 反应后溶剂如何处理?

2.7　精馏系统

1. 工艺流程

如图2-16所示，来自脱丙烷塔的釜液，经进料手操阀V1和进料流量控制器FIC－1，从脱丁烷塔(DA－405)的第21块塔板进入(全塔共有40块板)。在提馏段第32块塔板处设有灵敏板温度检测及塔温调节器TIC－3(主调节器)，与塔釜加热蒸汽流量调节器FIC－3(副调节器)构成串级控制。

塔釜液位由LIC－1控制。釜液一部分经LIC－1调节阀作为产品采出，采出流量由FI－4显示。一部分经再沸器(EA－405A/B)的管程汽化为蒸汽后返回塔底使轻组分上升。再沸器用低压蒸汽加热，釜温由TI－4指示。设置两台再沸器的目的是釜液可能含烯烃容易聚合而造成堵管。万一发生此种情况，便于切换。再沸器A的加热蒸汽来自FIC－3所控制的0.35MPa低压蒸汽，通过入口阀V3进入壳程，凝液由阀V4排放。再沸器B的加热蒸汽亦来自FIC－3所控制的0.35MPa低压蒸汽，入口阀为V8，排凝阀为V9。塔釜设排放手操阀V24，当塔釜液位超高但釜底液不合格时供排放用(排放液回收)。塔顶和塔底分别设有取压阀 V6 和 V7,引压至差压指示仪 PDI—3,及时反映本塔的阻力降。此外塔顶的压力调节器 PRC—2 和塔底的压力指示仪 PI—4 也能反映塔压降。

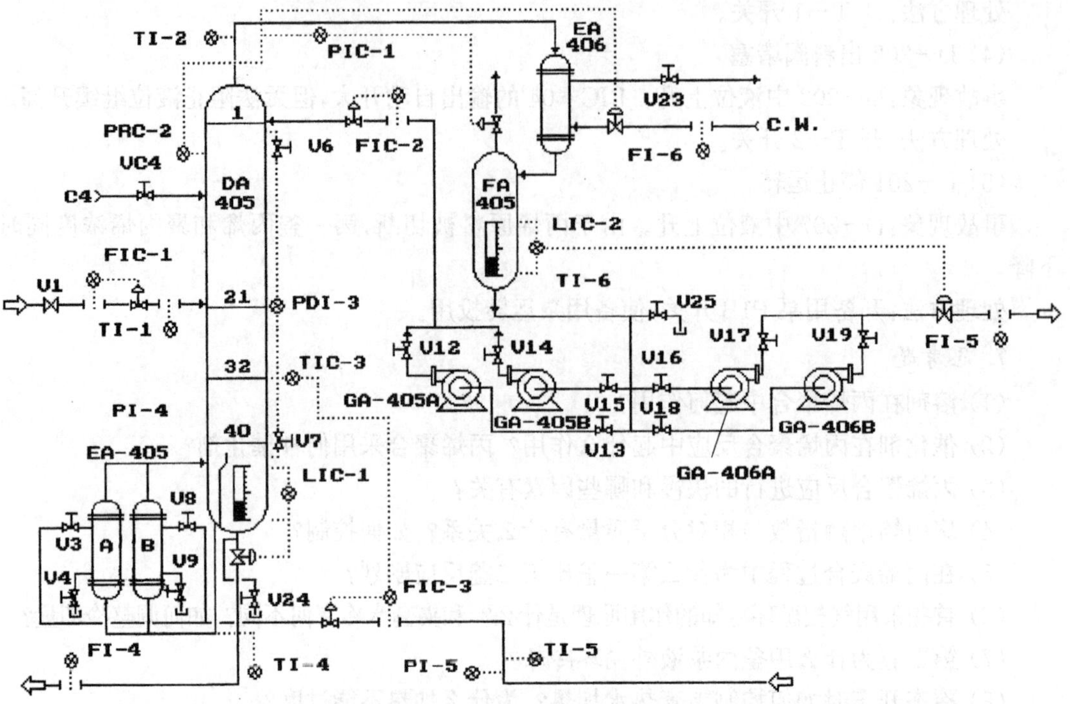

图 2-16 精馏系统流程图

塔顶的上升蒸汽出口温度由 TI—2 指示,经塔顶冷凝器(EA—406)全部冷凝成液体,冷凝液靠位差流入立式回流罐(FA—405)。冷凝器以冷却水为制冷剂,冷却水流量由 FI—6 表示,受控于 PRC—2 的调节阀,进入 EA—406 的壳程,经阀 V23 排出。回流罐液位由 LIC—2 控制。其中一部分液体经阀 V13 进入主回流泵 GA—405A,电机开关为 G5A。泵出口阀为 V12。回流泵输出的物料通过流量调节器 FIC—2 的控制进入塔顶。备用回流泵的入口阀为 V15,出口阀为 V14,泵电机开关是 G5B。另一部分作为产品经过入口阀 V16,用主泵 GA—406A 送下道工序处理。主泵电机开关为 G6A,出口阀为 V17。塔顶采出备用泵 GA—406B 的入口阀为 V18,电机开关为 G6B,泵出口阀为 V19。塔顶采出泵输出的物料由回流罐液位调节器 LIC—2 控制,以维持回流罐的液位。回流罐底设排放手操阀 V25,用于当液位超高但产品不合格不允许采出时排放用(排放液回收)。手操阀 VC4 是 C4 的充压阀,系统开车时塔压低会导致在进料的前段时间内,入口部分因进料大量闪蒸而过冷,局部过冷会损坏塔设备。进料前用 C4 充压可防止闪蒸。

2. 开车步骤

(1) 将各阀门关闭。各调节器置手动,且输出为零。

(2) 确保具备开车条件:开“N2”开关,表示氮气置换合格;开“GY”开关,表示公用工程具备;开“YB”开关,表示仪表投用。

(3) 开 C4 的充压阀 VC4,待塔压 PRC—2 达 0.31MPa 以上时,关 VC4。

(4) 开再沸器 EA—405A 的加热蒸汽入口阀 V3 和出口阀 V4。

(5) 开冷凝器 EA－406 的冷却水出口阀 V23。

(6)开差压阀 V6 和 V7。

(7) 开进料前阀 V1。手动操作 FIC－1 的输出约 20%(进料量应大于 100kmol/h),进料经过一段时间后,在提馏段各塔板流动和建立持液量的时间延迟后,塔釜液位 LIC－1 上升。由于进料压力达 0.78 MPa,温度为 65℃,所以进塔后会产生部分闪蒸,使塔压上升。

(8) 通过手动 PRC－2 输出(冷却水量),控制塔顶压力在 0.35MPa 左右,投自动。

(9) 当塔釜液位上升达 60%左右时,暂停进料。手动开启加热蒸汽量 FIC－3 的输出约 20%,使塔釜物料温度上升,直到沸腾。塔釜温度低于 108℃的阶段为潜热段,此时塔顶温度上升较慢,回流罐液位也无明显上升。

(10) 当塔釜温度高于 108℃后,塔顶温度及回流罐液位明显上升。当回流罐液位上升至 10%左右,开 GA－405A 泵的进口阀 V13,启动泵 G5A(GA－405A),然后开启泵出口阀 V12。手动 FIC－2 的输出大于 50%,进行全回流。回流量应大于 300 kmol/h。

(11) 调整塔温,进行分离质量控制。此时塔灵敏板温度 TIC－3 大约为 69～72℃左右。缓慢调整塔釜加热量 FIC－3,以每分钟 0.5℃提升灵敏板温度直到 78℃(实际需数小时)。缓慢提升温度的目的是使物料在各塔板上充分进行汽液平衡,使轻组分向塔顶升华,使重组分向塔釜沉降。TIC－3 的给定值设为 78℃,当温度升至 78℃时将灵敏板温度控制 TIC－3 投自动(主调节器),将 FIC－3 投自动(副调节器),然后两调节器投串级。同时观察塔顶 C5 含量 AI－1 和塔底 C4 含量 AI－2,合格后即可采出。同时注意确保塔釜液位 LIC－1 和回流罐液位 LIC－2 不超限。(当塔顶 AI－1 不合格且 LIC－2 大于 80%时应及时开启阀门 V25 排放。同理,当塔釜 AI－2 不合格且 LIC－1 大于 80%时应及时开启阀门 V24 排放。)

(12) 此刻塔顶及塔釜液位通常在 50%以下,重开进料前阀 V1,手动操作 FIC－1 的输出。可逐渐提升进料量,由于塔压及塔温都处于自动控制状态,塔釜加热量和塔顶冷却量会随进料增加而自动跟踪提升。最终进料流量达到 370 kmol/h 时将 FIC－1 投自动。

(13) 手动 FIC－2 的输出,将回流量提升至 350 kmol/h 左右,投自动。

(14) 塔顶采出:提升进料量的同时,应监视回流罐液位。当塔顶 C5 含量 AI－1 低于 0.5%且 LIC－2 达到 50%左右时,先开启 V16 阀,开动泵 G6A(GA406A),再开启泵出口阀 V17。手动调节 LIC－2 的输出,当液位调至 50%时投自动。

(15) 塔底采出:提升进料量的同时,应监视塔釜液位。当塔底 C4 含量 AI－2 低于 1.5%且 LIC－2 达到 50%左右时,手动调节 LIC－1 的输出,当液位调至 50%时投自动。

(16) 将塔顶压力调节器 PRC－2 和 PIC－1 投超驰(用投串级代替)。

(17) 微调各调节器给定值,使精馏塔达到设计工况。

3. 停车步骤

(1) 将塔压控制在 0.35MPa,并保持自动。

(2) 手动 FIC－1,关闭进料前阀 V1。

(3) 将 TIC－3 与 FIC－3 串级。手动减小 FIC－3 的输出 (约关至 25%),同时加大塔顶和塔釜采出。

(4) 当釜液降至 5%,停止塔底采出。

(5) 当回流罐液位降至 20%时,停回流,停再沸器加热,停塔顶采出。

(6) 关闭 GA－405A 出口阀,停 GA－405A,关闭进口阀;关闭 GA－406A 出口阀,停

GA－406,关闭进口阀。

(7) 将回流罐液体从底部泄出,将釜液泄出。

(8) 手动开大 PIC－1 输出泄压,手动关 PRC－2。

(9) 关闭再沸器进、出口阀,关闭冷却水出口阀,关闭压差阀。

(10) 待压力泄压至 0.0,停车完毕。

4. 事故设置及排除

(1) 停冷却水

事故现象:冷却水流量为 0.0 kmol/h (FI－6)。塔压升高。塔顶温度上升。

处理方法:塔顶放火炬保压,停进料,关闭加热蒸汽。关闭塔顶采出和釜液排出。在此基础上进行完全停车操作。

(2) 停加热蒸汽

事故现象:蒸汽断开,即加热蒸汽流量为 0.0 kmol/h (FIC－3 的输入)。塔釜温度降低(TI－4)。灵敏板温度降低(TIC－3)。塔釜产品和塔顶产品不合格,压差、温差减小。

处理方法:关闭进料,停止塔顶采出。压力高时排放火炬,釜液排出。在此基础上进行完全停车。

(3) 无进料

事故现象:进料量为 0.0 kmol/h (FIC－2 的输入)。

处理方法:紧急停车。

(4) 停电(停动力电)

事故现象:由于 GA－405A/B、GA－406A/B 停转。回流量为 0.0 (FIC－2)。塔顶采出量为 0.0 (FI－5)。

处理方法:关闭进料阀,停塔顶采出,排放火炬维持塔压及回流罐液位。在以上基础上进行停车操作。

(5) 无回流量

事故现象:回流量逐步降为 0.0 (FIC－2),回流泵坏。

处理方法:开启备用泵 GA－405B 及相关阀门,关闭泵 GA－405A 及相关阀门。

5. 思考题

(1) 简述二元精馏塔的主要设备部件。

(2) 写出精馏塔正常工况的工艺条件。

(3) 精馏塔开车前必须做好哪些准备工作?

(4) 精馏塔进料前用 C4 将塔升压有何作用?

(5) 精馏塔开车时如何判断塔釜物料开始沸腾?随着全塔分离度提高,塔釜沸点会如何变化?

(6) 回流比如何计算?什么是全回流?说明全回流在开车中的作用。

(7) 为什么回流罐液位低于 10%时不得开启全回流?

(8) 回流量过大会导致什么现象?

(9) 什么是灵敏板?该板的温度有何特点?

(10) 为什么精馏塔开车时灵敏板温度从 70℃左右上升至 78℃时必须缓慢提升?如何

提升温度既准确又方便?

2.8 加热炉

1. 工艺流程

如图 2－17 所示,石油化工领域常见的加热炉,目的是使物料升高温度。从结构上看加热炉可以分解成燃烧器、燃料供给系统、炉体及有关的控制系统及紧急事故时的安全保护系统。其中炉体主要包括空气流道、燃烧段、辐射段、对流段、烟筒及调节空气流量的挡板。

(1) 燃料气供给系统

本加热炉所使用的燃料气主要含甲烷与氢气。燃料气经过供气总管从界区引到炉前。该管道的端头下部连有一个气、液分离罐,分离罐设两路排放管线,一路将燃料气中所夹带的水和凝液排放入地沟,另一路将燃料气管线中可能滞留的空气排入火炬系统。

在距供燃气管线端头两米处有一分支管线,将燃料气引入加热炉。此管线上设紧急切断阀 HV－02,这个阀门由控制室遥控开或关。当出现燃料气异常,如突然阻断引起炉膛熄火事故时,应首先关闭此阀。加热炉停车时也应关闭此阀。管线上装有流量变送器及孔板用来检测、记录燃料气的流量 FI－01。计量单位为标准立方米/天(m^3/d)。另外由现场压力表 PI－02 显示燃料气的总压。正常值为 0.5～0.8MPa。

管线引至炉底分成两路,一路供主燃烧器使用,另一路供副燃烧器使用。在主燃烧器管线上设炉出口温度控制调节阀,通过调节燃气的流量来控制炉出口温度。现场压力 PI－03 指示主燃烧器供气支管的压力。在副燃烧器供气管线上装有一个自力式压力调节器 PC－01,当燃料气总压波动时,维持副燃烧器支管压力为 0.32 MPa,通过现场压力表 PI－04 指示。

滞留在主、副燃烧器支管中的水或非燃料气,如空气、氮气等,通过 V1,V2,V3 排入地沟或火炬系统。

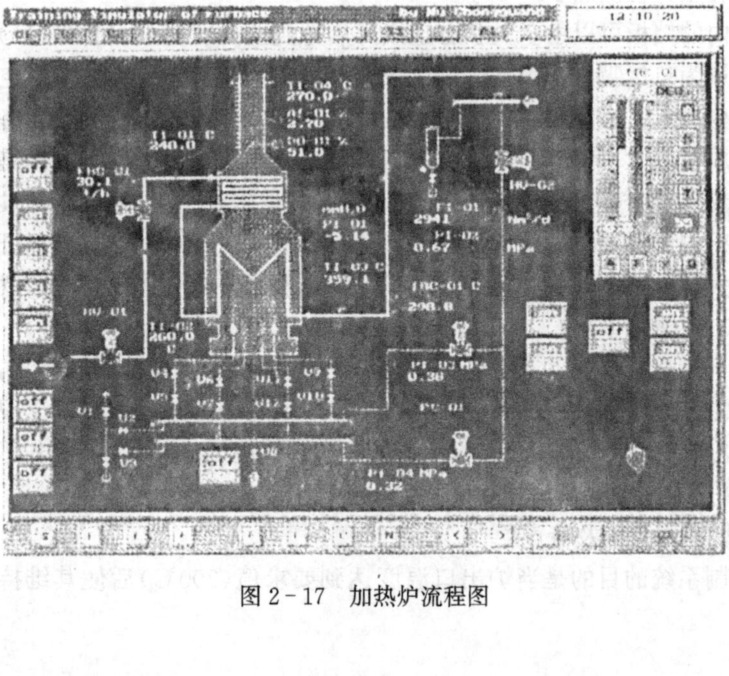

图 2－17 加热炉流程图

(2) 燃烧器

加热炉的两个主燃烧器分别通过阀门 V4,V5 或 V9,V10 同主燃烧器供气管相连。两个副燃烧器分别通过阀门 V6,V7 或 V11,V12 同副燃烧器供气管相连。

燃烧器是加热炉直接产生热量的设备。每一个主燃烧器配备一个副燃烧器和点火孔,构成一组。主燃烧器的供气管口径大,燃烧时产生的热量也大。副燃烧器口径小,产生的热量很小,主要用于点燃主燃烧器。

点火的正确步骤是:首先用蒸汽吹扫炉膛炉(炉膛蒸汽吹扫管线上设置 V8 阀。蒸汽由此管线进入炉膛)。检测确认炉膛中不含可燃性气体后,将燃烧的点火棒插入点火孔,再开启副燃烧器的供气阀门。待副燃烧器点燃并经过一段时间的稳定燃烧后,即可直接打开主燃烧器供气阀,副燃烧器的火焰会立刻点燃主燃烧器。如果点火顺序不对,可能发生炉膛爆炸事故。

炉子的加热负荷越大,燃烧器的组数也越多。本加热炉有两组燃烧器。

(3) 物料系统

加热炉物料为煤油,来自分离塔塔釜,经过加热后返回塔釜。加热炉在分离塔中起再沸器的作用。对于沸点较高的物料常用此方法。煤油入口管线设置切断阀 HV－01、流量检测孔板及调节阀。煤油进入炉内首先经过对流段。对流段的结构相当于列管式换热器,作用是回收烟气中的余热将煤油预热。烟气走管间(壳程),煤油走管内(管程)。对流段的入口和出口分别由温度 TI-01 利 TI-02 指示。

对流段流出的煤油全部进入辐射段炉管,接受燃烧器火焰的辐射热量,最后达到所需要的加热温度后出加热炉。炉管外表面和出口设有温度指示 TI—03 和 TRC—01 调节。

(4) 加热炉炉体系统

加热炉炉体与烟筒总共高 15 米,进入炉体的空气量由挡板 DO—01 的开度调节。空气的吸入是靠炉内热烟气与炉外冷生气的重度差推动下自然进行的。对流段烟气出口处设烟气温度检测 TI—04,烟气含氧量在线分析检测点 AI—01 及挡板开度调节与检测 DO—01。炉膛中设有炉膛压力检测点 PI—01。

装在烟道内的挡板可以由全关状态连续开启达到全开状态(0%～100%)。前面已提到本加热炉的进风为自然吸风。因此,挡板的作用主要用于控制进入炉膛的空气量。进入炉膛空气量的多少决定了燃烧反应的程度,进风量太小,燃料气供给量过大,将会产生不完全燃烧;反之,进风量过大,将使烟气带走的热量增加。所以,正确的操作应当是保证完全燃烧的前提下,尽量减少空气进入量。即挡板的开度必须适中,不能过大,也不能过小。

在炉子运行中调整挡板时还应注意一点是,当炉膛处于不完全燃烧时,开启挡板不得过快。这样会使大量空气进入炉膛,由于不完全燃烧,炉膛中有过剩的高温燃料气,会立刻全面燃烧而引发二次爆炸事故。

在炉膛处于燃烧的情况下,挡板开度较大,炉膛进风量大,炉膛负压升高,同时烟气中的含氧量也升高。反之负压减少,烟气中的含氧量减少,甚至为正压。止常工况应使炉膛内形成微负压,(－3.5～－6.0 mmH_2O) 烟气中的含氧量在 1.0%～3.0%之间。含氧量大于 3%说明空气量过大。含氧量小于 0.8%说明处于不完全燃烧状态。

(5) 加热炉控制系统及特点

加热炉控制系统的目的是当炉出口温度达到要求值(300℃)后使其维持不变。本加热炉的温度控制回路(TRC-01)是通过主燃烧器供气管的燃料气流量,使炉出口温度达到给定值。该控制系统是一个单回路的常规控制方案。比较特殊的地方不在调节器及回路本身,而在调节阀的特殊构造上。此调节阀在全关时仍能保持一个最小开度,以防主燃烧器熄火。

副燃烧器的供气量很小,所以采取压力自力式调节将供气压力维持在0.32MPa,以保持长明灯状态。

由于采用了以上控制方案,在紧急事故状态或停车时,必须将紧急切断阀HV—02彻底关断。

2. 加热炉冷态开车操作步骤

(1) 检查以下各阀门和设备是否完好:燃料气紧急切断阀HV—02、加热炉出口温度调节阀(TRC—01)、副燃烧器供气压力高节阀(PC—01)、挡板DO—01从0%～100%开关试验。

(2) 检查以下各阀门是否关闭:各主燃烧器阀门(V4、V5、V9、V10)、各副燃烧器阀门(V6、V7、V11、V12)、燃料气紧急切断阀(HV—02)、供气管泄放阀(V1、V2、V3)、炉膛蒸汽吹扫阀(V8)。

(3) 将调节器TRC—01与FRC—01置手动且输出为零。

(4) 全开煤油入口阀HV—01,手调FRC—01输出,使煤油流量达到10t/h左右,使炉管中有大于最小流量(3.0 t/h)的煤油流过。

(5) 全开燃料气紧急切断阀HV—02,手动TRC—01置输出30%左右。

(6) 开启V1、V2、V3泄放阀,放掉供气管中残存的非燃料气体,供气管中充满燃料气后,关闭V1、V2、V3。手动TRC—01置输出为零。

(7) 全开挡板D0—01,为蒸汽吹扫作准备。

(8) 打开蒸汽阀V8吹扫炉膛内可能滞存的可燃性气体。3～5min后关闭V8,确认炉内可燃性气体在爆炸限以下时方可转入下一步(此处以氧含量AI—01低于15.0%为准。关V8后氧含量上升属正常)。否则继续吹扫炉膛。

(9) 将挡板D0—01关小到50%左右,准备点火。

(10) 开一号点火器,本操作以开IG1开关表示。

(11) 开IG1后持续时间必须超过3s,方能开启一号副燃烧器的前阀V6与后阀V7。

(12) 观察一号副燃烧器火焰是否出现,如果出现火焰,说明一号副燃烧器已点燃。注意点火的顺序,必须先开IGl,然后开启供气阀V6与V7,并且相隔时间必须大于3s,才能点火成功。如果顺序颠倒可能发生炉膛爆炸。

(13) 确认一号副燃烧器点燃后,打开一号主燃烧器的前阀V4,后阀V5。观察观察一号主燃烧器是否有火焰出现。点燃后由于V4,V5的开启观察燃料气的用量加大。

(14) 由于加热炉是冷态开车,物料、管道、炉膛的升温应当均匀缓慢。所以先点燃一组燃烧器预热。此段时间内通过手动适当加入TRC—01调节阀的开度,关小挡板,等炉出口温度TRC—01上升到280℃左右,再进行下面的操作。

(15) 仿照10,11,12步操作,通过开点火器IG2,打开V11,V12,然后开V9,V10,将二号副燃烧器和二号主燃烧器点燃。

(16) 通过手动调整TRC—01及挡板DO—01开度直到使煤油出口温度(TRC—01)达到300±1.5℃,投自动。

(17) 提升负荷。手动调整 FRC—01,使煤油流量逐步增加到 30t/h。煤油出口温度(TRC—01)达到 300±1.5℃,烟气氧含量在 1%~3%之间,炉膛压力为负。并且将以上工况维持住。则可以认为加热炉的开车达到正常状态。

(18) 将 FRC—01 调节器投自动。

3. 加热炉正常停车操作步骤

(1) 关闭一号主燃烧器前阀 V4 与后阀 V5,减少热负荷。

(2) 关闭二号主燃烧器前阀 V9 与后阀 V10 进一步减少热负荷。

(3) 将 TRC—01 切换到手动,并将输出打到零位。

(4) 检查加热炉的燃烧条件。确认一、二号主燃烧器是否熄火,燃料气供气流量 FI—01 是否大幅度下降。

(5) 关闭一号副燃烧器的前阀 V6 和后阀 V7。

(6) 关闭二号副燃烧器的前阀 V11 和后阀 V12。

(7) 确认一、二号副燃烧器熄火,且燃料气供气量 FI—01 是否降低接近于零。

(8) 关闭燃料气紧急切断阀 HV—02,并确认 HV—02 关闭。

(9) 打开 V1、V2、V3 将燃料气供气管线的残留气体放至火炬系统,5min 后关 V1、V2、V3。

(10) 全关挡板 DO—01,保持炉膛温度防止炉内冷却过快而损坏炉衬耐火材料。

(11) 将 FRC—01 调节器置手动,待 TRC—01 下降至 240℃以下,可逐渐关小手动输出。保持炉管内一定的物料流量,防止炉膛余热使炉管温升过高。

(12) 确认炉膛温度下降后,将物料切断阀 HV—01 关闭。

(13) 全开挡板,打开蒸汽吹扫阀 V8,吹扫 5min 后关 V8。

4. 加热炉紧急停车操作步骤

当加热炉出现事故,如炉膛熄火、爆炸、炉出口超温、物料流突然大幅度下降等紧急情况,必须迅速采取紧急停车操作,否则会酿成严重事故。

(1) 在紧急事故状态出现后,应立即关闭燃料气紧急切断阀 HV—02。首先切断全部燃料气的供应。

(2) 然后关闭一、二号主燃烧器供气阀 V4、V5、V9、V10。

(3) 关闭一号、二号副燃烧器供气阀 V6、V7、V11、V12。

(4) 全开挡板 DO—01。

(5) 开蒸汽吹扫阀 V8,3min 后关 V8。

(6) 检查分析事故原因,排除事故。

(7) 确认事故已排除,可参照加热炉开车步骤重新点火开车。

5. 事故设置及排除

当加热炉开车至正常工况,并记录下成绩以后,即可开始事故排除训练。本仿真软件主要设有如下五种事故。其现象和排除方法如下:

(1) 加热炉进料流量 FRC—01 突然减少(F2)

事故现象:此时会引起加热炉出口温度 TRC—01 逐渐上升。

处理方法:发现问题后,应立即将 TRC—01 调节器切换到手动,减少燃料气流量,使出口温度恢复到300±1.5℃,并稳定在300±1.5℃。

(2) 加热炉燃料气流量FI—01突然减少(F3)

事故现象:加热炉温度TRC—01逐渐下降。

处理方法:发现故障原因后,应立即将TRC—01调节器切换到手动,加大燃料气流量,使出口温度TRC—01恢复并稳定在300±1.5℃。

(3) 进料阻断(F4)

事故现象:FRC—01流量突然下降到"零"。TRC—01将迅速升高。

处理方法:进行紧急停车的各项操作。

(4) 燃料气FI—01突然阻断(F5)

事故现象:使炉膛突然熄火。

处理方法:进行紧急停车的各项操作。

(5) 不完全燃烧(F6)

事故现象:烟气含氧量AI—01下降。当小于0.5%时,即会出现不完全燃烧。

处理方法:通过调整挡板开度和供气流量FI—01使加热炉恢复正常工况。应当注意,在不完全燃烧时,开大挡板开度不得太快,否则会发生二次爆炸事故。

6. 思考题

(1) 停炉后开车为什么要对燃料气系统进行检漏?如何检漏?

(2) 开车前为什么要吹扫炉膛?如何吹扫?

(3) 点火前为什么要对燃料气管线进行排放操作?

(4) 自然通风式加热炉空气量(风量)和哪些操作条件有关?

(5) 为什么不得在炉管中没有流动物料时点火升温?

(6) 为什么升温过程必须缓慢进行?

(7) 排烟温度过高是什么原因?有何不利?如何克服?

(8) 排烟气体中的氧含量应在什么范围?烟气中的氧含量过高和过低是什么原因?有何现象?如何克服?

(9) 开车正常后炉膛为什么必须保持负压?负压的大小与哪些因素有关?

(10) 停车时关小挡板的目的是什么?

(11) 加热炉冒黑烟是何原因?如何排除?

(12) 烟筒长度不同对通风有何影响?

(13) 燃料气管网如何正确设置排气、排液阀门?

第3章　零件的表面处理

3.1　概　　述

3.1.1　零件表面处理的发展及其重要性

零件的表面处理由来已久，可以追溯到久远的年代，原始的处理方法是表面镀覆，公元前221—206年，秦代遗留下来的兵马俑一号、二号坑出土的青铜剑和大量箭镞，有的竟毫无锈迹。经鉴定，这些出土物表面有一层致密的黑色氧化物层，显然是人工氧化高温扩散制成，类似于现在的铬酸盐钝化处理防锈术，因为该层内的铬含量约2%左右。

1983年，上海市曾放映了纪录片“古剑”，描述战国时期（公元前475—公元前221年）越王勾践的宝剑，在地下埋藏了2300多年，居然依旧完好和锋利。影片中展示了用它切纸片，一刀划过，一叠叠纸顿时都整齐划一地分开了。

西汉（公元前206—公元23年）马王堆（湖南长沙市郊）出土了大量漆器，表明了这一时期已广泛使用髹漆术这一表面处理方法了。铁器也在这一时期已普遍使用，且掌握了零件表面冷加工硬化的表面处理技术，至今的农具如长锹仍沿用着这一技术而在表面上留下大量密集的均匀分布着的锤疤，这是零件表面强化处理广泛使用的处理方法。

由此可见，公元前我国人民已有目的地广泛采用各种表面处理技术了。

近年来已形成了一门新学科——表面工程技术，包括种类繁多的表面处理技术，按历史发展依次为表面热处理和化学热处理、表面强化处理、堆焊、喷镀（涂）、电镀、气相沉积等。

任务的需要，推动着本学科的发展，使表面处理在提高零件使用寿命和可靠性，改善材料性能和质量，节约能源和材料等各方面，显示出了其重要意义和巨大的发展潜力，有效地增强了零件表面的各种使用特性，以及表面装饰和保护等功能，这些性能绝非整体材料所能兼具。

3.1.2　表面处理的目的

零件的表面处理是表面工程技术学科中极为重要的内容之一，根据零件的材料特性及其失效机理，为改善零件的使用性能、提高其工作可靠性和精度寿命，经相应的表面处理，赋予零件具备防锈、耐蚀、耐磨、装饰性，以及获得特殊使用要求下的物理、化学性能，诸如抗高温氧化、冲蚀、侵蚀、气蚀等。

其中尤以耐蚀、防锈、耐磨、装饰性最为常用。

显然，生锈和腐蚀对材料及其制品造成严重破坏作用，全世界因锈蚀而不能使用的金属材料与制品重量，约相当于当年金属材料生产量的1/3，这些材料和制品只得回炉重炼，而重炼过程中金属净损耗约为其年产量的1/10。

成品零件材料每锈蚀掉其重量的1%，零件的强度损失就达5%～10%。因制品锈蚀所造成的损失，远远超过所用材料的价值，如精密仪器和精密机械的尺寸精度一般以千分之几毫米计量，只要轻微锈蚀，就影响到其使用性能，甚至只得报废。

各国都十分重视这方面的研究，美国曾几度进行全国普查，历次普查结果为1949年全国因锈蚀损失达55亿美元，1984年为1680亿美元，1989为2000亿美元，占当年国民经济总产值(GNP)4.2%；英国1970年的普查结果因材料锈蚀而造成的损失达13.65亿英镑，占国民经济总产值的3.5%。

我国于1995年也进行了调查，结果发现因材料锈蚀而造成的经济损失高达1500亿元，约占当年国民经济总产值的4%。历年来因材料锈蚀所造成的经济损失，比因火灾、风灾、水灾、地震等自然灾害的损失总和还大。在航天航空、船舶、舰艇及机械结构方面因锈蚀造成的事故屡屡发生，由此造成的人员伤亡或贻误战机的后果不堪设想又不可弥补，国内外有不少事例，如国内某类船舶曾存在严重局部腐蚀，经研究系异种壳板钢的接触腐蚀所致，由此问题而促使研究成了一种船用钢板新钢种。

全世界每年因锈蚀而损失掉约7000亿美元以上，可是，磨损的损失更为惊人，全世界所用的能源1/3～1/2最终表现为摩擦损耗。苏联于20世纪80年代后期的统计得出，每年因磨损而损失约120亿卢布。我国曾对国内12个行业进行调查，约80%的零件因磨损而失效，其中尤以矿山机械、工程机械和农业机械最为严重。正如统计所得出，机器失效的主要原因，不是强度问题和整体损坏，大多为磨损所致。设计时，对重要构件一般都做强度计算，可是，实际上没有一个运动构件做过耐磨性校核。使用时，也常常未按具体工况，运用各种有效措施防止磨损。正因这样，每年得用大量资金和材料在维修上，维修时，又不得不使机器停下来，所造成的停产损失也极为可观，在许多工业部门常常是每五个生产工人就有一个修理工。活塞式机器如压缩机、内燃机、柴油机等活塞和缸套间的摩擦损耗竟达整机能量的1/10，且所造成的磨损也极为严重。水力联合采煤成套设备由于泵和管道的严重磨损，使这一新技术的使用受到制约；传统采矿法打眼用的钻头，因磨损严重，即使把原用的高碳钢钻头改为合金钢钻头，仍未解决使用寿命问题。石油钻井装置钻头主轴承，即使选用YG类硬质合金轴承，在温度、压力、泥浆等作用下，磨损严重，尽管在井下数千米，仍不得不频繁调换。一台中型石油泵，因磨损而造成的泄漏约使每年达$10m^3$的原油浪费掉。高精度机床和仪器导轨因摩擦自振(爬行现象)直接影响了运动精度和调整精度，造成了定位误差和表面周期性加工误差，消除这一现象的有效且可行的方法之一是在零件表面上建立防爬镀层。

对锅炉管道的事故分析表明，这类事故中，1/3是因侵蚀磨损造成的。

机械加工过程中，大量消耗掉的各类切削工具，均是磨损造成的，据统计美国每年约有1600亿美元花费在各类刀具的磨耗上；英国每年用掉2亿英镑的各类刀具。

美国海军飞机每飞行一小时因雨滴、尘埃等造成的磨损损失约为243美元。

零件必须具有满足设计要求的整体性能，以及与磨损和环境介质锈蚀相适应的表面性质，当前用固体强度理论的传统方法，设计、制造机器已不能取得最佳结果，且难以解决磨损、腐蚀等方面的问题，无论是生锈、腐蚀、摩擦和磨损都是零件表面材料的损伤过程，正确认识零件的表面，从而改善表面性能，就显得十分重要。表面处理方法为这些技术要求提供了能多方面兼顾的解决方法。

3.1.3 零件的表面

直至今日为止，从感性认识和传统的物理、数学知识所给予我们的认识而论，所谓表面仅简单地看作是物质的界面，即不同物质的分界面。为了简化实际问题研究上的复杂性，还认为界面以内的材料无论是表层或是内部都是均质且各向同性的，按这一传统认识，那机械零件的表面就是零件材料与环境介质如空气的分界面而已。

从工程观点而言，零件的表面是和内层材料有机联系着的，但在组织、性能上又与零件本体材料显著不同的一个表面层。如图 3－1 所示，即为零件表面层的结构。最外层为吸附层，是浮尘、各种气体分子的吸附膜，即使是洁净表面，其厚度也达 0.5nm 左右；第二层为氧化层，在常温常压的大气环境下，其厚度约在 10nm 左右。就普通钢材零件而言，在机加工过程中，当切削出新鲜金属表面时，瞬间即形成了这一层，氧化层的结构如图 3－2：其外层是三氧化二铁(Fe_2O_3)；中间层为四氧化三铁(Fe_3O_4)，组织致密，无孔隙，无裂纹，机械性能好，摩擦系数低，抗擦伤能力强的磁性氧化物；靠近基体的内层是氧化亚铁(FeO)，组织疏松，多孔隙，因而与基体金属结合松弛，易脱落。但因外侧背靠高机械性能的磁性氧化铁层，所以铁锈是成片剥落的，不像铝的氧化物那样呈粉末状脱落下来。

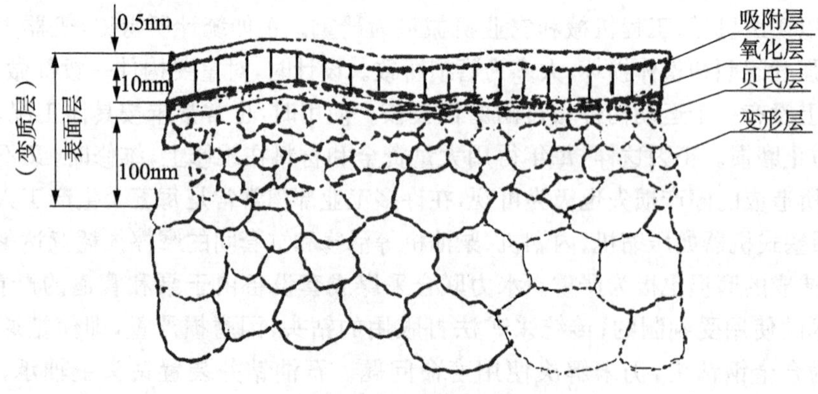

图 3－1 零件的表面

绝大多数零件均由切削加工过程制成。在切削过程中，被加工表面会发生微熔和塑流，下面又是金属内层，迅速导热而冷却，形成了细晶组织，夹杂有氧化物、杂质等，构成了这一层的组织特点。

从工件上切下一层加工余量，在切削力作用下，必然会产生严重的塑性变形，残留在零件表面上，这一变形了的金属层愈靠近内层其变形程度也愈轻，如图 3－1 所示。

此外，零件的表面并不是平滑的，而是由一连串起伏不平的微凸体所组成。微凸体的高度和分布状态，取决于获得该表面的加工工艺方法，车削、刨削、铣削加工后的表面按其加工

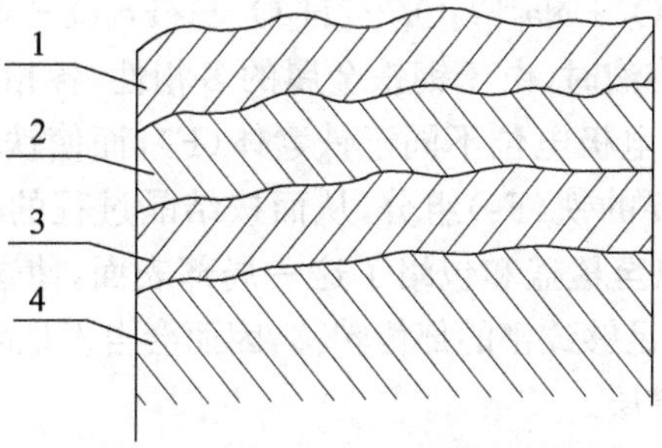

图 3-2 氧化层的结构
1—三氧化二铁层；2—四氧化三铁层；
3——氧化铁层；4—基体材料

精度不同，微凸体的高度也不一，且都呈定向分布；珩磨、研磨、抛光加工后的表面最为光洁，且呈各向同性分布。零件的这种表面形貌会直接影响其使用性能。

由此可见，正确认识零件的表面层和改善表面层的性能，就显得十分重要。

3.2 零件表面的氧化处理

3.2.1 化学氧化处理的应用范围及其优点

黑色金属经化学氧化处理后，其表面生成一层深蓝色至黑色、化学性能十分稳定的磁性氧化铁(Fe_3O_4)膜。膜厚度一般为 0.5～1.6μm，这样的厚度对零件本身的基本尺寸大小、尺寸公差等级和表面粗糙度等级，不会造成任何可感影响；当膜厚达 2μm 以上时，表面层弹性增加，且静摩擦系数和动摩擦系数明显减小。同时，表面膜的吸附能力增大，与润滑油或润滑脂的极性基生成物理或化学吸附作用；能与极压润滑液的极压添加剂产生极压反应膜，形成良好的减摩抗磨润滑作用。

同时，零件经过化学氧化处理后，表面上产生了一层致密、坚韧与零件基体金属结合又十分牢固的表面膜，从而阻隔了腐蚀介质对零件金属本体的直接接触，起了有效分隔作用，且表面膜本身的化学性十分稳定，加上适当的后处理，如干燥、上油、涂脂等，使零件耐大气腐蚀而不再会生锈，甚至在盐雾温湿箱内的耐腐蚀性能，远比未经化学氧化处理(发黑)的零件高出数倍至数十倍之多。

3.2.2 化学氧化处理工艺原理及过程

零件在碱性氧化性溶液中，初期会在零件表面上生成亚铁酸钠

$$3Fe+5NaOH+NaNO_2 \longrightarrow 3Na_2FeO_2+H_2O+NH_3\uparrow$$

由于溶液的氧化性和亚铁酸钠的化学活性，Na_2FeO_2 可进一步反应，生成铁酸钠

$$6Na_2FeO_2+NaNO_2+5H_2O \longrightarrow 3Na_2Fe_2O_4+7NaOH+NH_3\uparrow$$

从而，亚铁酸钠和铁酸钠之间产生了相互作用，生成了所需的四氧化三铁(Fe_3O_4)磁性氧化膜，包络在零件表面上。

$$Na_2FeO_2 + Na_2Fe_2O_4 + 2H_2O \longrightarrow Fe_3O_4 + 4NaOH$$

零件浸入碱性氧化性溶液时,由于钢铁金属的多相性,各相的电极电位不尽相同,以碳钢为例,渗碳体(Fe_3C)相的电极电位不同于铁素体(F),而使铁素体溶解,为生成所需的磁性氧化铁保护膜提供了必要的铁(Fe)组分,从而按结晶过程的一般规律,在该处迅速生成 Fe_3O_4 晶核,并不断长大,以至覆盖和包络了这一局部表面,使这一化学作用过程自动地移位,向未成膜和膜较薄或未足够致密的部位转移,因而会自发地生成厚度和性能均匀一致的磁性氧化铁(Fe_3O_4) 保护膜层。

1. 化学氧化处理液的配制及其基本原理

(1) 碱浓度的要求　从化学氧化处理工艺原理及过程中已知,介质的碱性是由强碱(NaOH)形成的,因此,Fe_3O_4 晶体膜的生核和长大过程与介质碱性强弱直接相关。当介质碱浓度提高,Fe_3O_4 过饱和程度减小,结晶过程成核数减少,磁性氧化膜结晶粗大,膜较厚,成膜时间也较长。碱浓度过高,虽然所生成的膜较厚,但多孔且疏松,甚至形成含水氧化铁($Fe_2O_3 \cdot mH_2O$)红色沉积物,直至造成化学反应逆向,而不能形成所需的保护膜。

(2) 氧化性要求　随着介质氧化性的增强,反应加快,生成的 Fe_3O_4较多,过饱和程度增大。在零件表面上产生的 Fe_3O_4晶核数增多,晶粒长大时彼此很容易相互接触,以至晶粒数目多,晶粒尺寸小而细密,膜也较薄。

(3) 介质温度要求　提高介质温度,尽管成膜反应速度可以加快,且生成的晶核数较多,膜既薄又致密;但温度过高,碱浓度也愈高,导致含水氧化物红色沉积物的生成,影响表面膜质量。

2. 零件表面氧化处理工艺步骤

(1) 前处理工艺:仔细擦除零件表面油污等附着物;在碱洗槽中仔细洗涤,除去油污积垢,然后在清水中洗净,擦干;随后,在酸洗槽中仔细洗涤,除去锈蚀斑点,再在清水中洗涤干净,擦干。

(2) 氧化处理工艺:净化后的零件随即浸入反应槽内恒温氧化反应,反应介质常用 NaOH、$NaNO_2$(3∶1)的 75%水溶液,在 138～142℃下保温 5～30min。

(3) 后处理工艺:经氧化处理后的零件浸入 60～80℃ 的油槽内,以提高其表面的润滑性。

3.3　零件表面的镀覆处理

3.1.1　化学镀覆处理的应用范围及其优点

化学镀覆处理是不使用外接电源,直接运用化学方法使溶液中的金属离子还原成原子态,并沉积到零件表面上的工艺方法。与电镀相比较具有许多优点,不仅可以在金属等良导体零件上镀覆,也可以在半导体甚至非导体材料上沉积一层镀层,从而,不仅可镀覆工程上常用的金属和合金,也可镀贵金属于树叶、花朵表面上,形成高科技的永久性收藏品。

工程零件表面上的镀镍层主要为非晶体的 Ni_3P,对大气、海水和常见的化工腐蚀介质具有极为优良的耐蚀性能，这类镀层零件在大气中不会生锈，在化学腐蚀介质内不会遭受腐蚀；将经过化学镀镍的零件在400℃温度下热处理后，镀层硬度可高达HV900，而各类硬质合金的硬度也仅为HV1000～2000，从而兼具了耐磨性、抗疲劳、抗擦伤性能，所以，这类新颖的镀覆工艺具有重要的工程意义和广阔的应用前景。

3.3.2 化学镀覆的工艺原理及过程

化学镀覆的工艺原理是在新鲜金属表面的催化作用下，通过有控制的氧化-还原反应而生成金属的表面沉积工艺过程，它不必如置换反应镀膜那样通过电极电位较负的金属溶解，形成离子，依靠电子交换而呈原子态镀层金属镀覆在基体上，而是借还原剂的化学作用，产生局部微电池效应，构成了电化学反应，如图3-3所示。由于基体金属的多相性，当共处于同一电解质溶液内时，因各相的电极电位差而构成了微电池作用机理，电极电位较负的相被氧化失电子，离子进入溶液，形成了如图3-3所示的微电池阳极区的电化学作用。

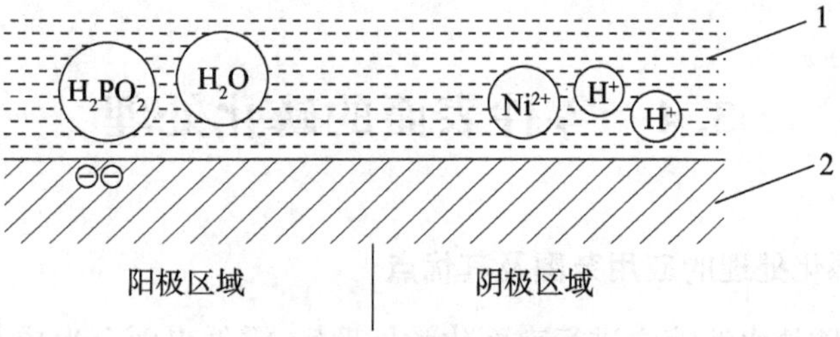

图3-3 化学镀覆工艺原理
1—电解液；2—零件

$$H_2PO_2^- + H_2O \longrightarrow H_2PO_3^- + 2H^+ + 2e$$
$$H_2PO_2^- + [H] \longrightarrow P + H_2O + OH^-$$

由于新鲜金属表面的化学活泼性和表面能较高，阳极反应生成的初生态氢(原子氢)吸附在其表面上，当遇到电解质溶液中的镍离子(Ni^{2+})时，形成了基体金属表面上局部微电池的阴极区电化学作用

$$Ni^{2+} + 2e \longrightarrow Ni^0$$
$$2H^+ + 2e \longrightarrow H_2 \uparrow$$

上述这些电化学反应过程都同时发生在新鲜金属表面上，由于新鲜金属表面的表面能较高，具有自催化作用，不仅促使上述反应过程持续进行，还使新产生的Ni^0和P也发生合金化反应过程，形成了镍磷合金，沉积到基体金属表面上。

$$3Ni^0 + P \longrightarrow Ni_3P$$

同时，反应生成的镍磷合金沉积层本身也是新鲜金属，表面能很高，其本身也起着催化作用，借此而使化学反应过程不断地持续进行下去，所以它是自催化镀覆工艺过程，只要工艺措施适当，就能获得厚度均匀包络致密的镀层。

当零件浸入电解质溶液内时，溶液中的Ni^{2+}、$H_2PO_2^-$、H^+等吸附到基体表面上，形成局部微电池作用过程，生成了Ni_3P合金镀层，这种电化学作用过程有着自动平衡效应，由于已镀和未镀的部分，镀层厚度不同的部分之间，电极电位的差异，使局部阳极区和局部阴极区的位置在不断地自动调整，从而会自发地生成厚度和性能均匀一致的镀层。

3.3.3 零件表面镀镍处理工艺步骤

(1) 前处理工艺　仔细擦除零件表面的油污积垢等附着物;随后在碱洗槽内仔细洗涤,常用 NaOH、Na_2CO_3、$Na_3PO_4 \cdot 12H_2O$(7∶1∶0.6 摩尔比)的 20%水溶液,浸洗 30min 左右;然后,在清水中洗净,擦干;随即在酸洗槽内仔细洗涤,除去锈蚀斑点,显现出新鲜金属表面状态,常用 12N 的盐酸、脲、乌洛托品(50∶0.5∶0.2)的 50%水溶液浸洗 20min 左右,最后清水中洗净,擦干或晾干。

(2) 镀覆处理工艺　将前处理后的零件迅速在镀槽内恒温浸镀,视所需镀层厚度,调节反应时间,一般在 30min 左右。常用硫酸镍、次亚磷酸钠、柠檬酸钠(3∶1∶1)的 5%水溶液,控制温度为 92±3℃(为方便起见,可购已配制好的市售工艺液)。

(3) 后处理工艺　经过表面镀覆处理后的零件浸入 60~80℃的油槽内,以提高其表面的润滑性。

3.4 零件表面的磷化处理

3.4.1 表面磷化处理的应用范围及其优点

钢铁零件在磷酸盐水溶液内进行表面化学处理后,零件表面上生成一层磷酸盐保护膜。这一化学转化膜既稳定又不溶解,与基体金属有良好的结合力。这种表面处理方法,称为零件的表面磷化处理。

(1) 由于磷酸盐膜不溶解,在大气环境下化学性能十分稳定,可用作防锈保护层;

(2) 磷化膜是多孔结构的表面组织,孔隙率高达 0.15%~0.5%,且吸附能力强,既可以吸附和贮油,也可用作喷塑和涂塑的前处理过程;

(3) 这种膜的润滑性优良,摩擦系数较低,成为薄板冲压、拉深、冷拔无缝钢管和冷拉钢丝的前处理和工序间处理的新工艺;

(4) 磷化膜与零件本体不同,具有良好的耐热性和绝缘性,耐电压可达 380V,却又不会影响零件本体材料的导电性能、磁性和力学性能,从而还可作为高性能硅钢片浸涂绝缘漆前的前处理新工艺。

3.4.2 表面磷化处理的工艺原理及过程

钢铁零件磷化处理液常采用磷酸二氢盐类,通常应用马日夫盐,化学式为 $x\mathrm{Fe(H_2PO_4)_2} \cdot y\mathrm{Mn(H_2PO_4)_2}$ 的溶液或磷酸二氢锌,化学式为 $Zn(H_2PO_4)_2$ 的溶液。处理过程中,在零件表面上呈如下反应:

$$\mathrm{Me(H_2PO_4)_2 \rightleftharpoons MeHPO_4 + H_3PO_4}$$

$$\mathrm{3MeHPO_4 \rightleftharpoons Me_3(PO_4)_2 + H_3PO_4}$$

$$\mathrm{3Me(H_2PO_4)_2 \rightleftharpoons Me_3(PO_4)_2 + 4H_3PO_4}$$

当 pH 值升高,游离酸度下降,化学反应向右进行,所生成的不溶性磷酸盐在零件表面上沉积下来,反应结果在零件表面上形成了一层与基体金属牢固结合的磷酸盐表面膜。

磷化处理后的零件，按其使用要求，可进行一系列不同的后处理工艺。

防锈性零件：为减少污染介质的滞留，减小在大气介质中暴露面积。在磷化处理后，可以将磷化层微孔隙进行封闭处理，常用铬酸盐溶液浸泡，使磷化层的孔隙封闭。另外，机器或设备的壳体零件先经磷化处理，随后进行喷塑处理，例如目前生产的一些名品家电，几乎都用磷化—喷塑新工艺替代污染环境对健康有害的溶剂漆膜，且结合牢固，既无挥发性溶剂的气味，又无污染居室环境之虞。

摩擦副零件：经过磷化处理后的零件表面应浸涂润滑油或润滑脂，在使用过程中其表面层微孔隙具有贮油和毛细作用，将润滑剂逐渐释放至摩擦表面上，从而有效地降低了摩擦系数，降低摩擦力，减少磨损，显著提高了润滑能力。

冷冲压拉深件：经过磷化处理后的零件、坯料或半成品，均可浸泡或涂敷皂液，从而改善应力集中现象和塑性变形区域的分布状态，减少转折部位的应变量和破损率，明显地提高了拉深件的成品率。

3.4.3 零件表面磷化处理工艺步骤

(1) 前处理工艺：仔细擦除零件表面的油污积垢等附着物；然后在碱洗槽内仔细洗涤，常用 $NaOH$、Na_2CO_3、$Na_3PO_4 \cdot 12H_2O$(7∶1∶0.6 摩尔比)的 20%水溶液，浸洗 30min 左右；随后，经清水洗净、擦干后在酸洗槽内仔细洗涤，常用 12N 的盐酸、脲、乌洛托品(50∶0.5∶0.2)的 50%水溶液浸洗 20min 左右，视表面污染程度而定，再用清水洗净、擦干。

(2) 磷化处理工艺：将前处理后的零件投入磷化槽内，在(94±4)℃下恒温反应 15min 左右，在零件表面上生成一层磷化膜。

(3) 后处理工艺：对于防锈性零件，可在 10%铬酸钠(Na_2CrO_4)溶液内浸泡 15min 左右，进行微孔封闭处理；也可随即进行高压静电喷塑。

对于摩擦件：经过磷化处理后的零件，随即浸涂润滑油或润滑脂，以提高其表面的润滑能力。对于冷冲压拉深件：将磷化处理后的零件浸涂皂液，以改善其深冲性能。

3.5 零件表面的渗镀处理

3.5.1 表面渗镀处理的应用范围及其优点

以加热扩散的工艺方法将异种元素原子渗入零件或工件材料的表面，形成新的表面镀覆层，称为渗镀。其所形成的镀覆层称为渗层或扩散渗镀层。

渗镀与本章 3.3 节所讲的镀覆处理一样，都是为零件或工件材料表面制备镀层的方法。渗镀的特点在于表面镀层的形成完全依靠加热扩散的作用。

镀层与基体金属之间形成新的合金而结合起来，即形成冶金结合作用，因而结合十分牢固。

根据所渗入的异种元素原子种类的不同，可以在同一种材料的零件表面获得不同的组织和性能，从而可使零件具备减摩耐磨性能、防锈耐腐蚀性能、抗高温氧化不起皮性能等。

近年来，由于渗镀新工艺的不断创新和发展，不仅使渗镀层的性能和镀层质量获得显著改善和提高，而且使渗镀的应用范围迅速获得不断扩大。

3.5.2 渗镀的工艺原理及过程

可以用于渗镀工艺过程的方法很多，以与工件相接触的介质来分，有固体渗镀、液体渗镀和气体渗镀等。其中尤以固体渗镀工艺方法历史最为悠久，工艺上最为成熟，使用也最广。下面以这一工艺方法为例阐述其工艺原理。

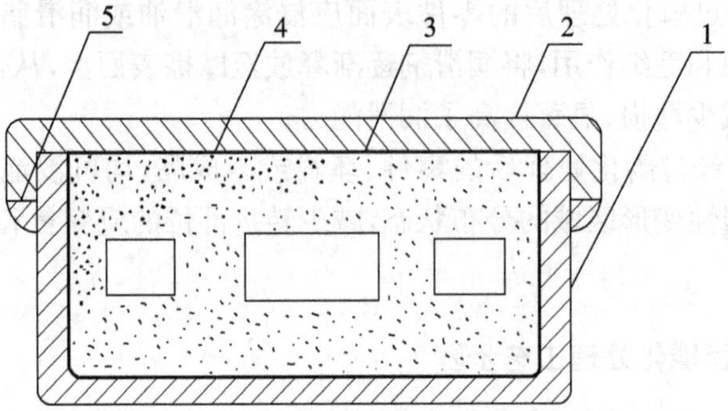

图 3-4 渗箱

1—箱体；2—箱盖；3—渗剂；4—零件；5—密封火泥

图 3-4 为固体渗镀时用的渗箱，由低碳钢钢板焊制而成，内填渗剂粉末，零件埋入渗剂中。渗剂由所需渗入的元素粉末、催渗剂和防烧结剂组成。渗箱合箱，密封后入炉经高温加热。箱内渗剂中的催渗剂一般为卤化物，如 NH_4Cl、NH_4Br、NH_4I 等。加热时，卤化物分解，所生成的 N_2 和 H_2 使渗箱内呈还原性气氛；同时，卤素与所需渗入的元素粉末(设为化合价二价的元素 B)反应生成氯化物(BCl_2)。

$$NH_4Cl \rightleftharpoons NH_3 + HCl$$

$$2NH_3 \rightleftharpoons 3H_2 + N_2$$

$$2HCl + B \rightleftharpoons BCl_2 + H_2$$

在高温下，所生成的卤化物 BCl_2 汽化，与零件材料表面的元素(设为化合价二价的材料)A 产生化学反应，从而与基体材料形成表面合金镀层。

由上述可知，渗镀时渗层的形成包括了下列过程：

(1) 凭借渗剂中催渗剂卤化物气体的置换作用、还原作用或热分解作用生成渗入元素的活性原子；

(2) 化学反应生成的活性原子先吸附在零件表面自由能较高的部位上，随后陆续被零件表面材料所吸收，吸收过程包括活性原子融入基体表面的材料内，形成了表面固溶体层或金属间化合物层；

(3) 随着渗剂原子的不断吸附和吸收，已融入零件表面材料内的渗剂原子在高温下向基体材料内部扩散，与此同时，基体材料原子也向渗层里面扩散，从而使渗层不断地持续增厚，这就是扩散过程，也是渗层的成长过程。

3.5.3 零件表面渗镀处理工艺步骤

1. 前处理工艺

仔细擦除零件表面的油污等附着物；随后在碱洗槽内仔细洗涤，除去油污积垢，然后在清水内洗净，擦干；随即在酸洗槽中仔细洗涤，除去锈蚀斑点，再在清水中洗涤干净，擦干。

2. 渗镀处理工艺

根据渗入元素的不同，渗镀处理工艺分为渗锌、渗铬、渗铝、渗硼，以及多元共渗等。下面以渗硅为例阐述其处理工艺。

渗箱内填入渗剂，渗剂由硅铁粉占 60%左右、催渗剂氯化铵（NH_4Cl）占 2%、防烧结剂石墨粉占 38%，清净剂氟化钠 0.5%～1.0%，以降低渗硅层表面的粗糙度。

工件埋入渗剂内，上盖合箱，密封后送入高温炉内，将炉温升至高温，保温，按所需渗层厚度确定保温时间，一般每小时可达 0.4mm 左右。

高温下，硅铁与 NH_4Cl 反应生成四氯化硅：

$$2NH_4Cl \longrightarrow 2HCl + 3H_2 + N_2$$

$$4HCl + Si \longrightarrow SiCl_4 + 2H_2$$

当 $SiCl_4$ 与工件材料表面接触时，就发生一系列化学反应：

$$3SiCl_4 + 4Fe \longrightarrow 4FeCl_3 + 3[Si]$$

$$SiCl_4 + 2Fe \longrightarrow 2FeCl_2 + [Si]$$

$$SiCl_4 + 2H_2 \longrightarrow 4HCl + [Si]$$

$$SiCl_4 \longrightarrow 2Cl_2 + [Si]$$

于是，初生态原子[Si]具有极高的化学活泼性，吸附到工件表面，通过固溶作用、化合作用而与工件材料原子形成键结合，恒温下高温扩散作用使渗层持续扩大，不断增厚，达到所需镀层厚度为止。随炉冷却至室温。

3. 后处理工艺

出炉后的渗体，在水中冲洗，清除残留渗剂粉末，再以热水洗净、干燥。然后，根据零件制造图要求，经切削加工达到所需的尺寸精度和表面粗糙度要求。

4. 应用举例

经过表面渗镀处理后的零件表面层，具有优良的工程应用性能，如耐蚀性、耐磨性等。如某厂平炉加料机导板，材料为 ZCuZn38Mn2Pb2，原来使用 2.5 个月，磨损 6.5mm，经渗硅表面处理后，使用了 2.5 个月后，磨损仅 0.3mm，工作寿命延长了 3 倍。

3.6　零件表面处理先进工艺简介

3.6.1　电刷镀

1. 基本原理

由图 3－5 可以看出，经预处理净化表面后的零件接直流电源的负极，镀笔接正极，镀笔电极用高纯细石墨块制成，外面包裹耐磨涤棉套。刷镀时，饱浸着镀液的镀笔以一定的相对运动速度在工件表面上移动，在恒定的压力下，镀笔与工件接触的部位上，镀液中的金属离子在电场力的作用下化学吸附到工件表面,从阴极(工件)获得电子而还原成金属原子,然后沉积结晶,形成刷镀层,随刷镀时间而逐渐增厚。所以,其原理与槽镀相似,但又具有一系列的特点。

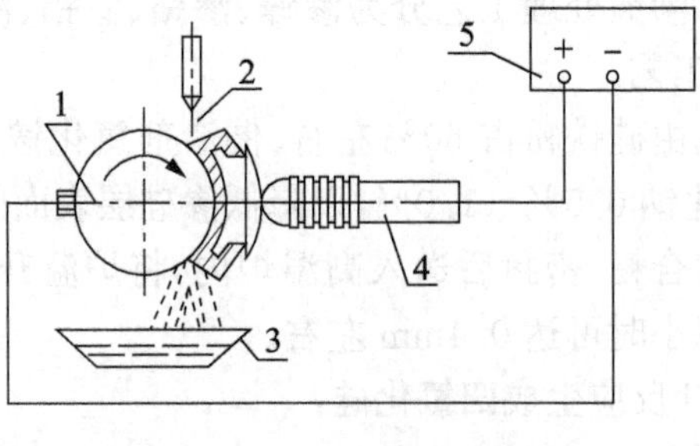

图 3-5　电刷镀基本原理

1—工件;2—镀液;3—盘;4—镀笔;5—电源

2. 工艺特点

(1) 电刷镀既不需要镀槽,也不用大量挂具,设备简单,占地面积小,且一套设备可完成多种镀层的刷镀。镀笔形状按需要制成各种形式,以适应工件外形。

其耗电、耗水少,节约能源。

(2) 所用镀液为金属有机络合物水溶液,溶解度大且稳定,金属离子的含量比槽镀高几十倍,可以在较宽的电流密度和温度范围内使用,使用时镀液的浓度也不必调整。大多数镀液呈中性,腐蚀性小,不燃、不爆、无毒性,因此,能保证手工操作的安全性,还便于运输和贮存。

(3) 镀笔与工件间有相对运动,易散热,工件不会过热。镀层的形成是个断续的结晶过程。两极间的相对运动限制了晶粒的长大和排列,能形成超细晶粒和高密度位错的镀层,显著提高了镀层的力学性能。

操作方便,适宜镀各种复杂型面,可以整体镀也可局部镀,尤其大型设备的现场修理。

3. 应用举例

陕西兵马俑刚出土时布满斑斑点点痕迹,现经仿古电刷镀,使这些两千年前的陶俑都穿上仿青铜色锃亮光泽的金属铠甲,栩栩如生,犹如回到了刚造好时的秦代,深受好评,也吸引了更多游人。

3.6.2　真空镀膜

1. 基本原理

真空环境下,使镀覆材料通过气相(气态)状态下发生的物理、化学反应过程,沉积到零件表面(称为基板、基片或衬底)上凝聚成膜。零件表面形成一层功能性或装饰性镀层的新技术。

按工艺性质,分为物理气相沉积(PVD)和化学气相沉积(CVD)两大类。

(1) 物理气相沉积(PVD)

真空环境下,用物理方法将镀覆材料形成气相状态的原子、分子、离子等形态,沉积到零件表面上的工艺过程。

按镀覆材料微粒向零件表面输送方法的不同,目前有真空蒸发镀膜、溅射镀膜和离子镀膜等。

真空蒸发镀膜是在真空条件下用物理方法加热镀覆材料,使之蒸发、升华而逸出表面的原子、分子飞向处于较低温度的零件表面,凝聚成膜。如图 3-6 所示。

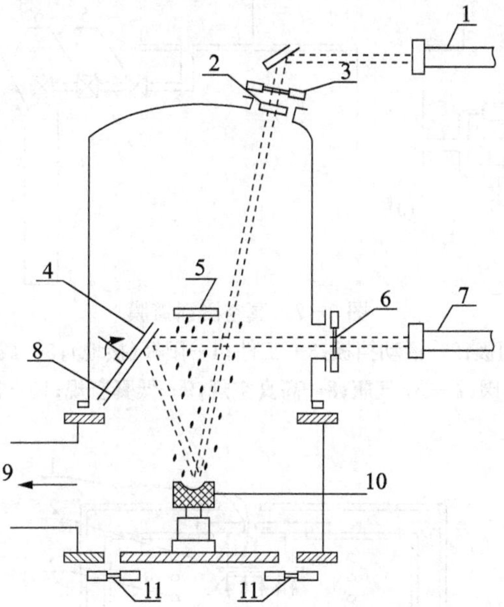

图 3-6　真空蒸发镀膜

1、7—CO_2 激光器;2—蒸发防护镜;3、6—透镜;5—工件;
4—旋转反射镜;8—保护片;9—至抽气系统;10—坩埚;11—监控孔

溅射镀膜是在真空条件下以离子轰击镀覆材料表面,使其原子、分子获得足够的能量而逸出表面,飞溅到被镀零件的表面上,凝聚成膜,如图 3-7 所示。

离子镀膜是在真空条件下用物理方法加热镀覆材料使之蒸发或升华,再以电子轰击或气体放电等方法使蒸发或升华了的原子、分子电离成离子,在电场力作用下,这些离子夹杂着未电离的原子、分子飞向电极电位较负的零件表面上一起凝聚成膜。如图 3-8 所示。

(2) 化学气相沉积(CVD)

真空环境下,一种或多种气体或蒸气在温度较高的基板(零件)表面上发生分解、还原、氧化、置换、聚合等化学反应并凝聚成膜的过程,如图 3-9 所示。

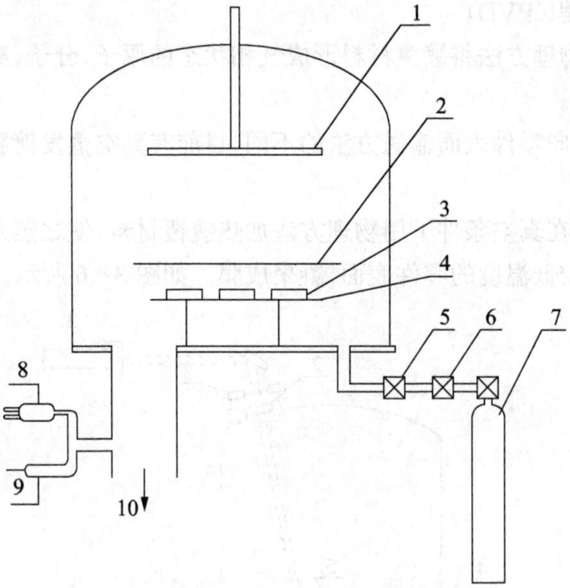

图 3-7　真空溅射镀膜

1—阴极;2—活动挡板;3—工件;4—阳极(接地);5—截止阀;
6—调节阀;7—Ar 气瓶;8—高真空规;9—低真空规;10—抽气系统

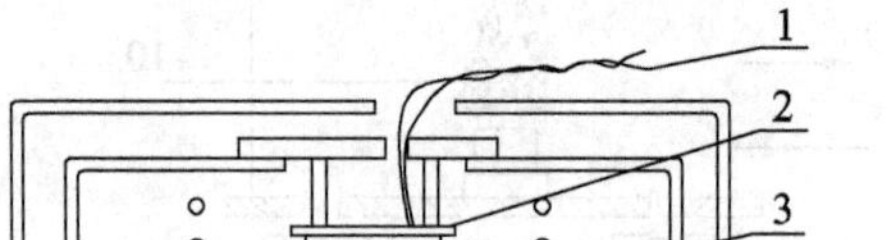

图 3-8　离子镀膜

1—温差热电偶;2—夹具;3—加热器;4—工件;5—挡板;6—离子和中性粒子;
7—电离用电子发射源;8—加热坩埚的电子发射源;9—坩埚;10—离子束加速电极;
11—电离用电子加速电极;12—喷口;13—蒸发材料;14—冷却水进出口;

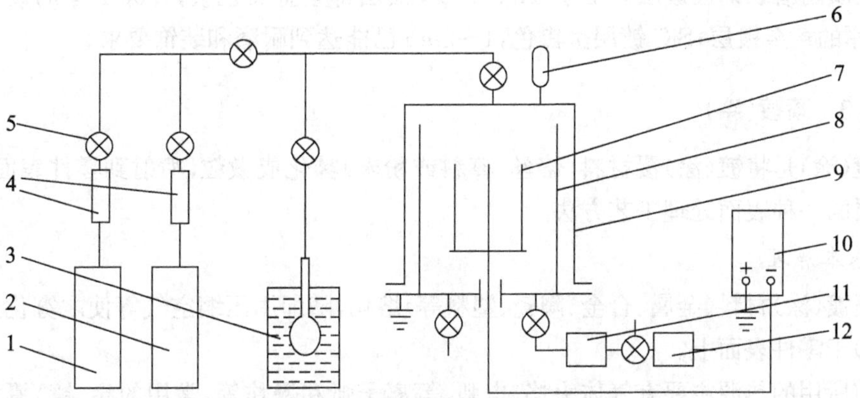

图 3-9　等离子体增强化学气相沉积

1—高纯氮气；2—高纯氢气；3—四氯化钛瓶及恒温器；4—气体流量计；
5—阀门；6—真空规；7—被镀工件；8—热屏；9—真空室；
10—直流高压电源；11—阱；12—机械真空泵

2. 工艺特点

(1) 物理气相沉积因沉积温度均低于 600℃，在一般钢材的相变温度以下，故不会引起零件基体表面层材料软化变质。高速钢、模具钢、不锈钢件沉积后一般不再进行热处理。各种金属和合金都可使用，又不会生成污染物质，故比化学气相沉积应用更为广泛。

(2) 化学气相沉积法当前大多使用还原反应过程，在真空反应室内使金属卤化物与还原性介质发生气相反应，如还原性介质氢与甲烷将卤化物四氯化钛还原，生成碳化钛(TiC)。

与物理气相沉积(PVD)相比，其主要缺点是沉积时要求基板(零件表面)温度较高，如沉积氮化物、硼化物、碳化物作为硬质耐磨、耐蚀等功能性薄膜时，零件表面需加热到 900℃以上；用于大规模集成电路沉积硅单晶层时，则温度更高，零件易变形，材料性能发生变化，还须注意反应副产物对环境的污染，以及易燃、易爆气体的安全问题。

图 3-9 所示为化学气相沉积法的最新改进型式，等离子体增强化学气相沉积(PCVD)。针对化学气相沉积反应温度过高的问题，将进入真空反应室的原料气体激活成等离子态，这些化学活性很高的离子、部分原子、分子在远远低于 CVD 成膜温度下(500—800℃)进行化学反应形成镀膜。

3. 应用举例

(1) 离子镀膜技术镀覆的人造卫星摩擦副零件表面，替代电镀镀层，达到了减摩、耐磨和润滑性能要求。真空镀膜技术目前已被国际上航天工业界广泛采用。

(2) TiN、TiC 和 TiCN 镀层在切削工具上已被广泛采用，镀层厚度为 1～5μm，可显著降低摩擦系数和摩擦力，减少磨损和提高加工精度，也大大延长了刀具寿命。尤其是多工序自动机和加工中心所用的刀具，如镀层厚度 2～3μm 的 TiC 镀层钻头的寿命，比未镀的延长了四倍；铣刀采用了 TiN 和 TiCN 或 TiN 和 TiC 混合镀层后，即使切削速度比未镀的增加一倍，其磨损率却下降了 5/6。PVD 工艺已在手表表壳、表带、钢笔、眼镜架和镜框等日用品上制备硬质耐磨装饰性镀层。由于 TiN、TiCN 镀层都呈金黄色膜,0.5μm 厚的镀层即可取代 1μm 厚的黄金镀层;SiC 镀层呈黑色,1～2μm 已能达到耐磨和装饰要求。

3.6.3 喷镀(涂)

喷镀(涂)是将镀(涂)覆材料(熔丝、棒料或粉末)雾化成微粒,喷射到零件表面上,形成镀(涂)层的一种表面处理工艺方法。

1. 基本原理

使喷镀(涂)材料(金属、合金、陶瓷、塑料等)熔化,随即用压缩空气等使之雾化成微粒而喷镀(涂)于零件表面上。

目前所用的热源主要有气体火焰、电弧、等离子弧和爆炸等,常用的涂(镀)覆材料有粉末状、线材或棒料等。也可用高压静电引力将粉末材料喷涂到零件表面上,随后按涂层材料类型,在适当温度下进行热处理,获得平整、光洁、与基体结合牢固具有所需色泽的涂层,图 3-10 所示即为高压静电喷涂。

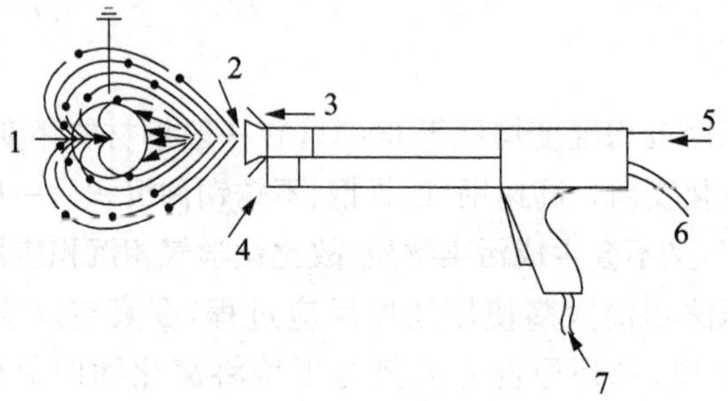

图 3-10 高压静电喷涂

1—工件;2—旋转钟形喷口;3—空气罩;4—高电压导体;

5—高电压导线;6—涂料粉末;7—干燥压缩空气

2. 工艺特点

(1) 镀覆层与基体材料的适应性强,镀层材料可以是金属及其合金,也可以是塑料、陶瓷和复合材料;基体材料可以是金属及其合金,也可以是非金属,如陶瓷、塑料、石膏、木材、纸张等。

(2) 工艺灵活,操作方便,零件大小不受限制;可以整体涂(镀)覆,也可局部镀;可在真空环境下或可控气氛下,也可在大气环境内施工;镀层厚度可厚可薄,视需要而定,如高压静电喷涂涂层厚度可以薄至 0.1mm,而火焰喷镀(涂)等可以达到 2.0mm 以上。

(3) 对基体材料的组织、性能影响较小。

3. 应用举例

(1) 为了提高螺杆挤出机的螺杆——机筒部件——表面的耐磨、耐蚀性能,零件表面上采用粉末火焰喷镀镍基合金。表面喷镀后的耐磨性远比气体氮化、离子氮化、渗硼等传统的化学热处理工艺提高了四至五倍。还应指出,经热处理的表面硬度随着磨损而逐渐下降,使用性能日益恶化。而采用上述新工艺所制备的整个镀层厚度内,组织、硬度等性能指标恒定不变，从而显著提高了挤出机的精度寿命，图 3－11 所示为线材（或棒料）火焰喷镀。

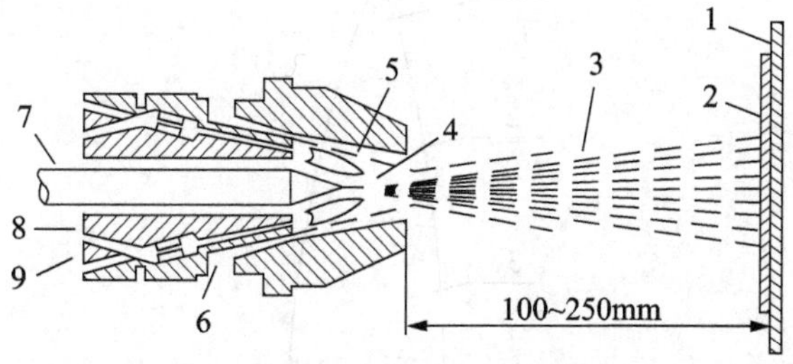

图 3－11 线材火焰喷镀

1—工件；2—镀层；3—雾滴；4—熔融材料；5—火焰；6—雾化气体；7—线材（棒料）；8—氧；9—可燃气体

(2) 镀层活塞环是增压高速柴油机设计、制造上的重要发展，可防止缸套与气环和拷油环间的黏附，延长运行寿命。原先采用表面松孔镀铬处理，近来已研制了等离子喷镀钼基合金镀层（65％～75％Mo 和 35％～25％Ni、Cr、B、Si 等）。由于镀层材料以高熔点钼为基体，提高了瞬时高温耐受性；在适当工况下，表面的钼原子与油中的硫组分形成无机硫化物，显著改善了摩擦性能，对燃气与润滑油中的腐蚀介质的耐蚀抗力明显提高，从而解决了工作表面间的黏附问题。最近已在柴油机车上应用，与原先使用的镀铬环相比，取得了 40 万公里行程无黏附现象发生的满意效果；图 3－12 为等离子焰喷镀（涂）的工作原理。

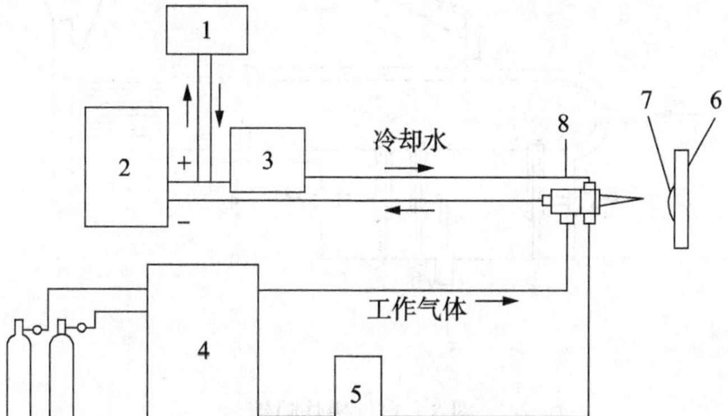

图 3－12 等离子焰喷涂

1—冷却水循环水泵；2—直流电源；3—高频发生器；4—控制装置；5—粉末供给装置；6—工件；7—涂层；8—喷枪

(3) 宇宙飞船的前端至仪表舱部分的壳体上喷涂氧化铝（Al_2O_3）粉末涂层。当飞船绕地球飞行时，其向阳的一侧吸热，背阴的一侧散热，温差达 400℃，受热面温度高达 320℃，散热面却冷至－100℃。交替变化的温度引起热引力，利用氧化物陶瓷涂层的热阻尼作用，使吸热和散热作用显著减弱，足以使舱内温度保持在 10～30℃，以维护高精度仪表和电子设备正常工作,图 3-13 即为飞船壳体上的温度分布及采用绝热外涂层的必要性。

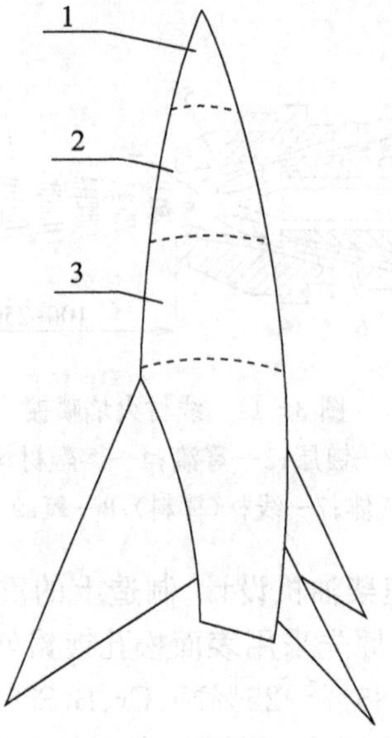

图 3-13　宇宙飞船壳体的温度和绝热涂层分布

1—350～1540℃;2—270～820℃;3—270～650℃

至于难溶材料的喷镀(涂),也有采用如图 3-14 所示的爆炸喷镀法。

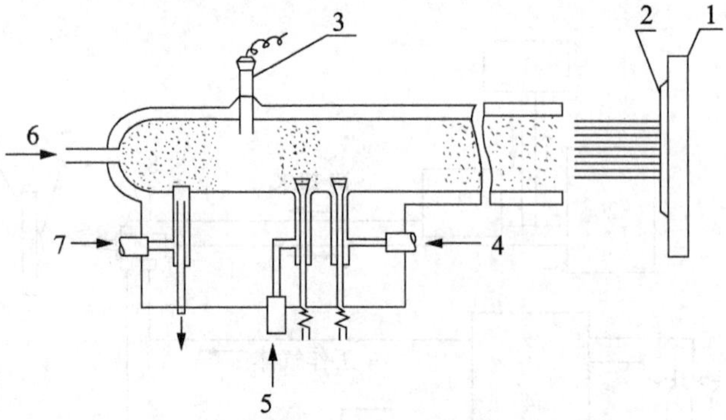

图 3-14　爆炸喷镀

1—工件;2—镀层;3—火花塞;4—氧;5—可燃气体;6—粉末;7—氮

习 题 三

1. 思考题

(1) 通过本工种的实习,你获得了哪些新概念、新知识?你认为它们与以前的认识相悖还是以前的认识的发展和延伸呢?

(2) 你能从零件受载时的应力集中现象,分析一下零件因锈蚀而造成强度下降的机理吗?

(3) 既然镀层刀具显著延长了刀具的耐用度，那切菜刀、斧子也该镀覆吗？

(4) 搪瓷厂制坯车间将茶缸坯件拉伸时，其底部转角处常被拉穿破裂，而所用的材料 08F 钢的强度、硬度很低，塑性、韧性很好，深冲压、深拉延的冷加工性能很好，那它们为什么会拉穿破裂？却又都破裂在转角处呢？你能设计一种工艺措施以减少它的破损率吗？

(5) 右图（题图 3－1）所示为零件表面喷砂加工用的喷砂嘴部件图，由 Q235 钢制成，压缩空气进气管正对着砂粒进口。由于砂粒的冲击，工作一周后，压缩空气进气管上就出现了小孔。同时喷口管内壁在砂粒冲击下也迅速损坏。试提出具体解决这一问题的措施。

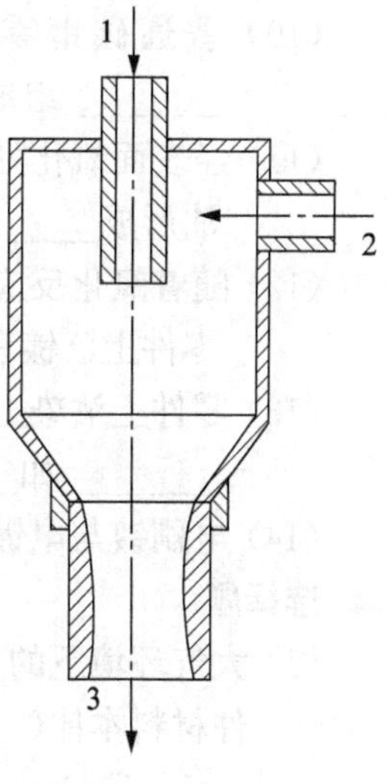

题图 3－1　喷砂嘴部件
1—压缩空气；2—砂粒；3—喷口

(6) 你曾使用过哪些经表面处理后的用品？从使用者的角度看，它们给你带来什么感受？

2. 判断题

(1) 髹漆防腐蚀处理方法主要是在零件和环境介质之间形成一道隔离层。（　　）

(2) 冲蚀（Erosion）是运动着的固体粒子对零件的磨损过程。（　　）

(3) 侵蚀（Etch）是流动着的液体对零件的磨损过程。（　　）

(4) 气蚀（Cavitation）是湍流液体的鼓泡作用对零件的磨损过程。（　　）

(5) 每天须擦桌揩窗，因为散落其上的尽是浮尘。（　　）

(6) 变形层内的材料变形程度，愈接近零件表面，其变形程度愈小，所以退火后的晶粒很细。（　　）

(7) 常温、常压下自然形成的铁的氧化膜，如铝的氧化膜一样，也起防锈作用。（　　）

(8) 经过磷化处理后，零件表面生成一层十分平整光滑的磷化膜。（　　）

(9) 热喷镀时，必须将零件整体加热到高温塑性状态。（　　）

(10) 化学镀所形成的镀层与电镀（槽镀）镀层完全相同。（　　）

3. 填空题

(1) 髹漆防腐蚀处理涂层既可用于________零件，也可适用于________材料。

(2) 表面冷加工强化法，目前依然广泛使用，诸如________、________、________、________。

(3) 零件的精度寿命是指____________。

(4) 零件的强度寿命是指____________。

(5) 所谓生锈是零件材料在大气环境下的________过程。

(6) 所谓腐蚀是零件材料在腐蚀介质环境下的________过程。

(7) 由于同处在海水这一腐蚀介质内，不同钢种钢板拼焊的船壳会造成________。

(8) 即使是铬镍不锈钢在含有大量氯化物腐蚀介质的海水介质内使用时，因加工过程中残留下来的________，而在________大的部位严重________，称为________。

(9) 零件的表面层与其内部材料本体之间有机联系着，就金属材料而言，两者是靠________联结的。

(10) 普通碳钢零件的表面层中的氧化层是由下列各分层如________、________、________组成,其中________强度、韧性、致密性最佳。

(11) 经表面氧化处理后的零件,所生成的________的________增大,使用过程中与润滑油形成________或________作用,产生良好的________、________、________作用。

(12) 随着氧化反应或镀覆反应过程的进展,零件各部位膜的厚度随之而________,因为零件上已镀和未镀部位、膜较厚和较薄处都会自动构成________作用的缘故。

(13) 零件上沾染上动、植物油脂时,由于它们含有________,所以在净化零件时,可以用________如________等水溶液使之________而清除之。

(14) 电刷镀与电镀(槽镀)相比较,前者的优点是________、________、________等。

4. 选择题

(1) 大气环境下的普通碳钢零件表面的(　　)分层是呈疏松、多孔、强度很差,却又与零件材料本体(　　),而(　　)脱落。

1.1 FeO;　　1.2 Fe_3O_4;　　1.3 Fe_2O_3.

2.1 最为接近;　　2.2 距离适中;　　2.3 相距较远;

3.1 很易;　　3.2 不易

(2) 零件表面变形层材料的变形程度,愈近表面,其变形程度(　　),所以退火后的材料晶粒(　　)。

1.1 愈小;　　1.2 愈大;　　1.3 不一定.

2.1 愈粗;　　2.2 愈细;　　2.3 不一定

(3) 08F 深冲钢板坯料表面经过磷化处理后,应进一步(　　)。

1. 浸涂皂液;　　2. 浸涂润滑油;

3. 在 10%Na_2CrO_4溶液内浸泡 15min;　　4. 不再作任何处理

(4) 高档家具的铁壳都经高压静电喷塑,为保证喷塑层与零件本体间的结合强度,喷塑前预先(　　)。

1. 磷化处理;　　2. 镀 Ni－P 合金处理;

3. 氧化处理;　　4. 只要清洗,不作任何处理

(5) 零件渗镀时所以能形成渗层的过程机理,完全在于(　　)。

1. 高温扩散作用;　　2. 表面电化学反应;　　3. 表面吸附作用

(6) 机加工时常用的机械油常称为中性油,因为它(　　)。

1. 含有极性化学物质;　　2. 不含极性化学物质;

3. 与含不含这类物质无关

第4章 电 子 技 术

各种电子电路及系统均需直流供电，稳压电源是电子设备中最基本的构成环节，通过电子技术的实习可以学习安装、焊接及调试技术。

4.1 基本原理

4.1.1 稳压电源的组成

一个稳压电源由下列四个基本部分组成：变压器、整流器、滤波器、稳压电路，如图 4－1 所示。以下分别简单叙述每个环节的作用及原理。

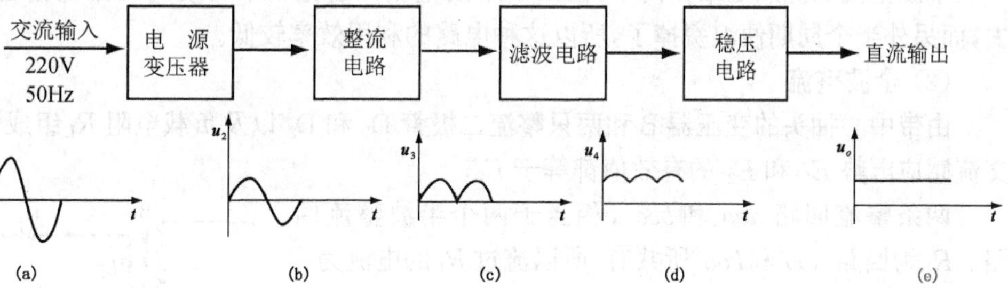

图 4－1 稳压电源的组成

1. 变压器

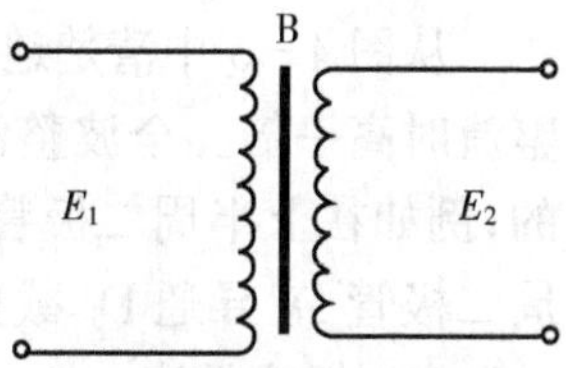

图 4－2 变压器

变压器可以用来改变交流电压的大小，一般在一铁芯上，分别绕两组线圈，初级的线圈圈数为 N_1，次级的线圈圈数为 N_2，若把初级线圈接上交流电压 E_1，则在次级线圈上就会产生一个感应电动势 E_2，并满足如下关系：

$$E_1/E_2=N_1/N_2=n,$$

式中，n 称作变压器的匝数比。由于 $E_2=E_1/n$ 即匝数比 n 愈小，次级得到的感应电动势 E_2 就愈大；反之，匝数比 n 愈大，得到的感应电动势 E_2 就愈小。

2. 整流电路

整流电路的作用是利用具有单向导电性能的整流元件，将正负交替的正弦交流电压整流成为单方向的脉动电压。但是，这种单向脉动电压往往包含着很大的脉动成分，距离理想的直流电压还差得很远。实践证明，利用晶体二极管的单向导电特征实现整流是一种简便可行的方法。最常用的几种方法有：半波整流、全波整流及桥式整流。

(1) 半波整流

图 4-3 为半波整流电路。

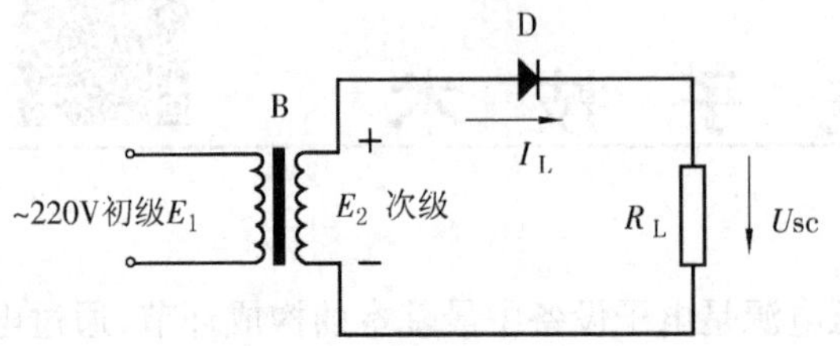

图 4-3 半波整流电路

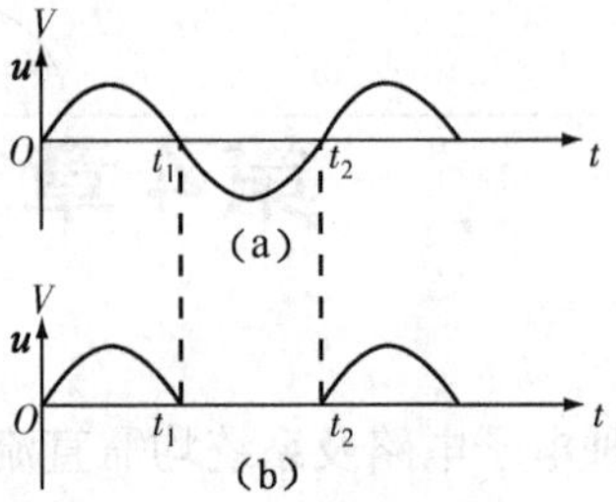

图 4-4 半波整流输出波形

整流过程:设变压器次级电动势 E_2,在第一半周内(即时刻 0 到 t_1)若次级上端为正,下端为负,这时加在二极管 D 上的是正向电压,二极管导通,有电流 I_L 流过负载 R_L,同时在负载 R_L 两端产生电压 U_{SC};在 E_2 的第二个半圈内(即时刻 t_1 到 t_2)次级上端为负,下端为正,这时加至二极管 D 上的电压为反向电压,二极管 D 不导通,没有电流流过负载 R_L,所以负载两端没有电压输出即 $U_{SC}=0$;在 0～t_2 这段时间内变压器次级交流电动势 E_2,负载 R_L 上的电流 I_L 和电压 U_{SC} 变化情况如图 4-4 所示。其中图 4-4(a)为次级交流电动势 E_2 的波形,图 4-4(b)为负载 R_L 上的电压 U_{SC} 和电流的变化波形。

半波整流的优点是结构简单,但由于半波整流只能把半个周期的交流电输送到负载中去,而另外半个周期便浪费掉了,所以这种电路的利用效率较低。

(2) 全波整流

由带中心抽头的变压器 B 和两只整流二极管 D_1 和 D_2 以及负载电阻 R_L 组成,其中次级交流感应电势 E_{21} 和 E_{22} 的有效值都等于 E_2。

两条整流回路 aoo' 和 boo',相当于两个半波整流回路。R_L 为回路 aoo' 和 boo' 所共有,所以流过 R_L 的电流为:

$$I_{SC}=I_{SC1}+I_{SC2}$$

R_L 上的电压为:$U_{SC}=U_{SC1}+U_{SC2}$

从图 4-5 中清楚地看出整流得到的 U_{SC} 和 I_{SC} 较半波整流时高一倍。全波整流电路中两只二极管是轮流工作的,例如在上半周二极管 D_1 导通二极管 D_2 截止,而负半周二极管 D_2 导通 D_1 截止。

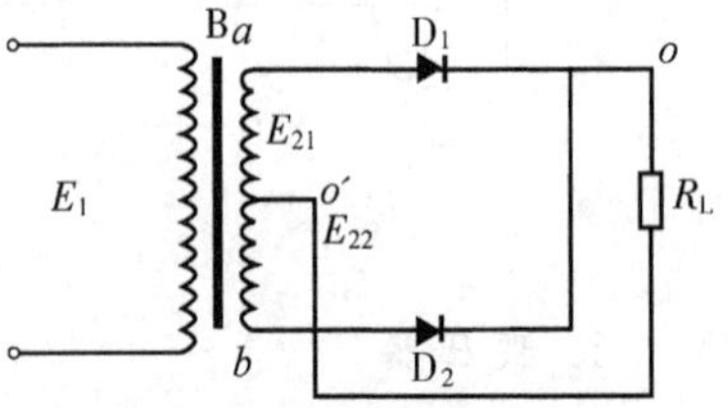

图 4-5 全波整流电路

(3) 桥式整流

由四个二极管接成四个桥臂,构成电桥的形式,称桥式整流(图 4-6)。设在 E_2 第一个半周内,次级绕组 a 点电位为正,b 点电位为负,整流回路为电流经 D_1 通过负载 R_L 流经 D_3 回到 b 点;在 E_2 的第二个半周内,次级绕组 a 点,电位变负,b 点电位变正,电流经 D_2 通过 R_L 流经 D_4 回到 a 点。

桥式整流电路的整流效率和直流输出与全波整流电路相同,变压器的利用率最高。现在常用的全桥整流(图 4-7),不用单独的四只二极管而用一只全桥,其中包括四只二极管,但是要标清符号,有交流符号的两端接变压器输出,+、−两端接入整流电路。

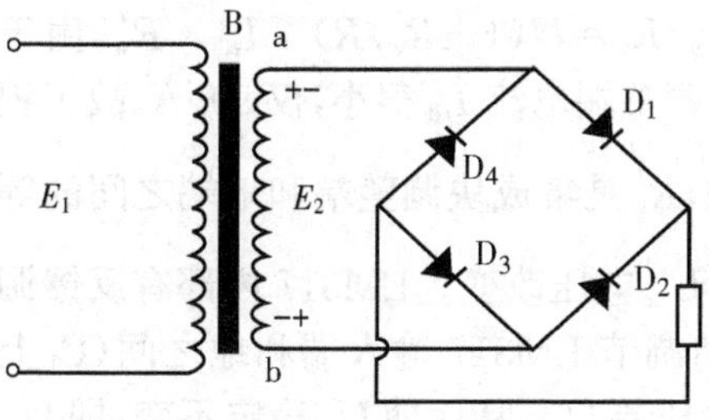

图 4－6 桥式整流电路

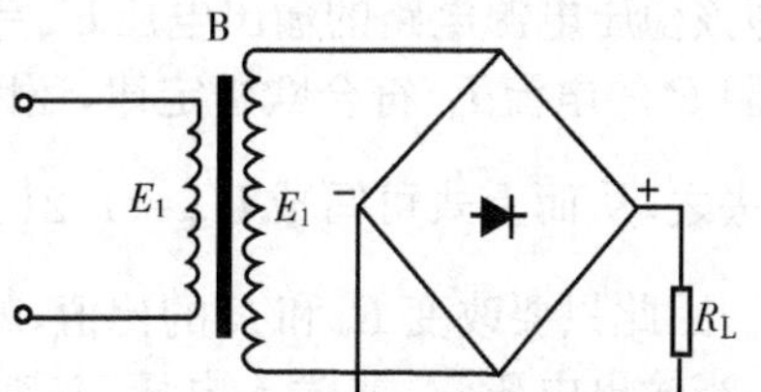

图 4－7 全桥整流电路

3. 滤波器

滤波器由电容、电感等储能元件组成。其作用是尽可能地将单向脉动电压的脉动成分滤除，使输出电压成为比较平滑的直流电压。但是当电网电压或负载电流发生变化时，滤波器输出直流电压值也将随之而变化，在要求比较高的电子设备中，这种情况不符合要求。

电容滤波 在负载 R_L 的两端并联上滤波电容 C，如图 4－8 所示。滤波过程：当交流电动势 E_2 使二极管 D 导通时，电流分二路，一路使电容 C 充电到接近于 E_2 的幅值（$1.41E_2$）；当 E_2 使二极管截止时，已充电的电容器 C 对负载 R_L 放电，从而使负载 R_L 上的电压趋于平直，于是就达到了滤波效果，对全波整流的滤波作用。

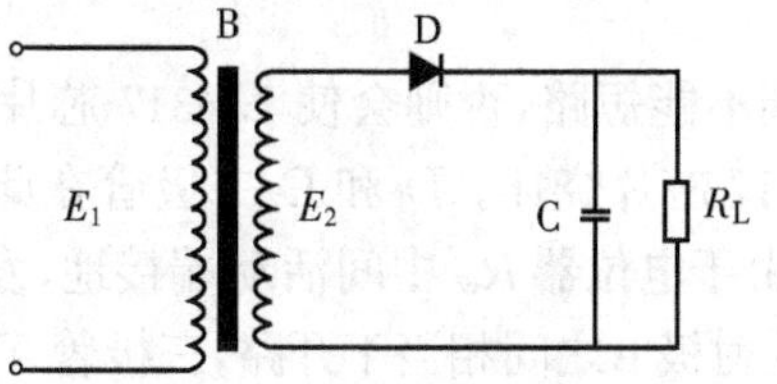

图 4－8 电容滤波电路

4. 稳压电路

稳压电路的作用是使输出直流电压在电网电压或负载电流发生变化时保持稳定。

整流器的输出电压发生波动是由于下述两个原因。

（1）电流电压是随供电电网电压的变化而变动的。电网电压可以有±10％的变化，这将直接影响直流输出电压。

（2）电源负载电流的波动。由于电子装置从电源输入的电流在不断变化，有的波动幅度还很大，这个波动的负载电流流过整流器时，就在内阻上引起了一个波动的电压降，这样输出电压就会随负载电流的波动而波动。

许多电子装置要求有一个非常稳定的直流电源，尤其像一些高精度的电子测量仪器和数字仪表，直流电源电压的波动会严重影响它的使用精度。

4.1.2 LM317 可调式集成稳压电源电路原理

LM317 是个三端可调式集成稳压器集成块芯片，由它和电容、电阻、电位器等组成如图 4－9 所示的串联型可调式集成稳压电源电路原理图。LM317 集成块有输入、输出、调整（adj）三个引脚。能提供 1.2V 到 37V 的输出电压 U_{sc}。当选定芯片型号后，就确定了集成稳压器基准电压 U 的大小，已知 LM317 集成块芯片的基准电压 $U=1.2V$，则电路的负载电压,即该稳压电源电路的输出电压 $U_{se}=U+(I_R+I_{adj})R'_w=U(1+R'_w/R)+I_{adj}\cdot R'_w$,由于流经电阻 R 的电流 I_R 符合欧姆定律,还因为流经芯片调整端电流 I_{adj} 很小,仅 50μA,故工程上常略去之,从而上式可写成 $U_{sc}=1.2\left(1+\frac{R'_w}{R}\right)$,式中,$R'_w$ 是集成块调整端和地端之间的等效电阻。因此只要改变 R'_w 和 R 的比值,就可使输出端 U_{sc} 电压改变。LM317 内部有反馈调节电路,当输出电压 U_{sc} 或输入电压 U_{sr} 变化时,会自动调节 LM317 输入端和地之间(C_1 上电压)和 LM317 输出端和地之间(即 C_3 上的电压)的电压差 U_{ad},从而使 U_{sc} 稳定不变,即 $U_{c_1}=U_{ad}+U_{sc}$。如 $U_{sc}\uparrow$ 则 $U_{ad}\uparrow$ 从而 $U_{sc}\downarrow$,结果 U_{sc} 不变。如 $U_{sr}\uparrow$ 引起 $U_{c_1}\uparrow$。但 $U_{ad}\uparrow$,$U_{sc}=U_{c_1}\uparrow-U_{ad}\uparrow$,结果 U_{sc} 不变。

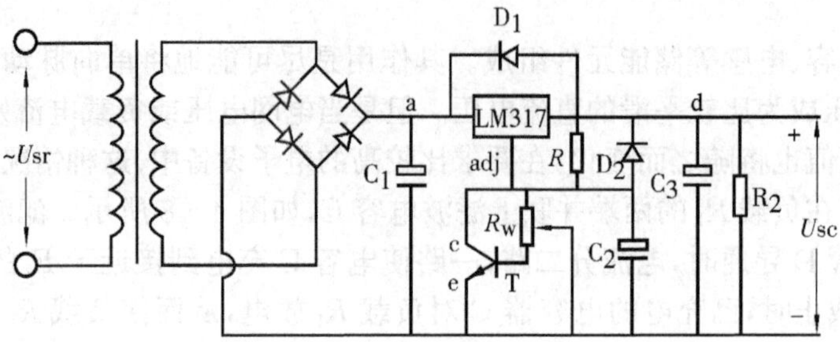

图 4-9　LM317 可调式集成稳压电源电路原理

在调试中,输出端 R_2 两端不能短路,否则会使 LM317 芯片电流过载烧坏,当输入电压过高,$U_{ad}\geqslant 40V$ 时,也会使 LM317 芯片烧坏。D_1 和 D_2 二极管在此起稳压保护作用,它们工作在反向电压工作区。三极管 T 由于电位器 R_w 中间活动端接地,发射极 e 也接地、无电流从基极 b 流向发射极 e,集电极 c 和发射极 e 之间相当于开路,三极管 T 工作在截止状态,稳压器正常工作,输出端输出正向直流电压。调节电位器 R_w 使 LM317 芯片调整端和地之间电阻 R'_w 改变,而 R 不变,则输出电压 U_{sc} 上升或下降。如果 R_w 活动端由于某种原因和地断开,如无三极管 T,则 $R'_w=R_w$,而电阻值 R 不变,从 $U_{se}=1.2\left(1+\frac{R'_w}{R}\right)$ 可以看出输出电压 U_{sc} 立刻急剧上升。有三极管 T 后,则电流从 R_w 流向三极管 T 基极,使基极 b 和发射极 e 导通,集电极 c 和发射极 e 之间电压下降,集电极电流 Ic 升高,两者之间的等效电阻 R_{ce} 变得很小,R_w 和 R_{ce} 并联,$R'_w=R_wR_{ce}/(R_w+R_{ce})$,结果 R'_w 变小,由式 $1.2\left(1+\frac{R'_w}{R}\right)$ 可知,LM317 的输出电压 U_{sc} 随即下降。这样就避免了由于输出电压 U_{sc} 上升而使负载损坏,所以 T 为过流保护三极管。

稳压电源两个物理指标:

1) 输出电阻 r

如果稳压电源的输出能做到输出电压不随负载变化,而且始终不变,则稳压电源是一个理想的恒压源。实际情况是稳压电源的输出端等效为一个恒压源串联一个内电阻 r。随着负载变化,在 r 上的分压也变化,从而使负载电压变化。只要使内阻 r 和负载 R_f 之间满足 $r\ll R_f$,则 R_f 上电压可保持稳定。内阻 r 的计算可由下式导出,改变 R_f 使 U_{sc} 变化

$$\begin{cases}U_s=I_{sc1}\cdot r+U_{sc1} & ①\\ U_s=I_{sc2}\cdot r+U_{sc2} & ②\end{cases}$$

两个方程相减得　　$r(I_{sc1}-I_{sc2})+U_{sc1}-U_{sc2}=0$

$$r=\Delta U_{sc}/\Delta I_{sc}$$

输出内电阻大小反映了稳压电源克服负载变化保持输出电压稳定的能力。它表示了当输入电压和环境温度不变时,负载电流的变化量和它所引起的输出电压的变化量之比。

2) 稳压系数 S

当市电 220V 电压波动 10%时,要求输出电压稳定不变。输出电压随输入电压波动的大小可以用稳压系数表示

$$S=\frac{\Delta U_{sc}/U_{sc}}{\Delta U_{sr}/U_{sr}}$$

U_{sr}是市电 220V,改变它的大小可得 ΔU_{sr}。U_{sc}是稳压电源输出电压,当 U_{sr}改变,U_{sc}会随着改变而得 ΔU_{sc}。所以稳压系数 S 表示了在负载电流和环境温度都保持不变的情况下,输出电压的相对变化量与输入电压的相对变化量之比。

4.2 电子元件

本节内容涉及的电子元器件包括:色环电阻、电解电容、二极管、三极管、三端稳压器、发光二极管、电位器等。

4.2.1 二极管

1. 二极管的结构

把 PN 结封装在管壳中,并引出两个金属电极,就构成一个二极管。其外形如图 4-10 所示,图形符号如图 4-11 所示,文字符号用 VD 表示。P 区引出的电极叫阳极(正极),N 区引出的电极叫阴极(负极)。二极管按结构不同分为点接触型和面接触型两种。

点接触型二极管的特点是 PN 结面积小,因而结电容小,工作频率可达 100MHz 以上,但不能承受高的反向电压和大的正向电流。适用于高频检波和小电流的整流。

面接触型二极管的特点是 PN 结面积较大,因而结电容大,工作频率低。适用于大电流、低频率的场合,常用于低频整流电路中。

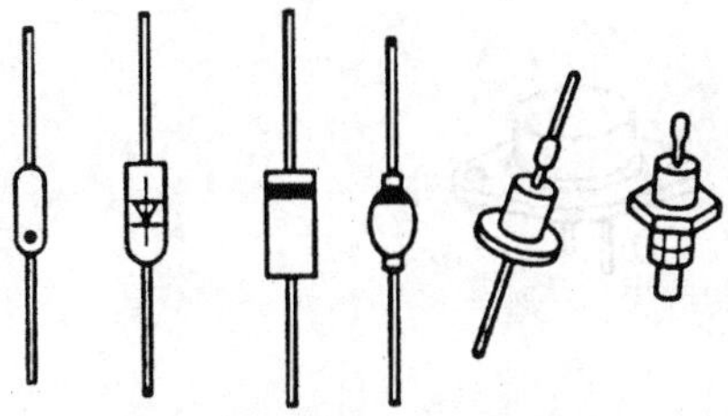

图 4-10 二极管的外形

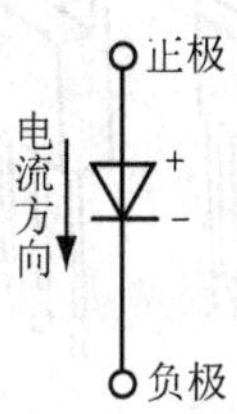

图 4-11 二极管的符号

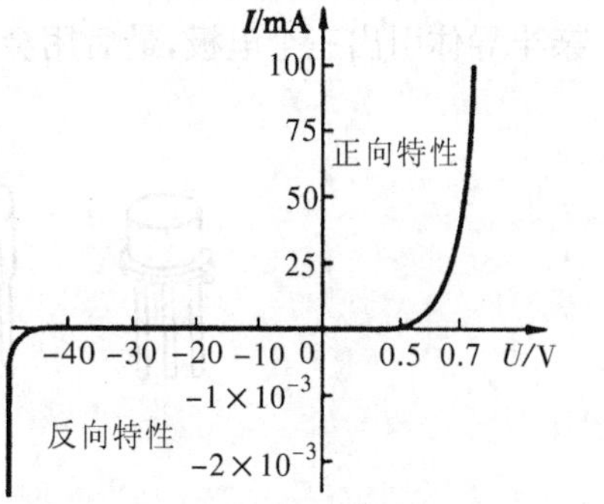

图 4-12 硅二极管的特性曲线

2. 二极管的特性曲线

二极管的特性曲线是用来表示二极管两端的电压和流过它的电流之间的关系曲线。通

过实验或查半导体器件手册，都可获得每个二极管的特性曲线。图 4－12 为硅二极管的特性曲线图，由图可见，可将曲线分为四个部分。

(1) 死区。正向电压从 0～0.5V 这部分的正向电流很小，几乎为零，称它为死区。电压 0.5V 称为硅管死区电压，而锗管的死区电压为 0.2V。

(2) 正向导通区。正向电压大于 0.5V 以后，电流增长很快，称二极管导通。但导通电压几乎不变，约为 0.7V 左右，把 0.7V 称为硅二极管的导通压降。锗管的导通压降约为 0.3V左右。

(3) 反向截止区。反向电压从 0～－50V 这部分的反向电流很小，几乎为零，把该区域称反向截止区，反向截止区的范围因管子不同而不同。

(4) 反向击穿区。当反向电压大于 50V 以后，由图可见，反向电流突然增大，二极管失去单向导电性，称为击穿。50V 时的反向电压称为二极管的反向击穿电压。二极管被击穿后，一般不能恢复性能，在使用二极管时，反向电压一定要小于反向击穿电压。

3. 二极管的主要参数

(1) 最大整流电流 I_F——二极管长期运行时，允许通过的最大正向平均电流。其大小由 PN 结的结面积和外界散热条件决定。

(2) 最大反向工作电压 U_{RM}——二极管安全运行时所能承受的最大反向电压。手册上一般取击穿电压 $U_{(BR)}$ 的一半作为 U_{RM}。

(3) 反向电流 I_R——二极管未击穿时的反向电流。I_R值越小，二极管单向导电性越好。I_R的值随温度变化而改变，使用时要加以注意。

(4) 最高工作频率 F_M——F_M 由 PN 结的结电容大小决定。二极管的工作频率超过 F_M，单向导电性变差。

二极管的参数是正确使用二极管的依据，这些参数可以在半导体手册中查到。在使用时，应特别注意不要超过最大整流电流和最大反向工作电压，否则管子容易损坏。

4.2.2 三极管

1. 三极管的结构

三极管由两种类型的三块掺杂半导体按一定的方式构成两个 PN 结，并分别从三块掺杂半导体引出三个电极，最后用金属或塑料封装而成，其外形如图 4－13 所示。

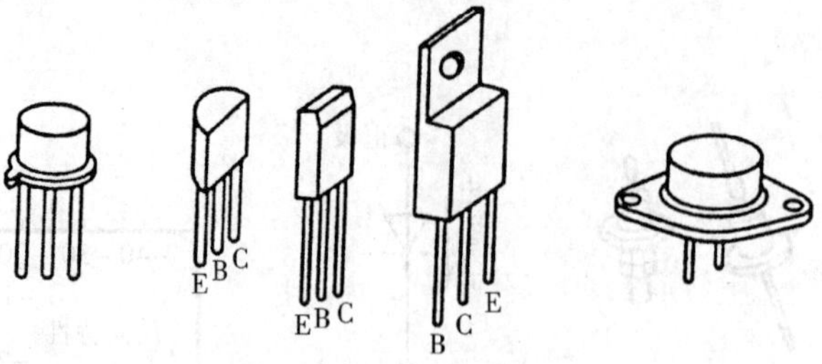

图 4－13 三极管的外形图

根据三块掺杂半导体的组合方式的不同，三极管可分为 NPN 型和 PNP 型两种类型。我国生产的 NPN 型 3D 系列为硅管，PNP 型 3A 系列为锗管。图 4－14 为三极管的结构示意图和电路符号。

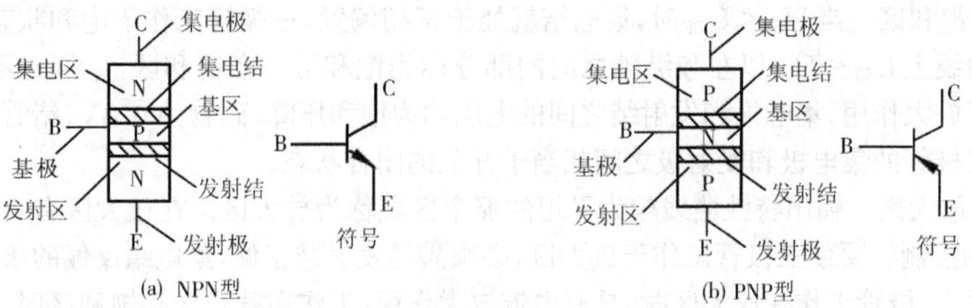

图 4-14 三极管结构及图形符号

不论 NPN 型管，还是 PNP 型管，它们都有三个区，两个 PN 结和三个电极。

三个区是：位于中间较薄的一块半导体叫基区；其中一侧的半导体专门用来发射载流子，叫发射区；另一侧专门用来收集载流子，叫集电区。

两个 PN 结是：集电区与基区交界的 PN 结叫集电结；发射区与基区交界的 PN 结叫发射结。

三个电极是：由集电区引出的电极叫集电极 C；由基区引出的电极叫基极 B；由发射区引出的电极叫发射极 E。

2. 三极管的特性曲线

三极管的特性曲线是用来表示三极管各极的电压和电流之间的相互关系。最常用的是共发射极接法的输入特性曲线和输出特性曲线。特性曲线可以通过实验或查半导体器件手册获得。

1）输入特性曲线

输入特性曲线是指当集-射极电压 U_{CE} 为常数时，输入电路中基极电流 I_B 与基-射极电压 U_{BE} 之间的关系曲线。图 4-15 所示为三极管的输入特性曲线。

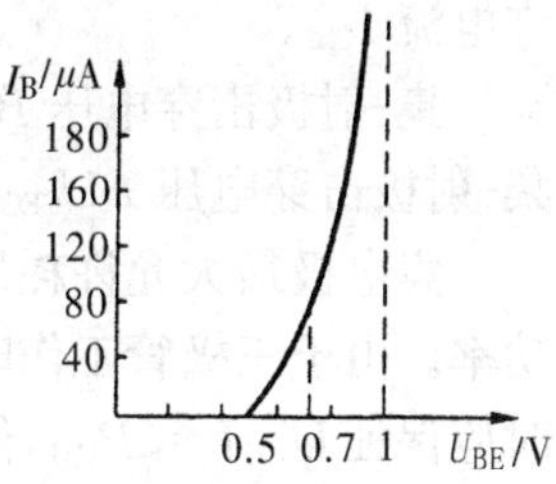

图 4-15 三极管的输入特性曲线

当 $U_{CE} \geqslant 1V$ 时，即 U_{CE} 改变时，三极管的输入特性曲线基本上重合，则在 $U_{CE} \geqslant 1V$ 时，只画一条输入特性曲线。

由图可见，三极管的输入特性和二极管的伏安特性相似，也有一段死区。只有在发射结外加电压大于死区电压后，三极管才会产生基极电流 I_B。死区电压和二极管的基本相同，硅管为 0.5V 左右，锗管为 0.2V 左右。

2）输出特性曲线

输出特性曲线是指当基极电流 I_B 为常数时，输出回路中集电极电流 I_C 与集-射极电压 U_{CE} 之间的关系曲线。在不同的 I_B 下，可得到不同的曲线，所以三极管的输出特性是一组曲线。图 4-16 所示为三极管的输出特性曲线。根据三极管工作状态不同，可把输出特性曲线分为三个区。

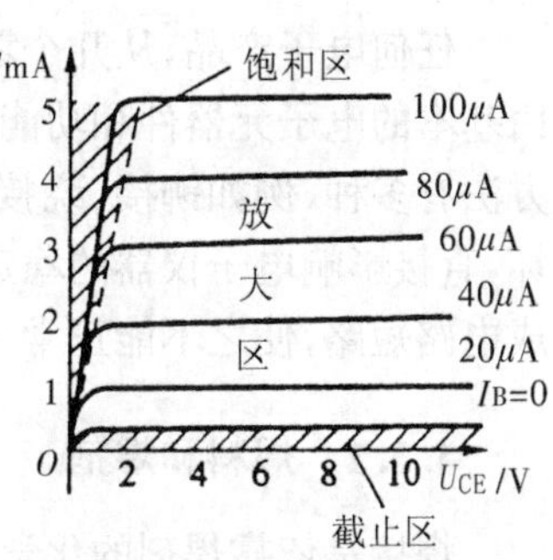

图 4-16 三极管的输出特性曲线

（1）截止区 $I_B=0$ 曲线以下的区域称为截止区。要使三极管可靠截止，其发射结和集电结都应处于反向偏置。三极管工作于截止区时，失去了电流放大作用，集电极与发射极之间相当于开关的断开状态。

(2) 饱和区　当$U_{CE}<U_{BE}$时,集电结就处于正相偏置,三极管工作于饱和状态,因此输出特性曲线上$U_{CE}<U_{BE}$以左和纵轴之间的部分称为饱和区。在饱和区,I_B和I_C不成比例,即无电流放大作用,集电极和发射结之间的电压称为饱和压降,硅管为0.3V,锗管为0.1V。饱和时三极管的集电极和发射极之间相当于开关的闭合状态。

(3) 放大区　输出特性曲线较为平坦的那个区域称为放大区。在放大区有$I_C=\beta I_B$,即I_C受I_B的控制。要使三极管工作于放大区,必须满足发射结正偏,集电结反偏的条件。

总之,三极管工作在放大区时,具有电流放大作用;工作在截止区和饱和区时,具有开关作用。

3. 三极管的主要参数

三极管的参数表示性能的指标,是选择三极管的主要依据。

1) 极间反向电流

集-基极反向漏电流I_{CBO}。当发射结开路,集电结上加一反向电压时,流过集电结的反向电流称集-基极反向漏电流I_{CBO},集-基极反向漏电流I_{CBO}越小,说明管子受温度的影响就越小。在室温下,小功率锗管的I_{CBO}约为10μA,小功率硅管的I_{CBO}则小于1μA。

集-射极反向截止电流I_{CEO}。当基极开路时,流过集电极与发射极之间的反向电流称集-射极反向截止电流I_{CEO},也把它称穿透电流。

2) 极限参数

集电极最大允许电流I_{CM}。三极管的集电极电流I_C如果超过一定数值时,它的电流放大倍数β将显著下降。当β降到正常值的2/3时所对应的集电极电流值,称为集电极最大允许电流I_{CM}。

集-射极击穿电压BU_{CEO}。基极开路时,允许加在集电极和发射极之间的最大电压称为集-射极击穿电压BU_{CEO}。当U_{CE}超过BU_{CEO}时集电极电流大幅度上升,说明管子已被击穿。

集电极最大允许耗散功率P_{CM}。集电极最大允许耗散功率P_{CM}是指集电结最大允许的功率。由于三极管工作时,电流经集电结而产生热量,使结温升高,将会损坏管子,则在使用时应保证$U_{CE}I_C<P_{CM}$,但当晶体三极管加散热片使用时,可使P_{CM}提高很多。

4.3 焊接技术

任何电子产品,从几个零件构成的整流器到成千上万个零部件组成的计算机系统,都是由基本的电子元器件和功能构件,按电路工作原理,用一定的工艺方法连接而成。虽然连接方法有多种(例如铆接、绕接、压接、粘接等),但使用最广泛的方法是焊接。焊接质量的好坏,直接影响电子仪器的稳定性和可靠性。虚焊、脱焊等会造成电路不通,焊点的毛刺会造成电路短路,使之不能正常工作,甚至损坏元器件。因此,我们必须掌握好焊接技术。

4.3.1 焊料和焊剂

焊接是依靠焊剂的化学作用,通过烙铁加热,熔化焊料,将焊件金属良好地熔合在一起。因此焊料和焊剂是焊接用的主要材料。

对焊接电子仪器的焊料,要求熔点低、凝结快、附着力强、坚固、电导率高,而且表面光洁。通常使用熔点在220℃左右的铅锡合金作为焊料，俗称焊锡。为方便使用，常把焊锡加工成直径为2～4mm的管状，在管内装入松香，使用时可不必再加焊剂，称为焊锡丝。

清洁过的金属导体表面，在焊接加热时，又容易被氧化而生成一层氧化膜，妨碍金属表面的良好熔合。使用焊剂可以除掉这种氧化物，防止焊接过程中的继续氧化。松香是电子仪器焊接中的常用焊剂之一。在一般情况下应禁止使用酸性很大的焊膏或焊油。

4.3.2 电烙铁的使用

焊接的主要工具是电烙铁，其主要部分是烙铁头和烙铁芯。烙铁头是用导热良好的紫铜制成，烙铁芯主要由电阻丝和绝缘物组成。焊接电子仪器一般选用25～45W的小功率电烙铁即可。

1. 焊接操作姿势

焊剂加热挥发出的化学物质对人体是有害的，如果操作时鼻子距离烙铁头太近，则很容易将有害气体吸入。一般烙铁离开鼻子的距离应至少不小于30cm，通常以40cm时为宜。

电烙铁握法有三种，如图4-17所示。反握法动作稳定，长时间操作不易疲劳，适于大功率烙铁的操作。正握法适于中等功率烙铁或带弯头电烙铁的操作。一般在操作台上焊印制板等焊件时多采用握笔法。

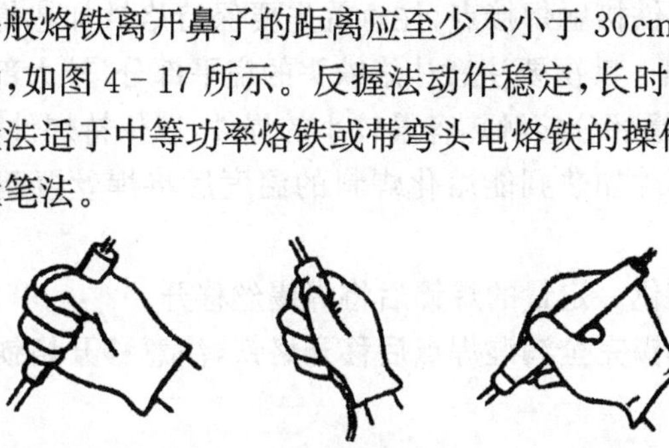

(a) 反握法　(b) 正握法　(c) 握笔法

图4-17 电烙铁握法

焊锡丝一般有两种拿法，如图4-18所示。由于焊丝成分中，铅占一定比例，众所周知铅是对人体有害的重金属，因此操作时应戴手套或操作后洗手，避免误食入口。

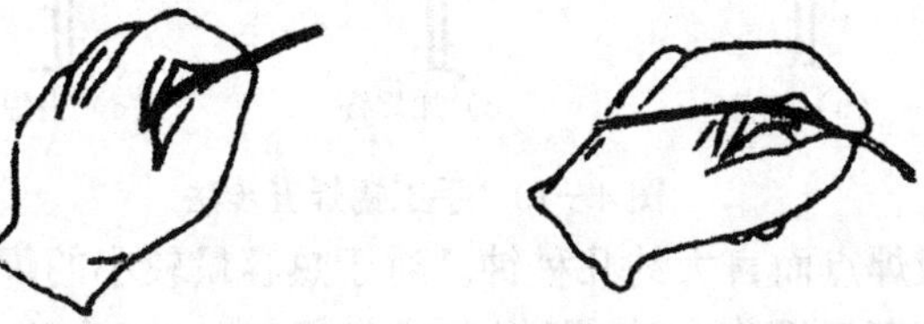

(a) 连续锡焊时焊锡丝的拿法　(b) 断续锡焊时焊锡丝的拿法

图4-18 焊锡丝拿法

2. 使用电烙铁的注意事项

(1) 烙铁头的上锡。新烙铁头使用前，需用细锉或砂纸锉削干净，并把刃部锉成斜角。再将电源接通，当烙铁头受热开始变色时，在端面上均匀涂上一层松香，再放在焊锡上反复轻擦，使烙铁头均匀地涂上一层薄薄的锡，称为上锡。经过上锡的烙铁头才容易沾锡，以便把焊锡带到焊接处而进行焊接。

烙铁使用一段时间后，烙铁头会逐渐氧化变黑，为使其不沾焊锡，此时需用砂纸或小刀将变黑的氧化物除去。烙铁头若出现缺口或凹坑时，应切断电源，再用锉刀锉平，然后重新上锡。

(2) 防止"烧死"。烙铁长期通电加热过度,会使烙铁氧化过度而不沾焊锡,这种情况叫做"烧死"。因此,在烙铁通电 2～3h 后,应切断电源、让烙铁冷却一下,然后再通电继续使用。一旦使用完毕,即应切断电源。

(3) 合理使用。使用烙铁要轻拿轻放,不可用力摔打、任意拉伸或扭动,以防扯断电阻丝或引线。焊接前,要及时清除烙铁头所粘的导线头或杂物;焊接时,烙铁头不能粘有过多的焊锡。

(4)妥善收藏。使用完毕,应将烙铁头擦干净并上锡,断电冷却后妥善收藏。

4.3.3 五步法训练

初学者掌握手工锡焊技术的训练方法,五步法是卓有成效的。五步法如图 4-19 所示。

(1) 准备施焊。准备好焊锡丝和烙铁。此时特别强调的是烙铁头部要保持干净,即可以粘上焊锡(俗称吃锡)。

(2) 加热焊件。将烙铁接触焊接点,注意首先要保持烙铁加热焊件各部分,例如印制板上引线和焊盘都使之受热。其次要注意让烙铁头的扁平部分(较大部分)接触热容量较大的焊件,烙铁头的侧面或边缘部分接触热容量较小的焊件,以保持焊件均匀受热。

(3) 熔化焊料。当焊件加热到能熔化焊料的温度后将焊丝置于焊点,焊料开始熔化并润湿焊点。

(4) 移开焊锡。当熔化一定量的焊锡后将焊锡丝移开。

(5) 移开烙铁。当焊锡完全润湿焊点后移开烙铁,注意移开烙铁的方向应该是大致 45°的方向。

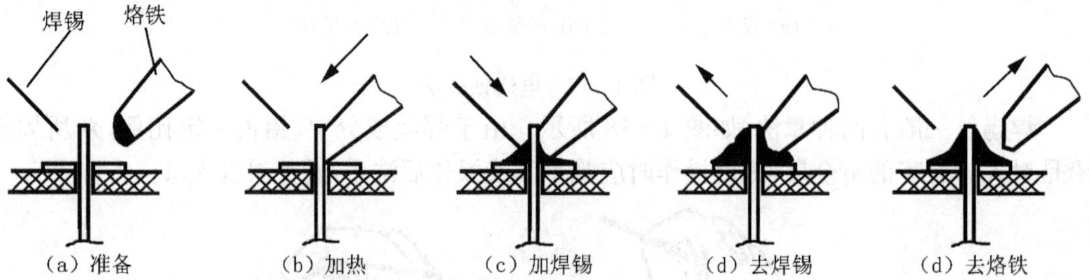

图 4-19 手工锡焊五步法

上述过程,对一般焊点而言大约几秒钟。对于热容量较小的焊点,例如印制电路板上的小焊盘,有时用三步法概括操作方法,即将上述步骤(2)、(3)合为一步、(4)、(5)合为一步。实际上细微区分还是五步,所以五步法有普遍性,是掌握手工烙铁焊接的基本方法。特别是各步骤之间停留的时间,对保证焊接质量至关重要,只有通过实践才能逐步掌握。

4.3.4 焊接操作要点

要使焊接处连接牢固,导电性能好,焊点大小均匀适中、光亮圆滑、不带毛刺、整齐清洁,焊接时要注意如下几点。

(1) 保持焊接处清洁。应按清理焊件、上锡、焊接的顺序进行操作。

(2) 控制焊接温度和时间。焊接时应使烙铁头温度高于焊锡熔点。温度过低(烙铁功率小或焊接时间短),焊点形同豆腐渣,焊点不牢;若焊剂未充分挥发而残留,易造成"虚焊"。

反之，温度过高，焊锡易流散，使焊点牢固度差，同时过热还可能损坏焊件（如半导体元件）。

(3) 焊点锡量适中。焊点的大小由焊件的大小及导线的粗细来决定。控制烙铁头的粘锡量，就可以控制送到焊点的焊锡，从而使焊点大小适当、焊点牢固，同时还可避免因焊点间距离过小引起电路短路的故障。

(4) 刚焊好的焊点因焊锡还未凝固，不可移动被焊元件或导线，以免焊点脱落或凝成砂状而影响质量。

4.4 调试技术

电子电路的调试是电子电路设计中的重要内容，它包括电子电路的测试和调整两个方面。测试是对已经安装完成的电路进行参数及工作状态的测量，调整是在测量的基础上对电路元器件的参数进行必要的修正，使电路的各项性能指标达到设计要求。电子电路的调试通常有两种方法。

第一种称为分块调试法，这是采用边安装、边调试的方法。由于电子电路一般都由若干个单元电路组成，因此，把一个复杂的电路按原理图上的功能分成若干个单元电路，分别进行安装和调试。在完成各单元电路调试的基础上，逐步扩大安装和调试的范围，最后完成整机的调试。采用这种方法既便于调试，又能及时发现和解决存在的问题。对于新设计的电路这是一种常用的方法。

第二种称为统一调试法，这是在整个电路安装完成之后，进行一次性的统一调试。这种方法一般适用于简单电路或已定型的产品。

两种方法调试的步骤基本是一样的，具体介绍如下。

4.4.1 通电前的检查

电路安装好后，必须在没有接通电源的情况下，对电路进行认真细致的检查，以便发现并纠正电路在安装过程中的疏漏和错误，避免在电路通电后发生不必要的故障，甚至损坏元器件。检查的主要内容有以下几点。

1. 检查元器件

检查电路中每个元器件的型号和参数是否符合设计要求，这时可对照原理图或装配图逐一进行检查。在检查时还要注意各元器件引脚之间有无短路，连接处的接触是否良好。特别要注意集成片的方向和引脚、三极管管脚、二极管的方向和电解电容器的极性等是否连接正确。

2. 检查连线

电路连线的错误是造成电路故障的主要原因之一。因此，在通电前必须检查所有连线是否正确，包括错线、多线和少线等。查线过程中还要注意各连线的接触点是否良好，在有焊点的地方应检查焊点是否牢固。

3. 检查电源进线

在检查电源的进线时，先查看一下电源线的正、负极性是否接对。然后用万用表的“Ω×1”

挡测量电源线进线之间的电阻,有无短路现象,再用万用表的“Ω×10K”挡检查两进线之间有无开路现象。如电源进线之间有短路或开路现象时,不能接通电源,必须在排除故障后才能通电。

4.4.2 通电检查

在上述检查无误后,根据设计要求,将电压相符的电源接入电路。电源接通后不应急于测量数据或观察结果,而应首先观察电路中有无异常现象。如有无冒烟,是否闻到异常气味,也可用手摸元器件有无异常的发热现象,电源是否有短路现象等。如果出现这些异常现象,则应立即关断电源,重新检查电路并找出原因,待故障排除后方可重新接通电源。

4.4.3 静态调试

这是在电路接通电源而没有接入外加信号的情况下,对电路直流工作状态进行的测量和调试。如在模拟电路中,对各级晶体管的静态工作点进行测量,三极管 U_{BE} 和 U_{CE} 值是否正常,如果 $U_{BE}=0$ 说明管子在截止区或已损坏。$U_{CE}=0$ 说明管子在饱和区或已损坏。对于集成运算放大器则应测量各有关管脚的直流电位是否符合设计要求。

通过静态调试可以判断电路的工作状态是否正常。如果工作状态不符合设计要求,则应及时调整电路的参数,直至各测量值符合要求为止。如果发现已损坏的元器件,应及时更换,并分析原因进行处理。

4.4.4 动态调试

电路经过静态调试并已达到设计要求后,便可在输入端接入信号进行动态调试。对于模拟电路一般应按照信号的流向,从输入级开始逐级向后进行调试。当输入端加入适当频率和幅度的信号后,各级的输出端都应有相应的信号输出。这时应测出各有关点输出(或输入)信号的波形形状、幅度、频率和相位关系,并根据测量结果,估算电路的性能指标,凡达不到设计要求的,应对电路有关参数进行调整,使之达到要求。若调试过程中发现电路工作不正常时,则应立即切断电源和输入信号,找出原因并排除故障后再进行动态调试。经初步动态调试后,如电路性能已基本达到设计指标要求,便可进行电路性能指标的全面测量。

必须指出,掌握正确的调试方法,不仅可以提高电路的调试效果,缩短调试的过程,而且还可以保证电路的各项性能指标达到设计要求。为此,在调试时应注意以下几点。

(1) 在调试电路过程中要有严谨的科学作风和实事求是的态度,不能凭主观感觉和印象,而应始终借助仪器进行仔细的测量和观察,做到边测量、边记录、边分析、边解决问题。

(2) 在进行电路调试前,应在设计的电路原理图上或装配图上标明主要测试点的电位值及相应的波形图,以便在调试时做到心中有数,有的放矢。

(3) 调试前先要熟悉有关测试仪器的使用方法和注意事项,检查仪器的性能是否良好。有的仪器在使用前须进行必要的校正,避免在测量过程中由于仪器使用不当或仪器的性能达不到要求而造成测量结果的误差,甚至得出错误的结果。

(4) 测量仪器的地线(公共端)应和被测电路的地线连接在一起,使之形成一个公共的电位参考点,这样测量的结果才是正确的。测量交流信号的测试线应使用屏蔽线,并将屏蔽线的屏蔽层接到被测电路的地线上,这样可以避免干扰,以保证测量的准确。在信号频率比较高时,还应采用带探头的测试线,以减小分布电容的影响。

(5) 在电路调试过程中,要保持良好的心理状态,出现故障或异常现象时不要手忙脚乱,草率从事。而要切断电源,认真查找原因,搞清是原理上的问题还是安装中的问题。切不可一遇到问题就拆掉线路重新安装。

4.4.5 LM317 稳压电源的调试

(1) e、b 短路,相当于三极管 T 不存在,调节 R_w,使负载两端输出电压达到 6V。

(2) 断开 R_w 的中间抽头,输出电压为 7V 左右,断开 e、b 输出电压为 2V 左右。

(3) 调节输入电压:

① 改变输入电压,使输出电压 U_{sc} 从 6V 变成 5.99V,读出输入电压应为 170V 左右。

② 计算稳压电源的电压稳定系数:

$$S=(\Delta U_{sc}/U_{sc})/(\Delta U_{sr}/U_{sr})=(\Delta U_{sc}/\Delta U_{sr})(U_{sr}/U_{sc})$$

(4) 调节负载电阻:

① 改变负载使输出电压 U_{sc} 从 6V 变为 5.99V,然后测量出负载电阻的阻值。

② 计算稳压电源内阻

$$r=\Delta U_{sc}/\Delta I_{sc}$$

4.5 故障分析和处理

电子电路调试过程中常常会遇到各种各样的故障,学会分析和处理这些故障,可以提高我们分析问题和解决问题的能力。

4.5.1 故障产生的原因

对于新设计安装的电路来说,调试中产生故障的原因主要有:

(1) 实际安装接线的电路与设计的原理电路不符。这主要表现为电路接线时的错误、元器件使用错误或引脚接错等,致使电路工作不正常。

(2) 元器件、实验电路板损坏。电子电路通常由很多元器件(包括集成芯片)安装在实验电路板或印制板上,这些元器件只要有一个损坏或印刷板中的连线有一处断裂,都将造成电路故障而无法正常工作。

(3) 安装和布线不当。如安装时出现断线或线路走向不合理,集成电路方向插反或闲置端未作正确处理等,都将造成电路的故障。

(4) 工作环境不当。电子电路在高温或严寒环境下工作,特别是在强干扰源环境中工作时将会受到不可忽视的影响,严重时电路将无法正常工作。

(5) 测试操作错误。如测试仪器的连接方法不当,测试点位置接错,测试线断线或接触不良等。此外,测试仪器本身故障或使用方法不当等都会造成电路调试过程中的故障。

4.5.2 故障的诊断方法

电子电路调试过程中出现各种故障是难免的,在查找故障时,首先要有耐心和细心,切忌马虎。同时要开动脑筋，进行认真的分析和判断，下面介绍几种常用的诊断电子电路故障的方法。

1. 直观检查法

直观检查法是在电路不通电的情况下，通过目测，对照电路原理图和装配图，检查每个元器件和集成电路的型号是否正确，极性有无接反，管脚有无损坏，连线有无接错(包括漏线、错线、短路和接触不良等)。

2. 信号寻迹法

对于自己设计安装或非常熟悉的电路，由于对电路各部分的工作原理、工作波形、性能指标等都比较了解，因此可以按照信号的流向逐级寻找故障。一般在电路的输入端加适当信号，然后用示波器或电压表逐级检查信号在电路内部的传输情况。从而观察并判断其功能是否正常，找出故障点。如有问题应及时处理。

信号寻迹法也可以从输出级向输入级倒退进行，即先从最后一级的输入端加一合适信号，观察输出端是否正常，然后将信号加到前一级的输入端，继续进行检查，直至各电路都正常为止。

3. 分割测试法

对于一些有反馈回路的故障判断是比较困难的，如振荡器、带有各种类型反馈的放大器等，因为它们各级的工作情况互相有牵连，查找故障时须把反馈环路断开，接入一个合适的信号，使电路成为开环系统，然后再逐级查找发生故障的部分。

4. 对半分割法

当电路由若干串联模块组成时，可将其分割成两个相等的部分(对半分割)，通过测试先判断这两部分中究竟哪一部分有故障，然后把有故障的部分再分成两半来进行检查，直到找出故障位置。显然，采用对半分割法可减少调试的工作量。

5. 替代法

把经过调试且工作正常的单元电路，代替相同的但存在故障或有疑问的相应电路，以便很快判断故障的部位。有些元器件的故障往往不很明显，如电容器的漏电、电阻的变质、晶体管和集成电路的性能下降等，可以用相同规格的优质元器件逐一替代，可以很快地确定有故障的元器件。

应当指出，为了迅速查找电路的故障，可以根据具体情况灵活运用上述一种或几种方法，切不可盲目检测，否则不但不能找出故障，反而可能引出新的故障来。

习 题 四

1. 思考题

(1) 如何区分二极管的正负极，并检测它的质量优劣？用什么方法和何种仪表？

(2) 如何区分三极管的基极、发射极和集电极(b、e、c)？要检测出它的优劣，用什么方法和何种仪表？

(3) 怎样辨别电解电容器质量的优劣，及其容量的大小？

(4) 使用示波仪观察电路波形时，为达到下列要求，你应调节哪些旋钮？

① 要求荧屏上波形清晰、亮度适中；
② 要求波形位于荧屏中间，且大小适中；
③ 要求荧屏上波形稳定，不闪烁。

(5) 如题图 4－1 所示，当用示波仪观察正弦波电压信号时，如果荧屏上分别显示出下列各种波形时，你认为该示波仪上哪些旋钮尚未调好？怎样调整之？

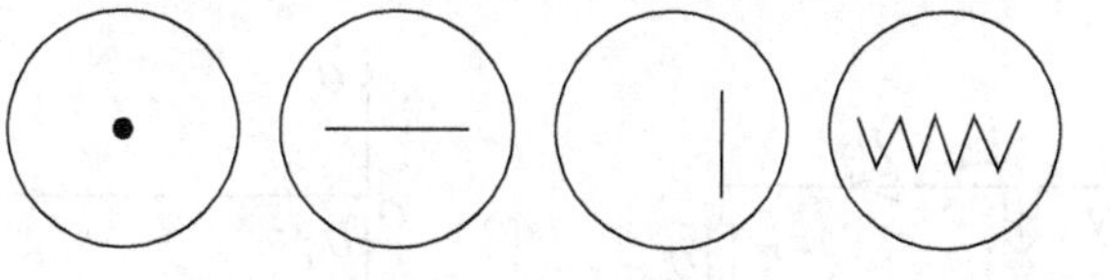

题图 4－1　信号波形

(6) 你用过哪几种电阻元件？按哪些指标来挑选？什么是电阻标称值？有几种表示方法？题图 4－2 所示电阻元件的阻值和精度是多少？

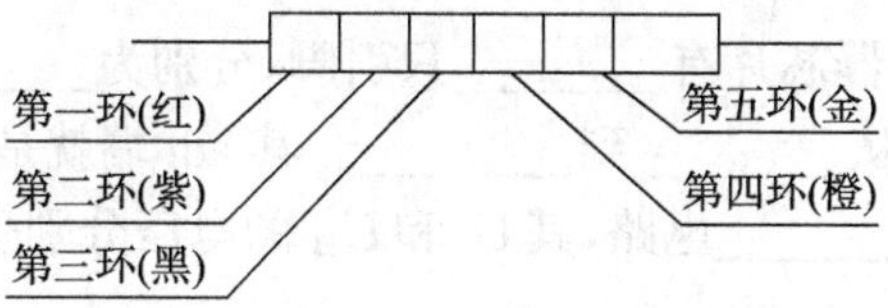

题图 4－2　色环电阻

2. 判断题

(1) 电压是指电路中任意两点间的电位差。　(　　)
(2) 电路中某点的电位，必须与参考点电位比较而言，才能得出其正负和大小。　(　　)
(3) LM317 型集成稳压器是固定电压输出型。　(　　)
(4) 所谓整流电路，就是把直流电压转化为交流电压的电路。　(　　)
(5) 仅仅因为电网电压允许有 10％的波动才引起了电路电压的不稳定性。　(　　)
(6) 半波整流比桥式整流的输出电压高出一倍左右。　(　　)
(7) LM317 型集成稳压器的输出电压≥40V。　(　　)
(8) LM317 型集成稳压器的输出端电压不能等于零。　(　　)
(9) 因为焊剂是还原剂，所以焊件结点的氧化皮不一定要清除干净。　(　　)

3. 填空题

(1) 测量电路上某点的电位时，将________电压表的________表笔接电位的________上，若指针________，则应________表笔，此时该点电位为________。

(2) 测量电路上某点的________时，必须注意________符号下标顺序 U_{AB}，应将________表笔接在 B 点上，若指针________，应________表笔，其数值为________。

(3) 题图 4－3 所示，当线圈 L_1 两端接上________后，则另一线圈 L_2 两端所接的指示灯________，这是两线圈间的________作用，两线圈间有________的耦合，若移动两线圈的相对位置，指示灯的________会________，因为两者耦合________不同的缘故。灯最________时，耦合________，也是________最________处。

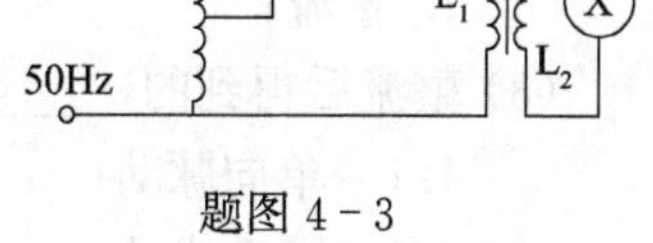

题图 4－3

(4) 直流稳压电源是由下列________部分组成的,即:________、________、________、________。

(5) 晶体二极管具有________性能,可作________电路元件。

(6) 常用的整流电路有:________、________、________。

(7) 题图 4-4 所示为________电路,其 U_2 和 U_{SC} 的电压分别呈下列波形:

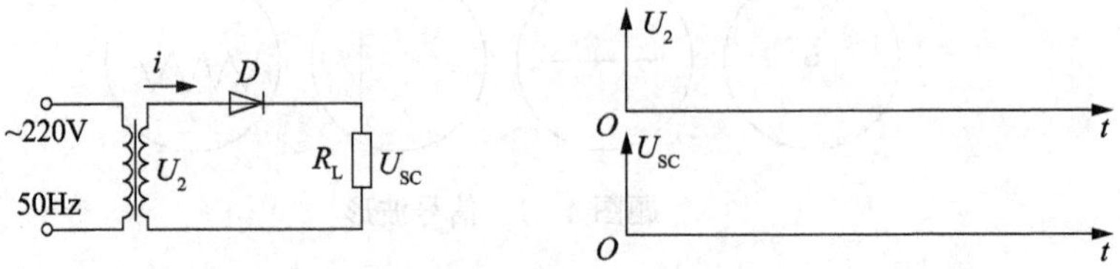

题图 4-4

(8) LM317 型集成稳压器芯片有________只引脚,分别为________、________和________引脚。其输出电压从________到________。其 adj 端就是________。

(9) 题图 4-5 所示为________电路,其 U_2 和 U_{SC} 的电压分别呈下列波形:

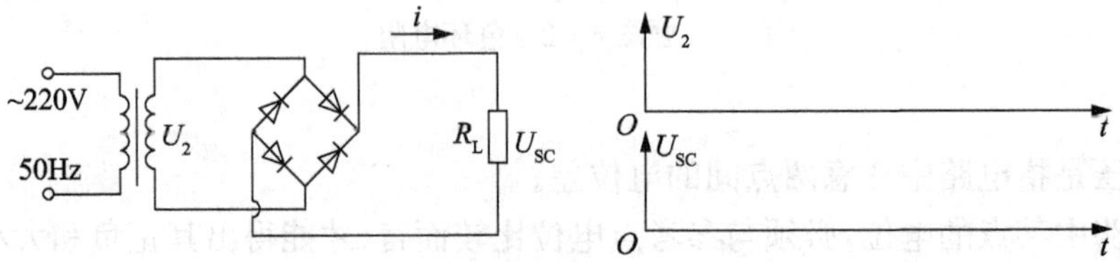

题图 4-5

(10) 题图 4-6 所示为________电路,其输出电压波形分别为:

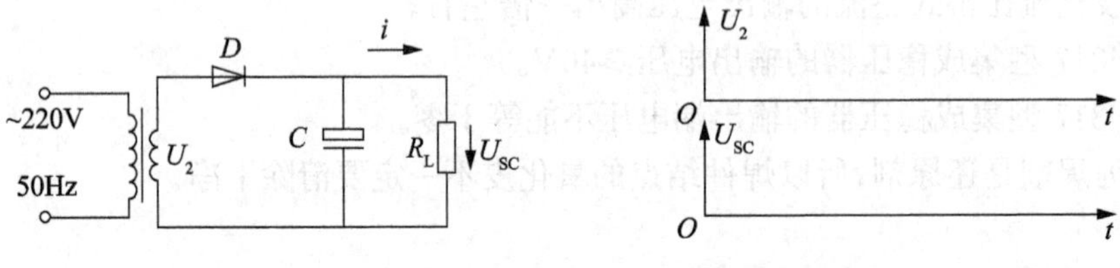

题图 4-6

4. 选择题

(1) 设一变压器的初级绕组匝数为 N_1,次级为 N_2,当 $N_1 > N_2$ 时,为________变压器。

1. 升压; 2. 降压; 3. 不一定

(2) 变压器仅用于________电路中。

1. 直流; 2. 交流; 3. 交直流

(3) 整流后得到的________电压,须将________进行滤除,才能使输出电压________。

1.1 单向脉动; 1.2 单向脉动直流;

2.1 脉动成分; 2.2 交流成分;

3.1 平稳; 3.2 交变

(4) 本实验中所使用的 LM317 型集成稳压器组件芯片，与负载相互________而称为________型稳压器。

1. 并联；　　　　2. 任意连接；　　　　3. 串联

(5) 焊接电子电路线路结点，常用的方法是________，常用的焊剂是________。

1.1　压力焊；　　1.2　电阻焊；　　1.3　钎焊；

2.1　焊膏；　　2.2　焊油；　　2.3　松香

第5章 工程材料和钢的热处理

5.1 工程材料的分类

工程材料是指工程结构和机械零件使用的材料，按材料的化学成分划分，工程材料一般分为金属材料和非金属材料两大类。

金属材料通常分为黑色金属和有色金属两大类。黑色金属是指以铁为主要元素的材料，如钢和铸铁；有色金属是指除黑色金属以外的其他金属，如铜、铝和锌及其合金。因为金属材料具有良好的使用性能和工艺性能等，所以被广泛用来制造机器零件或工具。

非金属材料是发展很快的工程材料，主要是指高分子材料和陶瓷等材料。它们具有的一些特性，是某些金属材料所不及的，如相对密度小（比强度大）、耐腐蚀、成本低、工艺性能好等。用非金属材料取代某些金属材料，愈来愈多地被应用在机械工业中。

5.1.1 常用工程材料的分类

常用工程材料的分类如下：

- 工程材料
  - 金属材料
    - 黑色金属（钢和铸铁）
    - 有色金属（铜合金、铝合金、锌合金等）
  - 非金属材料
    - 高分子材料
      - 塑料
      - 合成橡胶
      - 合成纤维
    - 陶瓷材料
  - 复合材料

5.1.2 常用金属材料简介

1. 钢和铸铁

钢和铸铁都是铁碳合金，钢的含碳量小于2%，铸铁的含碳量大于2%。此外，钢和铸铁还含有少量的硅、锰、磷和硫等元素，它们对钢和铸铁的性能也有很大影响。

1）钢

(1) 钢的分类

钢有下列几种分类方法：

- 按成分划分
  - 碳素钢
    - 低碳钢（含碳量<0.25%）
    - 中碳钢（含碳量=0.25%~0.6%）
    - 高碳钢（含碳量>0.60%）
  - 合金钢
    - 低合金钢（合金元素总量<5%）
    - 中合金钢（合金元素总量=5%~10%）
    - 高合金钢（合金元素总量>10%）
- 按用途划分
  - 结构钢（作为工程结构或机器零件用）
  - 工具钢（用于制造各种工具）
  - 特殊性能钢（包括耐蚀钢、耐热钢、耐磨钢等）
- 按质量划分
  - 普通钢（硫、磷含量≤0.05%）
  - 优质钢（硫、磷含量≤0.04%）
  - 高级优质钢（硫、磷含量≤0.03%）

(2) 钢的性能、牌号和用途

钢的品种很多，其性能各异。钢的性能决定于化学成分及其热处理状态。碳素钢的力学性能与含碳量有很大关系，随着含碳量的增加，碳素钢的强度、硬度提高，塑性和韧性下降。在钢中加入某些合金元素，能得到更好的力学性能，甚至能获得某些特殊性能（耐热、耐蚀、耐磨等）。

钢的牌号，表示其化学成分或力学性能的特点。不同钢种的牌号有不同的表示方法。钢的牌号已有国家标准。

表5-1中，列出几种常用钢的牌号、性能和用途。

表5-1　几种常用钢的牌号、性能和用途

	钢的类别	牌　号	性　　能	用　　途
碳钢	普通碳素结构钢	Q235	强度硬度低、塑性韧性较好	各种型钢（钢板、钢管、钢筋、角钢、槽钢），不重要的机械零件（螺栓、销、焊接件等）
	优质碳素结构钢	10,15,20	属低碳钢。强度硬度低、塑性韧性较好。冷变形能力和焊接性能较好	用作冲压件或焊接构件。或经渗碳热处理后，用作机械零件
		45,50	属中碳钢。经调质（淬火＋高温回火）后，有很好的综合力学性能	可用作轴、齿轮、连杆等
		60,65	属高碳钢。经热处理（淬火＋中温回火）后，有很好的强度和弹性	可制造弹簧等弹性零件
	碳素工具钢	T10,T12 T10A,T12A	经热处理（淬火＋低温回火）后，有较高的强度和硬度	制造各种工具

(续表)

	钢的类别	牌 号	性 能	用 途
合金钢	合金结构钢	40Cr	经调质(淬火＋高温回火)后,比 45 钢有更好的综合力学性能	重要机械零件
	滚动轴承钢	GCr15	经热处理后,有很高的强度和硬度	中小型滚动轴承或其他耐磨零件
	合金工具钢	W18Cr4V	强度和硬度高	各种工具和刀具
	耐蚀钢(不锈钢)	1Cr18Ni9Ti	耐腐蚀	耐蚀零件及构件

2) 铸铁

铸铁中有较高的含碳量(＞2.0%),它以石墨或化合物形式(FeC_3)存在于铸铁内。由于石墨的存在,使铸铁的强度和塑性大大低于钢,但铸铁却具有较好的耐磨性和减震性、低的缺口敏感性。铸铁还具有良好的铸造性能,适合生产各种铸铁件。

按石墨的形状,铸铁可分为普通灰铸铁、可锻铸铁、球墨铸铁和蠕墨铸铁等。为了使铸铁具有某些特殊性能(如耐磨、耐蚀等),也可加入某些合金元素组成合金铸铁。

(1) 普通灰铸铁

灰铸铁中的石墨呈片状,故强度低,塑性几乎为零,属脆性材料。灰铸铁的断口呈灰暗色。灰铸铁有良好的铸造性能。

根据 GB 9439—1988,灰铸铁中常用的牌号有 HT150,HT200,HT250 等。

灰铸铁主要用于制造各种低、中强度铸件,如机床床身、减速箱体、阀体、泵体等。

(2) 可锻铸铁

可锻铸铁中的石墨呈团絮状,其强度比灰铸铁高一些,有一定的延伸率。

根据 GB 9440—1988,可锻铸铁的牌号有 KTH300—06,KTB400—05 等。

可锻铸铁的生产成本低,但生产周期较长。它适于制造小型的薄壁件,如管接头等。

(3) 球墨铸铁

球墨铸铁中的石墨呈球状。其强度与碳钢相接近,是铸铁中强度最高的。

根据 GB/T 1348—1988,球墨铸铁的牌号有 QT400—18,QT450—10,QT700—2 等。

球墨铸铁还可通过热处理提高其力学性能。能替代钢制造连杆、曲轴、齿轮等零件。

(4) 蠕墨铸铁

蠕墨铸铁中的石墨呈蠕虫状。其力学性能介乎灰铸铁和球墨铸铁之间。

常用的蠕墨铸铁牌号有 RuT380,RuT300 等(JB/T 4403—1987)。

2. 有色金属

除黑色金属(钢和铸铁)之外的所有金属,都称为有色金属。通常有铜及其合金(紫铜、黄铜、青铜等)、铝及其合金(纯铝、变形铝合金和铸造铝合金等)。

5.2 金属材料的性能

金属材料的性能分为使用性能和工艺性能。使用性能是指金属材料在使用条件下所表现出来的性质。它包括物理、化学、力学性能等。金属材料使用性能的好坏,决定了机械零件的使用范围和使用寿命。工艺性能是指金属材料在加工制造过程中表现出的难易程度。它的好坏决定了它在加工过程中成形的适应能力。

5.2.1 物理、化学性能

金属材料的物理、化学性能主要有密度、熔点、导电性、导热性、热膨胀性、耐热性、耐蚀性等。根据机械零件用途的不同,对材料的物理、化学性能要求亦有不同。例如飞机上的一些零件要选用相对密度小的材料,如铝合金等。

金属材料的物理、化学性能对制造工艺也有影响。例如凡是导热性差的材料,进行切削加工时刀具的温升就快,其耐用度很低;膨胀系数的大小会影响金属热加工后工件的变形与开裂;而进行锻压或热处理时,加热速度应慢些,以免产生裂纹。

5.2.2 力学性能

金属材料受到外力作用时所表现出来的特性称为力学性能。力学性能包括强度、塑性、硬度、韧性及疲劳强度等。材料的力学性能是选材、零件设计的重要依据。

1. 强度和塑性

强度是指材料在外力作用下抵抗变形和断裂的能力。工程上常用的强度指标是屈服点和抗拉强度。屈服点和抗拉强度可用拉伸实验来测定。

屈服点是指材料在拉伸过程中,载荷不增大而试样的伸长量(变形)却在继续增加时的应力,用符号 σ_s表示。机械零件在工作时如受力过大,则会因过量的塑性变形而失效。当零件工作时所受的力低于材料的屈服点时,则不会产生过量的塑性变形。材料的屈服点越高,允许的工作应力也越高,则零件的截面尺寸及自身质量就可以减少。因此,材料的屈服点是机械零件设计的主要依据,也是评定金属材料优劣的重要指标。

抗拉强度是指试样在拉断前所能承受的最大应力,用符号 σ_b表示。抗拉强度表示材料在拉伸载荷作用下的最大破坏抗力。它是机械零件设计和选材的重要依据。

塑性是指在外力作用下材料产生永久变形而不被破坏的能力。常用的塑性指标有延伸率 δ(%)和断面收缩率 ψ(%),这两项指标可在拉伸实验时同时测得,δ 和 ψ 愈大,材料的塑性就愈好。

2. 硬度

硬度是材料抵抗局部变形,特别是塑性变形、压痕或划痕的能力。硬度是各种零件和工具必须具备的性能指标。机械制造业所用的刀具、量具、模具等,都应具备足够的硬度,才能保证使用性能和寿命。有些机械零件如齿轮等,也要求有一定的硬度,以保证足够的耐磨性和使用寿命。因此硬度是金属材料重要的力学性能之一。硬度试验在实际生产中是机械零件力学性能检查的最常用的重要试验方法。生产中应用较多的有洛氏硬度和布氏硬度法。

(1) 洛氏硬度　其测定是用顶角为 120°的金刚石圆锥体或直径为 $\phi 1.588\text{mm}\left(\frac{1}{16}''\right)$的淬硬钢球作压头，以相应的载荷压入试样表面，由压痕深度确定其硬度值。洛氏硬度可以从硬度计读数装置上直接读出。洛氏硬度有三种常用标度，分别以 HRC、HRB、HRA 表示。硬度值数字写在字母前面，如 60HRC、85HRB 等。三种洛氏硬度的符号、试验条件和应用范围如表 5-2 所示。

表 5-2　三种洛氏硬度的符号、实验条件及应用范围

符号	压头	载荷/N	硬度值有效范围	应用举例
HRC	顶角 120°金刚石圆锥	1470	20～67HRC，相当于 225HBS 以上	淬火钢、调质钢
HRB	直径 $\phi\frac{1}{16}''$淬硬钢球	980	25～100HRB，相当于 60～230HBS	退火钢、灰铸铁、有色金属
HRA	顶角 120°金刚石圆锥	588	70HRA 以上，相当于 350HBS 以上	硬质合金、表面淬火钢等薄而硬的工件

(2) 布氏硬度　用一定直径的淬硬钢球或硬质合金球，在规定的载荷 F 作用下压入试样表面，保持一定时间后，卸除载荷，取下试件，用读数显微镜测出表面压痕直径 d，根据压痕直径、压头直径及所用载荷查表，可求出布氏硬度值。用钢球作压头时，用 HBS 表示，适用于硬度小于 450HBS 的退火钢、灰铸铁、有色金属等。用硬质合金球作压头时，用 HBW 表示，适用于硬度小于 650HBW 的淬火钢等。

3. 韧性

材料抵抗冲击载荷作用而不破坏的能力称为韧性。常把材料受到冲击破坏时，单位横断面上消耗能量的数值称为冲击韧性，用 α_{kv}(J/cm²)表示。冲击韧性的测定在冲击试验机上进行。

4. 疲劳强度

许多机械零件如轴、齿轮、轴承、叶片、弹簧等，在工作过程中各点的应力随时间产生周期性的变化，这种随时间作周期性变化的应力称为交变应力(也称循环应力)。在交变应力作用下，虽然零件所承受的应力低于材料的屈服点，但经过较长时间的工作而产生裂纹或突然发生完全断裂的过程称为金属的疲劳。

疲劳破坏是机械零件失效的主要原因之一。据统计，在机械零件失效统计中大约有 80%以上属于疲劳破坏。而且疲劳破坏前没有明显的变形而突然破断。所以，疲劳破坏经常造成重大事故。

疲劳破坏可用疲劳极限来衡量，疲劳极限是指在交变载荷作用下，材料经受无限周期循环(一般规定，黑色金属为 10^7 周次，有色金属、不锈钢等取 10^8 周次)而不断裂的最大应力。金属的疲劳极限受到很多因素的影响，如工作条件、表面状态、材料状态及残余内应力等。改善零件的结构和表面状态以及采取各种表面强化的方法，都能提高零件的疲劳极限。

5.2.3　工艺性能

工艺性能是指金属材料对不同加工工艺方法的适应能力。它包括铸造性能、锻造性能、焊接性能和切削加工性能等。工艺性能直接影响零件加工后的工艺质量，是选材和制订零件加工工艺路线时必须考虑的因素之一。

(1) 铸造性能　主要包括流动性和收缩性。前者是指熔融金属的流动能力;后者是指浇注后的熔融金属冷却至室温时伴随的体积和尺寸的减小。

(2) 锻造性能　主要是指金属进行锻造时,其塑性的好坏和变形抗力的大小。塑性高、变形抗力小,其可锻性好。

(3) 焊接性能　主要是指在一定焊接工艺条件下,获得优质焊接接头的难易程度。它受到材料本身的特性和工艺条件的影响。

(4) 切削加工性能　对工件材料进行切削加工的难易程度称为材料的切削性能。材料切削性能的好坏与材料的物理、力学性能有关。

5.3　钢的热处理

钢的热处理是将钢在固态下通过加热、保温、冷却的方法,使钢的组织结构发生变化,从而获得所需性能的工艺方法。热处理工艺可用"温度-时间"为坐标的曲线图表示,热处理工艺曲线如图5-1所示。

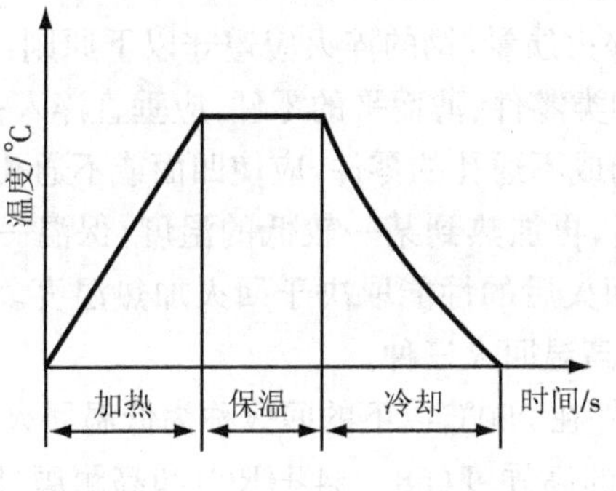

图5-1　热处理工艺曲线

热处理工艺在机械制造业中应用极为广泛。它能提高零件的使用性能,充分发挥钢材的潜力,延长零件的使用寿命。此外,热处理还可改善工件的加工工艺性能,提高加工质量,减少刀具磨损。因此,它在机械制造业中占有十分重要的地位。例如,钻头、锯条、冲模等,必须有高的硬度和耐磨性方能保持锋利,才能达到加工工件的要求。因此,除了选用合适的材料外,还必须进行热处理,才能满足上述要求。

热处理工艺方法很多,一般可分为普通热处理、表面热处理和化学热处理等。

5.3.1　普通热处理

1. 常用的普通热处理方法

1) 退火

退火是将钢加热到适当温度,保温一段时间,然后缓慢冷却(一般指随炉冷却)的热处理工艺。

退火的目的:一是降低钢的硬度,提高塑性,以利于切削加工及冷变形加工;二是细化晶粒,均匀化钢的组织及成分,改善钢的性能或为以后的热处理做准备;三是消除钢中的残余内应力,以防止钢的变形和开裂。

常用的退火方法有消除中碳钢铸件、锻件中缺陷的完全退火;改善高碳钢(如刀具、量具、模具等)切削加工性能的球化退火和去除大型铸件、锻件的内应力的去应力退火等。

2) 正火

正火是将钢加热到适当温度,保温一定时间后,在空气中冷却的热处理工艺。

钢正火的目的是细化组织结构,消除组织缺陷和内应力。

正火的冷却速度较快,得到的铁素体和渗碳体较细,强度和硬度也较高。常用正火做预处理,有时也用正火做最终热处理。

3) 淬火和回火

(1) 淬火　将工件加热至临界温度以上某一个温度,保温一定时间,然后以较快速度冷却的热处理工艺称为淬火。淬火的目的是提高钢的强度和硬度,增加耐磨性,并在回火后获得高强度和一定韧性相配合的性能。

淬火时的冷却介质称为淬火剂。常用的淬火剂有油、水、盐水,冷却能力依次增强。

为了使淬火时尽量减少变形和避免开裂,除了正确地进行加热及合理选择冷却介质外,还应该根据工件材料、尺寸、形状和技术要求选择合适的淬火方法。常用淬火方法有:单液淬火法、双液淬火法、分级淬火法和等温淬火法等。

为了使钢获得优良的淬火质量,钢的淬火应遵守以下原则:① 厚薄不均匀的零件,应将厚的部分先淬入;② 细长轴类零件、薄而平的零件,应垂直淬入;③ 薄壁环状零件,应沿轴线方向垂直淬入;④ 具有凹槽或不通孔的零件,应使凹面或不通孔部分朝上淬入。

(2) 回火　钢件淬硬后,再加热到某一较低的温度,保温一定时间,然后冷却至室温的热处理方法称为回火。钢回火后的性能取决于回火加热温度。根据加热温度的不同,回火分为低温回火、中温回火和高温回火三种。

① 低温回火　淬火钢件在250℃以下的回火称为低温回火。钢低温回火使钢的内应力和脆性降低,保持了淬火钢的高硬度(58～64 HRC)和高耐磨性,并具有一定的韧性。低温回火主要用于刀具、量具、拉丝模以及其他要求硬而耐磨的零件。

② 中温回火　淬火钢件在250～500℃的回火称为中温回火。中温回火能使钢中的内应力大部分消除,达到一定的韧性和高弹性,硬度达40～50HRC。中温回火主要用于弹性零件及热锻模等。

③ 高温回火　淬火钢件在高于500℃的回火称为高温回火。习惯上常将淬火及高温回火的复合热处理工艺称为调质。钢经调质后具有良好的综合力学性能(足够的强度与高韧性相配合)。回火后硬度可达25～40HRC。调质处理广泛用于受力构件,如螺栓、连杆、齿轮、曲轴等零件。

2. 常用的热处理设备

热处理的加热是在专门的加热炉内进行的。加热炉一般有箱式电阻炉、井式电阻炉、盐浴炉等。

1) 箱式电阻炉

箱式电阻炉根据使用温度不同分为高温、中温、低温炉,适用于中、小型零件的整体热处理及固体渗碳处理。图5-2是中温箱式电阻炉的结构。

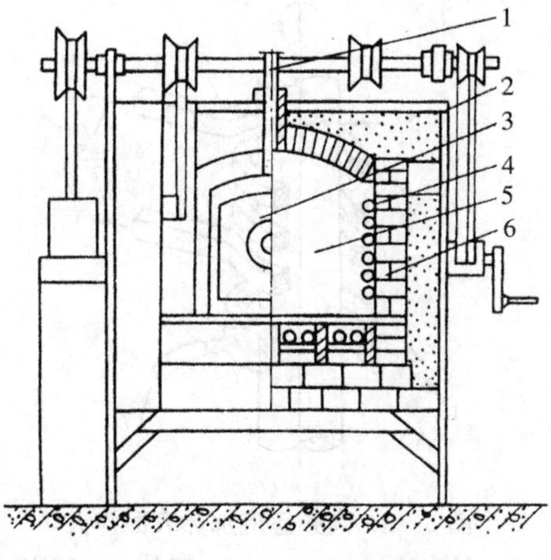

图5-2 中温箱式电阻炉
1—热电偶;2—炉壳;3—炉门;4—电阻丝;
5—炉膛;6—耐火砖

2) 井式电阻炉

井式电阻炉适用于长轴工件的垂直悬挂加热,可以减少弯曲变形。因炉口向上,可用吊车起吊工件,故能大大减轻劳动强度,应用较广。

3) 盐浴炉

采用液态的熔盐作为加热介质的热处理设备,称为盐浴炉。

盐浴炉结构简单,制造容易,加热速度快而均匀,工件氧化、脱碳少,便于细长工件悬挂加热或局部加热,可以减少变形,多用于小型零件及工、模具的淬火、正火等加热。

除了加热炉外,热处理设备还有控温仪表(热电偶、温控仪表等)、冷却设备(水槽、油槽、浴炉、缓冷坑等)和质检设备(洛氏硬度试验机、金相显微镜、量具、无损检测或探伤设备等)。

5.3.2 表面热处理

表面热处理是指仅对工件表面进行热处理以改变其组织和性能的工艺。表面热处理只对一定深度的表层进行强化,而心部基本上保持处理前的组织和性能,因而可获得高强度、高耐磨性和高韧性三者都比较满意的结果。同时由于表面热处理是局部加热,所以能显著减少淬火变形,降低能耗。

1. 感应加热表面热处理(高频淬火)

利用感应电流通过工件所产生的热效应,使工件表面加热并进行快速冷却的淬火工艺称为感应加热表面热处理。它适用于大批量生产,如图5-3所示。

2. 火焰加热表面热处理

应用氧-乙炔或其他燃气火焰对零件表面进行加热,随之淬火冷却的工艺称为火焰加热淬火。这种方法设备简单,成本低,但生产率低,质量较难控制,因此只适用于单件、小批量生产或大型零件如大型齿轮、轴等的表面淬火,目前已有火煽加热全自动淬火机用于大量生产中。

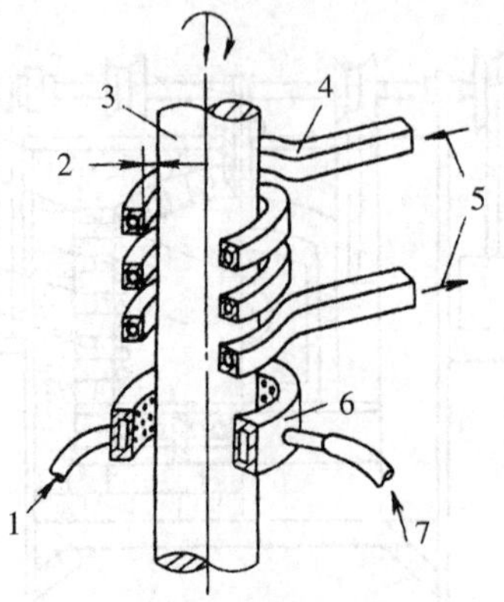

图 5-3 高频感应加热表面淬火

1、7—淬火介质;2—间隙(1.5～3 mm);3—工件;4—感应器(接高频电流);
5—感应圈冷却水;6—淬火喷水套

3. 激光加热表面淬火

激光加热表面淬火是一种新型的高能量密度的强化方法。它利用激光束扫描工件表面,使工件表面迅速加热到钢的临界点以上,当激光束离开工作表面时,由于基体金属的大量吸热而表面迅速冷却,因此无需冷却介质。

激光加热表面淬火可对拐角、沟槽、盲孔底部、深孔内壁等一般热处理工艺难以解决的强化问题加以解决。

5.3.3 表面化学热处理

化学热处理是将工件置于特定的介质中加热和保温,使一种或几种元素的原子渗入工件表面,以改变表层的化学成分和组织,从而获得所需性能的热处理工艺。常用的化学热处理有渗碳、渗氮、渗硼、渗铝、渗铬及几种元素共渗(如硼、氮共渗等)。

1. 渗碳

为了增加钢件表层的含碳量和获得一定的碳浓度梯度,将钢件在渗碳介质中加热并保温使碳原子渗入表层的化学热处理工艺。渗碳常用于低碳钢和低碳合金结构钢,如 20 钢、20Cr、20CrMnTi 等。

渗碳方法可分为固体渗碳、盐浴渗碳及气体渗碳三种,应用较广的是气体渗碳。

零件渗碳后表面含碳量可达 0.85%～1.05%,含碳量从表面到心部逐渐减少,心部仍然保持原来低碳钢的含碳量。可见,渗碳只改变工件表面化学成分。要使渗碳件表层具有高的硬度、高的耐磨性和心部良好韧性相配合的性能,渗碳后必须进行热处理,常用的是淬火后低温回火。这样生产出的零件既耐磨,又抗冲击。渗碳常用于在摩擦冲击条件下工作的零件,如汽车齿轮、活塞销等。

2. 渗氮

渗氮是将工件放在含氮介质中加热、保温,使氮原子渗入工件表层。零件渗氮后表面形成 0.1～0.6mm 的氮化层,不需淬火就具有高的硬度、耐磨性、抗疲劳性和一定的耐蚀性,而且工件变形很小,对材料的适应性强。但渗氮处理的时间长、成本高,目前主要用于

38CrMoAlA钢制造精密丝杠、高精度机床主轴等精密零件。

3. 渗铝

它是向工件表面渗入铝原子的过程。渗铝件具有良好的高温抗氧化能力，主要适用于石油、化工、冶金等方面的管道和容器。

4. 渗铬

渗铬是向工件表面渗入铬原子的过程。渗铬可提高零件的耐腐蚀性、抗高温氧化性、耐磨性并具有较好的抗疲劳性能，它兼有渗碳、渗氮和渗铝的优点。

5. 渗硼

渗硼是向工件表面渗入硼原子的过程。渗硼零件具有高硬度、高耐磨性和好的热硬性（可达800℃），并在盐酸、硫酸和碱介质中具有抗蚀性。

渗硼应用在泥浆泵衬套、挤压螺杆、冷冲模及排污阀等方面，能显著提高其使用寿命。

5.4 零件的热处理

热处理是机械制造过程中的重要工序。正确理解热处理的技术条件，合理安排零件的加工工艺路线，对于改善钢的切削加工性能，保证零件的质量，满足使用要求，具有重要的意义。

5.4.1 热处理的技术条件

需要热处理的零件，对其热处理后应当达到的组织、性能、精度和加工工艺性能等的要求，统称为热处理技术条件。热处理的技术条件是根据零件工作特性而提出的。一般零件都以硬度作为热处理技术条件，对渗碳零件则应标注渗碳层深度，对某些性能要求较高的零件还须标注力学性能指标或金相组织要求。

标注热处理技术条件时，可用文字在零件工作图上作扼要说明，也可用热处理工艺分类及代号来表示。热处理技术条件一般标注在零件图标题栏的上方。

5.4.2 热处理的工序位置

零件的加工都是沿一定的工艺路线顺序进行的。合理安排热处理工序，对于保证零件质量，改善切削加工性能具有重要意义。根据热处理的目的和工序位置的不同，热处理可分为预处理和最终热处理两大类，其工序位置安排的一般规律如下。

1. 预处理的工序位置

预处理包括退火、正火、调质等。退火、正火的工序位置，通常安排在毛坯生产之后、切削加工之前，以消除毛坯的内应力、均匀化组织、改善切削加工性，并为以后的热处理作组织准备。对于精密零件，为了消除切削加工的残余应力，在半精加工以后也安排去应力退火。调质工序一般安排在粗加工之后、精加工或半精加工之前。目的是为了获得良好的综合力学性能，为以后的热处理作组织准备。

2. 最终热处理的工序位置

最终热处理包括淬火、回火及表面热处理等。零件经这类热处理后，获得所需的使用性能,因其硬度较高,除磨削外,不宜进行其他形式的切削加工,故其工序位置一般均安排在半精加工之后。

有些零件工作性能要求不高,将毛坯进行退火、正火或调质即可满足要求,这时退火、正火和调质也可作为最终热处理。

5.4.3 典型零件的热处理工序分析

1. 机床主轴

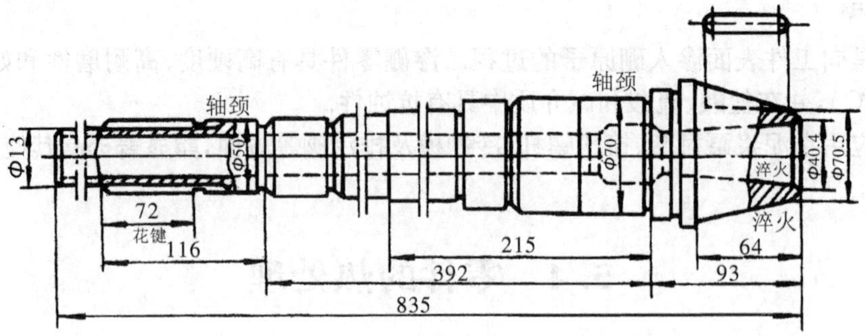

图 5-4 车床主轴

图 5-4 为车床主轴。经对主轴的结构及工作条件的分析,该轴选用 45 钢的锻件毛坯,它的热处理技术条件为:

整体调质后硬度为 220～250HBS;

内锥孔和外锥体硬度为 45～50HRC;

花键部分硬度为 48～53HRC。

生产过程中,主轴的加工工艺路线为:

备料→锻造→正火→机械粗加工→调质→机械半精加工→锥孔及外锥体的局部淬火、回火→粗磨(外圆、锥孔、外锥体)→铣花键、花键淬火、回火→精磨(外圆、锥孔、外锥体)。

其中正火、调质属于预处理,锥孔及外锥体的局部淬火、回火与花键的淬火、回火属于最终热处理。它们的作用分别为:

(1) 正火　主要是为了消除毛坯的锻造应力,降低硬度以改善切削加工性。同时也均匀化组织,细化晶粒,为以后的热处理作组织准备。

(2) 调质　主要是使主轴具有高的综合力学性能,经淬火及高温回火后,其硬度应达到 220～250HBS。

(3) 淬火　锥孔、外锥体及花键部分的淬火是为了获得所要求的表面硬度。锥孔和外锥体部分可采用盐浴快速加热并水淬,经回火后,其硬度应达 45～50HRC。花键部分可采用高频加热淬火,以减少变形,经回火后,表面硬度应达 48～53HRC。

为了减少变形,锥部淬火应与花键淬火分开进行,并且锥部淬火及回火后,需用粗磨以纠正淬火变形。然后再进行花键的加工与淬火。最后用精磨以消除总的变形,从而保证主轴的装配质量。

2. 齿轮

图 5-5 为汽车变速箱齿轮。经过对齿轮的结构及工作条件的分析,该齿轮选用

20CrMnTi 的锻件毛坯。它的热处理技术条件如下：

渗碳层表面含碳为 0.8%～1.05%；

渗碳层深度：0.8～1.3mm；

齿面硬度为 58～62HRC，心部硬度 33～48HRC。

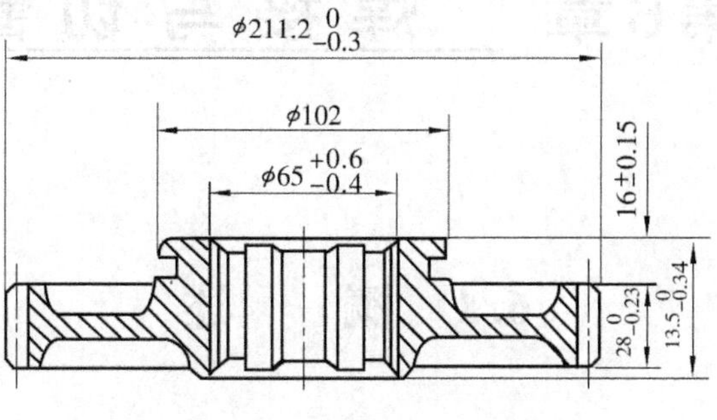

图 5-5　汽车变速箱齿轮

生产过程中，齿轮加工工艺路线为：

备料→锻造→正火→机械加工→渗碳→淬火、低温回火→喷丸→校正花键孔→磨齿。

热处理工序分析如下：

(1) 正火　主要是为了消除毛坯的锻造应力，降低硬度，以改善切削加工性能。同时也均匀化组织，细化晶粒，为以后的热处理作组织上的准备。

(2) 渗碳　为了保证齿轮表层的含碳量及渗碳层深度的要求，渗碳应安排在齿轮加工之后进行，渗碳工艺应根据热处理技术条件加以确定。

(3) 淬火及低温回火　渗碳后，表面含碳量提高了，但要求高硬度，必须进行淬火及低温回火。由于 20CrMnTi 是合金渗碳钢，淬透性好，Ti 的加入细化晶粒作用强，所以渗碳后可以直接淬火，经低温回火后表面硬度可达 58～62HRC；齿轮心部可得到低碳马氏体，具有较高的强度和韧性，硬度达 33～48 HRC。其中低温回火作用是消除淬火应力及减少脆性。

第6章　焊接与切割

6.1　概　述

6.1.1　焊接方法与分类

焊接是通过局部加热或加压(或两者并用),借助金属原子间结合和扩散作用,或选用填充材料,使分离的金属材料牢固地连接起来的工艺方法。按焊接过程的特点,焊接方法可分为三大类。

1. 熔化焊

熔化焊是将焊件的连接处加热到熔化状态,有时另加填充材料,形成共同熔池,然后冷却凝固使之连接成一个整体的焊接方法。

2. 压力焊

压力焊是对焊件连接处施加压力,或既加压又加热,使接头处紧密接触并产生塑性变形,通过原子间的结合而使之形成一个整体的焊接方法。

3. 钎焊

钎焊是采用比母材熔点低的金属材料作钎料,将焊件接头和钎料同时加热到高于钎料熔点、低于母材熔点的温度,熔化的钎料靠润湿和毛细管作用吸入并保持在焊件间隙内,依靠液态钎料和固态焊件金属间原子的相互扩散而达到连接的焊接方法。

这三大类焊接方法中的每一类又可依据工艺特点分成若干不同的方法。

- 焊接方法
  - 熔化焊
    - 气　焊
    - 电弧焊
      - 手工电弧焊
      - 埋弧自动焊
      - 气体保护焊
    - 电渣焊
    - 等离子弧焊
    - 电子束焊
    - 激光焊
  - 压力焊
    - 摩擦焊
    - 电阻焊
      - 点　焊
      - 缝　焊
      - 对　焊
    - 冷压焊
    - 超声波焊
    - 爆炸焊
    - 高频焊
  - 钎　焊
    - 硬钎焊
    - 软钎焊

6.1.2　焊接的特点和应用

(1) 焊接具有节省材料、缩短工时和连接性能好的特点，因此在现代工业生产中起着十分重要的作用，如舰船的船体、高炉炉壳、建筑结构、压力容器等的制造都离不开焊接。

(2) 简化工艺。制造大型或复杂的结构和零件时，用化大为小、化复杂为简单的方法准备坯料，然后逐次装配焊接，拼小成大、拼简单成复杂，然后再装配焊接成大构件，从而简化了制造工艺。制造大型机器设备时，可采用锻-焊或铸-焊复合工艺，在只有小型铸、锻设备的工厂也可以生产出大型零部件。

(3) 焊接方法可以制成双金属构件，如复合层容器，既能获得优良的使用性能，又节省大量昂贵的合金材料。

(4) 焊接技术在生产中用以修补铸、锻件的缺陷和局部损坏的零件，具有较大的经济价值。

6.2　手工电弧焊

6.2.1　手工电弧焊的基本知识

手工电弧焊是利用焊条与焊件之间产生的电弧热量，将焊条和焊件熔化、融合，从而获得牢固连接的一种手工操作方法。手工电弧焊操作方便、灵活、设备简单并适用于各种焊接位置和接头型式，因而得到广泛应用。

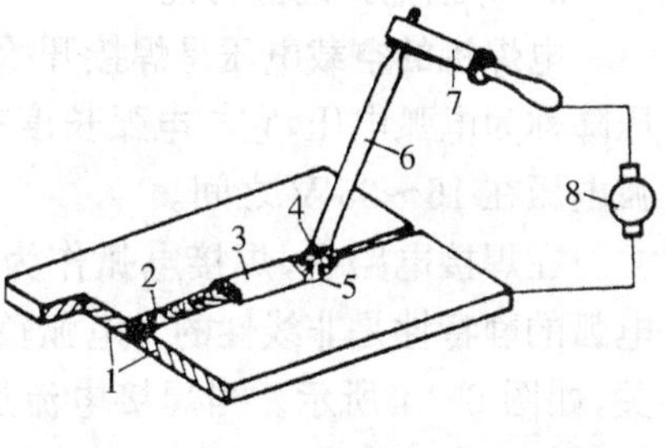

图 6-1　手工电弧焊的焊接过程

1—焊件；2—焊缝；3—渣壳；4—电弧；5—熔池；6—焊条；7—焊钳；8—电焊机

1. 手工电弧焊的焊接过程(图 6-1)

(1) 电弧热量使工件和焊条同时熔化。

(2) 焊条的金属熔滴借重力和电弧气体吹力的作用过渡到熔池去。

(3) 焊条药皮熔化，与液体金属反应形成熔渣从熔池中浮起；药皮燃烧产生大量 CO_2 气流围绕于电弧周围；熔渣和气流防止了空气中氧气和氮气的侵入，起保护熔化金属的作用。

(4) 电弧向前移动，工件和焊条金属不断熔化汇成新的熔池；原先的熔池不断冷却凝固，构成连续的焊缝；覆盖在焊缝表面的熔渣逐渐凝固成固态的渣壳。

2. 焊接电弧

焊接电弧是电极与工件间的气体介质中长时间且有力的放电现象，即在局部气体介质中有大量电子流的导电现象。

电极可以是金属丝、钨极、钛棒或焊条，在手工电弧焊中电极是焊条。电弧热量与焊接电流和电压的乘积成正比，电流愈大，电弧产生的总热量就愈大。

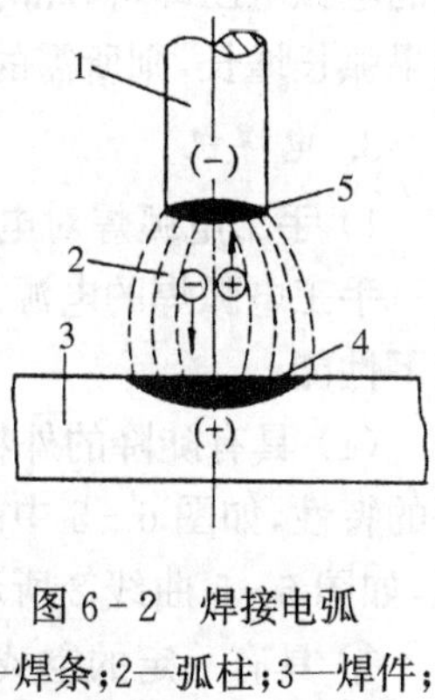

图 6-2　焊接电弧

1—焊条；2—弧柱；3—焊件；4—阳极区；5—阴极区

1) 焊接电弧构造

电弧有三个区，如图 6-2 所示，热量分布大致如表 6-1 所示。

表 6-1 焊接电弧组成及其热量分布

焊接电弧	该区电弧热量/总热量	以铁为电极材料时电弧区的温度
阳极区	43%	~2600K
弧柱区	21%	6000~8000K
阴极区	36%	~2400K

焊接电弧的阳极区温度高于阴极区温度。若使用直流电焊机焊接时,有两种接线方法:正接和反接(图 6-3)。正接是将工件接到正极,而反接则是将电极接到正极。采用正接法时,焊件上热量较多,有利于加快焊件熔化,保证足够的熔深。反接法只是在焊接薄钢板、有色金属或采用低氢型焊条时使用。若焊接时使用交流电焊机,因两极极性不断变化,就不存在正接和反接的问题,两极加热一样,温度在2500K左右。

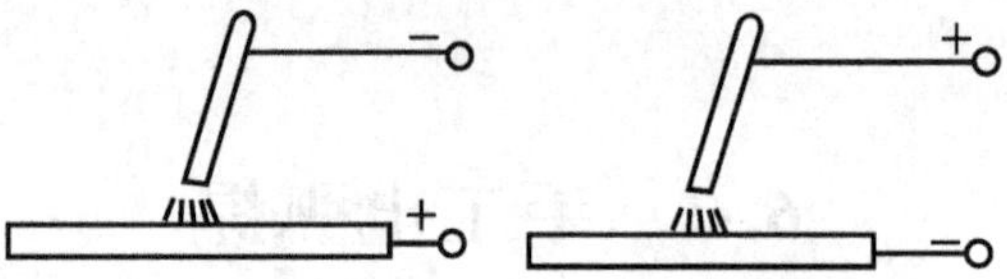

(a) 正接法　　(b) 反接法

图 6-3 直流电焊机的正接和反接

2) 焊接电弧的静特性

电焊机的空载电压是焊接开始时的引弧电压,一般为 50~90 V。电弧稳定燃烧时的电压降称为电弧电压,它与电弧长度有关。电弧长度愈长,电弧电压也愈大。一般情况下,电弧电压在 16~35 V 之间。

在焊接电路中,焊接电弧作为负载消耗电能。焊接电弧的静特性是非线性的。电弧负载大小与电离程度有关,如图 6-4 所示。当焊接电流过小时,焊条和焊件间的气体电离不充分,电弧电阻大,要求较高电压才能维持必要的电离程度;随着电流增大,气体电离程度增加,电弧电阻减小,电弧电压降低;当焊接电流大于 30~60A 时,气体已充分电离,电弧电阻降到最低值,只要维持一定的电弧电压即可,此时电弧电压与焊接电流大小无关。如果弧长增长,则所需的电弧电压相应增大。

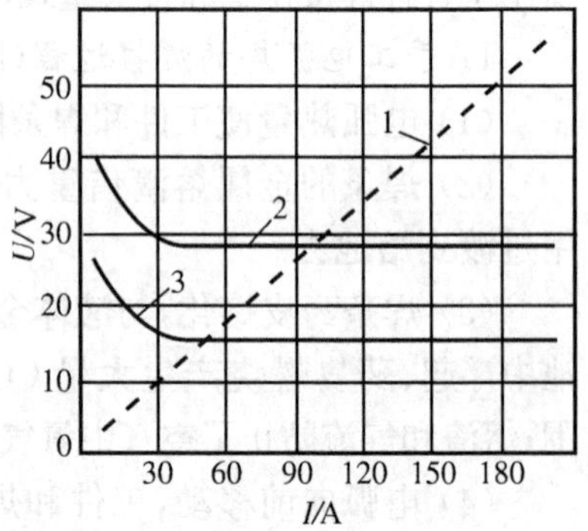

图 6-4 焊接电弧的静特性曲线

1—普通电阻特性;

2—弧长为 5mm 的电弧的静特性;

3—弧长为 2mm 的电弧的静特性

3. 电焊机

1) 手工电弧焊对电源的要求

手工电弧焊的电源设备简称电焊机。电焊机应具备以下性能。

(1) 具有陡降的外特性。一般用电设备都要求电源电压不随负载变化而变化,近似水平的特性,如图 6-5 中的曲线 1 所示。但是焊接用的电源电压则要求随负载增大而迅速降低,如图 6-5 曲线 2 所示,这样才能满足下列的焊接要求。

① 具有一定的空载电压以满足引弧需要。

② 限制短路电流(一般不超过焊接电流的 1.5 倍)。

③ 电弧长度发生变化时，能保证电弧的稳定。

(2) 焊接电流具有调节性，以适应不同材料和板厚的焊接要求。

(3) 焊接电弧必须具有平稳的静特性，如图 6-5 中的曲线 3 所示。

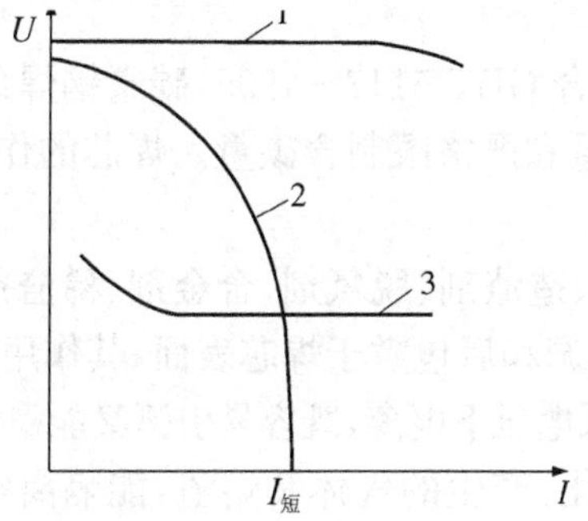

图 6-5　焊接电源特性

1—普通电源的特性曲线；
2—焊接电源的外特性曲线；
3—焊接电弧的静特性曲线

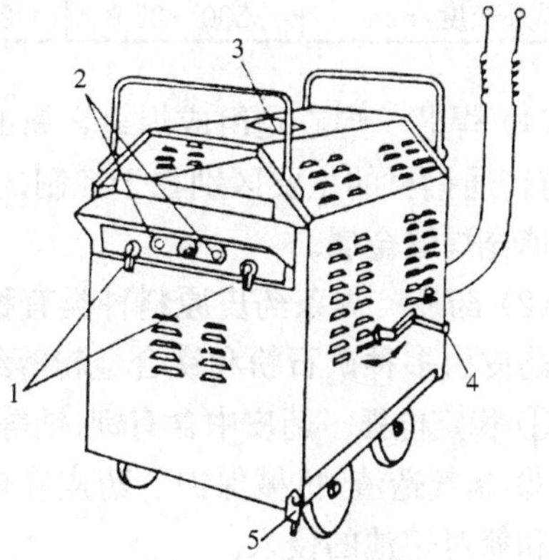

图 6-6　电焊机的组成

1—焊接电源两极；2—粗调电流线圈抽头；
3—电流指示盘；4—细调电流调节手柄；
5—接地螺钉

2) 常用交、直流电焊机

常用的电焊机有交流弧焊机和直流弧焊机两类。

(1) 交流弧焊机。交流弧焊机又称弧焊变压器，即交流弧焊电源，用以将电网的交流电变成适宜弧焊的交流电。常见的型号有：BX1—400、BX3—500 等。其中 B 表示弧焊变压器，X 为下降特性电源，1 为动铁芯式，3 为动线圈式，400、500 为额定电流的安培数。图 6-6 是弧焊变压器 BX1－330 的示意图。

(2) 直流弧焊机。直流弧焊机有发电机式直流弧焊机、整流器式直流弧焊机(又称弧焊整流器)和逆变式电焊机。

发电机式直流弧焊机因结构复杂、价格高、噪声大等原因，我国早在 20 世纪 90 年代初就明文规定不准生产和使用。

整流器式直流弧焊机是一种优良的电弧焊电源，它由大功率整流元件组成整流器，将电流由交流变为直流，供焊接使用。整流器式直流弧焊机的型号如 ZXG—500，其中 Z 为整流弧焊电源，X 为下降特性电源，G 为硅整流式，500 为额定电流的值数，单位是安培。

逆变式电焊机的特点是直流输出，具有电流波动小、电弧稳定、焊机重量轻、体积小、能耗低等优点，近年来得到愈来愈广泛的应用。其型号如 ZX7—315、ZX7—160 等，其中 7 为逆变式，315、160 为额定电流的安培数值。

4. 电焊条

1) 电焊条的组成

手工电弧焊焊条由金属芯和药皮两部分组成，见图 6-7。在焊条药皮前端有 45°的倒角，便于引弧。焊条尾部的裸焊芯是为了便于焊钳夹持和导电。通常使用的焊条直径和长

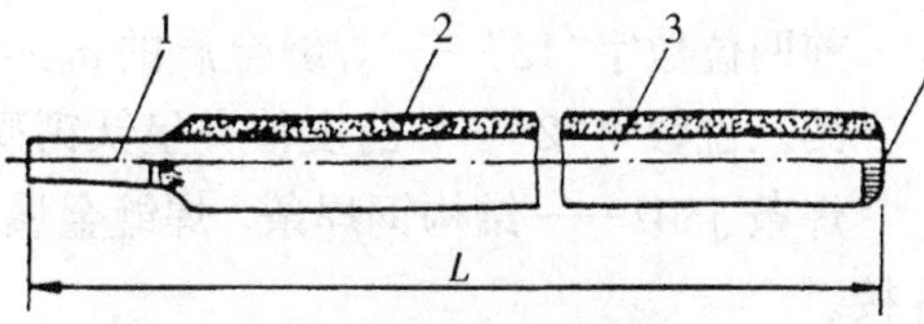

图 6-7　电焊条的组成

1—夹持端；2—药皮；3—焊芯；4—引弧端

度规格如表 6-2 所示：

表 6-2 常用焊条的直径和长度规格

焊条直径/mm	1.6	2.0,2.5	3.2,4.0,5.0	5.6,6.0,6.4,8.0
焊条长度/mm	200～250	250～350	350～450	450～700

(1) 焊芯　焊芯是组成焊缝金属的主要材料,符合 GBT 5117—1995《碳素钢焊条》的要求,与普通钢材的主要区别在于控制硫、磷等杂质含量和严格限制含碳量。焊芯的作用是导电和填充焊缝金属。

(2) 药皮　焊条药皮原料种类有稳弧剂、造气剂、造渣剂、脱氧剂、合金剂、稀渣剂、黏结剂。药皮由多种矿石粉和铁合金粉等组成,用水玻璃调和后包敷于焊芯表面,其作用如下。

① 稳定电弧　药皮中含有钾、钠等元素,能在较低电压下电离,既容易引弧又能稳定电弧。

② 制气造渣,机械保护　药皮在电弧高温下熔化,产生的气体和熔渣,能隔离空气,减少氧和氮对熔池的侵入。

③ 脱氧、脱硫和脱磷。

④ 渗加有用的合金元素以保证焊缝的化学成分。

2) 焊条的种类及编号

(1) 焊条种类:

我国按化学成分,将焊条分为七大类:碳钢焊条、低合金钢焊条、不锈钢焊条、堆焊焊条、铸铁焊条及焊丝、铜及铜合金焊条、铝及铝合金焊条等,其中应用最多的是碳钢焊条和低合金钢焊条。

(2) 焊条的编号:

① 焊条型号　焊条型号是国家标准中的焊条代号。按 GB/T 5117－1995《碳素钢焊条》的规定,焊条 E4303 的型号表示具体含义是:

E——焊条;

前两位数字 43——焊缝金属的抗拉强度,$\sigma_b \geqslant 422$MPa;

第三位数字——焊接位置,其中:"0"及"1"表示焊条适用于全位置焊接,

"2"表示适用于平焊和平角焊,

"4"表示焊条适用于向下立焊;

第三、四两位数字的组合"03"——药皮种类呈钛钙型,电源种类是交、直流两种,正、反接均可使用。

② 焊条牌号　焊条牌号是焊条行业统一的焊条代号,一般用一个大写拼音字母和三个数字表示。例如:焊条 J422

"J"——结构钢焊条;

前两位数字"42"——焊缝金属的 $\sigma_b \geqslant 420$MPa;

第三位数字"2"——药皮种类呈钛钙型,电源种类是交直流两用。

焊条 J507——结构钢焊条,焊缝金属 $\sigma_b \geqslant 500$MPa,药皮种类是低氢型,只适用于直流焊接。

表 6-3 是两种常用碳钢焊条型号和其相应的牌号的对照。

3) 酸性焊条和碱性焊条

焊条按熔渣性质分为酸性焊条和碱性焊条两大类。药皮熔渣中的酸性氧化物有 SiO_2、TiO_2、Fe_2O_3；碱性氧化物有 CaO 、FeO、MnO、MgO、Na_2O。若熔渣中酸性氧化物多于碱性氧化物，该焊条为酸性焊条；反之，碱性氧化物多于酸性氧化物，则该焊条为碱性焊条。

表 6-3 两种常用碳钢焊条型号和其相应的牌号的对照

型号	牌号	药皮类型	焊接位置	电流种类
E4303	J422	钛钙型	全位置	交流、直流
E5015	J507	低氢钠型	全位置	直流反接

碱性焊条与酸性焊条的比较：酸性焊条适合于各种电源，操作性好，电弧稳定，成本低，但焊缝塑、韧性较差，渗合金作用弱，不宜焊接承受动载荷和要求高强度的重要结构件。而碱性焊条一般要求采用直流电源，焊缝塑、韧性好，抗裂性和抗冲击能力强，但操作性差，电弧不够稳定，价格较高，故只适宜焊接重要结构件。

6.2.2 手工电弧焊工艺

1. 接头型式和坡口型式

在手工电弧焊中，由于焊件厚度、结构形状和使用条件不同，其接头型式和坡口型式也

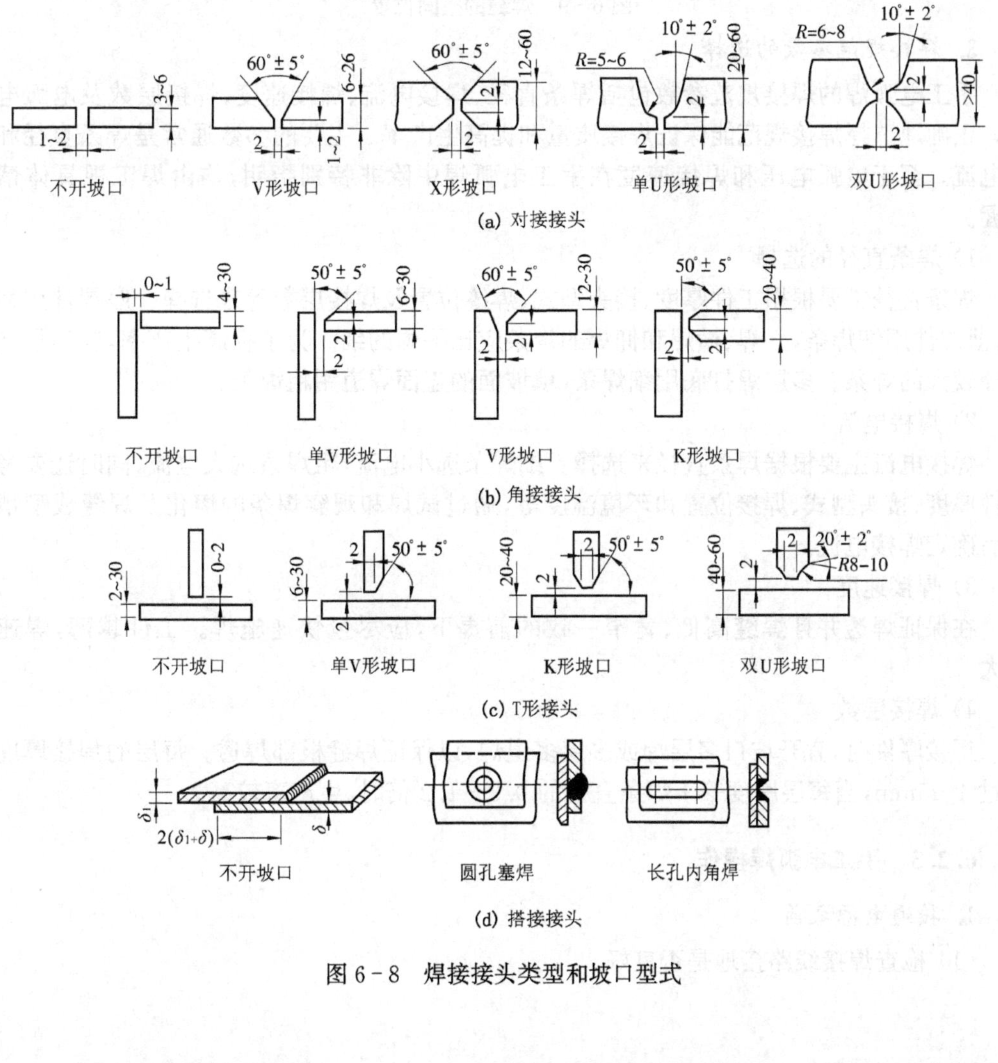

图 6-8 焊接接头类型和坡口型式

不同,见图 6-8。根据 GB 958—1988 的规定,焊接接头型式可分为对接接头、角接接头、T 形接头和搭接接头四种。

为了使焊件焊透并减少被焊金属在焊缝中所占的比例,一般在对接接头手工电弧焊时,钢板厚度大于 6mm 时要开坡口。重要的结构件厚度大于 3mm 时就要开坡口。常见的坡口型式有 V 形、U 形、K 形和 X 形等。

2. 焊缝的空间位置

按施焊时焊缝在空间所处的位置不同,焊缝可以分为平焊缝、立焊缝、横焊缝和仰焊缝四种型式,如图 6-9 所示。平焊时,熔化金属不会外流,飞溅小,操作方便,易于保证焊接质量;横焊和立焊则较难操作;仰焊最难,不易掌握。

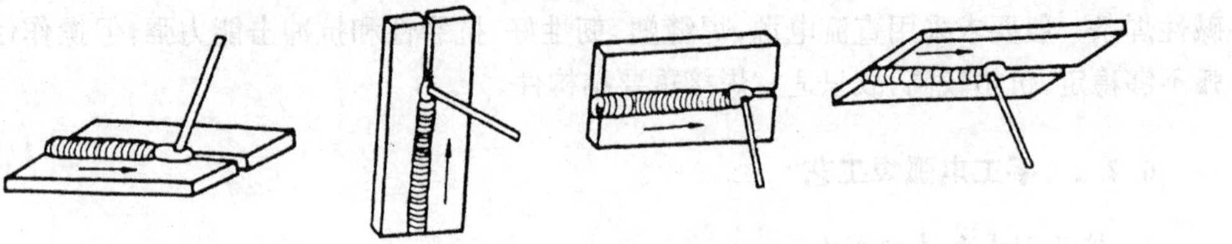
(a) 平焊缝　(b) 立焊缝　(c) 横焊缝　(d) 仰焊缝

图 6-9　焊缝的空间位置

3. 焊接规范参数的选择

手工电弧焊的焊接规范参数包括焊条直径、焊接电流、焊接速度、焊接层数及电弧电压等。正确地选择焊接规范能保证焊接质量和提高生产率。主要的参数通常是焊条直径和焊接电流。至于电弧电压和焊接速度在手工电弧焊中除非特别指明,均由焊工视具体情况掌握。

1) 焊条直径的选择

焊条直径主要根据工件厚度、接头型式、焊缝位置及焊接层数等来选择。厚焊件用粗焊条,薄焊件用细焊条,立焊、横焊和仰焊的焊条应比平焊的细。为了提高生产率,应尽量选择直径较大的焊条。多层焊打底用细焊条,填坡面的盖面焊道用粗焊条。

2) 焊接电流

焊接电流主要根据焊条直径来选择。细焊条选小电流,粗焊条选大电流,同时还要考虑焊件厚度、接头型式、焊接位置和环境温度等,通过试焊和观察焊条的熔化及焊缝成型情况最后确定焊接电流。

3) 焊接速度

在保证焊透并且焊缝高低、宽窄一致的前提下,应尽量快速施焊。工件越薄,焊速应越大。

4) 焊接层数

焊接厚件时,宜开坡口多层焊或多层多道焊,以保证焊缝根部焊透。每层的焊接厚度不超过 4～5mm,当每层厚度等于焊条直径的 0.8～1.2 倍时,生产率较高。

6.2.3　手工电弧焊操作

1. 接通电源之前

(1) 检查焊接线路接地是否良好。

(2) 根据焊接规范把电焊机调至所需的焊接电流。

2. 引弧

引弧是在焊条与工件间引燃，并保持稳定电弧的操作。一般有两种：敲击法和摩擦法，如图 6-10 所示。引弧操作的要领有：

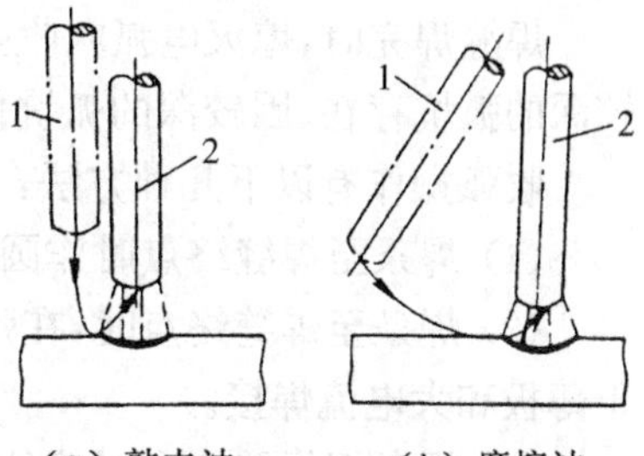

图 6-10　引弧方法

1—引弧前；2—引弧后

(1) 引弧应当采取轻击、快提、短提起的方法。

焊条末端与焊件接触时应急促，焊条一碰到焊件必须立即拉开，否则焊条会粘在焊件上，此现象叫粘条。一旦发生粘条，只需将焊条左右摇动即可脱离。若拉不开，应切断电源，松开焊钳，待冷却后再把焊条扳离。

(2) 若焊条接触工件表面而不能起弧，往往是焊条端部有药皮等物妨碍导电；清除这些绝缘物，露出金属端面以利导电。

3. 运条

一条质量好的焊缝是由无数个大小一致而又连续不断的熔池凝固而成的，就焊缝外观质量来说，宽窄一致、高低相等、焊波均匀是与熔池密切相关的。因此，形成正常熔池是焊条操作的基础。操作时主要要掌握好“三度”，即电弧长度、焊条角度和焊接速度。

(1) 电弧长度　焊接时焊条在不断地熔化，为了保持一定的弧长，焊条必须不断地送向熔池。若电弧过长，会造成电弧不稳定，飞溅多，熔深浅，易产生气孔，而且焊波也不平整。电弧的合理长度应约等于焊条直径。

(2) 焊条角度　焊条与焊缝及工件之间应保持正确的角度关系，如图 6-11 所示。焊条与其前进方向倾斜角为 70°～80°，焊条与焊缝两侧工件的夹角为 90°，这样就可以使工件熔深、熔透，电弧吹力还有一小部分吹向已焊方向，阻止熔渣流向未焊部分，防止形成夹渣而影响焊缝质量。

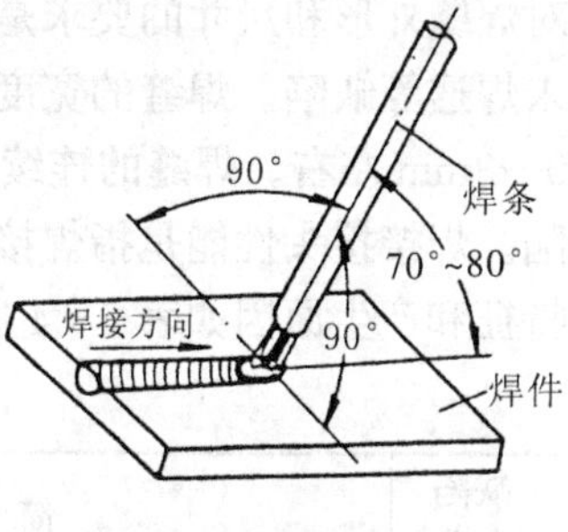

图 6-11　焊接操作时的焊条角度

(3) 焊接速度　电弧引燃后，保证所需的熔池宽度，并保持此宽度始终基本一致，焊条均匀地沿着焊缝向前运动。焊速适当时，焊缝的熔宽约等于焊条直径的两倍，这时焊缝表面平整，波纹细密。若焊速慢，熔池大，焊缝则宽(薄件要焊穿)；而若焊速快，熔池小，焊缝则窄(厚件强度差)。若焊速过快，工件没有熔化则不能形成正常熔池，造成焊缝间断；若焊速快慢不均，造成熔池有大有小，焊缝宽窄不一致，焊缝质量下降。

4. 接弧

由于受焊条长度的限制，不可能一根焊条焊完一条长焊缝，如果不能正确地使先、后两条焊缝均匀连接，则易产生接头处焊缝过高、脱节或不一致等缺陷。

接弧的操作方法是：在第一段焊缝的结尾(弧坑)稍前处(约 10mm)引弧，电弧拉长一些，使接头处得到必要的预热，同时看清弧坑，然后即可向前进入第二段焊缝的正常焊接，焊接时应特别注意，起头和结尾要保持同样的高度和宽度。

5. 收弧

焊缝焊完时,熄灭电弧叫收弧。但是,焊缝的收尾不仅是熄弧,还要填满弧坑,不允许有较深的弧坑存在,因较深的弧坑使焊缝收尾处强度减弱并造成应力集中,容易产生裂缝。

收弧操作有以下几种方法:

(1) 焊条至焊缝终点时作圆圈运动,直到填满弧坑再拉断电弧,此法适用于厚板收尾。

(2) 焊条至焊缝终点时,在弧坑上作数次反复熄弧、引弧,直到填满弧坑为止,此法适用于薄板和大电流焊接。

(3) 焊条至焊缝终点时停住,并且改变焊条角度回焊一小段。

6.2.4 手工电弧焊的安全技术

(1) 电焊机在使用之前,应检查电焊机与开关外壳接地是否良好。

(2) 焊接时操作人员必须穿好工作服和工作鞋,电焊时必须戴好面罩、手套等防护用品,不能用眼睛直接看电弧,并且保持工作鞋和电焊手套干燥。刚焊好的高温焊件应使用钳子夹持。敲击清理焊渣时,注意防止高温焊渣飞入眼内或烫伤皮肤。

(3) 焊接时,防止其他人员受弧光伤害,工作场地应使用屏风板。

6.2.5 焊接质量检验及缺陷分析

1. 对焊接质量的要求

焊接质量一般包括三个方面的要求,即焊缝的外形尺寸、焊缝的连续性和接头性能等。对焊缝外形和尺寸的要求是:焊缝与母材金属之间应平滑过渡,以减少应力集中、没有烧穿、未焊透等缺陷。焊缝的宽度、高度等尺寸要符合国家标准或是符合图纸要求,焊缝的余高为0～3mm左右。焊缝的连续性是指焊缝中的裂纹、气孔与缩孔、夹渣、未熔合与未焊透等缺陷。焊接接头性能是指焊接接头的力学性能及其他性能(如耐蚀性等)。焊接件常见缺陷的特征和产生原因如表6-4所示。

表6-4 常见的焊接缺陷

缺陷名称	简图	说明
焊缝尺寸和外形不符合设计要求	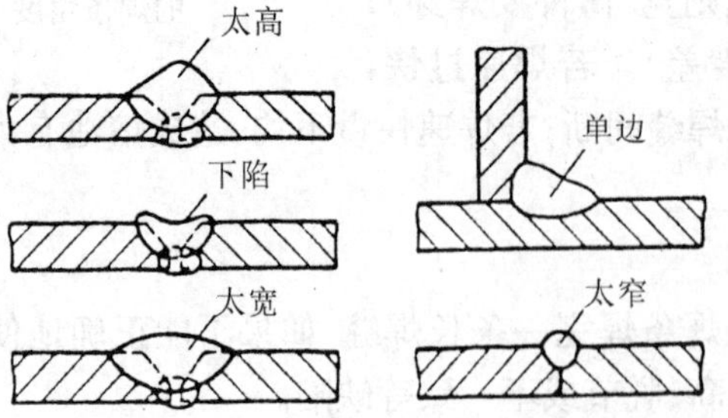	焊缝尺寸和外形不符合设计要求将影响焊件的质量,如焊缝余高过低或过高,焊缝太窄、太宽或宽窄不匀,角焊缝单边,或下陷量过大等

（续表）

缺陷名称	简　　图	说　　明
咬边	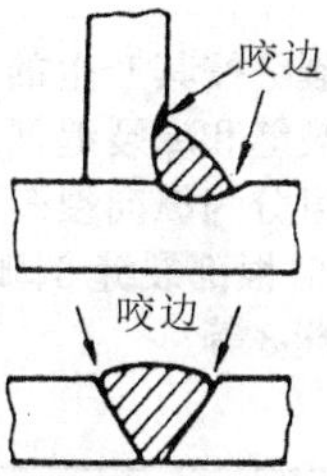	焊接时焊缝的边缘被电弧熔化后没有得到熔化金属的补充而留下的缺口称为咬口，有时也称为咬肉或咬边
弧坑	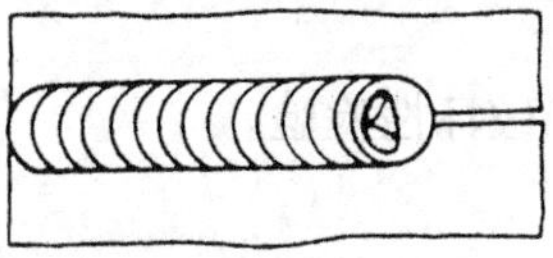	焊缝收尾时立即拉断电弧会形成低于焊件表面的弧坑，过深的弧坑使焊缝收尾处强度减弱并造成应力集中而产生裂缝
焊瘤	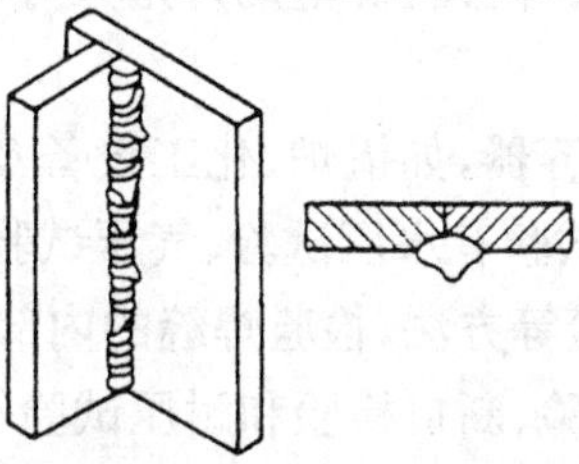	焊瘤经常产生在横焊、仰焊及立焊焊缝中。焊瘤影响焊缝的成形美观且往往在焊瘤处存在夹渣和未焊透，导致裂缝的产生
焊漏与烧穿	 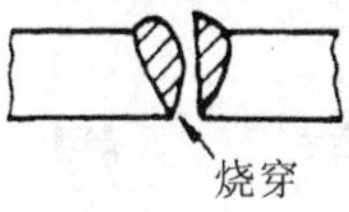	液态金属从焊缝反面漏出凝成疙瘩或焊缝上形成穿孔。焊漏危害与焊瘤同，烧穿根本不允许存在
夹渣	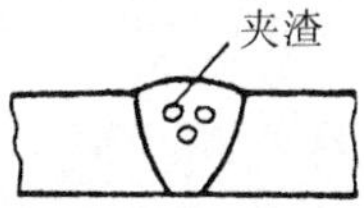	产生夹渣的根本原因是熔池中熔化金属的凝固速度大于熔渣的上浮逸出速度。夹渣是焊缝中常见的缺陷之一
未焊透与未熔合	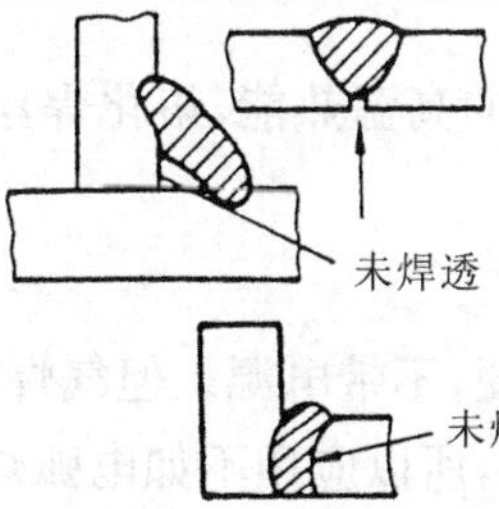	未焊透是接头根部未完全熔透；未熔合是指焊缝与母材、焊层与焊层间未熔化结合。这些缺陷减少焊缝金属的有效面积，形成应力集中，易引起裂缝，导致结构破坏，是常见的缺陷
气孔	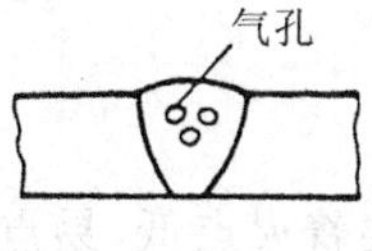	气孔是焊缝中最常见的一种缺陷。根据气孔产生的部位不同可分为表面气孔和内部气孔；根据分布情况的不同又可分为疏散气孔、密集气孔。气孔的形状和大小不同，有球形、椭圆形和毛虫状等，小的气孔要用显微镜才能看清，大的可达几个毫米

(续表)

缺陷名称	简图	说明
裂缝	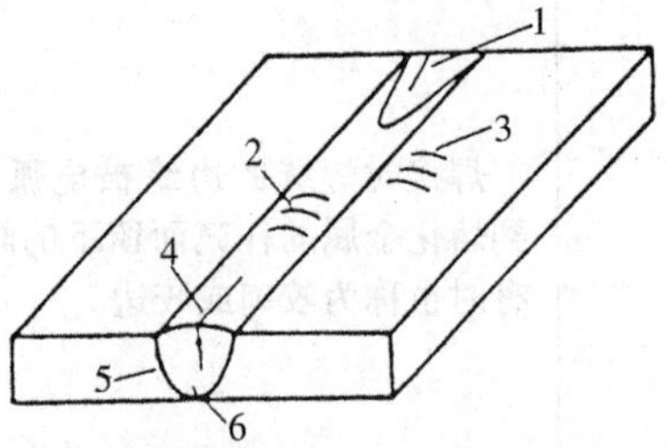	裂缝按其产生的温度及时间不同可分为热裂缝和冷裂缝两大类。按其产生的部位又可分为纵向裂缝 4、横向裂缝 2、熔合线裂缝 5、根部裂缝 6、弧坑裂缝 1 以及热影响区裂缝 3 等

2. 质量检验方法

焊缝的质量检验方法有两类:非破坏性检验和破坏性检验。

非破坏性检验包括:

(1) 外观检验　即用肉眼、低倍放大镜或样板等检验焊缝的外形尺寸和表面缺陷(如裂纹、烧穿、未焊透等)。

(2) 密封性检验或耐压试验　对于一般压力容器,如锅炉、化工设备及管道等设备要进行密封性试验,或根据要求进行耐压试验。耐压试验有水压试验、气压试验、煤油试验等。

(3) 无损检测　如用磁粉、射线或超声波检验等方法,检验焊缝的内部缺陷。

(4) 破坏性试验包括:力学性能试验、金相检验、断口检验和耐压试验等。

6.3 气　　焊

6.3.1 气焊的过程、特点及应用

1. 气焊的过程

气焊是利用可燃气体与助燃气体混合燃烧产生的高温热能,熔化焊丝与焊件而进行金属连接的一种熔化焊方法。

2. 气焊的特点及应用

与手工电弧焊相比,气焊设备简单,操作灵活方便,不带电源。但气焊火焰温度较低,且热量较分散,生产率低,工件变形严重,焊接质量较差,所以应用不如电弧焊广泛。主要用于厚度在 3mm 以下薄钢板和铜、铝等有色金属及其合金、低熔点材料的焊接,铸铁的补焊和没有电源的场所,如野外操作等。

6.3.2 气焊气体

气焊气体由可燃气体和助燃气体组成。因为乙炔着火点低,易点燃,火焰温度高,用瓶装乙炔使用较方便,因此,可燃气体通常采用乙炔。助燃氧气是通过深度冷冻空气分离后制成的一种无色无毒气体,用钢瓶高压贮运。

6.3.3　气焊的火焰

气焊火焰因氧气和乙炔混合比例不同而分为三种不同性质的火焰，如图 6－12 所示。

(1) 中性焰。当氧气和乙炔的体积比为 1～1.2 时，气体燃烧充分，产生的火焰为中性焰，又称正常焰。组成中性焰的三个部分（焰心、内焰和外焰）及其温度分布，如图 6－13 所示，火焰的最高温度产生于焰心前端约 2～4mm 处。焊接时应使此点作用于熔池处。中性焰常用于焊接低碳钢、中碳钢、合金钢、铜和铝等合金材料，是应用最广泛的一种气焊火焰。

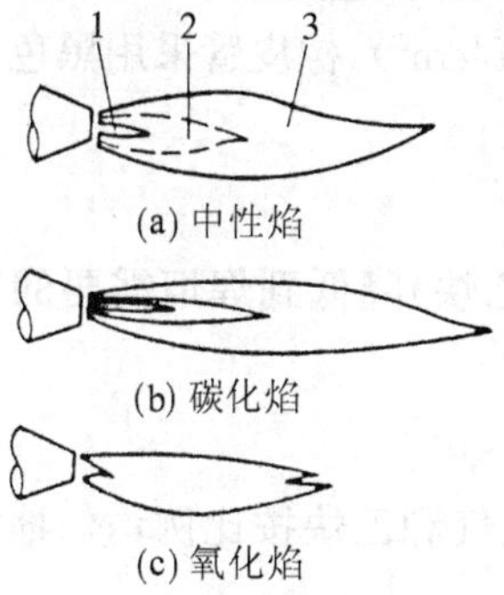

图 6－12　三种火焰

1—焰芯；2—内焰；3—外焰

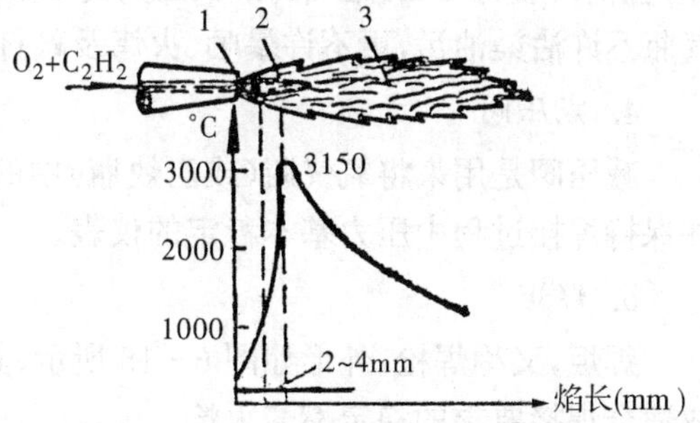

图 6－13　火焰的构成及其温度分布

1—焰芯；2—内焰；3—外焰

(2) 碳化焰。当氧气和乙炔的体积比小于 1 时，乙炔燃烧不完全，整个火焰比中性焰长，当乙炔过多时还冒黑烟，对焊件有增碳作用，常用于焊接高碳钢、铸铁、硬质合金等。

(3) 氧化焰。当氧气和乙炔的体积比大于 1.2 时，则得到氧化焰。火焰燃烧时有多余氧，对熔池有氧化作用，只适用于焊接黄铜。

6.3.4　气焊的设备

气焊设备包括乙炔瓶、回火防止器、氧气瓶、减压器和焊炬等（图 6－14）。

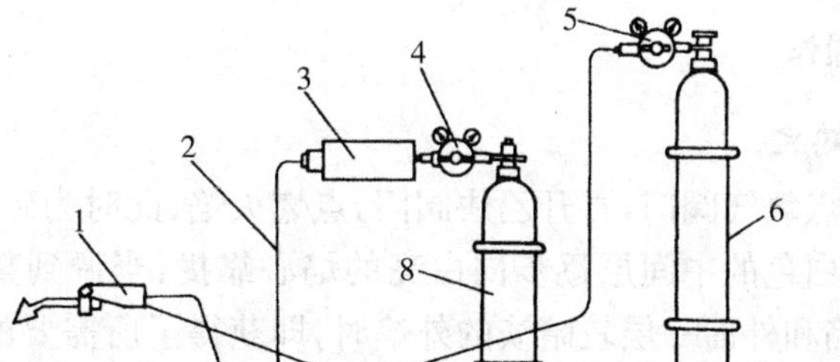

图 6－14　氧-乙炔焊设备

1—焊炬；2—乙炔胶管（红色）；3—回火防止器；4—乙炔减压阀；

5—氧气减压阀；6—氧气瓶；7—氧气胶管（黑色）；8—乙炔瓶

1. 乙炔瓶

乙炔瓶外壳为无缝钢瓶，涂白色，用红漆写上“乙炔”字样，内装多孔性填充物，如活性炭、木屑、硅藻土等，用以提高安全储存力，并注入丙酮，以溶解乙炔。使用时随着气体的消耗,溶入丙酮的乙炔不断逸出,压力下降,最后只剩下丙酮可供再次灌气时用。

2. 回火防止器

在进行气焊或气割时,由于气体压力不正常或焊嘴堵塞、焊嘴过热等原因,会使火焰向焊炬内倒燃,即“回火”。若火焰顺皮管烧到乙炔瓶,就会引起严重的爆炸事故,所以必须在输出管路上装置防止回火的安全装置,即回火防止器。

3. 氧气瓶

氧气瓶是贮存和运输高压氧气的钢质高压容器,外表涂天蓝色,并写上黑色“氧气”字样,容积一般为40L,储气的最大压力为14.7MPa(150kgf/cm^2),橡皮管采用黑色。注意:氧气瓶不许沾染油污,更不许暴晒、火烤及敲打,以防爆炸。

4. 减压阀

减压阀是用来将氧气瓶(或乙炔瓶)中的高压氧(或乙炔)降低到焊炬需要的工作压力、并保持焊接过程中压力基本稳定的仪表。

5. 焊炬

焊炬,又称焊枪,外形如图6-15所示,其作用是使氧气和乙炔按比例均匀地混合,以形成适合焊接要求的稳定燃烧火焰。

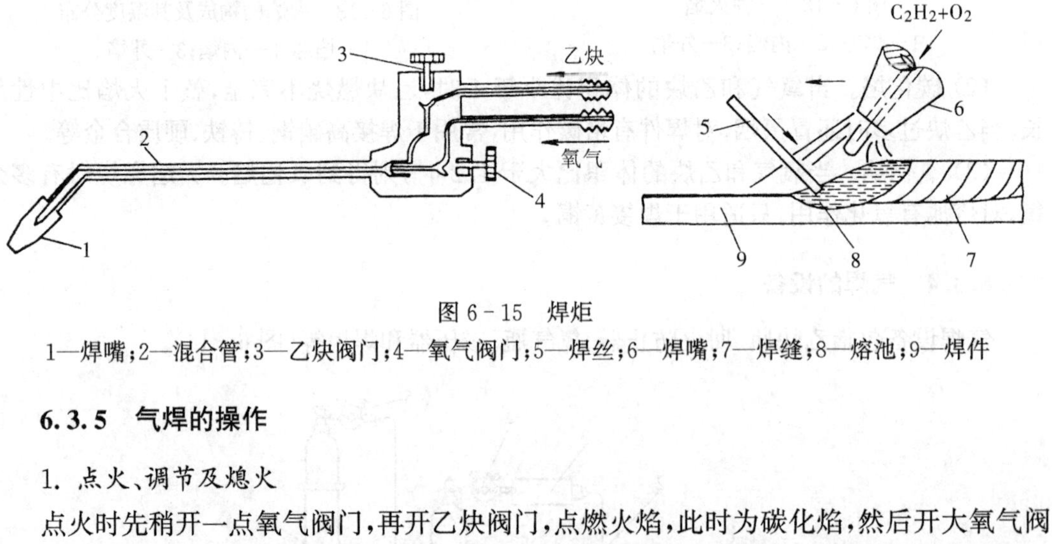

图6-15 焊炬

1—焊嘴;2—混合管;3—乙炔阀门;4—氧气阀门;5—焊丝;6—焊嘴;7—焊缝;8—熔池;9—焊件

6.3.5 气焊的操作

1. 点火、调节及熄火

点火时先稍开一点氧气阀门,再开乙炔阀门,点燃火焰,此时为碳化焰,然后开大氧气阀门,火焰开始变短,淡白色的中间层逐步向白亮的焰心靠拢,当调到整个火焰只剩下中间白亮的焰心、明亮的内焰和外面一层较暗淡的外焰时,即获得了所需要的中性焰。熄火时先关乙炔阀门,后关氧气阀门。在点火过程中,若有放炮声或火焰熄灭,应立即减少氧气或放掉不纯的乙炔,再点火。

2. 平焊操作技术

气焊一般用右手握焊炬,左手拿焊丝,两手相互配合沿焊缝从右向左焊接。气焊时先对焊缝始端加热,由于此时工件温度较低,焊炬的角度应大些(80°~90°),以利于预热,当焊件熔化并形成熔池时,再加入焊丝并向前移动焊炬,火焰与焊件表面应有适当的角度,如图6-16所示。工件材料薄时倾角要小,厚时倾角要大。操作时还应保持焰心离熔池液面3~5mm。为了获得整齐的焊缝,熔池的形状应保持不变,当焊到焊缝终点时,由于温度高,散热条件差，应减小焊炬与工件的倾角，同时加快焊接速度，填满熔池，沿火焰方向缓慢离开熔池。

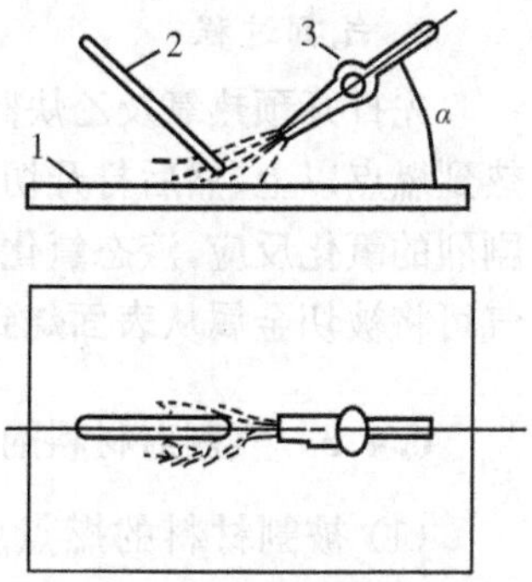

图 6-16　焊炬角度
1—工件；2—焊丝；3—焊炬

6.3.6　气焊安全注意事项

(1) 注意识别和保护好气焊系统的颜色标志，以免不同的气体相互混淆。

(2) 氧气瓶、乙炔瓶严禁用火烤，在搬运、装卸、使用时应保持直立和平稳。两者不能放在一起，应保持5m以上距离。

(3) 遇到回火时，马上关掉乙炔阀门，然后找出原因，采取解决措施。

6.4　氧 气 切 割

金属切割除机械切割外，常用的还有氧气切割、等离子切割等多种方法。本节仅介绍氧气切割。氧气切割简称为气割。

6.4.1　气割原理

气割是利用氧-乙炔焰将被切金属预热到燃点，再用高压氧射流，使金属在纯氧中剧烈燃烧并放热，借助氧射流的压力将切割处形成的氧化物吹走，形成平整的切口(图 6-17)。

气割与气焊是本质不同的两个过程，气焊是熔化金属，气割则是金属在纯氧中燃烧。

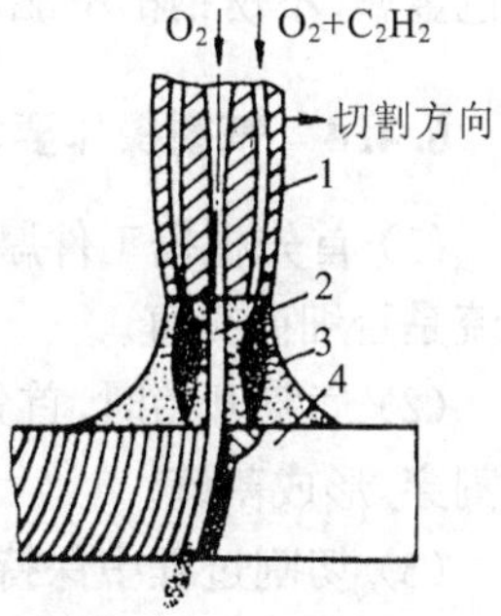

图 6-17　气割示意图
1—割嘴；2—气割氧射流；3—预热焰；4—割件

6.4.2　气割过程

1. 割炬构造(图 6-18)

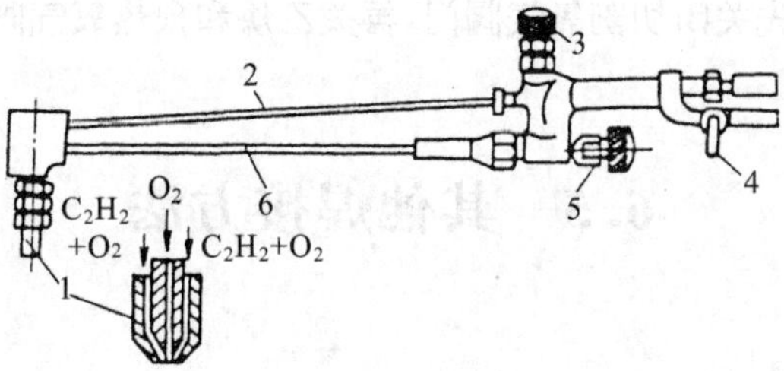

图 6-18　气割割炬
1—割嘴；2—切割氧气管；3—切割氧阀门；4—乙炔阀门；5—预热焰氧气阀门；6—混合气体管

割炬比焊炬多一根切割氧气管和一个切割氧阀门，割嘴的出口处有两条通道，周围一圈是乙炔和氧气的混合气体出口，中间通道为切割氧出口，两者互不相通。

2. 气割过程

先打开预热氧及乙炔阀门,点燃预热火焰,将火焰调成中性焰,将工件割口的起始处加热到燃点以上,然后打开切割氧气阀门,割炬中心放出的高压氧与高温工件接触,立即产生剧烈的氧化反应,液态氧化物迅速被氧气流吹走;而下一层又与氧接触,继续燃烧,因此,氧气可将被切金属从表面烧到深层以至穿透,随着割炬向前移动使工件形成一道切口。

6.4.3 气割对材料的要求

(1) 被割材料的燃点应低于熔点,以保证燃烧在固态下进行,否则无法形成整齐的切口。

(2) 燃烧形成的金属氧化物的熔点应低于金属本身的熔点,当燃烧形成的氧化物呈液态被吹走时,切口处金属尚未熔化。

(3) 金属燃烧时放出的热量应足以预热周围的金属,使切口处金属的温度能维持在燃点以上,使切割过程得以延续进行。

常用金属中,只有钢材是容易气割的,应用最多的是低碳钢和低合金钢的气割。铸铁、有色金属、不锈钢都不能用气割。

6.4.4 气割操作要领

(1) 首先根据工件厚度选择适当的氧气压力和割嘴,用中性焰作为预热火焰,检查纯氧射流是否细而挺直。

(2) 气割开始时,首先将割件边缘加热至金属燃点温度,同时慢慢开启氧阀门,工件即被割穿,形成割缝。

(3) 切割过程中保持割嘴与工件的间距,距离一般以 3～5mm 为宜,在整个气割过程中要均匀,不可过快,以免金属板割不穿而氧化金属往上溅,导致回火现象产生(如遇回火应立即关闭乙炔阀门)。

(4) 气割临近终点时,割嘴应沿切割方向略向后倾斜一些,以利工件下部提前割透,保证收尾时割缝质量。

(5) 气割结束时应先关闭切割氧气阀门,再关乙炔和预热氧气阀门。

6.5 其他焊接方法

6.5.1 埋弧自动焊

埋弧焊是一种电弧在焊剂层下面进行焊接的熔化焊焊接方法,如图 6-19 所示。当电弧被引燃以后,电弧热将焊件、焊丝和焊剂熔化,形成熔池,熔化的熔剂呈熔渣浮在熔池上保护熔池。待焊缝凝固后,焊渣形成渣壳。

埋弧焊有半自动焊和自动焊两大类,通常所说的埋弧焊均指后者。埋弧自动焊的焊接参数可以自动调节,是一种高效率的焊接方法。埋弧焊可以采用大的焊接电流,熔深大,不开坡口一次可焊透 20～25mm 的钢板;埋弧焊焊接接头质量高,成型美观,力学性能好,适合于中、厚板的焊接；埋弧焊可焊接的钢种包括碳素结构钢、低合金钢、不锈钢、耐热钢和复合钢材等。埋弧焊在造船、锅炉、化工设备、桥梁及冶金设备制造中获得广泛应用。但是，埋弧焊只适用于平焊位置对接和角接的平、直、长焊缝或较大直径的环焊缝。

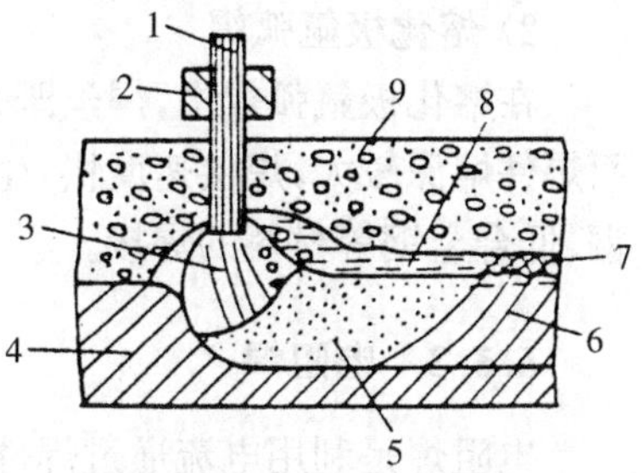

图 6-19 埋弧焊焊缝形成过程

1—焊丝；2—导电嘴；3—电弧；4—焊件；5—熔池；6—焊缝金属；7—渣壳；8—熔渣；9—焊剂

6.5.2 气体保护焊

气体保护焊是用某种气体来保护焊接熔池的一种电弧焊。常用的保护气体有氩气、氮气、氦气、二氧化碳等。生产中常见的有氩弧焊和二氧化碳气体保护焊等。本节仅简单介绍氩弧焊。

1. 氩弧焊的特点

(1) 氩气保护效果良好，电弧稳定，金属飞溅很小，焊缝成型好，故特别适合焊接化学性质比较活泼的金属及其合金，如铝、镁、钛、铜及其合金和奥氏体不锈钢。

(2) 由于电弧受到氩气流的压缩和冷却作用，电弧热量集中，故热影响区、焊缝应力和变形都较小，因此，可焊的材料范围广，几乎所有的金属材料都可以进行氩弧焊。因氩气价格高，焊接成本大，故一般只用于有色金属、不锈钢和高强度钢等重要结构的焊接。

(3) 焊接过程简单，容易实现焊接机械化和自动化。

2. 氩弧焊的分类和应用

氩弧焊按所用电极的不同，可分为熔化极氩弧焊和非熔化极氩弧焊两种。

1) 非熔化极氩弧焊

非熔化极氩弧焊是用钨-铈的合金棒作电极，又称钨极氩弧焊(图 6-20)。在钨极氩弧焊中，电极不熔化，只起导电和产生电弧的作用，还要另加填充材料。钨极氩弧焊由于氩气的保护作用，焊接过程稳定，更适合于易氧化金属、不锈钢、高温合金、钛及钛合金以及难熔金属(如钼、铌、锆等)材料的焊接。

由于钨极的载流能力有限，电弧的功率受到一定的限制，所以焊缝的熔深较浅、焊接速度较慢。钨极氩弧焊一般仅使用于焊接厚度小于 2 毫米的焊件。

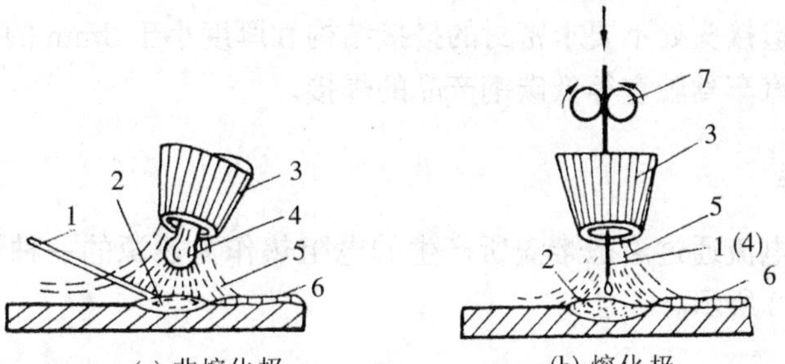

(a) 非熔化极　　(b) 熔化极

图 6-20 氩弧焊示意图

1—填充焊丝；2—熔池；3—喷嘴；4—钨极；5—氩气；6—焊缝；7—送丝滚轮

2) 熔化极氩弧焊

在熔化极氩弧焊中，焊丝既是电极，又是填充金属。熔化极氩弧焊允许采用大电流，因而焊件熔深较大，焊接速度快，生产率高，变形小。它常用于铝及铝合金、铜及铜合金、不锈钢、低合金钢等材料的焊接。

6.5.3 电阻焊

电阻焊是利用电流通过焊件接触处产生的电阻热，使金属焊件加热到塑性或熔融状态，然后施加一定的压力使其焊接起来的方法。

1. 电阻焊的特点

电阻焊的优点是：

(1) 由于加热时间短，热量集中，故热影响区较小，焊接应力与变形也小；

(2) 电阻焊不需要焊丝、焊条等填充金属，焊接成本低；

(3) 操作简单，易于机械化、自动化，生产率高。

但电阻焊的设备一般较熔化焊复杂，耗电量大，适用的接头型式与可焊工件的厚度(或断面)都受到限制。

2. 点焊

电阻焊有四种类型：点焊、凸焊、缝焊和对焊。本节只介绍点焊。

1) 点焊的原理(图 6-21)

点焊是用两个柱状电极在焊件上加上一定压力，然后通以大电流，工件的接触面间因电阻热的作用局部熔化，断电冷凝后即形成一个焊点。

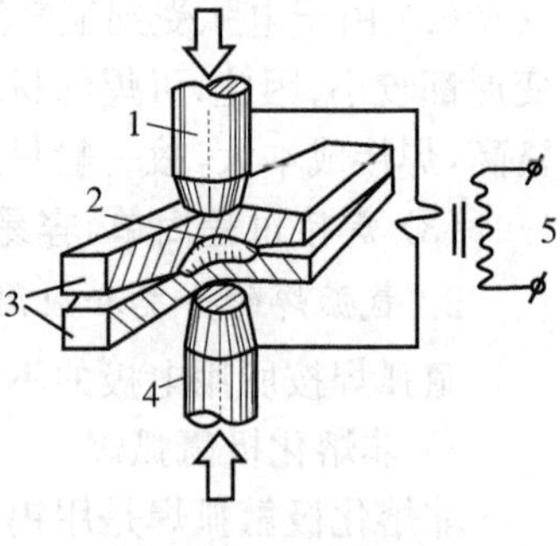

图 6-21 点焊原理

1—上电极；2—焊点；3—工件；4—下电极；5—电源

2) 点焊机的特点

(1) 电源变压器是一台降压变压器，其特点是低电压(只有几十伏)，而电流很大(数千至数万安培)。因变压器和导电系统要通过很大的电流，故大多是空心结构，并通水冷却。

(2) 上、下电极和电极臂既要传递压力又要导电，所以用铜合金制作。

3) 点焊的应用

点焊适用于制造接头处不要求密封的搭接结构和厚度小于 3mm 的冲压、轧制的薄板构件。它广泛用于如汽车驾驶室等低碳钢产品的焊接。

6.5.4 电渣焊

电渣焊是利用电流通过液态熔渣所产生的电阻热作为热源的一种熔焊方法，其分类及焊接过程如图 6-22 所示。

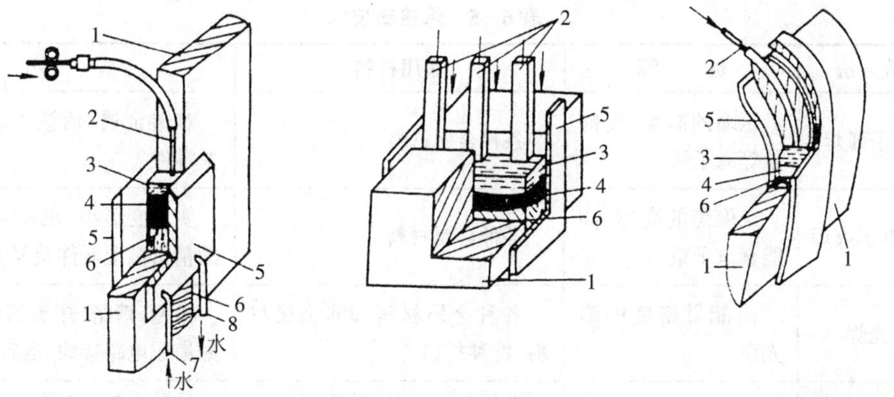

图 6-22 电渣焊

1—工件；2—焊丝；3—渣池；4—熔池；5 水冷铜滑块；
6—凝固金属；7、8—冷却水管

6.5.5 钎焊

钎焊是焊接时母材不熔化，填充材料（钎料）熔化，液态钎料湿润工件，并依靠毛细管作用吸入和保持在焊接接头的间隙内，通过与母材之间相互扩散形成金属结合的焊接方法。

根据钎料熔点的不同，钎焊分为软钎焊和硬钎焊两大类。

1. 软钎焊

钎料的熔点低于 450℃，叫做软钎料。使用软钎料进行的钎焊，称为软钎焊。常用的钎料是以锡铅为主的合金。钎焊时为消除钎料、焊件表面的氧化物，并保护钎料不氧化，还需加上钎剂（焊剂）。常用的钎剂有松香、氯化锌溶液等。钎焊前，应将焊件表面的油污、氧化物等除掉，或用 10%盐酸水溶液净化，然后加热熔化钎料，同时添加钎剂进行焊接。

软钎焊用于薄板容器及电器零件的焊接。

2. 硬钎焊

钎料的熔点高于 450℃，叫作硬钎料。使用硬钎料进行的钎焊，称为硬钎焊，如铜焊、银焊等。常用的硬钎料有铜锌合金、铜银合金等。钎剂有硼砂、硼酸或氯化物、氟化物等。钎焊时，一般用氧-乙炔加热，也可用空气炉加热、感应加热等方法进行焊接。

硬钎焊主要用于刀具及仪表零件的焊接。

6.5.6 焊接新技术

随着工业和科学技术的发展，焊接技术也不断进步，表 6-5 列出了一些焊接新技术。

表 6-5　焊接新技术

焊接方法	热　源	适用材料	应　用
等离子弧焊	压缩的高温、高能量等离子弧	各种金属材料	难熔金属、活泼性金属、薄壁零件
真空电子束焊	经聚焦的高速、高能量电子束	各种金属材料	要求变形小、在真空下使用的精密微型器件及厚大焊件
激光焊	高能量密度的激光束	各种金属材料和非金属材料、特种材料	微型、精密、热敏感的焊件，如集成电路接线、电容器
摩擦焊	机械摩擦热并加压力	碳钢、合金钢、不锈钢，铜、铝及其合金等塑性较好的材料	异种金属，如铜-不锈钢、碳钢-铝，截面尺寸相差悬殊的焊件
扩散焊	高温下焊件原子之间互相扩散并加压	金属材料和非金属材料	异种金属、陶瓷与金属的焊接、复合材料的制造
超声波焊	超声波高频振荡的摩擦热能并加压	各种金属和非金属材料	异种金属、厚薄悬殊的焊件

习 题 六

1. 思考题

(1) 题图 6-1 所示，曲线 1 为电焊机的输出电压；曲线 2 为弧长 4～5mm 时的电弧静特性，则你在：

① 引弧时的引弧电压是多少？电流是多少？在曲线上哪一点？

② 电弧稳定燃烧时的电压和电流各多大？在曲线上哪一点？

③ 当你把焊条黏在工件上时，这一瞬间的电流和电压又是多大？在曲线上哪一点？

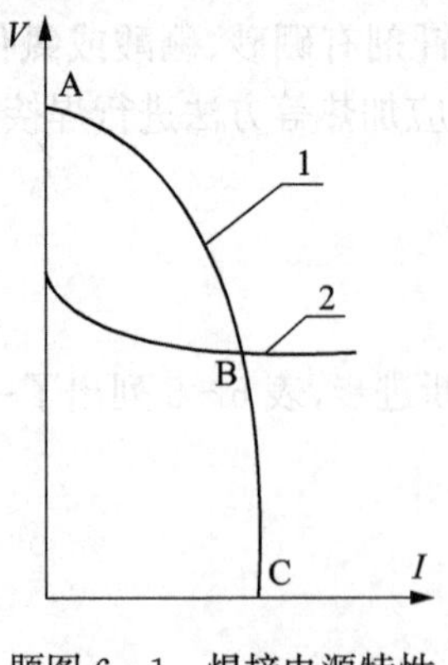

题图 6-1　焊接电源特性

1—焊接电源外特性曲线　2—焊接电弧静特性曲线

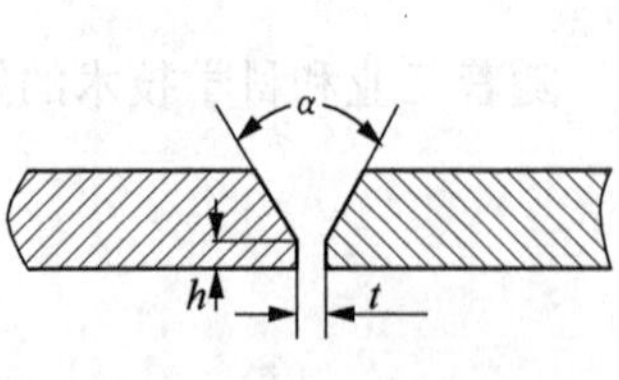

题图 6-2　焊接接头

(2) 题图 6-2 所示是常用的焊接接头,试说明:

① 它是何种型式接头?

② 何种型式坡口?

③ $\angle\alpha$ 是什么角?名称和功用是什么?

④ h 和 t 的名称和功用是什么?

⑤ 为什么要这样进行焊前加工?

⑥ 除了这样形式的接头外,还有什么形式的接头?绘图说明之。

(3) 试叙述一下手工电弧焊的操作过程。

① 接通电源前,应完成哪些操作?

② 引弧方法是什么?不能起弧的原因何在?黏条怎么办?

③ 运条方法是什么?如何掌握好"三度"?

④ 如何接弧?

⑤ 如何收弧?

(4) 你是怎样清理焊渣的?为什么?

(5) 外观检查时,能直接观察到的焊缝缺陷有哪些?为什么会造成这些缺陷?

(6) 氧气瓶上有没有焊缝?为什么要进行气密性检查和水压检查?

(7) 为什么气体—氧气切割常用在低碳钢和低合金钢的切割上,而不能用于不锈钢、有色金属和铸铁?什么原因?

(8) 为什么埋弧自动焊可采用大电流、大熔深,能焊透 25mm 厚板且不用开坡口,还可焊不锈钢、耐热钢等材料?

(9) 你用过钎焊吗?家里的电饭锅修理过吗?用哪种焊料、焊剂修理的?车工实习时的硬质合金焊接车刀是用哪种钎焊焊刀头的?为什么?

2. 判断题

(1) 无论是气焊或电弧焊,焊条金属的熔滴是依靠本身的重力过渡到熔池内的。 (　　)

(2) 焊接电弧的热量与焊接电压和电流大小成正比,所以焊厚板选用粗焊条、高电压。 (　　)

(3) 用直流电焊机焊接厚板时,应选用反接法,以保证熔深和焊透。 (　　)

(4) 无论是直流电焊机还是交流电焊机,其输出电压都应具有陡降的特性。 (　　)

(5) 交流电弧焊机又称交流变压器,它将外接电网的交流电转变为适宜于电焊的电源。 (　　)

(6) 碱性低氢焊条适用于高强度的重要结构。 (　　)

(7) 由于瓶装氧气的压力达 150atm,远比焊接用气的压力高得多,所以氧气必须用减压阀,而乙炔气就不要用减压阀。 (　　)

(8) 气焊时,点火的步骤是先开氧气,再开乙炔;熄火时,先关乙炔,再关氧气。 (　　)

(9) 气焊时,凡遇到回火现象,须立即关闭乙炔阀门,排除故障后,重新点火。 (　　)

(10) 氧瓶漆成天蓝色,写上黑漆"氧气"两字;乙炔瓶漆白色,写上红色"乙炔"两字。两者可混在一起放置。 (　　)

(11) 气焊和气割,本质上都是使金属在混合气中熔化的过程。 (　　)

3. 填空题

(1) ________是通过局部________或________,并填充材料,藉________和________,使分开的两块材料,牢固地连接起来的工艺方法。

(2) 手工电弧焊是利用________与________间的________,使________与________熔融在一起,而形成牢固连接的手工操作方法。它适用于各种________和________型式,而被广泛使用。

(3) 焊接电弧是________与电焊条(Electrode)间________中持久而有力的________现象.手工电弧焊的电焊条是带有________(Coated electrode);氩弧焊的电极是________(Tungsten electrode);埋弧自动焊的电极是________(Metal wire)。

(4) 电弧焊时,引弧电压就是电焊机的________;而电弧电压则是________时的电压。

(5) 根据焊缝所处的空间位置,可分为________、________、________和________,其中________操作方便,易保证质量。

(6) 交流弧焊机的型号BX1－400,其中B表示________,X为________,1为________式,以改变________的大小,400为________的________数。

(7) 直流弧焊机的型号ZXG－500,其中Z表示________,X为________,G为________式,500为________的________数。

(8) 逆变式电焊机是把________整流成________后,又转变为________交流电,再经________成________后,输出所需的________。

(9) ________是用________和________混合燃烧的________,进行________的焊接方法.主要用于________和________,以及________的补焊等。

(10) 常用的氧-炔焰,当$O_2:C_2H_2=$________时,产生________焰,其焰心前端附近的温度达________℃,常用于焊接________、________、________、________等及其________。

(11) 当$O_2:C_2H_2<$________时,形成________焰,火焰长而散,有________作用,常用于________、________和________等的焊接。

(12) 当$O_2:C_2H_2>$________时,形成________焰,火焰短而亮,带有________作用,常用于焊接________。

(13) 切割钢材时,除了机械切割外,还有水切割、________、________等工艺方法。

(14) 氩弧焊是以惰性气体________来保护焊接________的一种电弧焊。由于电弧受________的________、________作用,所以________、________和________小,且电弧________,金属飞溅________,焊缝成型________,而适用于________和________等重要焊接结构。其中________氩弧焊由于________小,只适用于板厚________的焊件;________氩弧焊由于________大,可以用板厚________的焊件。

(15) 点焊是________的一种,它是依靠焊件焊接结点上的局部________,使之塑性化或熔化,再________而形成焊点的一种焊接方法,常用于________以下的________板结构上。

(16) 电焊条的药皮由________和各种________组成,其主要作用为________、________、________、________等。

4. 选择题

(1) 电焊条金属芯的作用是(　　)。

1. 导电；　　2. 填敷焊缝金属；　　3. 既导电又填充焊缝金属。

(2) 国标(GB)规定了焊条型号,如 E4303,其中 0 表示焊接位置适用于(　　)。

1. 全位置焊；　　2. 平焊；　　3. 立焊；　　4. 仰焊。

(3) J422 表示用于(　　)的焊条牌号,焊缝金属的抗拉强度≥(　　)的(　　)焊条。

1.1　碳钢；　　1.2　结构钢；　　1.3　不锈钢；

2.1　42kg/mm^2；　　2.2　422kg/mm^2；

3.1　碱性；　　3.2　酸性

(4) J507 表示用于(　　)的焊条牌号,焊缝金属的抗拉强度≥(　　)的(　　)焊条,适用于(　　)电源。

1.1　结构钢；　　1.2　碳钢；　　1.3　合金钢；

2.1　50kg/mm^2　　2.2　507kg/mm^2；

3.1　碱性；　　3.2　酸性；

4.1　交流；　　4.2　直流；　　4.3　交直流两用

(5) 电焊条按其熔渣性质,可分为(　　)和(　　)焊条两种。

1. 韧性；　　2. 脆性；　　3. 酸性；　　4. 碱性。

(6) (　　)必须安装在(　　)管路上,以防气体压力过小时,火焰倒燃,形成(　　)现象,引起安全事故。

1.1　减压阀；　　1.2　回火防止器；

2.1　氧气；　　2.2　乙炔；

3.1　熄火；　　3.2　回火。

(7) (　　)焊条,可用在(　　)电源上,工艺性(　　),价(　　),焊缝金属韧性(　　),强度(　　),所以适用于(　　)结构的焊接。

1.1　碱性低氢；　　1.2　酸性；

2.1　交流；　　2.2　直流；　　2.3　交直流两用；

3.1　好；　　3.2　差；

4.1　贵；　　4.2　廉；

5.1　大；　　5.2　小；

6.1　低；　　6.2　高；

7.1　通用；　　7.2　重要

第7章　钳　工

7.1　概　述

7.1.1　钳工的重要性

钳工是以手工操作为主,使用各种工具来完成零件的加工、装配和修理等工作。虽然钳工劳动强度大,生产效率低,加工质量随机性大,但可以完成机械加工不便加工或难以完成的工作,如高精度零件的精密加工,机器设备的装配、调试、检测和维修等。因此,在机械制造和装配工作中,钳工仍是不可缺少的重要工种。

7.1.2　钳工的工作范围

钳工的基本操作包括:划线、錾削、锯割、锉削、刮削、研磨、钻孔、扩孔、铰孔、锪孔、攻螺纹、套螺纹、装配和修理等。由于钳工操作的范围广,钳工又可分为普通钳工、划线钳工、修理钳工、模具钳工、工具样板钳工等。

7.1.3　钳工常用设备

钳工常用设备有钳工工作台、台虎钳、砂轮机等。钳工工作台多用硬质木材或钢材制成,要求平稳牢固,台面高度800～900mm,台前应设有防护网。工具、量具与工件必须分类放置在规定位置上,如图 7-1 所示。

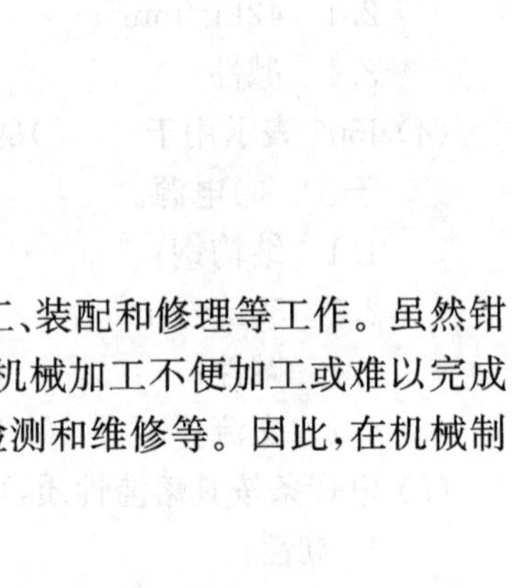

图 7-1　钳工工作台

台虎钳安装在工作台上,是夹持工件的主要工具,如图 7-2 所示。工件应尽量夹在钳口中部,以使钳口受力均匀;夹固工件时,转动虎钳手柄,切勿接长或敲击手柄,以免损坏虎钳;在夹持工件的已加工表面时,应采用软金属垫以保护工件表面。

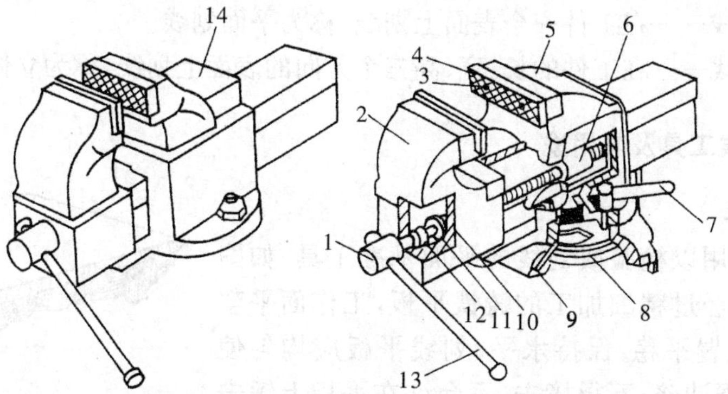

（a）固定式台虎钳　　（b）回转式台虎钳

图 7-2　台虎钳

1—丝杠；2—活动钳身；3—螺钉；4—钳口；5—固定钳身；6—螺母；7—手柄；8—夹紧盘；9—转座；10—销；11—挡圈；12—弹簧；13—手柄；14—砧板

7.2　划　　线

根据图样要求，用划线工具在毛坯或半成品工件上划出加工图形或加工界线的操作叫做划线。

7.2.1　划线的作用

(1) 明确地表示出加工余量、加工位置或划出加工位置的找正线，作为加工工件或装夹工件的依据。

(2) 通过划线来检查毛坯的形状和尺寸是否合乎要求，避免不合格的毛坯投入机械加工而造成浪费。

(3) 通过划线使加工余量合理分配(又称借料)，保证加工时不出或少出废品。

7.2.2　划线的种类

划线有平面划线和立体划线两种，如图 7-3 所示。

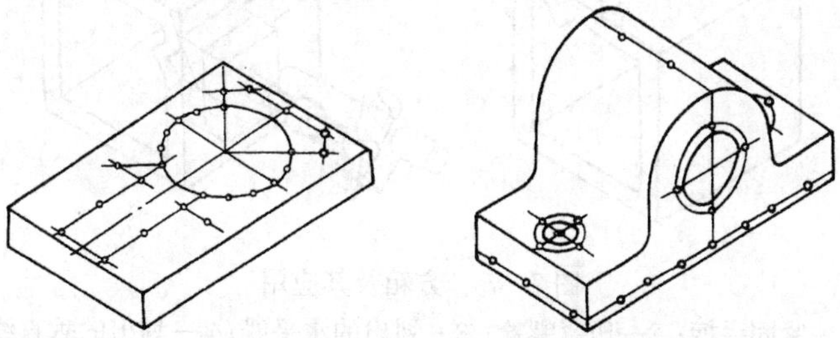

(a)平面划线　　（b）立体划线

图 7-3　平面划线和立体划线

(1) 平面划线——在工件一个表面上划线,称为平面划线。

(2) 立体划线——在工件的长、宽、高三个方向的表面上划线,称为立体划线。

7.2.3 划线工具及其用途

1. 划线平板

划线平板是用以检验或划线的平面基准工具,如图7-4所示。它是经过精细加工的铸铁平板,工作面平整光洁。平板要放置平稳,保持水平;划线平板应均匀使用,以免局部磨损凹陷;不得撞击,不允许在平板上锤击工件。

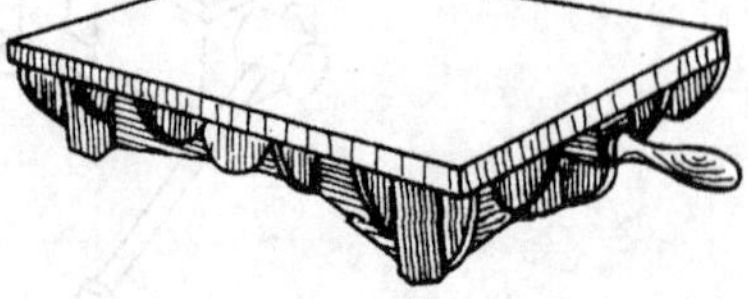

图 7-4 划线平板

2. 千斤顶和V形铁

千斤顶和V形铁都是用来支承工件的。平面用千斤顶来支承,圆柱面则用V形铁支承,如图7-5、图7-6所示。

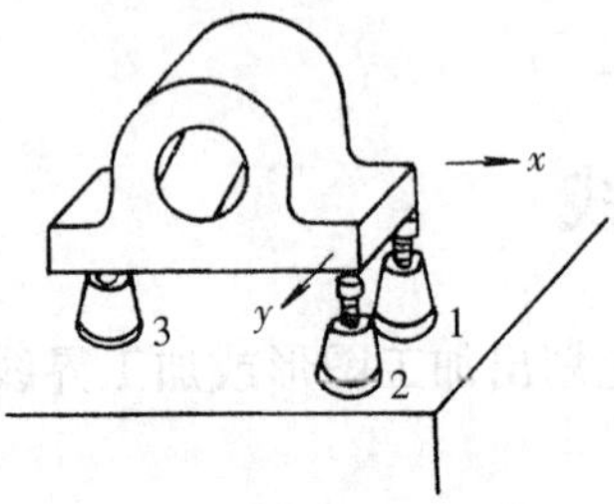

图 7-5 千斤顶支承工件

1,2,3—千斤顶

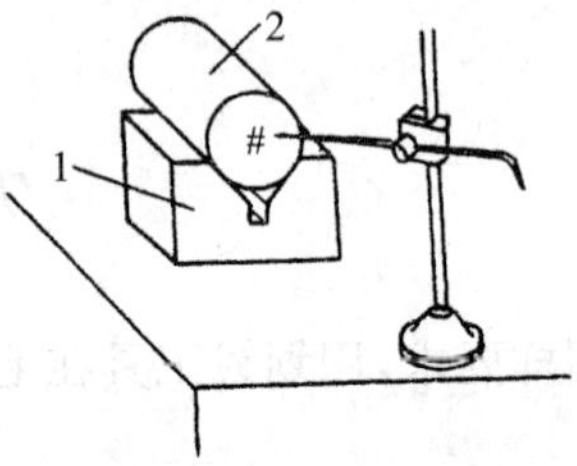

图 7-6 V形铁支承工件

1—V形铁; 2—工件

3. 划线方箱

划线方箱用来夹持较小的工件,方箱的六个面互相垂直,夹持工件后,通过在划线平板上翻转方箱,便可在工件各表面上划出相互垂直的线条,如图7-7所示。

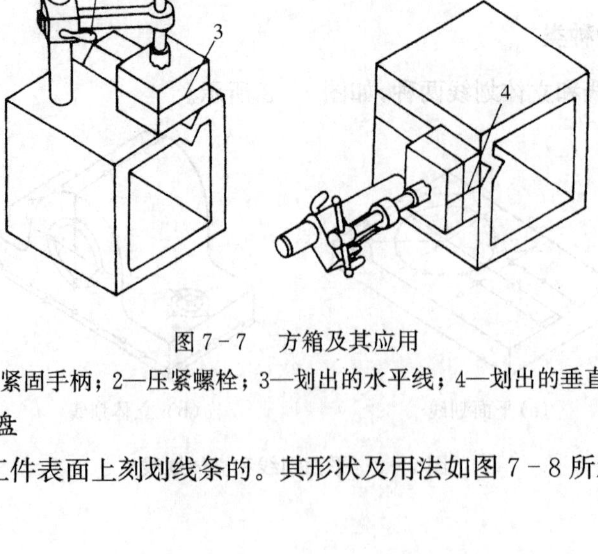

图 7-7 方箱及其应用

1—紧固手柄; 2—压紧螺栓; 3—划出的水平线; 4—划出的垂直线

4. 划针和划线盘

划针是用来在工件表面上刻划线条的。其形状及用法如图7-8所示。划线盘(又称划针盘)是带有划针的可调划线工具,如图 7-9 所示。主要以划线平板为基准进行立体划线和校正工件位置。

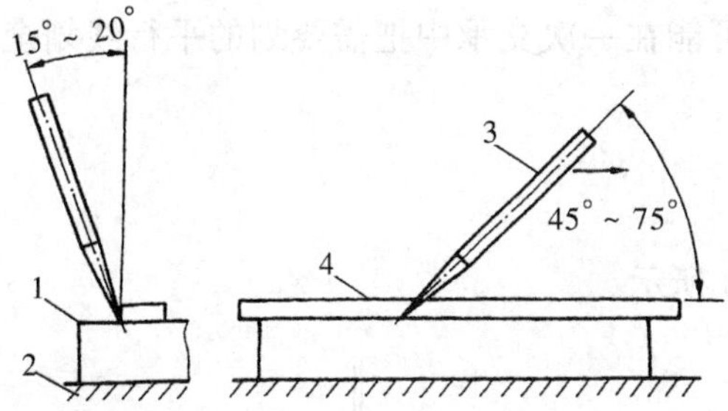

图 7-8 划针和划直线方法

1—工件;2—划线平板;3—划针;4—钢直尺

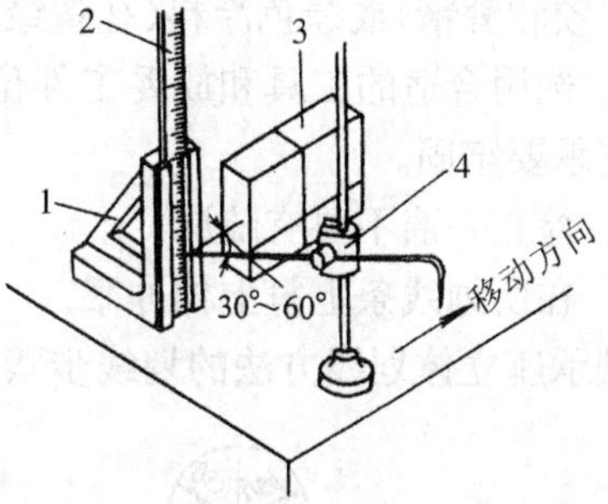

图 7-9 用划针盘划线

1—尺座;2—钢直尺;3—工件;4—划线盘

5. 划规和划卡

划规也是平面划线工具的一种,是用来划圆、量取尺寸和等分线段的,如图 7-10 所示。划卡(又称单脚规),是用来确定轴及孔的中心位置,也可用来划平行线,如图 7-11 所示。

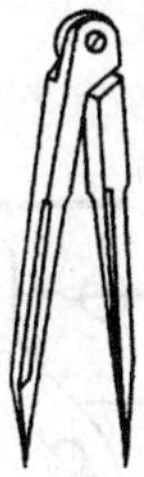

图 7-10 划规

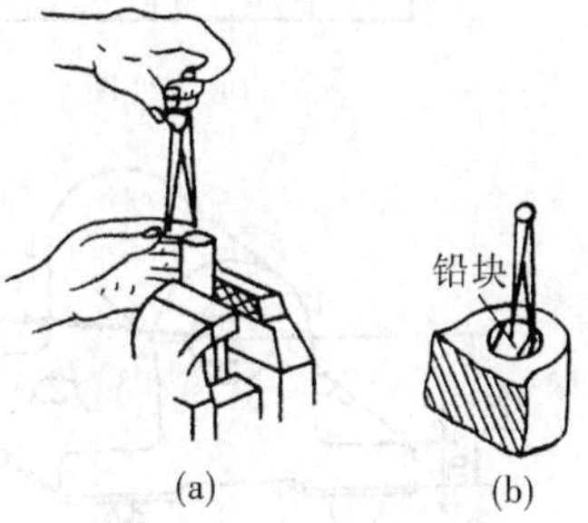

图 7-11 划卡及应用

6. 游标高度尺

游标高度尺是用游标读数的高度量尺,如图 7-12 所示。若划线精度要求较高时,可用游标高度尺直接划线。

7. 样冲

样冲是用来在工件上打出样冲眼的工具。为防止划出的线条被擦掉,在划好的线条上应用样冲打出均匀的样冲眼;为方便钻孔时钻头定位,在圆心上应打出样冲眼。

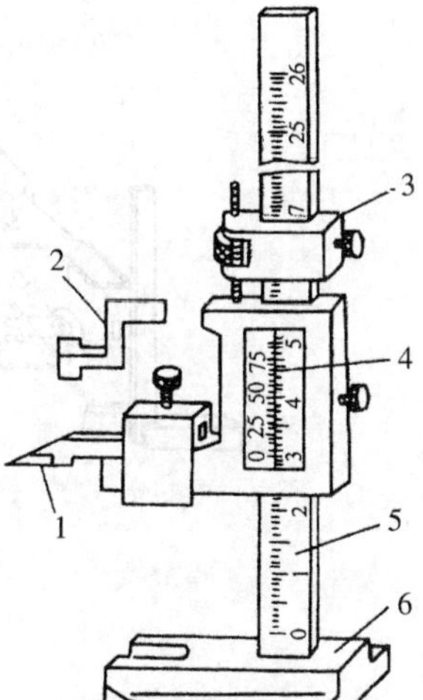

图 7-12 游标高度尺

1—划线量爪;2—测高量爪;3—辅助游框;4—游框;5—主尺;6—基座

7.2.4 划线步骤和注意事项

(1) 对照图纸,检查毛坯及半成品尺寸和质量,剔除不合格件,并了解工件上需要划线的部位和后续加工的工艺。

(2) 毛坯在划线前要去除残留型砂及氧化皮、毛刺、飞边等。

(3) 确定划线基准。如以孔为基准,则用木块或铅块堵孔,以便找出孔的圆心。确定基准时,尽量考虑让划线基准与设计基准一致。

(4) 划线表面涂上一层薄而均匀的涂料。毛坯用石灰水,已加工表面用紫色涂料(龙胆紫加虫胶和酒精)或绿色涂料(孔雀绿加虫胶和酒精)。

5. 选用合适的工具和放妥工件位置,并尽可能在一次支承中把需要划的平行线划全。工件支承要牢固。

6. 检查一遍不要有疏漏。

7. 在所划线条上打上样冲眼。

轴承座立体划线方法的划线步骤如图 7－13 所示。

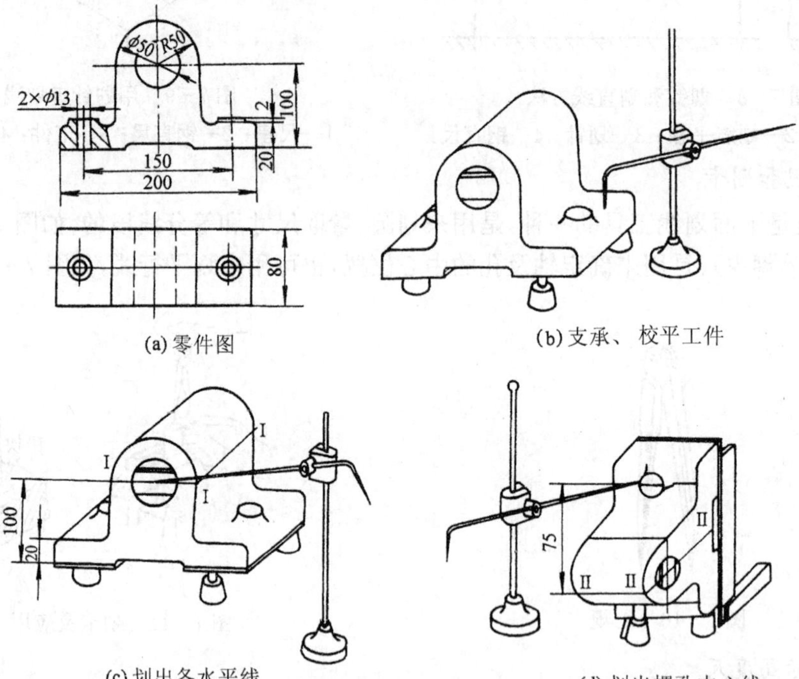

(a) 零件图　(b) 支承、校平工件

(c) 划出各水平线　(d) 划出螺孔中心线

(e) 划出两大端加工线　(f) 打样冲眼

图 7－13　立体划线示例

7.3 锉 削

用锉刀从工件表面锉掉多余的金属，使工件达到图纸上所需要的尺寸、形状和表面粗糙度，这种操作叫做锉削。锉削可以加工平面、曲面、内外圆弧面及其他复杂表面，也可用于成型样板、模具、型腔以及部件、机器装配时的工件修整等。锉削是钳工工作中主要操作方法之一。锉削的加工精度等级为IT8～IT7级，表面粗糙度等级为R_a 2.5～0.63μm。

7.3.1 锉刀

1. 锉刀的材料及构造

锉刀一般由碳素工具钢制造。锉刀是由锉刀面、锉刀边、锉刀柄等组成，如图7-14所示。

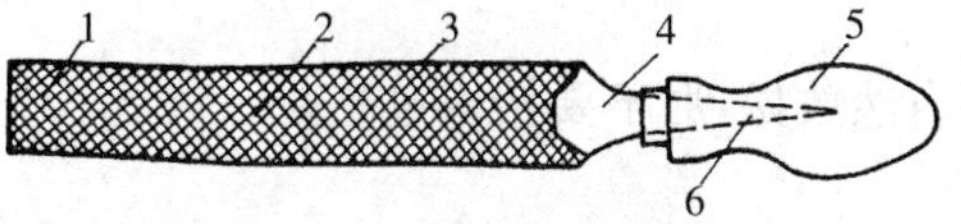

图7-14 锉刀的结构

1—锉齿；2—锉刀面；3—锉刀边；

4—锉刀尾；5—木柄；6—锉刀舌

2. 锉刀的种类和规格

锉刀按用途可分为普通锉、整形锉和特种锉三类。我们常用的是普通锉，它的规格一般以截面形状、锉刀长度、齿纹粗细来表示。

(1) 按截面形状可分为：平锉、方锉、圆锉、半圆锉、三角锉等五种。

(2) 按工作部分的长度可分为：100，150，200，250，300，350，400(mm)等七种。

(3) 按齿纹可分为：单齿纹锉刀和双齿纹锉刀。

(4) 按齿纹粗细可分为：粗齿、中齿、细齿和油光锉等。

7.3.2 锉刀的选用

锉削时，正确选用锉刀，可以提高加工质量，延长锉刀使用寿命，节约加工工时。因此，锉削前要对加工工件的技术要求进行分析。

(1) 根据工件加工面的大小和形状来选择锉刀的长度和截面形状。

(2) 根据工件材料的性质、加工余量、加工精度和表面粗糙度的要求等来选择锉齿的粗、中、细(如加工工件材料软、加工余量大、加工精度低、表面粗糙度要求不高时应选用粗齿)。

7.3.3 锉刀的保养

为了延长锉刀的使用寿命，必须遵守下列原则：

(1) 不准用新锉刀锉硬金属；

(2) 不准用锉刀锉淬硬材料;

(3) 有氧化皮或表面粘砂的材料要先去除氧化皮和砂粒后,才能用锉刀锉削;

(4) 锉削时,要经常用铜丝刷刷去锉齿上的锉屑;

(5) 锉削速度要慢,过快易磨损锉齿。

(6) 锉刀不能沾水沾油。

7.3.4 锉刀的操作

1. 锉刀的握法

较大平锉握法:右手掌心顶住锉刀柄,大拇指按在锉刀柄上部,其余手指满握刀柄,左手掌压在锉刀尖端(也可压稍后一点)。手指略收。左手肘与锉刀轴线约呈45°角。

中型锉刀握法:右手与握大锉刀同,左手几个手指捏住锉刀尖端。

小锉刀握法:右手可与握大、中锉刀相同,左手用几个手指压住锉刀面。

圆形、方形锉刀握法:右手与握平锉刀相同,也可将食指放在锉刀柄上面,左手几个手指捏刀尖。

注意:所有握法都要自然放松,肘不要抬得过高。

2. 锉削时的姿势

锉削姿势与使用锉刀的大小有关。

人的站立,身体与锉刀相交约45°,左脚距中线有一定的宽度。并与中线呈约25°～30°的夹角,右脚尖不要超过中线,与中线夹角约75°。

操作动态有两种不同姿势:

(1) 锉削时身体作往复运动,在粗加工时尤为明显。

(2) 锉削时,以腰为轴心作旋转运动,这种姿势较往复运动要省力。

3. 锉削的方法

(1) 顺锉法:锉刀运动方向与工件轴线平行。主要用来把锉纹锉顺,起锉光、锉平的作用。适合于锉削较小的平面。

(2) 交叉锉法:锉刀运动方向是交叉的,这样容易把表面锉平,锉削开始时可以用此法,适合于锉削较大的平面。

(3) 推锉法:将锉刀横过来使用,这样锉法用于修理平行面,改善工件表面粗糙度,但其切削量小,不宜多用。适合于平面的修光。推锉时,应选用中、细齿锉刀。

(4) 滚锉法:锉刀沿加工曲面作相对运动。主要用于锉削工件的内、外圆弧和倒角。

4. 运锉

(1) 锉削时力矩要平衡。

(2) 锉削速度要慢,约30～60次/min,速度过快,易使人疲劳,锉齿易磨损。

(3) 锉削时推出用力,返回不用力,回来时左手放松将锉刀轻轻带回。

7.4 钻 孔

7.4.1 钻孔的作用

用钻头在实体材料上加工孔的操作称为钻孔。属于孔的粗加工。钳工中的钻孔多用于装配和修理,也是攻螺纹前的预加工。钻孔的尺寸公差等级 IT11～IT12 级,表面粗糙度为 R_a50～12.5μm。

在钻床上钻孔时,工件固定不动,钻头要同时完成两个运动:

(1) 主运动:钻头绕轴心作顺时针旋转;

(2) 进给运动:钻头对工件作直线运动。

7.4.2 钻头

钻头是钻孔用的刀具。常见的孔加工刀具有麻花钻、中心钻、锪钻及深孔钻等,其中应用最广泛的是麻花钻。钻头大多用高速钢制成,并经淬火和回火处理。其工作部分硬度达 62HRC 以上。

钻头由工作部分、颈部、柄部组成,如图 7-15 所示。

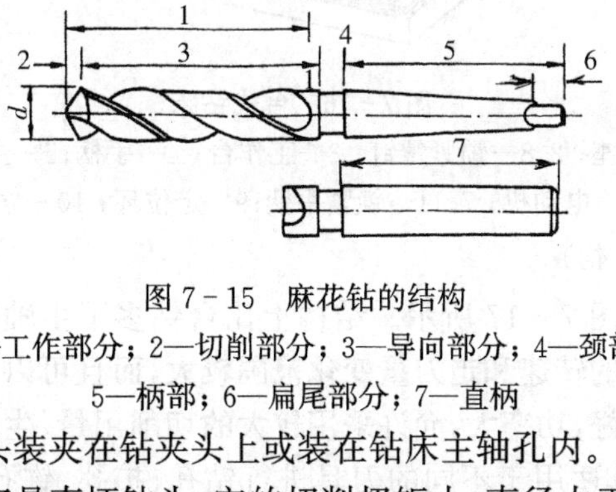

图 7-15 麻花钻的结构
1—工作部分;2—切削部分;3—导向部分;4—颈部;
5—柄部;6—扁尾部分;7—直柄

(1) 柄部:用来把钻头装夹在钻夹头上或装在钻床主轴孔内。钻头有直柄和锥柄之分。一般直径小于 13mm,大多是直柄钻头,它的切削扭矩小;直径大于 12mm 的大多为锥柄钻头,它的切削扭矩大。锥柄的扁尾是使钻头从主轴锥孔中退出时供楔铁敲击之用。

(2) 颈部:是柄部和工作部分的连接部分,刻有钻头的规格和商标。

(3) 工作部分:包括切削部分和导向部分。切削部分有横刃和两个主切削刃,起着主要切削作用;导向部分起着引导钻头的作用,导向部分由螺旋槽、刃带、齿背和钻心组成,钻头有两条螺旋槽其功能是形成切削刃和前角,并起着排屑和输送冷却液的作用。刃带是沿螺旋槽两条对称分布的窄带,切削时棱刃起修光孔壁的作用(也就是副切削刃)。钻头的直径靠近切削部分比靠近柄部要大些,每 100mm 长度内直径往柄部减小 0.03～0.12mm,这叫倒锥,目的是减小钻削时刃带与孔壁的摩擦发热。钻头的实心部分叫钻心,它用来连接两个刃瓣以保持钻头强度和刚度。

7.4.3 钻床

主要用钻头在工件上加工孔的机床称为钻床。钳工常用的钻床有台式、立式和摇臂钻床三种。

1. 台式钻床(简称台钻)

台钻由底座、工作台、立柱、主轴架、主轴、进给手柄等组成,如图 7－16 所示。工作时,主轴旋转是切削运动,主轴轴向移动为进给运动,进给运动为手动。台钻是一种放在工作台上使用的钻床,重量轻,移动方便,转速高,适合加工小型工件上直径小于 13mm 的孔。

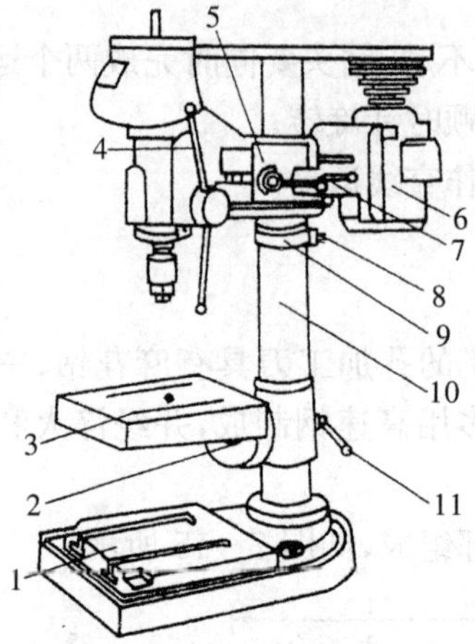

图 7－16 台式钻床

1—底座;2、8—锁紧螺钉;3—工作台;4—手柄;5—主轴架;6—电动机;7、11—锁紧手柄;9—定位环;10—立柱

2. 立式钻床(简称立钻)

立式钻床的组成,如图 7－17 所示。结构上比台钻多了主轴变速箱和进给箱,因此主轴的转速和走刀量变化范围较大,而且可以自动进刀。此外,立钻刚性好,功率大,允许采用较大的切削用量,生产率较高,加工精度也较高,适用于不同的刀具进行钻孔、扩孔、锪孔、铰孔和攻螺纹等加工。

由于立钻的主轴对于工作台的位置是固定的,加工时需要移动工件,对大型或多孔工件的加工十分不便,因此立钻适用于单件、小批量生产中加工中型工件。

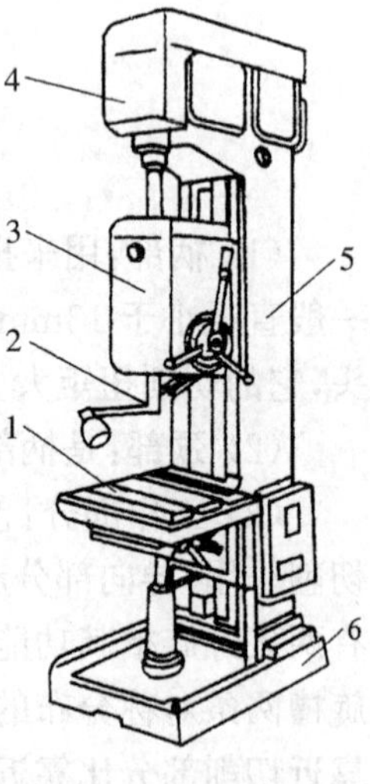

图 7－17 立式钻床

1—工作台;2—主轴;3—进给箱;4—变速箱;5—立柱;6—底座

3. 摇臂钻床

摇臂钻床如图 7－18 所示,其摇臂可绕立柱回转到所需位置后重新锁定,主轴箱带着主轴可在摇臂上水平移动,摇臂可沿着立柱作上下调整运动。它可以自动,也可以手动。加工时,利用其结构上的这些特点,可便捷地调整刀具位置,对准所加工孔的中心,而不要求移动工件,所以它适用于加工大型笨重件和多孔件,如热交换器的管板孔等。

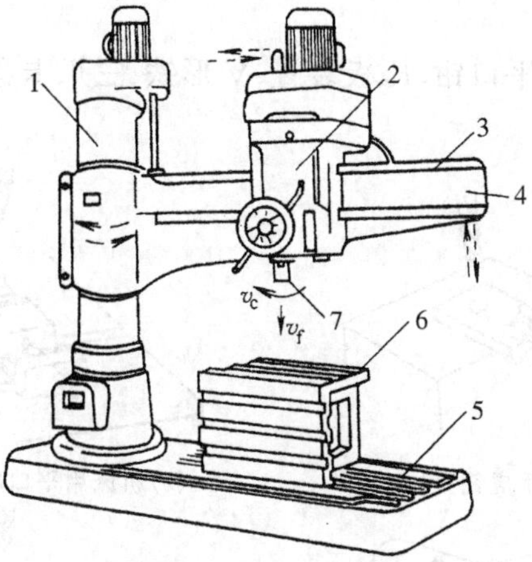

图7-18 摇臂钻床

1—立柱；2—主轴箱；3—水平导轨；4—摇臂；
5—底座；6—工作台；7—主轴

7.4.4 钻孔用夹具

1. 钻头的装夹

钻夹头：是装夹直柄钻头的夹具，可自动定中心，装卸时用钻夹头钥匙，如图7-19所示。

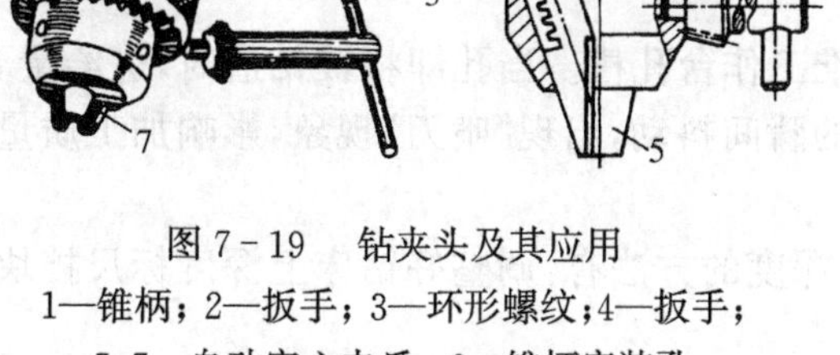

图7-19 钻夹头及其应用

1—锥柄；2—扳手；3—环形螺纹；4—扳手；
5、7—自动定心夹爪；6—锥柄安装孔

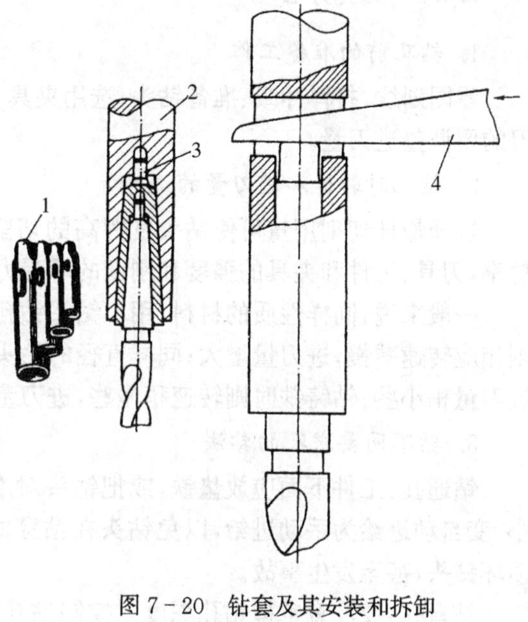

图7-20 钻套及其安装和拆卸

1—钻套；2—主轴；3—钻套；4—楔铁

钻套：是用来套装锥柄钻头的，根据莫氏锥号数，采用相应的钻套，拆卸钻头时用楔铁，如图7-20所示。

2. 夹持工件的夹具

工件的夹具有手虎钳、平口钳、压板装置、V形铁、三爪卡盘(加分度盘)、钻模等,如图7-21所示。

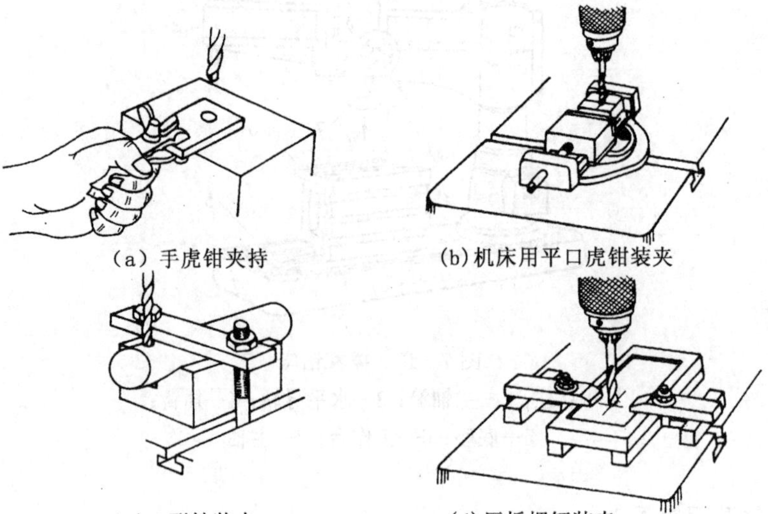

(a)手虎钳夹持 (b)机床用平口虎钳装夹

(c)V形铁装夹 (d)压板螺钉装夹

图7-21 工件的夹持方法

7.4.5 钻孔方法

1. 钻孔前的准备工作

看图划线、打样冲眼、准备钻头、选用夹具、准备冷却液、调整钻床主轴转速;如用自动进刀的要调整进刀量。

2. 钻孔时转速和进刀量的选择

选择最佳切削用量可使钻头发挥高的切削效果和高的生产效率,但也应考虑到机床的功率,刀具、工件和夹具的强度和刚度的承受力,否则会产生不良后果。

一般来说,同样性质的材料,用小钻头钻孔,转速要高些,进刀量要小些;用大钻头钻孔,则相应转速减慢,进刀量增大;同样直径的钻头钻不同性质的材料,如钻钢材时转速可快些,进刀量稍小些;钻铸铁时则转速稍慢些,进刀量增大些,因为铸铁比钢材组织疏松。

3. 钻不同要求孔的钻法

钻通孔:工件下面应放垫铁,或把钻头对准工作台孔槽。当孔即将被钻通时,进给量要小,变自动进给为手动进给,以免钻头在钻穿的瞬间抖动,出现“啃刀”现象,影响加工质量,损坏钻头,甚至发生事故。

钻盲孔:要注意掌握钻孔深度。控制钻孔深度的方法有:调整好钻床上深度标尺挡块;安置控制长度量具或用划线做记号。

钻深孔:要经常将钻头退出,及时排屑和冷却,否则易造成切屑堵塞或使钻头切削部分过热磨损、折断。

钻大直径孔:直径D超过30mm的孔应分两次钻。先用$(0.5\sim0.7)D$的钻头先钻,再用所需直径的钻头将孔扩大。这样,既利于钻头负荷分担,也有利于提高钻孔质量。

钻孔为粗加工,要求精度高时,还应后续进行扩孔、铰孔等工序。

7.4.6 钻孔的安全操作

(1) 钻孔时工件要夹紧;

(2) 钻孔时不准戴手套;

(3) 女同学要戴工作帽;

(4) 清理切屑不能用手去拉或用嘴吹,应用钩子或刷子清理,钻钢料时应加冷却液或润滑液;

(5) 钻孔时,工作台上不准放刀具、量具等物,夹紧或松开钻夹头应用钻钥匙,不准用手锤等物敲打;

(6) 调整转速,应先停机再调。

7.4.7 钻孔的废品分析

废品形式	产生原因
孔偏移	划线或样冲不准,刚钻偏时未及时借正孔位,工件装夹不紧而松动
孔歪斜	钻头与工件表面不垂直,进刀量太大使钻头弯曲,钻头两主切削刃角度不等
孔径扩大	钻头两主切削刃长度不等

7.5 锯 削

用手锯把材料或工件分割开,或在工件上开槽的操作称为锯削。

手锯具有方便、简单和灵活的特点。但锯削精度低,常需进一步加工。

7.5.1 手锯

手锯由锯弓和锯条两部分组成,其构造如图 7-22 所示。

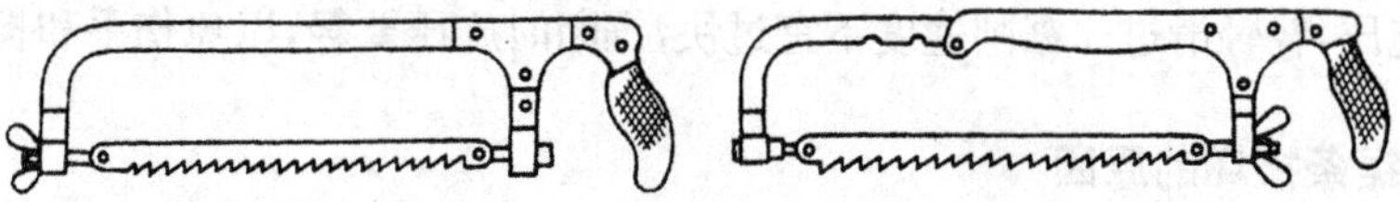

(a) 固定式手锯　　(b) 可调式手锯

图 7-22 手锯

1. 锯弓

是用来夹持和拉紧锯条的工具,有固定式和可调式两种。

2. 锯条的选用及安装

锯条由碳素工具钢(常用牌号 T12A)制成,热处理后其切削部分硬度达 62HRC 以上;两端装夹部分硬度低,韧性较好,装夹时不至于卡裂。

锯条规格以其两端安装孔间的距离表示,常用规格为 300mm(长)×12mm(宽)×0.8mm(厚)的锯条。切削部分均匀排列着锯齿,每一锯齿相当于一把割断刀(车刀),如图7-23所示。锯齿的排列形式有交错状和波浪形,如图 7-24 所示。使锯缝宽度大于锯条厚度,形成适当的锯路,以减小摩擦,锯削省力,排屑容易,从而能起有效的切削作用,提高切削效率。

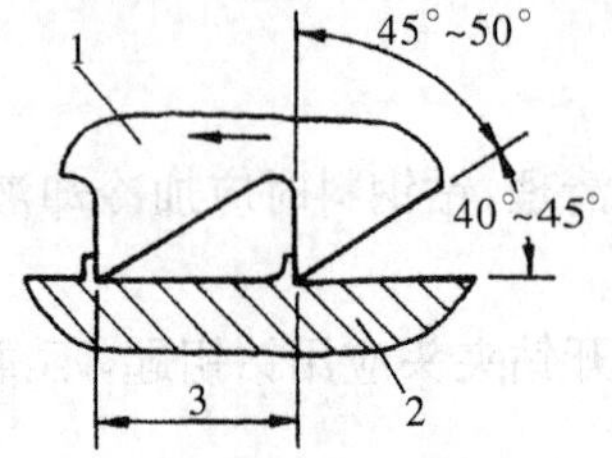

图 7-23 锯齿的形状

1—锯齿;2—工件;3—齿距

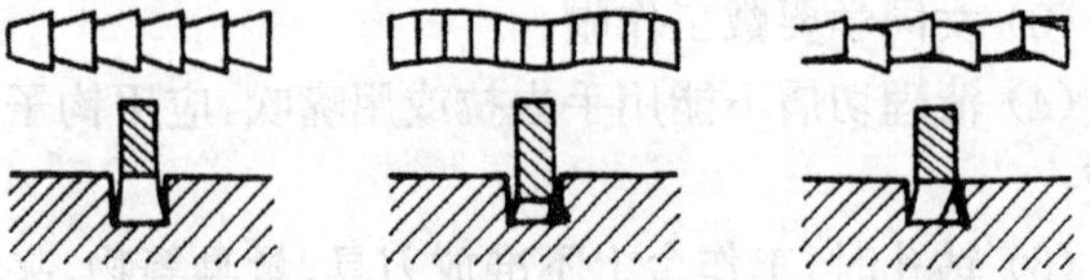

图 7-24 锯齿的排列

锯条齿距大小以 25mm 长度所含齿数多少分为粗齿、中齿、细齿三种。主要依据工件材料的硬度、厚薄来选用不同粗细的锯条。锯软材料或厚件时,容屑空间要大,应选用粗齿锯条;锯硬材料和薄件时,同时切削的齿数要多,而切削量少且均匀,为尽可能少崩齿和钝化,应选用中齿甚至细齿锯条。

锯条的安装,根据切削方向,装正锯条,向前推移时进行切削,故锯齿刃口应向前伸,然后旋紧锯条。

7.5.2 锯削操作

1. *手锯的握法*

右手握住手柄,左手虎口撑开,大拇指放在锯弓前端上方,其余四指勾住下端。

2. *工件的夹持*

工件被锯部位最好装夹在虎钳右侧,锯割线不应离钳口过远,工件应夹持稳定,夹紧力要适度,已加工面上须衬软金属垫,不可直接夹在钳口上。

3. *锯削方法*

起锯时,为了防止锯条滑动,应以左手拇指靠住锯条,起锯角度适当小些,起锯行程要短,施压要轻。切出锯口后,逐渐使锯条呈水平往复运动,施压加大,尽可能以锯条全长进行切削,回程后拉不施压,轻轻滑过。锯削速度不宜过快,锯断时施压要轻,以免伤手和折断锯条。

7.5.3 锯条损坏的原因

锯条损坏形式	产生原因
锯条崩齿	起锯角度过大,运弓歪扭
锯条折断	锯条装夹过紧或过松,工件未夹紧,强行纠正被锯歪的缝
锯条过快磨损	锯割速度过快

7.6 攻螺纹

用丝锥在工件的光孔内加工出内螺纹的方法，称为攻螺纹(又称攻丝)，如图 7 - 25 所示。

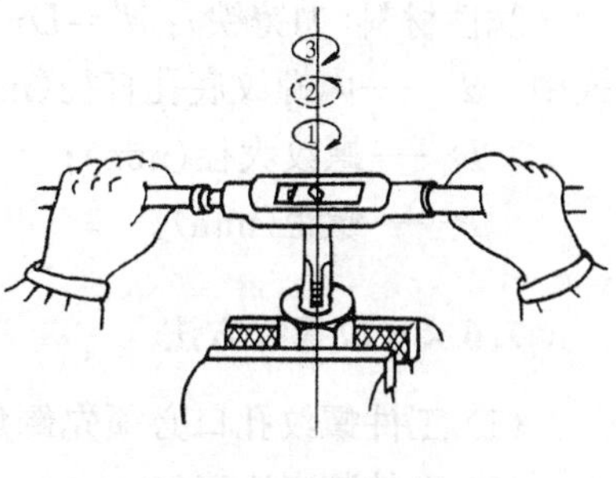

图 7 - 25 攻螺纹

7.6.1 丝锥

丝锥的结构如图 7 - 26 所示，它实际上是一段开槽的外螺纹。丝锥由工作部分(包括切削部分和校准部分)和柄部组成。

(1) 切削部分，是丝锥前端的圆锥部分，有锋利的切削刃，起主要切削作用。

(2) 校准部分，确定螺纹孔直径，修光螺纹，引导丝锥轴向运动。

(3) 出屑槽部分，有容纳切屑、排屑和形成刀刃的作用，常用的丝锥上有 3～4 条屑槽。

(4) 柄部，圆柱末端的方头用来供铰杠夹持和旋转用。

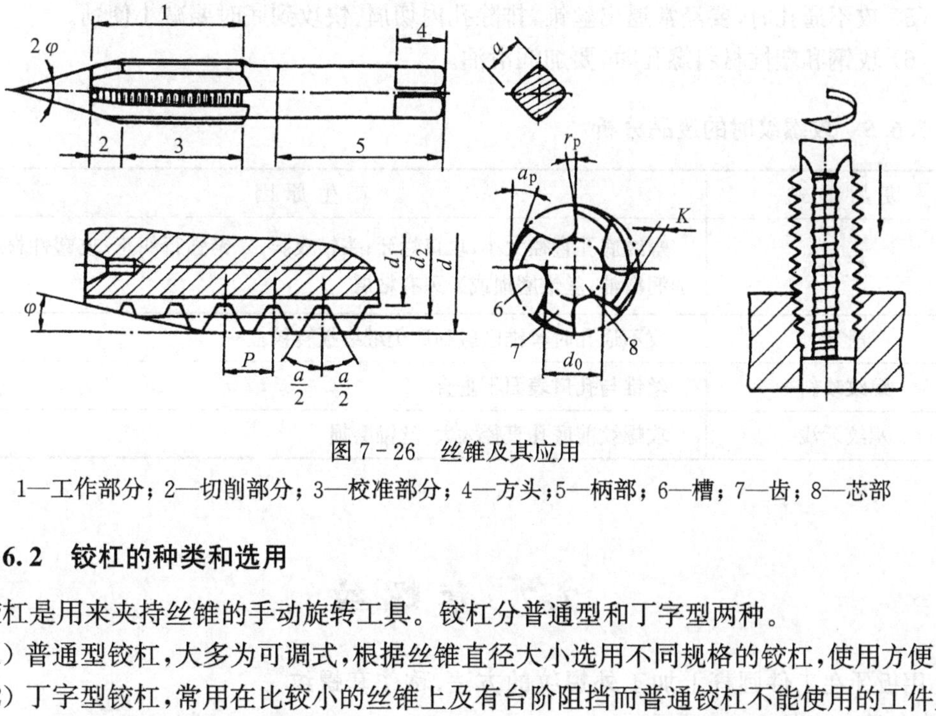

图 7 - 26 丝锥及其应用

1—工作部分；2—切削部分；3—校准部分；4—方头；5—柄部；6—槽；7—齿；8—芯部

7.6.2 铰杠的种类和选用

铰杠是用来夹持丝锥的手动旋转工具。铰杠分普通型和丁字型两种。

(1) 普通型铰杠，大多为可调式，根据丝锥直径大小选用不同规格的铰杠，使用方便。

(2) 丁字型铰杠，常用在比较小的丝锥上及有台阶阻挡而普通铰杠不能使用的工件上。

7.6.3 攻螺纹前的底孔

攻螺纹时丝锥对金属有切削和挤压双重作用，因此会产生金属凸起并挤向牙尖，使攻螺纹后的螺纹孔内径小于原底孔直径。因此攻螺纹的底孔直径应稍大于螺纹内径，否则攻螺纹时因挤压作用过大，会导致丝锥崩刃、卡死甚至折断，此现象在攻塑性材料时更为严重。

攻螺纹前的底孔的直径要根据不同材料，选用合适的钻头直径，否则，底孔过大会使螺牙太浅，底孔过小会使丝锥攻不进孔内或折断。

常用的经验公式如下：

塑性材料(如钢)：$d'=D-P$

脆性材料(如铸铁)：$d'=D-(1.05\sim1.1)P$

式中 d'——内螺纹底孔直径(mm)；

D——螺纹大径(mm)；

P——螺距(mm)。

7.6.4 攻螺纹方法

(1) 工件螺纹孔口必须先倒角；

(2) 工件装夹正确；

(3) 起攻时，丝锥放正，然后，对丝锥加压力并扭转铰杠，当切入 1～2 圈时，注意丝锥与工件平面是否垂直，如不垂直应进行校正。

(4) 当丝锥切削部分全部切入孔内后不必再加压力，此时丝锥进 1 圈要退 1/4 圈，以切断切屑。

(5) 攻不通孔时，要经常退出丝锥，排除孔内切屑，快攻到底时要减小使劲。

(6) 攻钢和塑性材料螺孔时，要加润滑油。

7.6.5 攻螺纹时的废品分析

废品形式	产生原因
烂牙	螺纹底孔直径太小，攻口烂牙；头锥攻斜，二锥强行纠正；攻塑性材料时未加润滑油；丝锥磨损或刀刃有粘屑
滑牙	攻不通孔时丝锥已碰到底仍继续扳转铰杠
螺纹攻斜	丝锥与孔口表面不垂直
螺纹牙浅	攻螺纹前底孔直径太大；丝锥磨损

7.7 套螺纹

用板牙在工件圆杆上加工外螺纹的方法，称作套螺纹(又称套丝)，如图 7-27 所示。

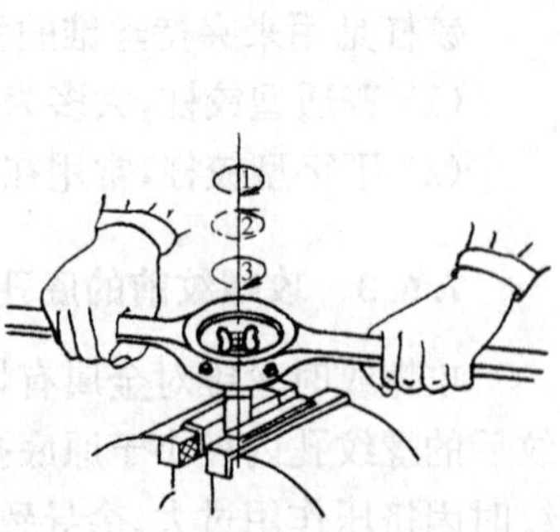

图 7-27 套螺纹

7.7.1 板牙和板牙架

板牙是加工外螺纹的标准刀具。板牙形状和螺母相似，只是靠近螺纹外径处钻了几个排屑孔，并形成切削刃。板牙构造如图 7-28 所示，主要由切削部分、修光部分、排屑孔组成。切削部分是螺纹孔两端的锥形孔口部分，它的锥度一般为 30°～ 60°。当中部分是修光部分。板牙架是套螺纹的辅助工具，用来夹持并带动板牙旋转，如图 7－29 所示。

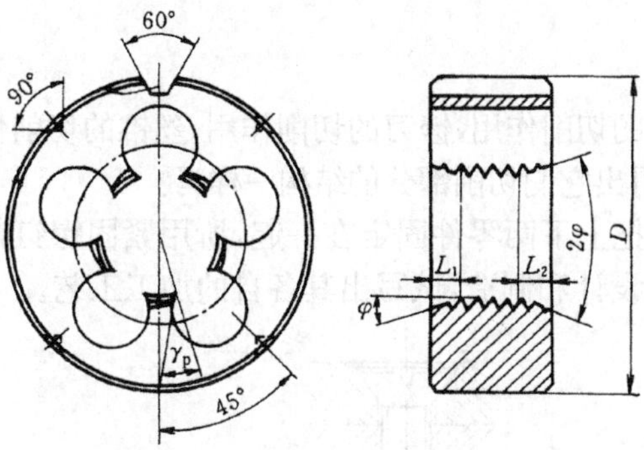

图 7－28　板牙

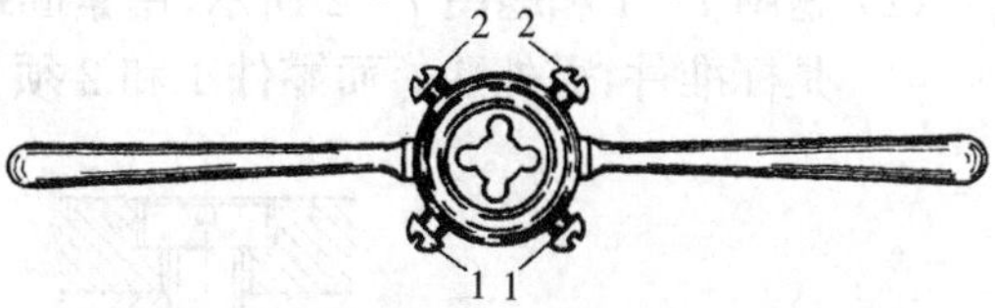

图 7－29　板牙架
1—紧固螺钉；2—调节螺钉

7.7.2　套螺纹前的圆杆直径

在套螺纹过程中，板牙的切削刃除了起切削作用外，还会挤压圆杆表面使之凸出，使套螺纹后的外螺纹大径变大。因此套螺纹的圆杆直径应小于外螺纹的公称直径，否则会使板牙切削刃受损。圆杆直径可用下式计算：

$$d' = d - 0.13P$$

式中　d'——圆杆直径(mm)；
　　　d——外螺纹大径(mm)，即螺栓公称直径；
　　　P——螺纹螺距(mm)。

7.7.3　套螺纹操作

(1) 圆杆端头要倒成 15°～20°的倒角，便于板牙顺利切入；

(2) 套螺纹时切削扭矩大，夹紧圆杆最好加用 V 形铁，切削部分要尽量靠近钳口；

(3) 板牙应与圆杆切削时垂直；

(4) 板牙开始切入工件时，转动要慢，压力要大，待切出螺牙后，压力减小，此时进 3～4 圈退 1/2 圈；

(5) 套螺纹时应加润滑液。

7.7.4　套螺纹的废品分析

废品形式	产生原因
烂牙	圆杆直径太大，套塑性材料时未加润滑油，板牙磨损或刀刃有粘屑
螺纹套斜	没正确倒角，使板牙端面与圆杆不垂直，套螺纹时，双手用力不均
螺纹牙浅	圆杆直径太小，板牙磨损

习题七

1. 思考题

(1) 切菜刀的切削作用,钻头的切削作用,锯割的切削作用,锉刀的切削作用,丝锥的切削作用,它们的基本作用原理一样吗?由此而得出它们切削部分的结构一样吗?

(2) 题图 7-1 和题图 7-2 所示,用紧固螺钉把上下两零件固定在一起,所用紧固螺钉都是标准件,需外购。而零件 1 和 2 须自己设计和制造,试写出其各自的加工工艺。

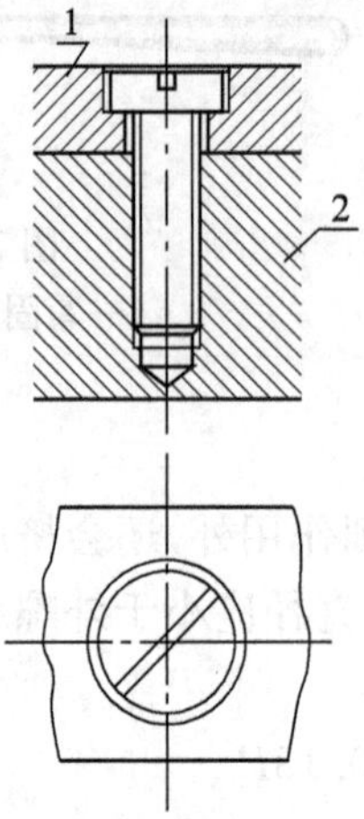

题图 7-1

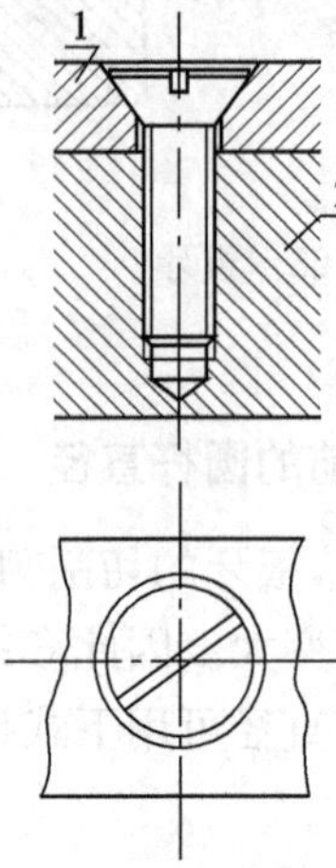

题图 7-2

① 零件 1 的阶梯孔沉头座是如何加工的?

② 零件 2 的螺纹孔是如何加工的?加工步骤是什么?用什么刀具?怎样装夹?

(3) 组成刀具切削部分最简单结构有几个切削刃?几个刀面?

(4) 钻孔时,为什么刚开始和快要钻通时,都要减慢进给速度?

(5) 何谓锯路?有几种型式?带来什么作用?你用过哪种?

(6) 与车刀比较,钻头的主切削刃和副切削刃是怎样区分的?凭什么来称它是副切削刃或主切削刃呢?

(7) 试制订下列各零件的钳工加工工艺过程,编制其加工工艺卡、确定加工工步、所用刀具、量具和检验方法:

① 方螺母,参见题图 7-3,材料:Q235,坯料为边长 19mm 热轧方钢棒料,要求须加工出两只粗制螺母。

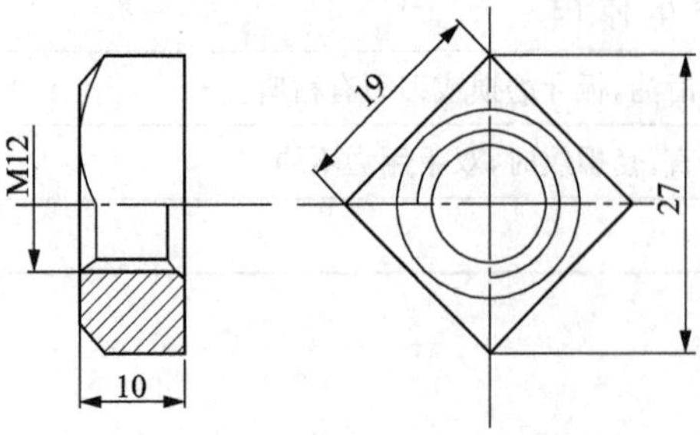

题图 7-3

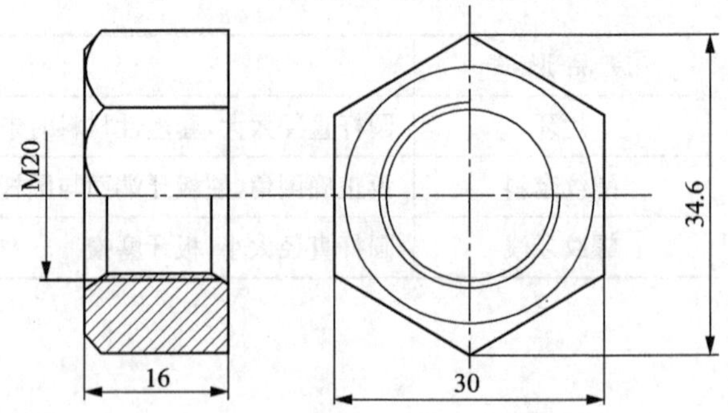

题图 7-4

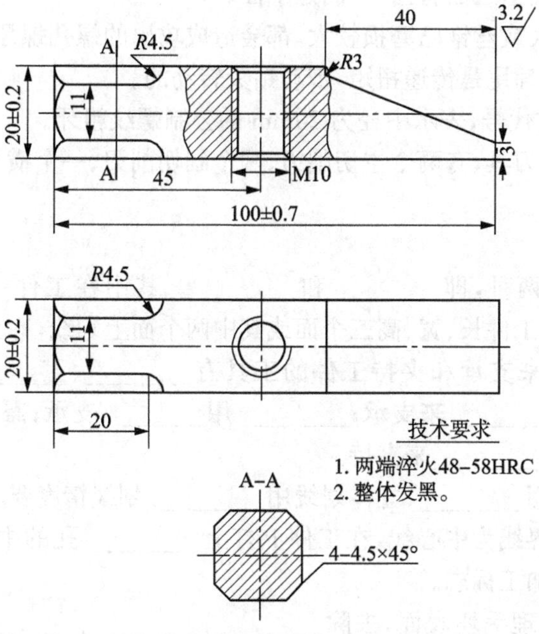

题图 7－5

②六角螺母，参见题图 7－4，材料：Q235，坯料为 ϕ35mm 热轧圆钢棒料，须加工两个精制 A 型螺母。

③ 鸭嘴小锤，参见题图 7－5，材料：45 钢，坯料：方钢，要求加工一件，并完成加工工艺过程卡中各项内容。

④ 鸭嘴小锤锤柄，参见题图 7－6，材料：Q235，坯料：热轧圆钢 ϕ16X182mm 棒料。要求加工一件，并完成加工工艺过程卡。

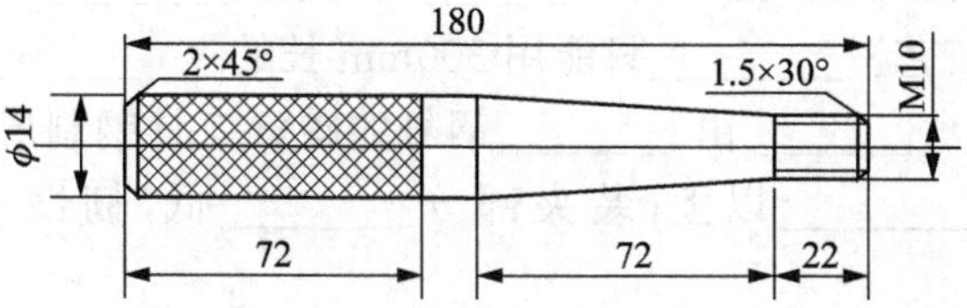

题图 7－6

2. 判断题

(1) 加工件应夹持在台虎钳钳口的中部，使钳口受力均衡，徒手扳动手柄就可夹紧虎钳。 (　　)

(2) 工件的已加工面作为装夹面时，应垫上铝或铜垫片。 (　　)

(3) 在工件坯料上划出加工界线，并打上标志孔的操作，称为划线。 (　　)

(4) 通过划线，可以检测坯料的合格性。 (　　)

(5) 所谓借料，是适当调整加工余量，以提高坯料利用率的方法。 (　　)

(6) 划线平板是钳工的基准工具，划线时的各基本尺寸都是由此计量的。 (　　)

(7) 锉削时,大锉刀、中锉刀、小锉刀的徒手握锉法都是相同的。 ( )

(8) 板锉的锉刀面上三面有齿,一面是平面。 ( )

(9) 底孔直径过大或丝锥已磨损较大,都会造成攻出的螺孔螺牙太浅。 ( )

(10) 麻花钻头的扁尾是传递扭矩,带动钻头转动的。 ( )

(11) M20 是螺纹代号,表示中径为 20mm 的公制螺纹粗牙。 ( )

(12) 钻头是多刃刀具,有两个主切削刃、两个副切削刃、一个横刃,它们都起切削作用。 ( )

3. 填空题

(1) 划线可分为两种,即_______和_______。其中在工件一个面上进行划线,称为_______;在工件长、宽、高三个面或其中两个面上划线,称为_______。

(2) 划线时常用来支承和夹持工件的工具有_______、_______和_______等。其中_______用_______来支承;_______用_______支承;需要在各个表面上划出相互垂直线的,用_______来夹持。

(3) 平面划线都用_______;立体划线用_______.划线精度要求较高时,用_______。

(4) 以划出的边界线为中心线,在工件上打上_______;孔的中心也打上_______,作为下一工步的加工标志。

(5) 划线前,先清理毛坯表面,去除_______、_______、_______和_______;再对照零件图,找出_______基准,尽可能与_______基准重合,以减少累积误差,然后,在光坯表面上涂_______,在毛坯表面上涂_______,才划线,最后,打上_______。

(6) 按划线要求,用_______作修正切削,去除多余金属,使工件尺寸公差等级达_______,表面粗糙度 Ra 达_______的操作工艺,称为_______。它可以加工_______、_______、_______、_______和_______等

(7) 锉削表面时,可按零件图要求,用_______和_______检查各平面纵、横向的_______和各表面间的_______。

(8) 按划出的加工边界线,把工件_______、料头的_______和工件上_______都用_______操作工艺。_______只能用 300mm 长的_______;_______可以用各种规格的_______。_______由_______钢号的碳素工具钢制成,热处理后其_______的_______达_______以上;装夹部分_______低,韧性_______,装夹时不致_______。

(9) 按划线要求,实体材料上加工孔的操作工艺,称为_______。所用刀具为_______,它是定值刀具,按加工孔的_______来选用_______。_______能达到的_______为_______;表面粗糙度为_______。

(10) 钻床按其_______,分为_______式钻床,用于钻_______直径的孔;立式钻床适于_______的孔加工;重而大的或孔系工件,都用_______。

(11) 锉刀系手动工具,切削速度要_______,因为它由_______如_______、_______钢制造,热处理后_______达_______,耐磨性_______,硬度_______,却韧性_______,热硬性_______,切削速度_______,易_______。锉削时,_______徒手_______和_______,以免污染打滑。铁屑黏在_______上时,只能用_______去除之,不可_______。

(12) 钻头柄部起________和________的功用,直径________以下的钻头用________;________以上的用________。________先装入________后,再插入________锥孔中。带动钻头切削的________,均由________传递。加工完毕,退出钻头时,可敲击钻头________。

(13) 钻孔时,小型工件常用________夹持;中型工件可在________上装夹;轴类工件可用________夹持;大而重的工件由________直接装夹在机床工作台上。

(14) 钻________件和________时,切削速度要________;钻________时,切削速度要________。≥30mm的孔,可分________钻出,先用________孔径的钻头钻________,再用________的钻头钻出所要求的孔径。钻通孔时,当快要钻通时,须________进给速度,以免________钻头。钻削过程中,须不断加注________。

(15) 攻螺纹时,________的计算,当工件为钢材时,其经验计算式为________;当工件为铸铁时,其经验计算式为________。套丝时,光杆直径经验计算式为________。

(16) 钳工用的刻线量具有________、________、________,其中________使用时,应先对零,看看两量砧紧贴时读数是否为零。

4. 选择题

(1) 鸭嘴小锤锤头的材料是(　　),牌号为(　　)。

1. 灰口铸铁;　2. 普通碳钢;　3. 优质钢;　4. 合金钢;
5. Q235;　6. 45钢;　7. HT200;　8. 1Cr18Ni9Ti

(2) 锉软金属(Cu、Al及其合金)和粗加工时,用(　　),齿间距(　　),不易(　　);半精加工钢、铸铁时,用(　　);修光表面时,用(　　)。

1. 平锉刀;　2. 圆锉刀;　3. 粗锉刀;　4. 中锉刀;
5. 小;　6. 大;　7. 切削;　8. 堵塞;
9. 细锉刀;　10. 什锦锉刀;　11. 油光锉刀

(3) 锉平面时,先用(　　)进行粗锉,采用(　　)法,去屑(　　),效率(　　),把表面锉平,随后用(　　)法锉削,沿着一个方向往返,继续将平面锉光;最后,用(　　)法,修整尺寸,提高表面粗糙度等级。

1. 小板锉;　2. 大方锉;　3. 大平锉;　4. 交叉锉;
5. 快;　6. 慢;　7. 高;　8. 低;
9. 滚锉;　10. 油光锉;　11. 推锉　12. 粗锉
13. 顺向锉

(4) 锯齿的排列呈(　　)或(　　),使锯缝宽度(　　)锯条厚度,形成锯路,以(　　)摩擦,提高切削效率。

1. 直线状;　2. 交错状;　3. 平面形;　4. 波浪形;
5. 大于;　6. 小于;　7. 等于;　8. 增大;
9. 减小

(5) 锯(　　)材料或(　　)件时,应选用粗齿锯条;锯(　　)材料或(　　)件时,应选用(　　)或(　　)锯条。锯(　　)件时,要加注润滑油,以(　　)摩擦,延长锯条使用寿命。

1. 硬;　2. 软;　3. 厚;　4. 薄;

5. 粗齿； 6. 中齿； 7. 细齿； 8. 钢；
9. 铸铁； 10. 增大； 11. 减小

(6) 锯削时,(　　)时进行切削,故锯条安装方向应使锯齿刃口(　　);起锯角要(　　),行程要(　　),施压要(　　)。切出锯口后,才(　　)。将要锯断时,施压要(　　),以免折断锯条和碰伤手指。

1. 回程后拉； 2. 向前推移； 3. 向后伸； 4. 向前伸；
5. 小； 6. 大； 7. 短； 8. 长
9. 轻 10. 重； 11. 垂直往复； 12. 水平往复；
13. 重； 14. 轻

(7) 在工件光孔内加工出(　　)的操作工艺,称为(　　),所用的刀具为(　　),夹持它的工具为(　　);在工件的光杆上加工出(　　)的操作工艺方法,称为(　　),所用刀具为(　　),夹持它的工具为(　　)。

1. 外螺纹； 2. 内螺纹； 3. 攻丝； 4. 套丝；
5. 板牙； 6. 丝锥； 7. 铰杠； 8. 板牙架

(8) 钻孔时,造成孔径比钻头直径明显增大的原因是(　　)。

1. 进给速度过快； 2. 钻削速度太大；
3. 钻头两条主切削刃长度不等； 4. 钻头已钝化

(9) 攻丝时,每正转一周要后退四分之一转,其作用是(　　)。

1. 减小摩擦力； 2. 减轻进给力；
3. 提高螺纹精度； 4. 便于断屑

(10) 大而笨重的工件上进行孔系加工,通常选用(　　)。

1. 台式钻床； 2. 立式钻床； 3. 手钻； 4. 摇臂钻床

第8章　铸　　造

8.1　铸造生产工艺过程及特点

8.1.1　铸造生产在机械制造中的地位和作用

铸造是将液态合金浇注到与零件的形状、尺寸相适应的铸型空腔中，待其冷却凝固，以获得毛坯或零件的生产方法。

铸造是历史悠久的金属成型方法，至今仍然是毛坯生产的主要方法。

铸造生产有如下优点：

(1) 铸造不仅可以获得十分复杂的外形，更为重要的是能获得一般机械加工设备难以加工的复杂内腔。

(2) 铸件的尺寸和重量不受限制，铸件大到十几米、重数百吨，小到几毫米、几克。

(3) 铸件的生产批量不受限制，可单件小批生产，也可大量生产。

(4) 成本低廉，节省资源。铸件的形状、尺寸与零件相近，节省了大量的金属材料和加工工时，材料的回收利用率高。尤其是精密铸造，可以直接铸出零件，是少切削、无切削加工的重要方法之一。

8.1.2　砂型铸造生产过程

铸造按生产方式不同，可分为砂型铸造和特种铸造(有别于砂型铸造方法的其他铸造工艺)。在工业生产中砂型铸造是应用最广的，用砂型铸造方法生产的铸件，目前约占铸件总产量的 80%以上。本章以介绍砂型铸造工艺为主，其生产过程的工艺流程如下：

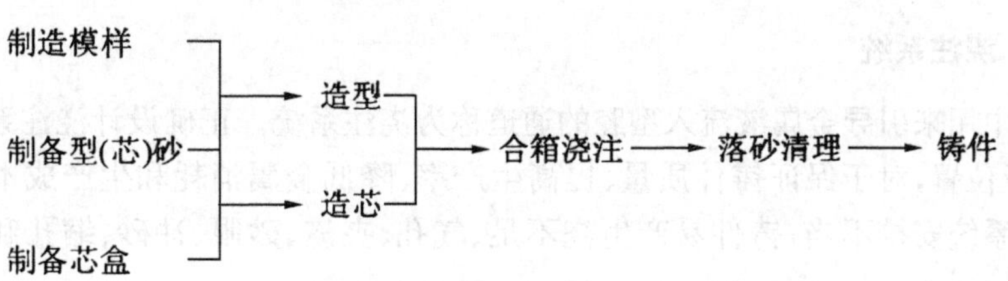

8.2 砂型的组成及其作用

8.2.1 造型材料的性能及其作用

制造砂型与型芯的材料统称为造型材料。型砂由原砂和黏结剂混制而成。原砂是耐高温材料,是型砂的主体,常用二氧化硅含量较高的硅砂或海(河)砂作为原砂。常用的黏结剂为黏土、水玻璃或渣油等。为满足透气性等性能要求,型砂中还加入木屑、煤粉等材料。

型砂和芯砂应具备如下基本性能:

① 强度;② 透气性;③ 耐火性;④ 退让性;⑤ 溃散性;⑥ 复用性等。

型芯多处于被金属液包围之中,工作条件差,故芯砂除上述性能外,还应有下列性能:

(1) 吸湿性(芯砂吸收水分的能力)低;

(2) 发气性(芯砂受高温作用放出气体的性能)小;

(3) 出砂性(芯砂从铸件空腔清除下来的性能)好。

8.2.2 砂型结构

砂型是在砂型铸造中用于浇注金属液,以获得形状、尺寸和质量符合要求的铸件。一般砂型的组成如图 8-1 所示。

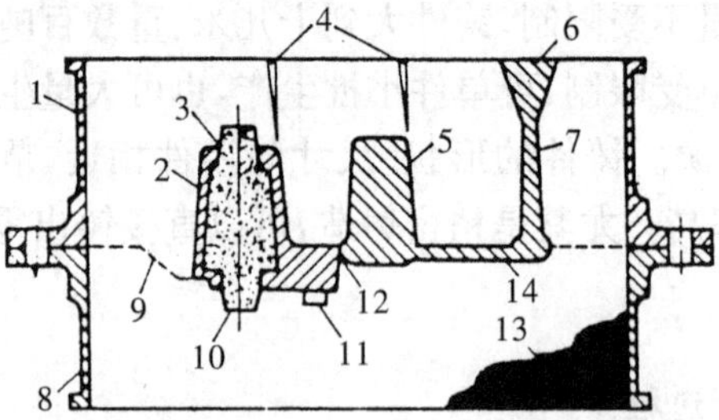

图 8-1 砂型组成

1—上砂箱;2—型腔(铸件);3—上型芯头;4— 通气孔;5—冒口;6—外浇口;7—直浇道;8—下砂箱;9—分型面;10—下型芯头;11—冷铁;12—内浇道;13—型砂;14—横浇道

8.2.3 浇注系统

在铸型中用来引导金属液流入型腔的通道称为浇注系统。正确设计浇注系统各部分的形状、尺寸及位置,对于保证铸件质量、提高生产率、降低金属消耗和生产成本都有重要意义。若浇注系统安排不当,铸件易产生浇不足、气孔、夹渣、砂眼、冲砂、缩孔和裂纹等铸造缺陷。

合理的浇注系统应具有以下作用:

(1) 将金属液平稳地导入型腔,以获得轮廓清晰完整的铸件。

(2) 隔渣,阻止金属液中的杂质和熔渣进入型腔。

(3) 控制金属液流入型腔的速度和方向。

(4) 调节铸件的凝固顺序。

浇注系统由外浇口、直浇道、横浇道和内浇道等部分组成(图8-2):

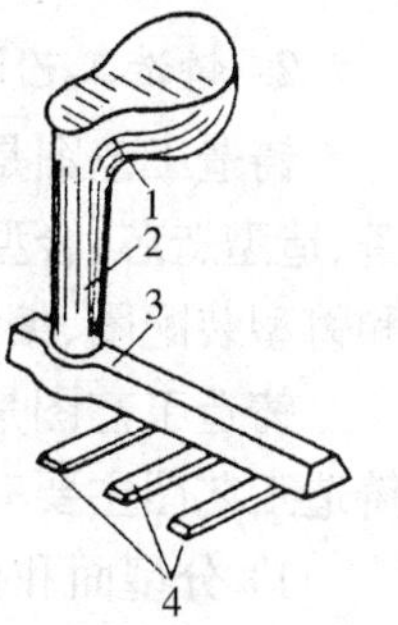

图8-2 浇注系统
1—外浇口;2—直浇道;3—横浇道;4—内浇道

(1) 外浇口 呈漏斗形,用以减少浇注时液体金属对砂型的冲击和便于熔渣浮于表面。

(2) 直浇道 是连接外浇口和横浇道的垂直通道,直浇道以其高度产生的静压力,使金属液充满型腔的各个部分。

(3) 横浇道 将直浇道的金属液引入内浇道的水平通道,其作用是分配金属液进入内浇道并起挡渣的作用。

(4) 内浇道 直接与型腔相连,能调节金属液的流动方向和速度,调节铸件各部分的冷却速度。

8.2.4 冒口和冷铁

浇入铸型的金属液在冷却凝固过程中会产生体积收缩,冒口的主要作用是补缩,此外它还起到排气和集渣的作用。冒口一般设置在铸件厚壁处、最高处或最后凝固部位,使缩孔集中在冒口内,以利于补缩。

在砂型中放冷铁的作用是加大铸件厚壁处的凝固速度,消除铸件的缩孔、裂纹和提高铸件的表面硬度和耐磨性。

8.3 造型和造芯

8.3.1 基础知识

1. 模样、型腔、铸件和零件之间的尺寸与空间关系

在铸造生产中,用模样制得型腔,将金属液浇入型腔冷却凝固后获得铸件,铸件经切削加工最后成为零件。模样、型腔、铸件和零件之间的尺寸与空间关系如表8-1所示。

表8-1 模样、型腔、铸件和零件之间的关系

特征 \ 名称	模样	型腔	铸件	零件
大小	大	大	小	最小
尺寸	大于铸件一个收缩率	与模样基本相同	比零件多一个加工余量	小于铸件
形状	包括型芯头、活块、外型芯等形状	与铸件凹凸相反	包括零件中小孔洞等不铸出的加工部分	符合零件尺寸和公差要求
凹凸(与零件相比)	凸	凹	凸	凸
空实(与零件相比)	实心	空心	实心	实心

2. 铸造工艺图

铸造工艺图是铸造过程最基本和最重要的工艺文件之一，它是制造模样、工艺装备的准备、造型造芯、合型浇注、落砂清理及技术检验等的工艺指导文件。同时，它也是绘制铸件图和铸型装配图、编制铸造工艺卡片的依据。

铸造工艺图是用红、蓝两色铅笔，将各种简明的工艺符号标注在产品零件图上而成的。铸造工艺图主要有以下几方面内容。

1) 分型面和分模面

两相邻的铸型之间的接触面称为分型面。分型面的符号和线条用红色上、下箭头表示，并表明“上、下”或“上、中、下”等，如图 8-3 所示。分型面的选择原则如下：

(1) 便于起模，并使造型工艺简化。尽量使分型面平直、数量少，避免不必要的活块和型芯等。

(2) 尽量使铸件全部或大部置于同一砂箱内，以保证铸件精度。

(3) 尽量使型腔及主要型芯位于下箱，以便于造型、下芯、合箱和检验铸件壁厚。

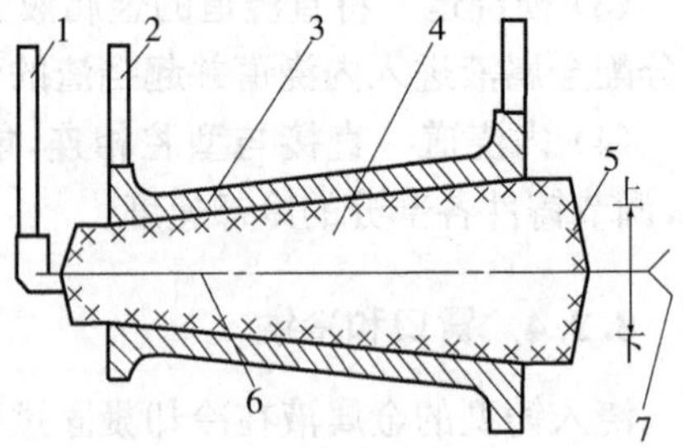

图 8-3 异口径管的铸造工艺图

1—浇口；2—出气孔；3—铸件；4—型芯；5—型芯头；6—分型分模线；7—分模、分型面符号

为起模方便或其他原因，在一个模样上分开的切面称为分模面。分模面有时也会与分型面重叠，如图 8-3 所示。分模面在铸造工艺图上也用红色线条表明，符号是“<”。

2) 浇注位置

浇注时，铸件在铸型中所处的空间位置称为浇注位置。浇注位置选择的主要原则如下：

(1) 铸件的重要加工面、大平面、受力面和基准面应朝下。

(2) 面积较大的薄壁部分应置于铸件下部或使其处于垂直或倾斜的位置。

(3) 容易产生缩孔的铸件上，厚的部分应放在分型面附近的上部或侧面。

3) 工艺参数

工艺参数主要考虑加工余量、起模斜度、收缩率和型芯头等。加工余量根据铸件的大小、材料、浇注位置等因素确定。为保证模样能顺利取出，在垂直于分型面的铸件表面上应设置起模斜度。铸件在冷却凝固时会产生收缩，必须按铸造合金的收缩率放大模样尺寸，以保证铸件应有的尺寸。为保证型芯安装稳定，型芯一般要设置型芯头。

在确定了型芯、冷铁和其他必须确定的因素后，即可绘制铸造工艺图。在铸造工艺图中浇注系统和冒口均用红色表示；型芯编号用阿拉伯数字“1#”、“2#”等标注，芯头边界用蓝色线条表示。图 8-3 是异口径管的铸造工艺图。

8.3.2 造型方法

砂型铸造的造型方法分为手工造型和机器造型两类。

1. 手工造型

手工造型是全部用手工或手动工具舂实型砂的造型方法。常用造型工具如图 8-4 所示。手工造型操作灵活，无论铸件结构复杂程度、尺寸大小如何，都能适应。但手工造型劳动强度大，生产效率低，铸件质量主要取决于操作人员的技术水平和熟练程度，质量不够稳定，故要求操作人员应具备较高的操作技能。

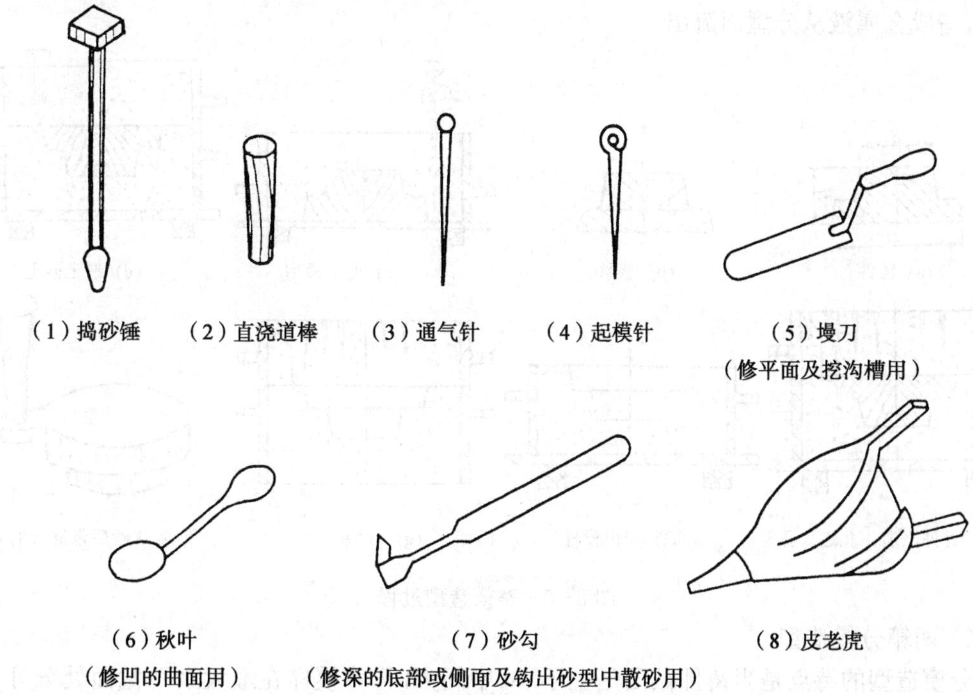

图 8-4 常用造型工具

根据铸件结构、生产批量和生产条件，可采取不同的手工造型方案，常用手工造型方法有两箱整模造型、两箱分模造型、活块造型和挖砂造型等。

1) 两箱整模造型

两箱整模造型的特点是采用整体模型，模样放在一个砂箱内，可一次从砂型中取出，造型比较方便，所得型腔形状和尺寸精度较好。造型过程如图 8-5 所示。

整模造型的操作步骤：

(1) 放稳底板，清除板上的散砂，放上模样，放好下箱，并使模样在砂箱的合适位置，使模样周围能留有足够的砂层厚度(称为吃砂量)，以承受金属流的压力。

(2) 在模样的表面放一层面砂，将模样盖住，再往下砂箱填砂。

(3) 用舂砂棒舂砂，先用小的圆头舂砂，从砂箱的四周朝中间移动。当一层砂舂好后，再继续填放型砂，用平的一头舂平。

(4) 刮平，翻转砂箱。

(5) 撒分型砂，放上上砂箱，放浇口棒。在浇口棒周围填砂，用手压一下，使浇口棒固定。再填放型砂，用圆头舂砂，最后用平头将最后一层砂舂平。

(6) 用刮砂棒刮平，取出浇口棒，开设外浇口。

(7) 用通气针在模具上方扎通气孔，在上、下两箱侧面划定位线。

(8) 打开上箱，修平上箱，修光浇口。用水笔在模具四周涂水(不要涂得太多)、把模具四周的砂面修平整后开设内浇口，然后用起模针进行起模(先把模具四周松动再起模)、修型,然后对型腔进行表面烘干处理。

(9) 合箱。按图纸检查型腔及型芯的尺寸和形状、型芯与芯座是否吻合,吹净型腔,按定位线合箱。并在上箱上加压铁,或用夹具夹紧上、下箱,防止浇注时金属液的浮力将砂箱抬起,造成金属液从分型面流出。

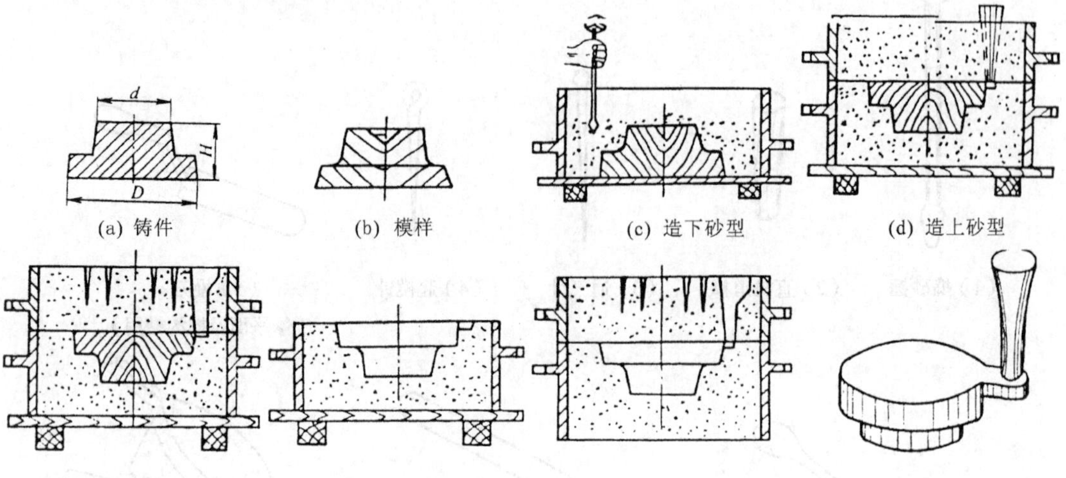

图 8-5 整模造型过程

2) 两箱分模造型

分模造型的特点是当铸件截面是上下小、中间大时,将模样在最大水平截面处分开,使其能从分型面上顺利起出。最简单的分模造型即为两箱分模造型。图 8-6 是套管铸件的分模造型过程。

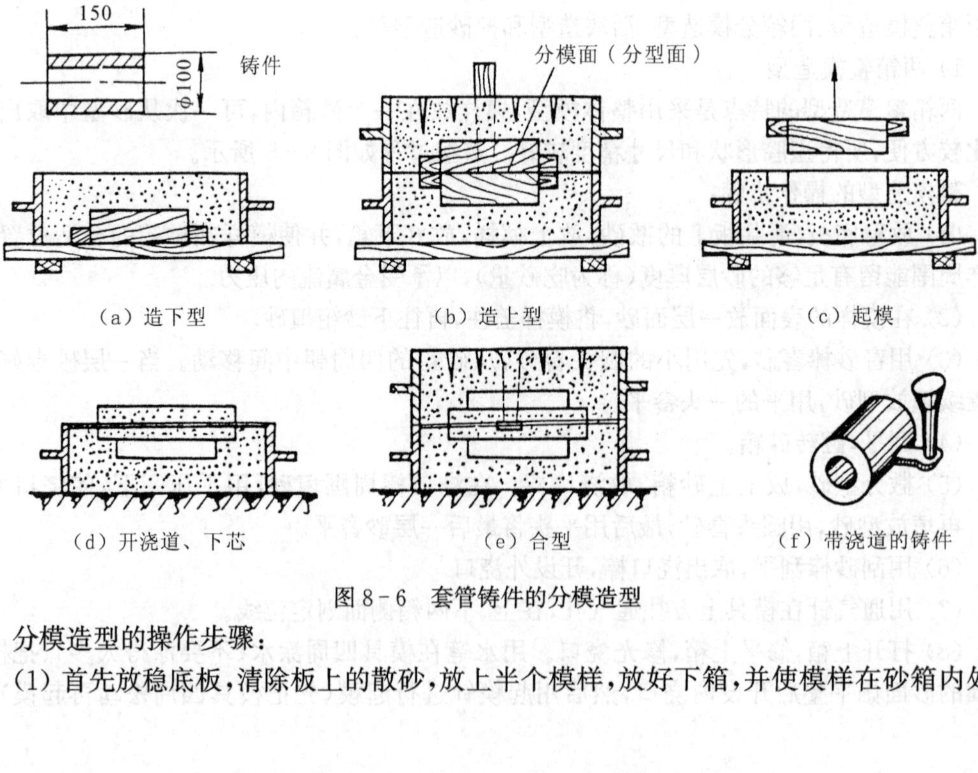

图 8-6 套管铸件的分模造型

分模造型的操作步骤:

(1) 首先放稳底板,清除板上的散砂,放上半个模样,放好下箱,并使模样在砂箱内处于合适位置。

(2) 在模样的表面上盖上一层面砂，将模样盖住，再往下箱填砂。

(3) 用舂砂棒舂砂，先用圆头舂砂，从砂箱的四周朝中间移动，当一层砂舂好后，再填上砂，用平头舂平，然后刮平，翻转砂箱，放上另半个模样，撒上一层分型砂。

(4) 放上上砂箱，放好浇口棒，在浇口棒周围填砂，用手压一下，固定浇口棒；再放入型砂，用圆头舂砂，最后用平头将砂舂平(和下箱舂法相同)，用刮砂棒刮平砂，取出浇口棒，开外浇口，用通气针在模样上方扎通气孔，在上、下箱侧面划定位线。

(5) 打开上箱，修平上箱，取出模样，修型。

(6) 修下箱。开内浇口，取出模样，修型。

(7) 制作型芯。

(8) 表面烘干处理。

(9) 把型芯放入型腔，合箱。

3) 活块造型

当铸件侧面有局部凸起阻碍起模时，可将此凸起部分做成能与模样本体分开的活动块，如图 8－7(c)所示。起模时，先将模样本体起出，然后再取出活块。图 8－7 是活块造型过程。活块造型主要用于单件或小批量生产带有凸起部分的铸件。

4) 挖砂造型

有些铸件的分型面是一个曲面，起模时覆盖在模样上面的型砂阻碍模样的取出，必须将覆盖其上的砂挖去，才能正常起模。采用这种方法造型称为挖砂造型。如图 8－8 所示。

挖砂造型的生产率很低，对操作人员的技术水平要求较高，它只适用于单件少量生产的小型铸件。

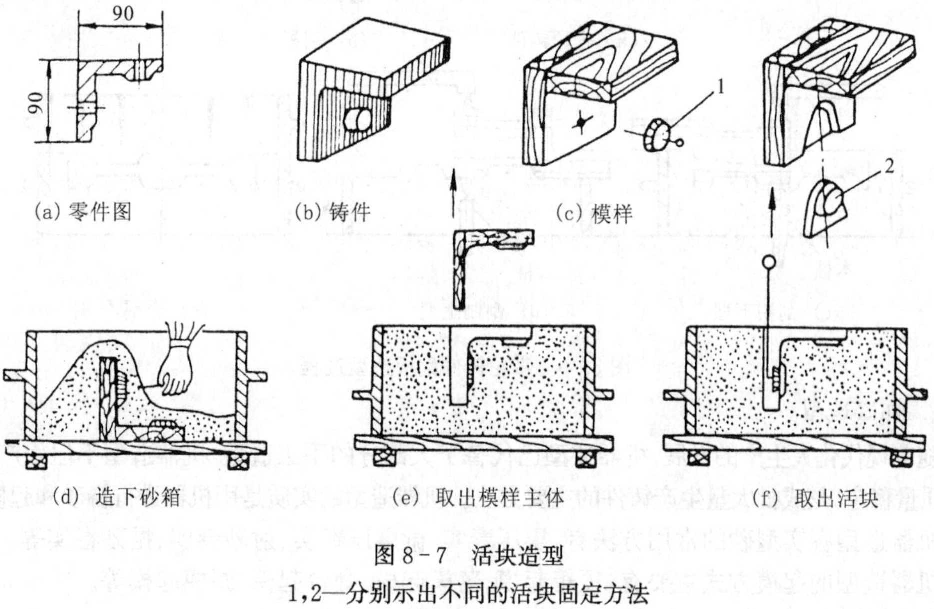

图 8－7　活块造型

1,2—分别示出不同的活块固定方法

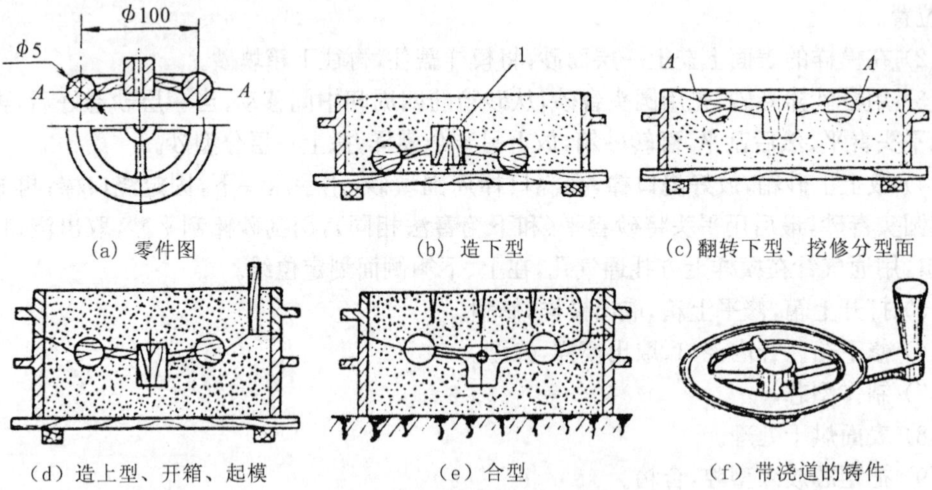

图 8-8 手轮铸件的挖砂造型

1—模样;A-A—模样最大截面

5)刮板造型

刮板造型是用与铸件断面形状相适应的刮板代替模样的造型方法。造型时,刮板绕固定轴回转,将型腔刮出,如图 8-9 所示。这种造型方法可节省制模工时及材料。但操作麻烦,要求较高操作技术,生产率低。多用于单件或小批量生产较大回转体铸件,如飞轮、圆环等。

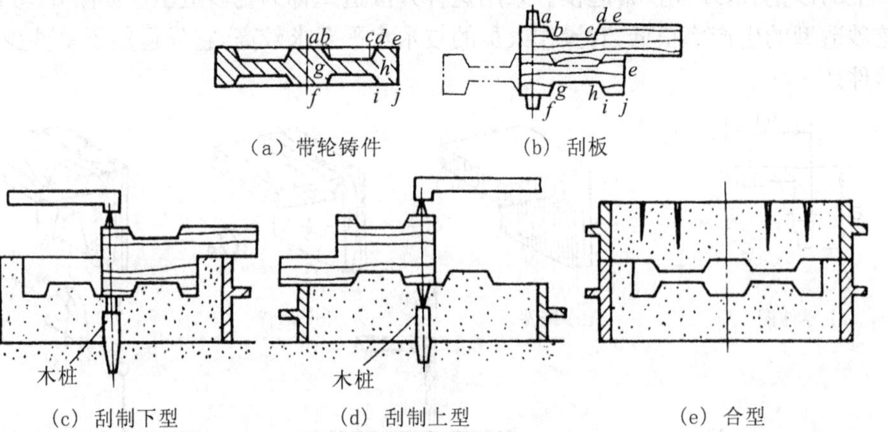

图 8-9 带轮铸件刮板造型过程

2. 机器造型

随着现代化大生产的发展,机器造型已代替了大部分的手工造型,机器造型不但生产率高,而且质量稳定,是成批大量生产铸件的主要方法。机器造型的实质是用机器进行舂砂和起模。

机器造型舂实型砂的常用方法有:震压舂实、微震压舂实、射砂舂实、抛砂舂实等。

机器造型的起模方式主要有:顶箱起模、落模起模、翻台起模、漏模起模等。

8.3.3 造芯

型芯的主要作用是形成铸件的内腔,有时也形成铸件外形上妨碍起摸的凸台和凹槽,甚至有些铸件，其砂型全部由型芯组成，制造型芯的过程称为造芯，或叫作制芯。

1. 型芯的技术要求及工艺措施

浇注时型芯被金属液流冲刷和包围，因此要求型芯有更好的强度、透气性、耐火性和退让性，并能易于从铸件内清除。除使用性能好的芯砂制芯外，一般还采取下列措施：

(1) 在型芯里放入芯骨以加强型芯的强度。小型芯的芯骨用铁丝、铁钉。大、中型芯的芯骨则用铸铁浇注成与型芯相应的形状。

(2) 在型芯内部开通气孔，并使之与砂型上的通气孔贯通，以提高型芯的透气能力。

(3) 在型芯与金属液接触的部位应涂上涂料，以提高铸件内腔表面质量。型芯一般需要烘干，增强透气性和强度。

2. 造芯

造芯与造型一样，可用手工和机器制芯。多数情况下用型芯盒制芯，芯盒的内腔形状与铸件的内腔对应。图8-10是垂直式对开芯盒造型芯过程。

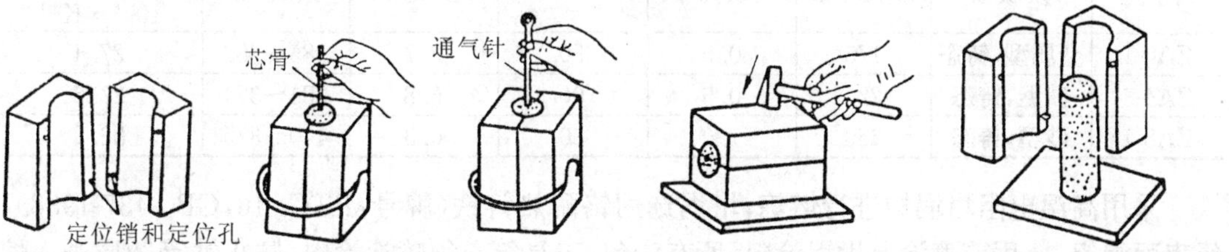

图8-10 垂直式对开芯盒造型芯过程

8.4 浇注、落砂和清理

8.4.1 铸件的浇注

将熔融金属从浇包浇入铸型的工艺过程称为浇注。浇注是铸造生产主要工艺环节之一。如果操作不当，不仅影响铸件质量，造成废品，甚至会产生重大的工伤事故。

浇注时要严格遵守浇注的操作规程，控制好浇注温度和浇注速度。

浇注安全技术规程如下：

(1) 操作者应按规定穿戴好劳动防护用品；

(2) 浇注通道必须保证畅通；

(3) 浇包要求干燥良好，浇包各部分要完好可靠；

(4) 吊车的吊钩、钢丝绳和链条等不得有裂纹和损伤；

(5) 吊车在运送铁水(钢水)时，应先将浇包的安全卡卡牢。金属液不能装得过满(金属液面应低于包口100mm)。行车移动时必须鸣铃，不得从现场人员头上面经过。

下面以铸造锌合金为例，说明铸造合金的熔炼、浇注工艺。

锌的熔点很低，419.4℃；沸点907℃，密度7.1，与铁相近；硬度与镁接近，导电性强，但常温下性太脆，100～150℃时，略具延展性，200℃以上又因结晶转变而变脆，极易压碎。所以,作为工程材料,都为锌合金,它又易与 Cu、Al、Mg 等许多元素形成合金。

GB/T 1175—1997《铸造锌合金化学成分》标准,规定了 8 种工程上具有应用价值的锌合金,都为铝、铜、镁与锌的合金,以锌为主,其用得较多的前三种锌合金的性质如下:

表 8-2 铸造锌合金的化学成分(GB/T 1175—1997)

合金牌号	合金代号	合金元素(质量分数)			
		Al	Cu	Mg	Zn
ZZnAl4Cu1Mg	ZA4—1	3.5～4.5	0.75～1.25	0.03～0.08	95.75～94.17
ZZnAl4Cu3Mg	ZA4—3	3.5～4.3	2.5～3.2	0.03～0.06	93.97～92.44
ZZnAl8Cu1Mg	ZA8—1	8.0～8.8	0.8～1.3	0.015～0.030	91.185～89.87

表 8-3 铸造锌合金的物理性能(GB/T 1175—1997)

合金代号	铸造方法及状态	抗拉强度 σ_b/MPa	伸长率 δ_s%	硬度 HBS	密度 ρ/g·cm^{-3}	凝固区间/℃	线膨胀系数/(20～100℃)×10^{-6}·K^{-1}
ZA4-1	金属型,铸态	175	0.5	80	6.7	385～380	27.4
ZA4-3	砂型,铸态	220	0.5	90	6.8	384～374	27.5
ZA8-1	砂型,铸态	250	1.0	80	6.3	440～375	23.2

采用高温电阻坩埚炉进行熔炼,坩埚选用铬耐热铸铁(牌号:RTCr-16,GB 9437-1988),经表面渗铝,使用前喷涂上坩埚涂料,所有浇包、工具等必须喷涂涂料,防止铁等杂质进入熔液内。原料装炉前,按各合金元素在熔炼过程中的烧损率,计算好配料量。

表 8-4 铸造锌合金元素烧损率(%)

Zn	Al	Cu	Mg
1～3	1～1.5	0.5～1.0	10～30

熔炼的操作过程如下:先将坩埚预热至暗红色,底部加入木炭作合金熔液的覆盖剂,以防炉气侵入。此时温度约 700℃左右。加入电解铜,并升温至熔化为止。熔化后,加入铜量 1.5%的磷铜(牌号:CuP10)中间合金进行脱氧。然后加入全部铝;待熔化后,加入总量 90%的锌和所有回炉料。待合金熔液温度下降至 650℃时,用钟罩压入全部镁量,当熔化后用钟罩压入炉料量 0.2%的六氯乙烷(C_2Cl_6)或 0.1%氯化锌($ZnCl_2$)精炼清渣剂,液温控制在 730℃以下,视上浮气泡消失为止,精炼的目的,赶走熔液中的气体和夹杂物,获得纯净的合金熔液,减少铸件的各种气孔和夹杂物,提高铸件力学性能。

当气泡消失,表明反应结束,静置 3～5min,扒渣后,从电阻炉中取出坩埚,立即加入余下 10%的锌块,使之迅速降温,搅拌,再扒渣,用测温铠装热电偶直接测溶液温度,当达下列温度时,迅速浇注,从扒渣到浇注的时间愈短愈好。

表 8-5 铸造锌合金的浇注温度

合金代号	ZA4—1	ZA4—3	ZA8—1
浇注温度/℃	400～430	410～440	425～480

铸件质量检验:试样断口组织细致、紧密,呈银白色或银灰色基体上有银白色斑点存在,都为合格件;不合格件的断口呈暗灰、暗蓝色、夹渣太多。结晶组织粗大,强度太低,可作回炉料,重新进行精炼。

8.4.2 落砂和清理

落砂是用手工或机械方式使铸件与型砂、砂箱分开的操作。落砂要掌握好开箱时间。开箱过早,会使铸件冷却太快而产生白口,难以切削加工,还会增大铸造内应力,引起变形和裂纹;开箱过晚则影响生产效率。一般要求在保证铸件质量的前提下尽早落砂。铸件在铸型中合适的停留时间与铸件形状、大小和壁厚等有关。形状简单、质量小于10kg的铸件,浇注后1小时左右就可以落砂。

落砂后的铸件必须经过清理工序才能达到铸件要求。清理包括:去浇冒口,清理型芯和芯骨,清除铸件表面的粘砂及飞边、毛刺等。

8.5 铸件质量检验与缺陷分析

8.5.1 铸件的质量检验

铸件质量包括内在质量和外观质量。内在质量包括化学成分、物理和力学性能、金相组织以及存在于铸件内部的孔洞、裂纹、夹杂物等缺陷;外观质量包括铸件的尺寸精度、形状精度、位置精度、表面粗糙度及表面缺陷等。根据产品的技术要求应对铸件质量进行检验。常用的检验方法有:外观检验、无损探伤检验、金相检验及水压试验等。

8.5.2 铸件的缺陷分析

铸件质量好坏,关系到机器(产品)的质量及生产成本,也直接关系到经济效益和社会效益。铸件结构、原材料、铸造工艺过程及管理状况等均对铸件质量有影响。带有缺陷的铸件是否判为废品,必须按铸件的用途和要求,以及缺陷产生的部位和严重程度来决定。一般情况下,铸件有轻微缺陷,可以直接使用;铸件有中等缺陷,可允许修补后使用;铸件有严重缺陷,则报废。表8-6为常见铸件缺陷的特征及产生的原因。

表8-6 常见铸件缺陷的特征及产生的原因

类别	名称	图例及特征	产生的主要原因	预防的主要措施
形状类缺陷	错箱	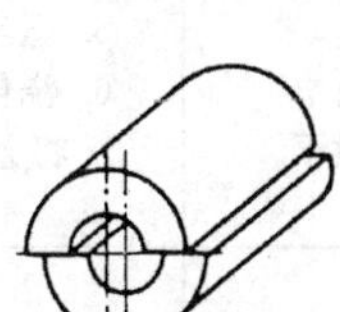 铸件在分型面处有错移	1. 合箱时上、下砂箱未对准; 2. 上、下砂箱未夹紧; 3. 模样上、下半模有错移	1. 按定位标记、定位销合箱; 2. 合箱后应锁紧或加压铁; 3. 在搬运传送中不要碰撞上、下砂箱; 4. 分开模样用定位销定位; 5. 可能时采用整模两箱造型
	偏芯	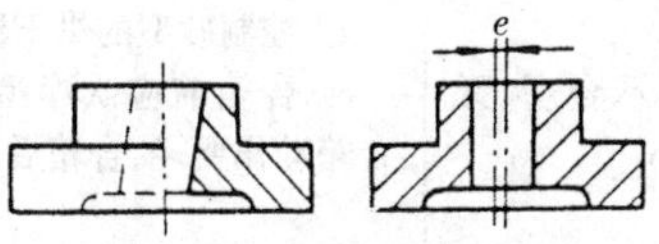 铸件上孔偏斜或轴心线偏移	1. 型芯放置偏斜或变形; 2. 浇口位置不对,液态金属冲歪了型芯; 3. 合箱时碰歪了型芯; 4. 制模样时,型芯头偏心	1. 制模时芯头的形状、位置应准确; 2. 型芯最好安置在下砂箱,以便检查; 3. 水平分型时,应垂直向下合箱; 4. 合理的放置浇口位置; 5. 装有型芯的铸型,合箱后尽量避免转动

(续表)

类别	名称	图例及特征	产生的主要原因	预防的主要措施
形状类缺陷	变形	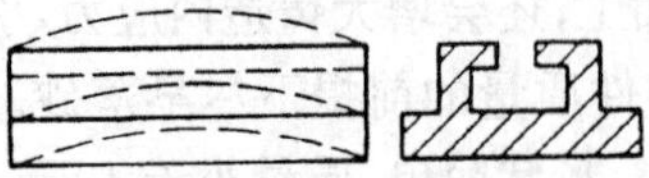 铸件向上、向下或向其他方向弯曲或扭曲等	1. 铸件结构设计不合理,壁厚不均匀; 2. 铸件冷却不当,冷缩不均匀	1. 合理设计铸件结构,一般应使壁厚均匀,使铸件在铸型中能均匀冷缩; 2. 在模样上做出相应于铸件变形量的反挠度; 3. 铸件易变形部位加拉肋; 4. 使铸件在铸型中同时凝固; 5. 铸件开箱后立即退火
	浇不足	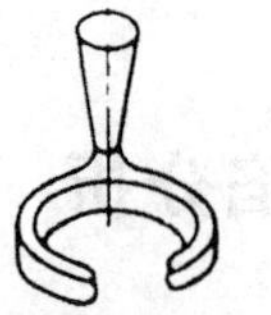 液态金属未充满铸型,铸件形状不完整	1. 铸件壁太薄,铸型散热太快; 2. 合金流动性不好或浇注温度太低; 3. 浇口太小,排气不畅; 4. 浇注速度太慢; 5. 浇包内液态金属不够	1. 合理设计铸件、最小壁厚应有限制; 2. 复杂件选用流动性好的合金; 3. 适当提高浇注温度和浇注速度; 4. 烘干、预热铸型; 5. 合理设计浇注系统,改善排气
孔洞类缺陷	缩孔与缩松	 缩孔:铸件最后凝固的部位(厚截面)出现的形状极不规则、孔壁粗糙的孔洞。缩松:铸件断面上出现的分散而细小的缩孔。在液态、结晶过程中发生,留在铸造金属内	1. 铸件结构设计不合理,壁厚不均匀; 2. 浇注系统或冒口设置不正确,无法补缩或补缩不足; 3. 浇注温度过高,熔融金属收缩过大; 4. 与熔融金属的化学成分有关	1. 合理设计铸件结构; 2. 合理设置浇冒口系统; 3. 合理调整合金成分
	气孔	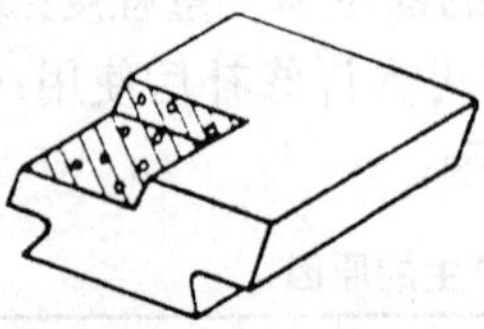 在结晶过程中发生: 1. 析出气孔:多而分散,尺寸较小,位于铸件各断面上; 2. 侵入气孔:数量较少,尺寸较大,存在于铸件局部地方	1. 熔炼工艺不合理、金属液吸收了较多气体; 2. 铸型中的气体侵入金属液; 3. 起模时刷水过多,型芯未干; 4. 铸型透气差; 5. 浇注温度偏低; 6. 浇包、工具未烘干	1. 遵守合理的熔炼工艺、加熔剂保护,进行脱气处理等; 2. 铸型,型芯烘干,避免吸潮; 3. 湿型起模时,刷水不要过多、减少铸型发气量; 4. 改善铸型透气性; 5. 适当提高浇注温度; 6. 浇包、工具要烘干; 7. 将金属液进行镇静处理
夹杂类缺陷	砂眼	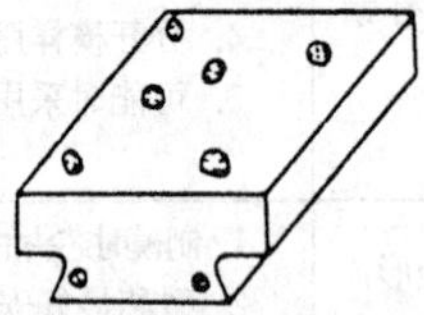 截留在熔融金属内的砂粒,暴露在铸件表面。在铸件表面上或内部带有砂粒的空洞,形状不规则	1. 型砂、芯砂强度不够,紧实度较松,合箱时脱落或被液态金属冲垮; 2. 型腔或浇口内散砂未吹净; 3. 铸件结构不合理、无圆角或圆角太小	1. 合理设计铸件圆角; 2. 提高砂型强度; 3. 合理设置浇口、减小液态金属对型腔的冲刷力; 4. 控制砂型的烘干温度; 5. 合箱前应吹净型腔内散砂、合箱动作要轻、合箱后应及时浇注

(续表)

类别	名称	图例及特征	产生的主要原因	预防的主要措施
夹杂类缺陷	夹杂物	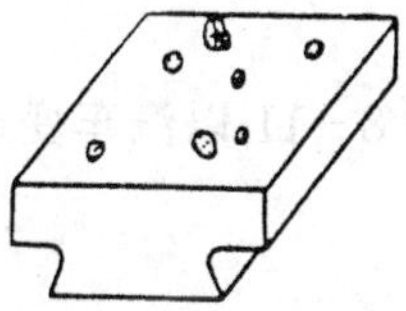 铸件表面上有不规则并含有熔渣的孔眼	1. 浇注时挡渣不良； 2. 浇注温度太低，熔渣不易上浮； 3. 浇注时断流或未充满浇口，渣和液态金属一起流入型腔	1. 从熔炉、浇包到浇注系统加强挡渣； 2. 掌握合适的浇注温度； 3. 合理设置浇口、冒口浮渣，浇注时一次充满铸型
裂纹冷隔类缺陷	冷隔	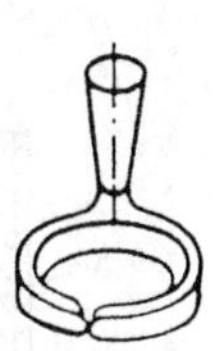 铸件表面似乎已熔合，实际并未熔透，有浇坑或接缝	1. 铸件设计不合理，铸体壁较薄； 2. 合金流动性差； 3. 浇注温度太低，浇注速度太慢； 4. 浇口太小或布置不当，浇注时曾有中断	1. 根据合金种类等限制铸件最小壁厚； 2. 可能时选用流动性较好的合金浇注复杂薄壁铸件； 3. 适当提高浇注温度和浇注速度，能明显提高充型能力； 4. 增大浇口横截面积和多开内浇口
	裂纹	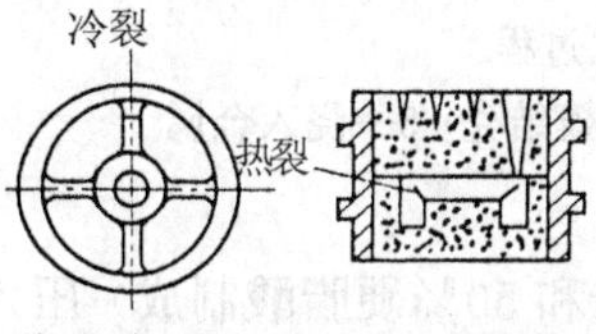 热裂：断面严重氧化，无金属光泽，裂口沿晶粒边界产生和发展，外形曲折而不规则的裂纹 冷裂：长条形且宽度均匀的裂纹，断面不氧化或仅轻微氧化，裂口常穿过晶粒。由内、外应力作用于铸件而造成发生在凝固过程中和凝固以后，目测可见	1. 铸件结构设计不合理，薄厚不均匀； 2. 型砂或芯砂退让性差； 3. 落砂过早； 4. 合金化学成分不当，收缩过大，尤其是含硫、磷较高	1. 合理设计铸件结构； 2. 增加型砂和芯砂的退让性
表面缺陷	黏砂	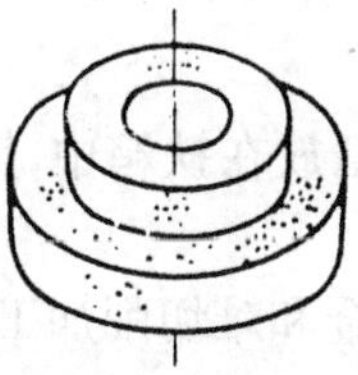 铸件表面黏结着砂粒	1. 浇注温度太高； 2. 型砂选用不当，耐火度差； 3. 未刷涂料或涂料太薄	1. 根据不同的合金及浇注条件，确定合适的浇注温度； 2. 选用耐火度较好的型砂； 3. 按要求刷涂料

8.6 特种铸造

特种铸造是有别于砂型铸造方法的其他铸造工艺。随着科学技术的发展和生产水平的提高，对铸件质量、劳动生产率、劳动条件和生产成本有了进一步的要求，人们通过改变造型材料或造型方法，或改变浇注方法和凝固条件，发展了一系列的特种铸造方法。常用的有熔模铸造、金属型铸造、离心铸造、压力铸造、低压铸造、陶瓷型铸造、实型铸造、磁型铸造、石墨型铸造、差压铸造、连续铸造和挤压铸造等。本节简要介绍前四种特种铸造方法，并与砂型铸造在铸造方法特点及其经济性方面进行比较。

8.6.1 熔模铸造

熔模铸造又称失蜡铸造。它是一种精密铸造方法。图 8-11 以汽车变速器拨叉铸件为例，说明熔模铸造的工艺过程。

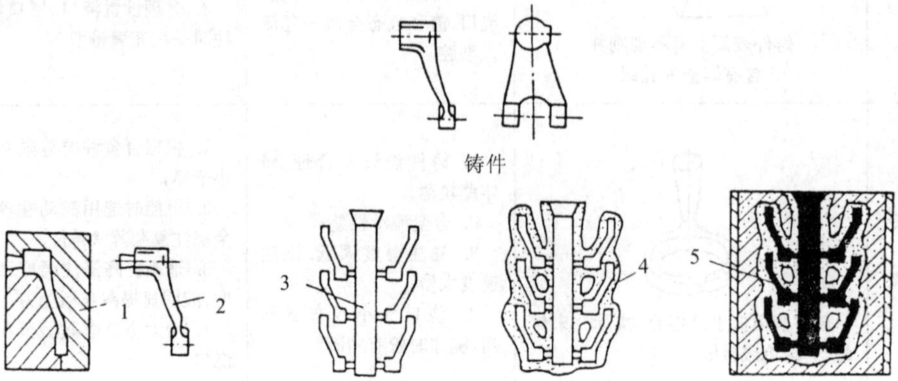

图 8-11 熔模制造工艺过程

1—压型；2—蜡模；3—浇注系统；4—蜡模结壳；5—浇入金属

1. 制造蜡模和模组

把熔化成糊状的易熔材料(如蜡料，常用 50%石蜡和 50%硬脂酸制成) 压入压型，待冷却凝固后取出，得到蜡模。再把许多蜡模黏结在蜡质的浇注系统上，成为模组。

2. 模组结壳和脱蜡

结壳材料是由石英粉和水玻璃组成的糊状混合物。将模组浸挂涂料，再在其表面撒一层石英砂，然后放在氯化铵溶液中进行硬化。如此重复多次，形成了所需厚度的硬壳，然后将其放入 85℃左右的热水或蒸汽中，熔去模组，便得到无分型面的型壳，烘干型壳中的水分，再经过焙烧以增加强度。

3. 浇注金属

为了防止金属浇注时铸型产生变形或破裂，通常把铸型放在铁箱中，周围填入干砂，然后进行浇注。

熔模铸造适用于各种铸造合金，尤其适用于高熔点合金和难切削加工合金的复杂铸件的生产。其铸件尺寸精度和表面质量较高。目前，熔模铸造已广泛应用于航空、汽车、电器、仪器及刀具等制造部门。

8.6.2 金属型铸造

金属型铸造是将熔融的金属浇入金属铸型而获得铸件的方法，如图 8-12 所示。金属型不同于砂型，它可“一型多铸”，一般可浇注几百次到几万次。

金属铸型常用铸铁或铸钢制造，它没有透气性，由于热导率高而对铸件有激冷作用。因此，应在金属铸型上开设排气槽，浇注前应将金属铸型预热，并涂上涂料保护。

金属型铸造的生产率高，所得铸件的尺寸精度和表面质量也较好，铸件结晶组织细密，提高了力学性能。但金属型的制造成本高,加工周期长。目前,金属型铸造主要用于大批量生产有色合金铸件。

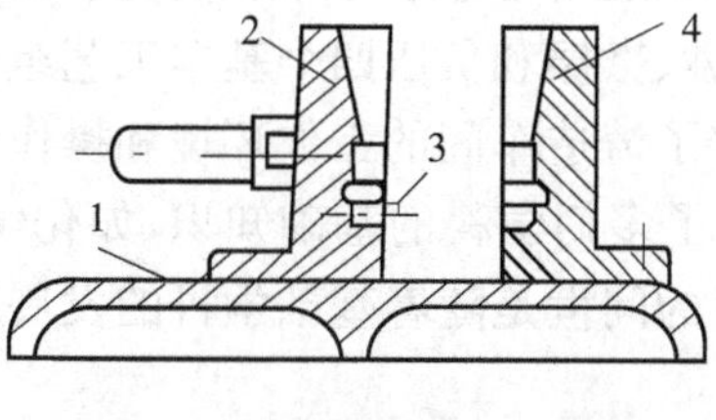

图 8-12 金属型铸造示意图

1—底座;2—活动半型;3—定位销;4—固定半型

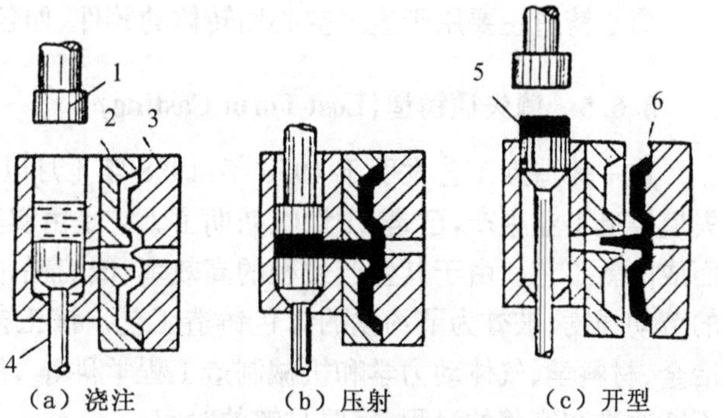

图 8-13 压力铸造原理图

1—压铸活塞;2、3—压型;4—下活塞;5—余料;6—铸件

8.6.3 压力铸造

压力铸造是将熔融的金属在高压下高速充填金属型腔,并在压力下凝固的铸造方法。图 8-13 为压力铸造原理图。

压铸件是在高压、高速下成型,故可铸出形状复杂的薄壁铸件,也能直接铸出各种小孔、螺纹和齿轮。压铸件的精度和表面质量比金属型铸造更高,铸件结晶组织更为细密。压铸件通常不需进行切削加工,便可直接装配使用。压力铸造易于实现自动化,生产率很高。但由于压铸机设备投资大,压型制造费用昂贵,因此,压力铸造适用于大量生产形状复杂的薄壁有色合金小铸件,广泛用于航空、汽车、电器及仪表等工业部门。

8.6.4 离心铸造

离心铸造是将液态金属浇入旋转着的铸型中,并在离心力的作用下凝固成型的铸造方法。

离心铸造的铸型可以是金属型,也可以是砂型。铸型在离心机上可以绕垂直轴旋转或者绕水平轴旋转,如图 8-14 所示。

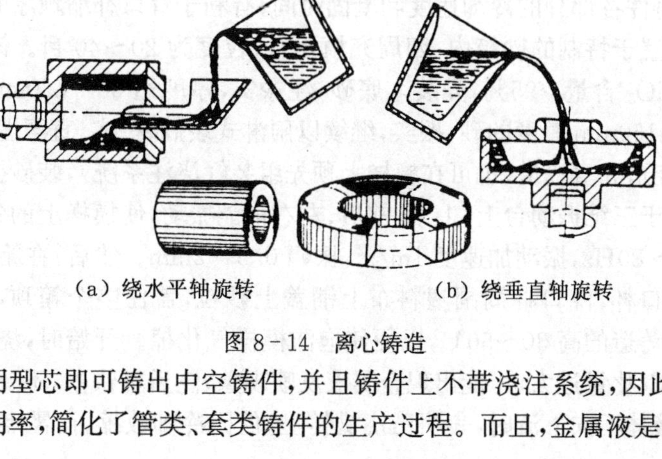

图 8-14 离心铸造

离心铸造不用型芯即可铸出中空铸件,并且铸件上不带浇注系统,因此,离心铸造工艺提高了材料的利用率,简化了管类、套类铸件的生产过程。而且,金属液是在离心力的作用

下冷却凝固,故铸件组织致密,力学性能较好。但离心铸造铸件的内表面质量较差,因此,此处加工余量应放大些。

离心铸造主要用于生产空心回转体的铸件,如各种管子、缸套、轴套、圆环等。

8.6.5 消失模铸造(Lost Form Casting)

这一铸造新工艺发明于1956年,1958年4月以专利形式公布于世。形成较为完整的消失模铸造工业生产,已是21世纪初期了。它是由实型、干砂、微振和负压四个基本工艺组合而成的新工艺。由于其生产过程的高效率、低消耗,并改善了铸造车间的工作环境和操作者的劳动强度,被誉为节约化的绿色铸造工艺。该工艺涉及了多门学科的基础知识,如化学、冶金、材料学、气体动力学和机械制造工程学科等 ,所以它的问世是随着基础学科的发展而不断改进和完善的过程,需要足够的时间。

消失模铸造工艺原理:

利用高分子聚合物,如可发性聚苯乙烯(Expendable polystyrene,EPS)、可发性聚甲基丙烯酸甲酯(Expendable polymethylmethacrylate,EPMMA)或两者的共聚物的特性;受热后可以自发地发泡胀大,导热速度慢,一定温度时,可以完全气化掉等。用它们来代替传统砂型铸造模样。制模样时,先将它们进行预发泡、熟化后,将颗粒注射入铝合金模具,通入蒸汽,受热发胀,颗粒间相互熔合粘接成整体,制成与铸件形状一致的泡沫塑料模样。单件或小批量生产时,可用0.5~1.0mm镍铬电热丝,在36V、500℃左右(电热丝不发红)热切割上述聚合物的泡沫塑料板,形状复杂的铸件。先分解为简单的几何形状,然后,用黏结剂(如聚醋酸乙烯酯,简称白乳胶,或用热熔胶快速粘接)组装成与铸件形状一致的模样。并将浇注系统预制件也组装到模样上,生产小件时,也可将多个模样组装成一组,充分利用砂箱容积,一箱多铸。

在模样或模样组内,外表面上涂上涂料,可以刷涂或喷涂,涂层厚度0.25~3.0mm,在室温50℃左右的循环通风室内干燥3~10小时,随即使用,以免还潮。消失模铸造的涂层十分重要,它是泡沫塑料模样的外衣,起着加固模样强度的作用,减少下一工序填装干砂振实砂型时模样的变形,又是浇注时金属与干砂间的屏障。耐火性好,热化学稳定性高的涂层结壳,不会与液态金属发生化学反应而生成低熔点物质,造成铸件粘砂,也有足够的强度和韧性,避免冲砂而在铸件上出现砂眼、夹砂等缺陷,提高了铸件质量。此外调整涂料组分和涂层厚度,可调节铸件各部分的冷却速度和凝固时间,有利于冒口补缩顺序的凝固过程。

把带壳模样置于特制的砂箱内,四周充填干砂,粒度为20~40目。铸钢件时,用水洗、烘干的石英砂,SiO_2含量>95%,先装入底砂,经振实,厚度达60~120mm,刮平,放置带壳模样,加入100~150mm厚度的砂,振实,继续以雨淋式装砂、振实,直至埋没带壳模样,并安置上内浇道、横浇道和直浇道(也可在模样上预先组装好浇注系统),装砂振实直至砂粒与箱口齐平。砂箱置于三维振动台上,上下、前后、左右都能振动,使模样上的各孔腔处都充实砂粒,振动频率10~80Hz,振动加速度$1m/s^2$,振幅0.5~2mm。然后,在箱口上盖上塑料布,直浇道处安上浇口杯,浇口杯周围塑料布上铺盖上砂粒,盖住整个箱顶,厚度20~30mm。浇注温度比砂型铸造的高30~50℃,以便使泡沫模样气化掉。开始时,浇注速度要慢些,因过快会造成模样气化量过大,可能出现金属液反喷现象,随后可快些,不要断流,浇口杯保持充满状态;杯内液体不向下流时,表明已浇满铸型,但因冷却收缩,尚需点浇缓流补缩,至不再下流时，停止浇注。在整个浇注过程中，通过箱底内侧和侧面预置的多根排气管，由 W 型真空泵连续抽真空，以排除模样汽化造成的气体，真空排气系统还应有稳压罐、湿除尘器、水气分离器。其压力随铸件的材料和大小而定，通常选择 0.025～0.06MPa 范围间，至浇注毕 3～10min 后停止抽气。待铸件凝固、冷却，落砂清理，获得高质量的铸件。

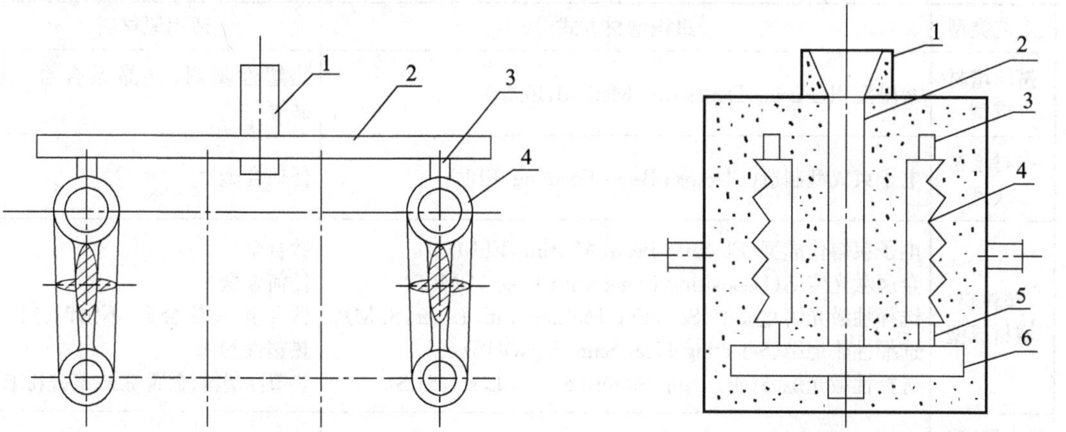

(a) 消失模铸造(上注法)

1—直浇道；2—横浇道；3—内浇道；4—铸件

(b) 消失模铸造(下注法)

1—外浇口；2—直浇道；3—排渣冒口；4—铸件；5—内浇道；6—横浇道

图 8-15 消失模铸造

由此，国内也有称之为：负压铸造、实型铸造、汽化模铸造等，可形象表明其含义了。

8.6.6 3D 打印(Three Dimensional Printing)

3D 打印这种立体打印技术始创于 20 世纪 90 年代。3D 打印是通俗称谓，学术上称之为快速成型技术(Rapid Forming Technology)，亦称增材成型技术(Adding Material Forming Technology)。它是一种以数字模型为基础，运用金属粉末或塑料等可黏合材料，通过逐层打印的方式来制造零件的制造工艺技术，是一种不需要刀具、夹具和机床，根据零件图上物体的三维模型数据，由打印设备以材料累积叠加的方式制造零件或各种物体的技术。其工艺过程如图 8-16 所示。

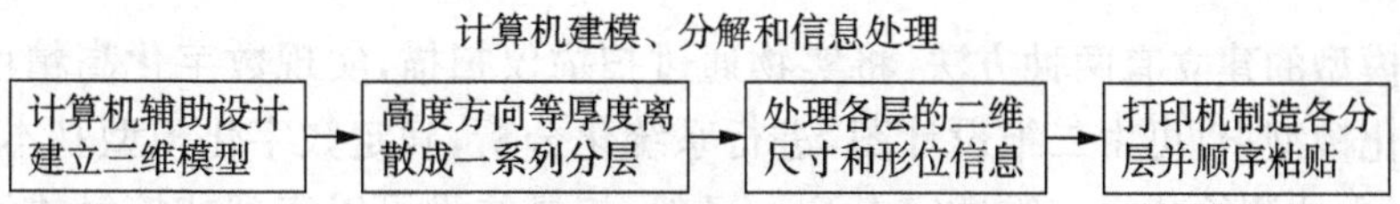

图 8-16 快速成型技术的工艺过程

它与常用的喷墨打印机的工作原理相同，机内预置粉末等打印材料，与计算机连接后，通过所输入的程序，由计算机控制，把打印材料一层层地累积起来，最终把计算机上的设计图数字模型变成实物，因此又称为三维立体打印技术。1993 年，麻省理工学院获得了三维打印技术专利。2017 年，德国 Adidas 采用三维打印技术首创生产了 Adidas 品牌运动鞋鞋底，并批量应用，以适应快速变化着的时尚潮流。

普通打印机所用的打印原材料是油墨和纸张，而三维打印机内预装有金属、陶瓷、塑料或型砂(芯砂)等原材料,打印出真实的实物。

由于打印材料的不同,打印方法上的差异,而发展出了许多不同的打印方式(表8-7),但基本原理是一致的。

表8-7 三维打印技术类型

工艺类型	累积增材方式	适用原材料
挤压增材成型	熔融沉积(Fusing Depositing Method,FDM)	热塑性塑料、共晶系合金、食品等
线材增材成型	电子束成型制造(Electron Beam Forming,EBF)	任何合金
颗粒料增材成型	电子束熔化成型(Electron Beam Melting,EBM) 金属激光烧结(Depositing Metal with Laser,DMLS) 选择性激光熔化成型(Selecting Melting with Laser,SLM) 选择性热烧结(Selecting Heat Sintering,SHS) 选择性激光烧结(Selecting Sintering with Laser,SLS)	钛合金 任何合金 钛合金、钴铬合金、不锈钢、铝 热塑性粉末 热塑性塑料、金属粉末、陶瓷粉末
粉末层喷头三维打印	石膏三维打印(Plaster Printing,PP)	石膏
层压工艺	分层实体制造(Layer upon Layer Material Object Manufacture,LOM)	纸、金属箔、塑料薄膜
光聚合工艺	立体平板印刷(Stereo Layer Actinic Printing,SLA) 数字光固化处理(Data Layers Photochemical Treatment Printing,DLP)	光固化树脂黏合剂 光固化树脂黏合剂

我国高速动车组和谐号和复兴号列车的每节车厢下的转向架,都需兼具极高的运动精度和伺服灵活性,它的砂模就是由颗粒状原材料——型砂(芯砂)和黏合剂,经三维打印机层层叠加堆积而成的,所用原材料已全由国内自主研制和生产,并由我国自主制定了标准(QB),以供执行。

综上所述,三维打印可以制造传统制造工艺方法难以甚至无法制造的复杂结构,大大拓展了设计人员的创作思维空间;又因其快速成型的特点,大大缩短了从二维设计图纸到零件的制造周期。

数字化模型的建立有两种方法:将实物通过扫描仪扫描,实现数字化高精度逆向设计,建立起数字化模型;也可由二维设计图,进行系统化分析,确定数字化模型基本构成元素的曲面类型,经立体测绘建立三维数字模型。显然,扫描技术可以实现非接触式测量,且兼具速度快、精度高的优点,缩短了产品的研发周期,降低了产品的制造成本,易于把握好产品质量。

单件、小批量生产,都可实施柔性化生产,将计算机辅助设计(CAD)与计算机辅助制造(CAM)一体化,构成高度自动化的制造工艺系统,是高新技术的高度集中,充分运用计算机系统、数控技术、激光、等离子、电子束等加工方法和新材料于一体,经济成本远低于传统生产方法。与传统的熔模精密铸造——失蜡铸造(Investment Casting)相比,三维打印可以简化工序、缩短加工周期、降低成本。因为三维打印取消了蜡模制造工艺过程,不需要金属模具。三维打印精密铸造工艺过程,仅需由上述建立的数字化模型,打印出铸型型壳,清理好型壳空腔后,即可直接浇注,冷却成形。

三维打印这一新兴的制造技术,越来越获得广泛应用,如应用于航空航天工程、机械工程、电子电器工程等领域,也逐渐被用于艺术品创作和时尚设计领域。三维打印打破了传统的设计与制作工艺过程模式,有助于创作出前所未有的结构、零件和艺术品。

8.6.7 几种铸造方法的比较

各种铸造方法均有其优缺点,必须结合生产具体情况,进行全面分析比较,才能正确选择铸造方法。

表8-8为几种铸造方法特点的比较,表8-9为几种铸造方法经济性的比较。

表8-8 几种铸造方法特点的比较

项目 \ 铸造方法	砂型铸造	熔模铸造	金属型铸造	压力铸造	离心铸造
金属的范围	任意	不限制,但以铸钢为主	不限制,但以有色合金为主	铝、锌等低熔点合金	以铸铁、铜合金为主
铸件的大小及重量	任意	一般小于25kg	以中、小铸件为主,也可用于数吨大铸件	一般为10kg以下小铸件,也可用于中等铸件	不限制
生产批量	不限制	成批,大量,也可单件生产	大批、大量	大批、大量	成批、大量
铸件尺寸精度	IT15～IT14	IT14～IT11	IT14～IT12	IT13～IT11	IT14～IT12
铸件表面粗糙度(μm)	粗糙	R_a(1.6～12.5)	R_a(6.3～12.5)	R_a(0.8～3.2)	内孔粗糙
铸件内部质量	结晶粗	结晶粗	结晶细	结晶细	缺陷很少
铸件加工余量	大	小或不加工	小	不加工或精加工	内孔加工量大
生产率(一般机械化程度)	低、中	低、中	中、高	最高	中、高
设备费用	中、低	中	中	高	中
应用举例	各种铸件	刀具、叶片、自行车零件、机床零件、刀杆、风动工具等	铝活塞、水暖器材、水轮机叶片,一般有色合金铸件等	汽车化油器、喇叭、电器、仪表、照相机零件等	各种铁管、套筒、环、辊、叶轮、滑动轴承等

表 8-9 几种铸造方法经济性的比较

项　目	砂型铸造	金属型铸造	压力铸造	熔模铸造	离心铸造
小批生产时的适应性	最好	良好	不好	良好	不好
大量生产时的适应性	良好	良好	最好	良好	良好
模样或铸型制造成本	最低	中等	最高	较高	中等
铸件的机械加工余量	最大	较大	最小	较小	内孔大
金属利用率$\left(\frac{\text{铸件净重}}{\text{铸件净重}+\text{浇冒口}}\right)$	最差	较好	较差	较差	最好
切削加工费用	最高	较小	最小	较小	中等
设备费用	最低	较低	最高	较高	中等

习题八

1. 思考题

(1) 试叙述分开模两箱造型铸件生产的全过程(按工艺过程顺序排列)。

(2) 铸件的热裂和冷裂是怎样形成的？如何从设计和工艺上防止？

(3) 试按题图 8-1 所示的编号顺序,写出其名称和作用。

(4) 试叙述熔模(失蜡)铸造的生产工艺过程及其应用特点。

(5) 题图 8-2 所示的五种铸件,试分析其各自采用何种最适宜的造型方法(手工造型),选取其最合理的分型面。

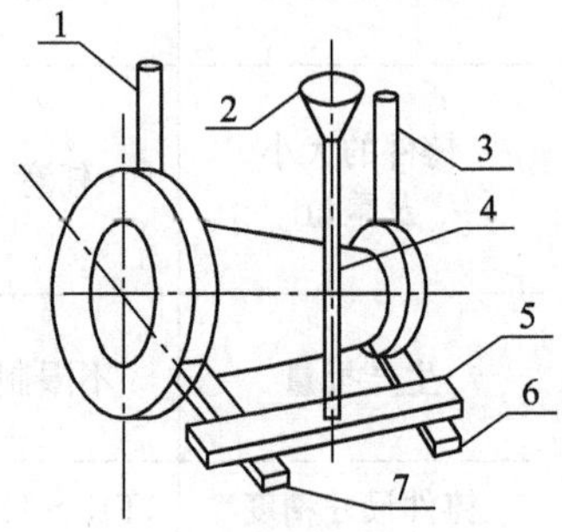

题图 8-1

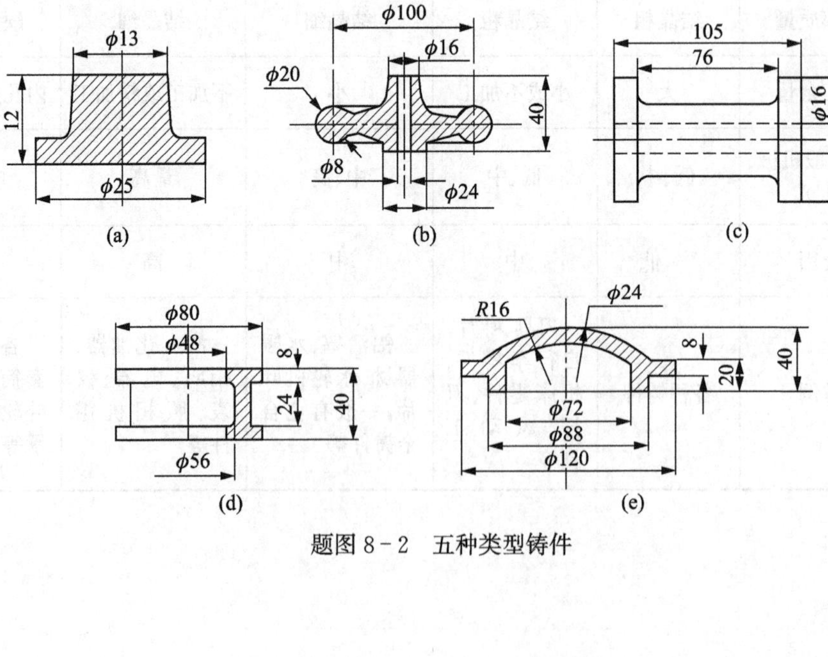

题图 8-2　五种类型铸件

(6) 题图 8-3 所示的铸件,有几种造型方法方案和分型面方案?你认为哪一个方案较合理?

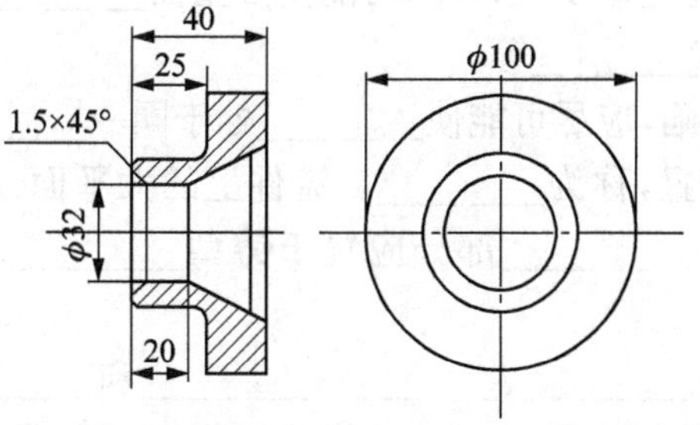

题图 8-3　盘套类铸件图

2. 判断题

(1) 在上下砂箱上都扎上通气孔,以增强型砂的透气性。　(　)
(2) 型芯骨的作用是加强型砂的强度。　(　)
(3) 分型面和分模面,其实是同一个表面。　(　)
(4) 浇注系统可以调节液态金属流入型腔的速度和方向。　(　)
(5) 大型铸件机器造型时,大多采用震压式舂砂。　(　)
(6) 型芯除了形成铸件的内腔外,也可形成铸件的外形。　(　)
(7) 型芯烘干的目的是提高其强度和退让性。　(　)
(8) 型腔表面和型芯表面涂上涂料的目的是提高其耐火性。　(　)
(9) 实习时你熔炼合金的炉子是高温电阻坩埚炉。　(　)
(10) 坩埚由耐热铸铁制造,表面涂铝,使用时再涂上涂料。　(　)
(11) 铸件断口的低倍或目测组织结晶愈粗大,强度愈高。　(　)

3. 填空题

(1) 所谓铸造是将________注入与________的________、________相应的________,待________后,获得________或________的生产方法。它是________生产的主要方法。

(2) 铸造生产的优点:可以生产机加工不易加工的________;尺寸和重量________,成本________且________材料。其生产方式可分为________和________两大类,而________尤为应用广泛。

(3) 在铸型中用来引导液态金属流入________的________,称为________。它对保证铸件________,提高________,降低________和________,具有重要作用。若设计不当,易产生________、________、________、________、________、________和________等铸造缺陷。

(4) 注入铸型的金属液冷却时,产生________,所以铸件________处,必须设置________,使________集中在________内,以获得结实的铸件。________除了________作用外,还起到________和________作用。

(5) 为了提高铸件局部冷却速度,可在砂型中放置________,以消除铸件________、________和提高表面________和________。

(6) 上下箱铸型间的分界面,称为________;同一模样分成两部分或几部分的分界面,称为________。

(7) 为了便于起模,简化造型工艺,应尽可能使分型面________、数量要________;避免不必要的________和________等。

(8) 为避免________缺陷,应尽可能使________处于同一________内。

(9) 铸件在铸型中的位置,称为________。铸件上的大平面、基准面等表面应________;壁厚不均匀的铸件,________部分应置于铸型________;________的部分应置于铸型________。

(10) 铸造工艺参数为:________、________、________和________等。为便于起模,铸件上的________面都应设置________;浇注后的液态金属在形成铸件过程中,经历了________、________和________三阶段,而必须按合金________放大________尺寸,以保证铸件的________尺寸。

(11) 冷却后的铸铁件,可开箱落砂,开箱过早,铸件产生________组织,造成________困难,产生________、________,甚至________。开箱过晚,影响________。落砂后铸件的清理,包括切除________,清除________、________和________等。

(12) 检验铸件质量的常用方法,有________、________、________和________等。

4. 选择题

(1) 为提高型砂的透气性,常加入(　　)。

1. 水和水玻璃;　　2. 树脂;　　3. 黏土;　　4. 煤粉和木屑

(2) 铸造生产过程中最基本的工艺文件是(　　),它指导着铸件的整个生产工艺过程。

1. 铸件图;　　2. 零件图;　　3. 模样图;　　4. 铸造工艺图

(3) 砂型铸造的造型方法有(　　)。

1. 整体模造型和分开模造型;　　2. 熔模铸造和压力铸造;

3. 手工造型和机器造型;　　4. 刮板造型和车板造型

(4) 手工造型时舂实型砂应采用(　　);修平面和挖沟槽应采用(　　)。

1. 墁刀;　　2. 秋叶;　　3. 砂勾;　　4. 捣砂锤

(5) 机器造型的实质是用机器进行(　　)。

1. 合箱和浇注;　　2. 开外浇道和扎通气孔;

3. 造型和造芯;　　4. 舂砂和起模

(6) 坩埚涂上涂料后,必须充分烘干。使用时,预热至暗红色。如未干燥会引起(　　)。

1. 严重氧化;　　2. 夹渣严重;　　3. 合金吸气;　　4. 爆炸

(7) 坩埚熔炼有色金属合金,如锌合金时,可加入(　　)作为合金熔炼时的(　　),以防炉气侵入。

1. 1.5%磷铜;　　2. $ZnCl_2$;　　3. C_2Cl_6;　　4. 木炭;

5. 精炼剂;　　4. 变质剂;　　5. 覆盖剂

(8) 熔炼锌合金时,Cu、Al、Zn、Mg 炉料加入坩埚的顺序是(　　)。

1. 四种合金炉料同时混加;　　2. 先加 Cu,再加 Al、Zn,最后加 Mg;

3. 按顺序 Zn—Mg—Cu—Al;　　4. 按顺序 Mg—Zn—Al—Cu

第9章　车 削 加 工

9.1　概　　述

9.1.1　定义和加工范围

车削是在车床上加工零件的一种切削加工方法。工件的旋转为主运动，刀具的移动为进给运动。车削加工范围很广（图 9－1），车削可达的经济加工精度为 IT6 级，表面粗糙度达 R_a 1.6μm。

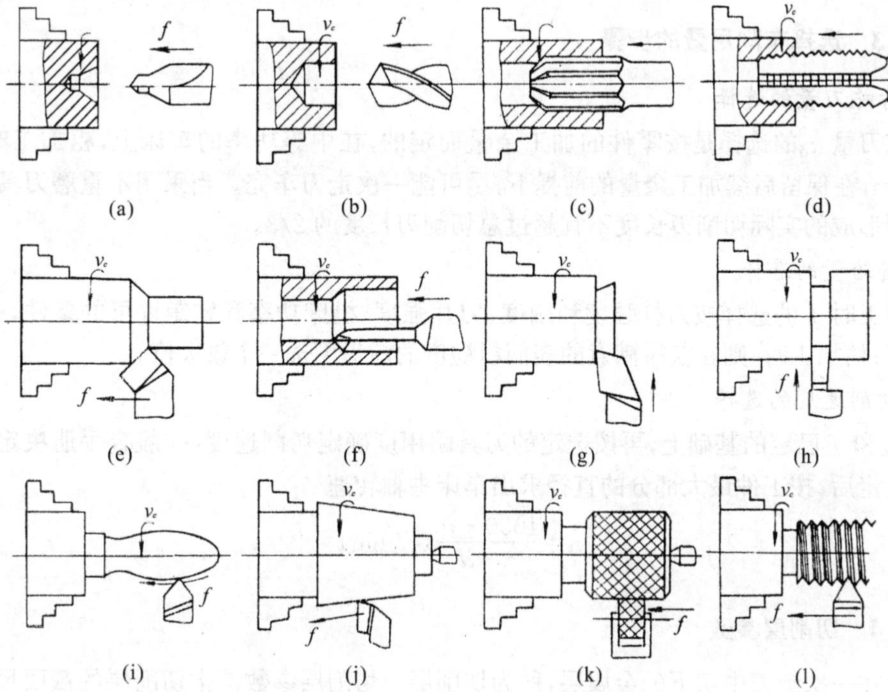

图 9－1　车削加工范围

9.1.2　车削用量

车削时，用切削速度 v_c、进给量 f 和背吃刀量 a_p 三个切削要素来表达车削用量。它们对加工质量、生产率及加工成本有很大影响（图 9－2）。

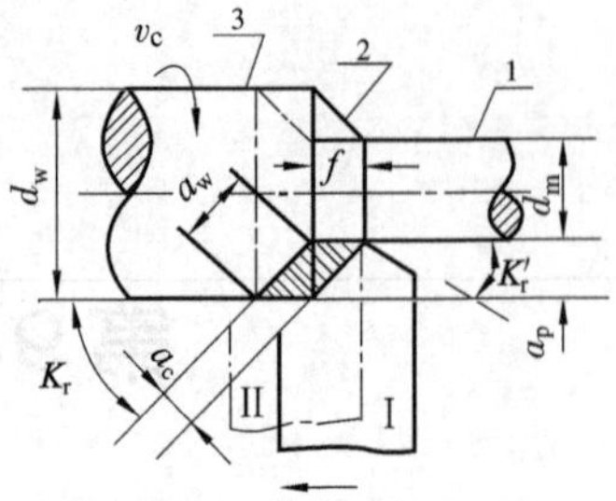

图 9-2 切削层及其参数
1—已加工表面;2—切削表面(过渡表面);3—待加工表面

1. 切削速度 v_c

是指车刀刀刃与工件接触点上主运动的最大线速度

$$v_c=\frac{\pi \cdot d \cdot n}{1000}$$

式中 v_c——切削速度(m/s 或 m/min);
d——工件待加工表面最大直径(mm);
n——主轴转速(r/s 或 r/min)。

2. 进给量 f

指工件转一周时刀具沿进给方向的位移量,又称走刀量,其单位为 mm/r。

3. 背吃刀量 a_p

指待加工表面与已加工表面之间的垂直距离,又称切削深度,单位为毫米(mm)。

$$a_p=(d_w-d_m)/2$$

式中 a_p——背吃刀量(mm);
d_w——工件待加工表面的直径(mm);
d_m——工件已加工表面的直径(mm)。

9.1.3 选择车削用量的步骤

1. 背吃刀量的选择

背吃刀量 a_p的选择是按零件的加工余量而定的,在中等功率的车床上,粗加工时可达 8 ～10mm,在保留后续加工余量的前提下,尽可能一次走刀车完。当采用不重磨刀具时,背吃刀量所形成的实际切削刃长度不宜超过总切削刃长度的 2/3。

2. 进给量的选择

粗加工时 f 的选择按刀杆强度和刚度、刀片强度、机床功率和转矩许可的条件,选一个最大的值;精加工时,则在获得满意的表面粗糙度的前提下选一个较大值。

3. 切削速度的选择

在 a_p和 f 已定的基础上,再按选定的刀具耐用度确定切削速度(一般查手册决定)。车削速度决定后,按工件最大部分的直径求出车床主轴转速

$$n=\frac{1000 \cdot v_c}{\pi \cdot d}(\text{r/min})$$

9.1.4 切削层参数

刀刃在一次走刀中切下的金属层,称为切削层。切削层参数是指切削层的截面尺寸,为简单起见,规定在垂直于主运动方向的平面内度量。图 9-2 中阴影部分为车外圆时切削层的截面。

1. 切削厚度 a_c

切削厚度是垂直于过渡表面度量的切削层尺寸。

$$a_c=f\sin K_r$$

式中 K_r——切削刃与进给方向之间的夹角。

当 f 或 K_r 增大时，则 a_c 变厚，刀刃工作负荷增大。

2. 切削宽度 a_w

切削宽度是沿着过渡表面度量的切削层尺寸。

$$a_w = a_p / \sin K_r$$

当 a_p 减小或 K_r 增大时，a_w 变短，刀刃工作长度变短。

3. 切削截面积 A_c

切削截面积又称切削面积，是衡量切削效率高低的一个指标。

$$A_c = a_c a_w = f \sin K_r \times \frac{a_p}{\sin K_r} = f a_p$$

4. 金属切除率 Z_w

金属切除率是指单位时间切下工件材料的体积，常用来衡量切削效率。

$$Z_w = A_c v_c = v_c f a_p$$

由上式可知，车削时金属切除率等于车削时切削用量三要素的乘积；切除率越大，表示生产效率越高。

9.2 卧式车床

卧式车床是应用最广泛的一种车床，适用于加工各种轴类、套筒类和盘类零件上的回转表面。下面以 CA6136 型车床为例介绍卧式车床。

其中　CA——机床类别代号(车床类)；

6——机床组别代号(卧式车床组)；

1——机床型别代号(卧式车床型)；

36——表示车床主参数，床身上最大工件回转直径的十分之一，即 360mm。

9.2.1 卧式车床的主要组成部分(图 9-3)

(1) 主轴箱：安装主轴及主轴变速机构；

(2) 进给箱：安装作进给运动的变速机构；

(3) 溜板箱：安装作纵横向运动的传动部件并连接拖板及刀架；

(4) 尾架：安装尾架套筒及顶尖；

(5) 床身：用来支承上述各部件，并保证其相对位置。

9.2.2 卧式车床传动系统

车床的传动系统是指从电动机到机床主轴或刀架之间运动传递的机械系统。

1. 卧式车床典型的传动机构

(1) 变速机构：车床主要用改变滑动齿轮齿数比以达到变速的目的。

(2) 换向机构：车床常用增加中间齿轮的方式以改变转动的方向。

(3) 改变运动类型的机构：这类机构主要任务是把旋转运动变为直线运动，如齿轮—齿条传动和丝杠—螺母传动都属此种机构。

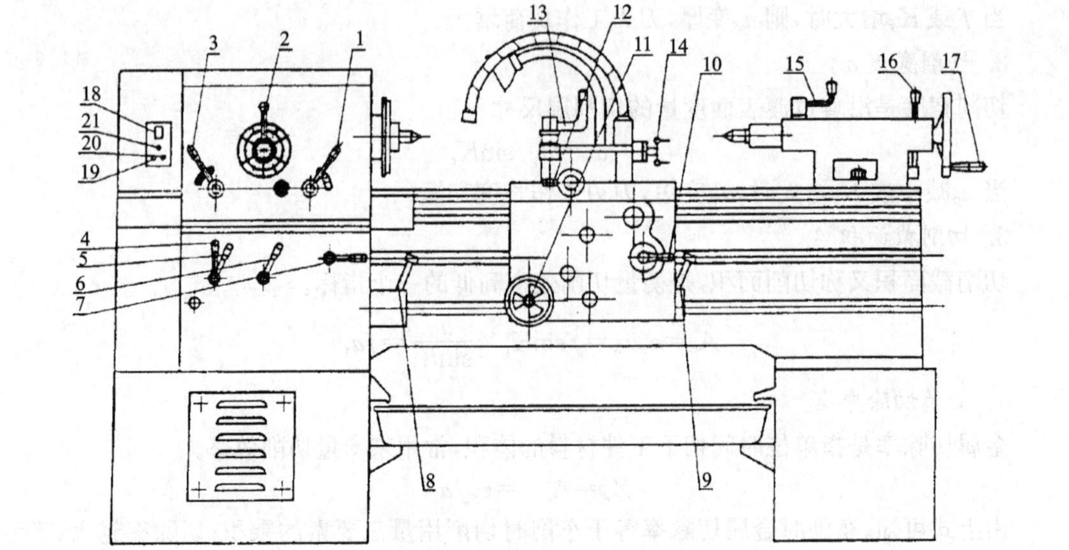

图 9-3 CA6136 型卧式车床

1—主轴高、低挡手柄；2—主轴变速手柄；3—纵向正、反进给手柄；4、5、6—进给量和螺距调整手柄；7—丝杠、光杠变换手柄；8、9—主轴正、反转操纵手柄；10—开合螺母操纵手柄；11—鞍座纵向移动手轮；12—中拖板横向移动手轮；13—刀架转位、固定手柄；14—小拖板移动手柄；15—尾顶尖套筒固定手柄；16—尾座锁紧手柄；17—尾座套筒移动手轮；18—电源总开关；19—紧急停车按钮；20—电动机开关；21—切削液泵开关

图 9-4 为 CA6136 车床的传动系统，电动机的旋转运动是通过皮带轮、齿轮、丝杆—螺母或齿轮—齿条等传至机床的主轴或刀架。

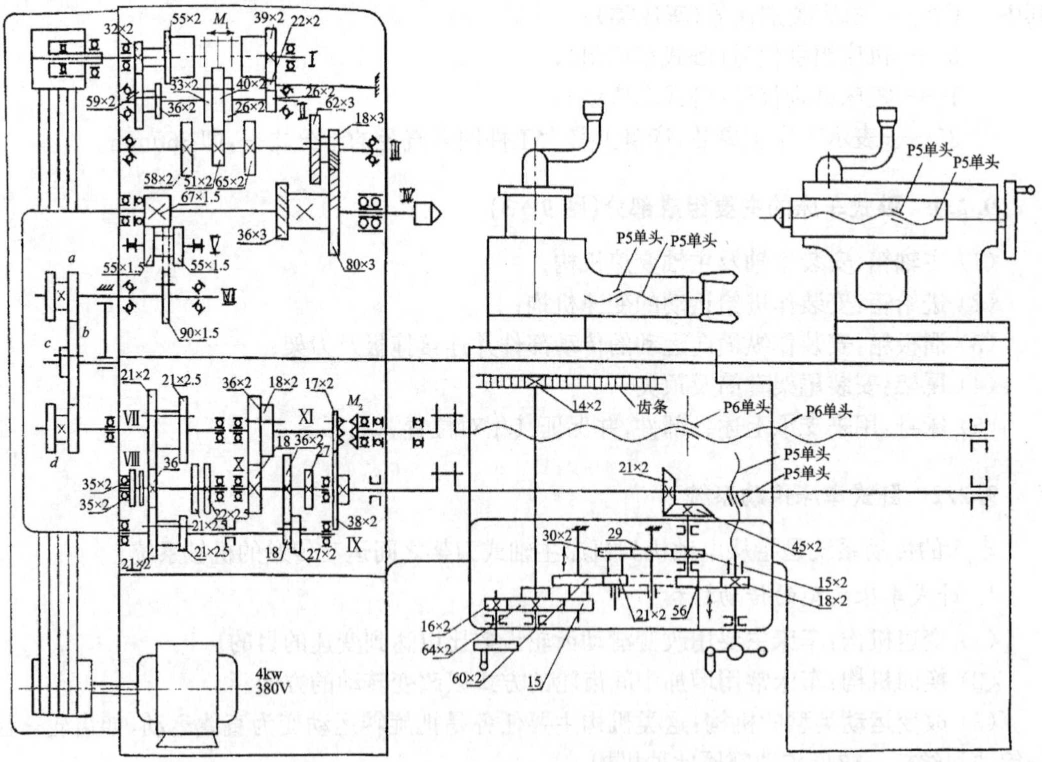

图 9-4 CA6136 卧式普通车床传动系统

2. 卧式车床传动路线

图 9－5 即为其传动路线示意图。

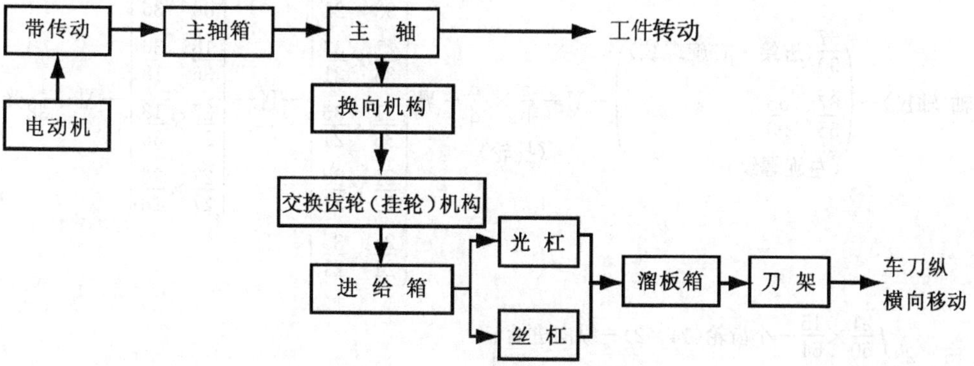

图 9－5 传动路线示意图

3. 主传动系统

由主电动机经三角胶带、带动车头箱内轴Ⅰ，用摩擦离合器控制主轴正反转，由手柄 8 和 9 操纵。欲改变主轴转速，可通过手柄 1 和 2，移动主轴箱内的滑移齿轮副；而得 12 挡主轴正转转速（37～1600r/min）和 6 档主轴反转转速（102～1570r/min）。见图 9－3、图 9－4，传动路线表达式为：

$$\text{电动机}\frac{D_1}{D_2}\,\mathrm{I}-\begin{cases}M_1(\text{左})(\text{正转})-\begin{pmatrix}\frac{55}{36}\\ \frac{32}{59}\end{pmatrix}-\mathrm{II}\begin{bmatrix}\frac{33}{58}\\ \frac{40}{51}\\ \frac{26}{65}\end{bmatrix}-\mathrm{III}\begin{pmatrix}\frac{18}{37}\\ \frac{62}{80}\end{pmatrix}-\mathrm{IV}(\text{主轴})\\[2ex] M_1(\text{右})(\text{反转})\frac{39}{22}\quad\frac{22}{26}-\mathrm{II}-\begin{bmatrix}\frac{33}{58}\\ \frac{40}{51}\\ \frac{26}{65}\end{bmatrix}-\mathrm{III}\begin{pmatrix}\frac{18}{37}\\ \frac{62}{80}\end{pmatrix}-\mathrm{IV}(\text{主轴})\end{cases}$$

4. 进给传动系统

由主轴（轴Ⅳ）经三星换向齿轮副、挂轮齿轮副传入进给箱和溜板箱，由光杠驱动齿轮副，使小齿轮（14×2）沿齿条运动而移动溜板，刀架做自动纵向运动。也可经光杠驱动齿轮副后，脱开自动纵向进给运动链，而接上横向自动进给运动链，使刀架作自动横向进给运动其传动路线表达式为：

$$\text{主轴(轴Ⅳ)}-\begin{pmatrix}\frac{67}{90}\text{(进给·右旋螺纹)}\\ \frac{67}{55}\times\frac{55}{90}\\ \text{(左旋螺纹)}\end{pmatrix}-\text{Ⅵ}-\underset{\text{(挂轮)}}{\frac{a}{b}\times\frac{c}{d}}-\text{Ⅶ}-\begin{bmatrix}\frac{21}{36}\times\frac{21}{21}\\ \frac{21}{33}\times\frac{22}{21}\\ \frac{21}{36}\times\frac{33}{21}\\ \frac{21}{36}\times\frac{36}{21}\\ \frac{21}{22}\times\frac{33}{21}\\ \frac{21}{21}\times\frac{35}{21}\end{bmatrix}-\text{Ⅸ}-\begin{bmatrix}\frac{18}{36}\times\frac{18}{36}\\ \frac{18}{36}\times\frac{36}{18}\\ \frac{27}{27}\times\frac{18}{36}\\ \frac{27}{27}\times\frac{36}{18}\end{bmatrix}-\text{Ⅺ}-\frac{17}{38}\text{光杠}$$

$$-\frac{21}{45}\times\frac{15}{29}\times\frac{29}{30}\begin{pmatrix}\frac{21}{60}\times\frac{15}{64}-\text{小齿轮}(14\times2)-\text{纵向进给}\\ \frac{21}{56}\times\frac{56}{18}-\text{横向进给丝杠}-\text{横向进给}\end{pmatrix}$$

由上式可见,通过挂轮和移动齿轮副的换挡变速,使纵向进给量的变化范围为0.05～1.6mm/r;横向进给量为0.04～1.28mm/r,两者进给量挡数都达40种,使机床切削用量选择范围较宽,以达到最佳的经济加工要求。

5. 螺纹车削传动系统

当合上牙嵌离合器 M_2 时,轴Ⅺ上的Z17与光杠左端的Z38随之脱开,车床丝杠转动,合上与丝杠配合的开合螺母,使溜板(鞍座)带着刀架作螺纹切削进给运动。所以在车床上可以切削公制和英制螺纹等。

9.2.3 机床的操纵

如图9-3所示,在开动车床前,必须记牢各操纵手柄的名称、位置和用途,以免损坏机床。操纵机床时,还务必遵守下列规定:

(1) 车头箱(主轴箱)手柄只许在停车状态下扳动和换挡。

(2) 车床进给箱手柄只许在低速或停车状态下扳动和换挡。

(3) 启动机床前,应先检查机床各手柄所处位置是否已正确。

(4) 安装或拆卸工件时,必须关掉机床电源,使机床电动机停止转动。

(5) 启动车床前,应先用手扳动车床卡盘,检查一下机床各部分所处状态是否正常。

(6) 接通电源后,必须先开空车检查一下机床各部分的运转状态良好后,才可进行工作;并注意车床主轴的旋转方向,是否符合要求。

9.3 车　　刀

9.3.1 车刀分类

金属切削中,车刀是最简单的刀具,是单刃刀具的一种。为了适应不同车削要求,可有多种类型。

1. 按使用场合分

由于加工要求不同,车刀可分为如图 9-6 所示的很多种类。

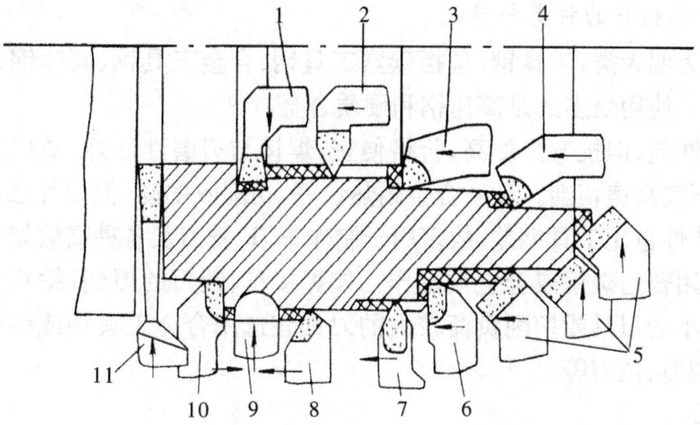

图 9-6 车刀种类及用途

1—内孔槽刀;2—内螺纹车刀;3—盲孔镗刀;4—通孔镗刀;5—45°弯头车刀;6—90°外圆车刀;7—外螺纹车刀;8—75°外圆车刀;9—成型车刀;10—90°左切外圆车刀;11—切断刀(割槽刀)

2. 按结构形式分

按结构形式,车刀有整体式、焊接式和机械夹固式等几种,如图 9-7 所示。

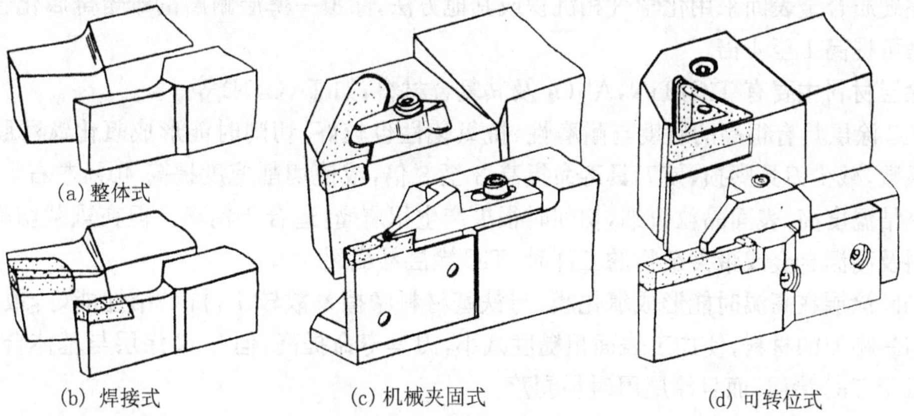

图 9-7 车刀的结构类型

9.3.2 刀具材料

1. 对刀具材料的要求

(1) 高硬度和耐磨性:刀具材料应具有高硬度,高于工件材料硬度,常温时刀具的硬度一般在 60HRC 以上。刀具材料还需要很高的耐磨性,一般硬度越高,耐磨性越好。

(2) 足够的强度和韧性:刀具材料应具有足够的强度与韧性,当刀具承受切削力与冲击力时不应发生脆性断裂和崩刃。

(3) 高的耐热性:又称红硬性。它是刀具材料在高温下保持其足够硬度的性能。通常用保持足够硬度的最高温度来表示,超过这个温度,刀具材料的硬度就下降。

(4) 良好的工艺性和经济性:为了便于制造,刀具材料应有良好的工艺性,如锻造、热处理及磨削加工性能。

2. *刀具和刀体材料的种类与性能*

刀具材料分为四大类:工具钢(包括碳素工具钢、合金工具钢、高速钢),硬质合金、陶瓷和超硬刀具材料。使用最多的是高速钢和硬质合金。

工具钢耐热性差,但抗弯强度高,价格便宜,焊接与刃磨性能好,故广泛用于中、低速切削的成型刀具,不宜高速切削。硬质合金耐热性好,切削效率高,但刀片强度、韧性不及工具钢,焊接刃磨工艺性也比工具钢差,故多用于制作车刀、铣刀及各种高效切削刀具。

一般刀体均用普通碳钢或合金钢制作。如焊接车、镗刀的刀柄,钻头、铰刀的刀体常用钢制造。尺寸较小的刀具或切削负荷较大的刀具宜选用合金工具钢或整体高速钢制作,如螺纹刀具、成型铣刀、拉刀等。

3. *涂层刀具*

在高速钢刀具表面物理气相沉积(PVD)TiN 涂层是近年来发展起来的新技术。很薄(2～10 μm)的 TiN 层,对刀具的性能有明显的影响。涂后表面硬度达 80HRC 以上,呈金黄色,摩擦系数下降,涂层牢固,可使高速钢刀具工作时的切削力、切削温度下降约 25%;切削速度,进给量提高近一倍,刀具寿命显著提高,即使刀具经重磨后性能仍优于普通高速钢。目前已在钻头、丝锥、成形铣刀、滚刀等刀具上应用。

在硬质合金表面采用化学气相沉积或其他方法,涂覆一薄层耐磨的难熔金属化合物,刀具寿命可提高 1 至 4 倍。

涂层材料主要有 TiC,TiN,Al_2O_3 及其复合材料,如 Ti(C,N)等。

TiC 涂层具有很高的硬度与耐磨性,抗氧化性也较好,切削时能形成氧化钛薄膜,降低摩擦系数,减少刀具磨损,使刀具寿命提高 3 至 5 倍,或使切削速度提高 40%左右。TiC 与钢的黏结温度高,表面晶粒很细,切削时很少产生积屑瘤,适合于精车。但在重载切削、加工硬材料及高温合金或带夹杂物的工件时,TiC 涂层易崩裂。

TiN 涂层在高温时能形成氧化膜,与铁基材料摩擦系数较小,抗黏结性能好,最适合切削钢与易粘刀的材料,使加工表面粗糙度减小,刀具寿命提高,但 TiN 涂层与基体合金结合强度低于 TiC 涂层,而且涂层厚时易剥落。

9.3.3 可转位车刀简述

可转位车刀是近 40 年才发展起来的一种新型结构刀具,能充分发挥刀片性能。所谓可转位车刀即是刀片用钝后,只需将刀片转位换成另一个新刀刃就可继续使用,直到刀片上所有刀刃都用钝后,再换新刀片,且换刀、装刀迅速。

9.3.4 车刀切削部分组成

1. *刀具切削部分组成*

外圆车刀切削部分由三面二刃一尖所组成,如图 9-8 所示。

(1) 主切削刃(S)——前刀面与主后刀面相交的切削刃,担负主要的切削工作;

(2) 主后刀面(A_α)——与工件加工表面相对的表面;

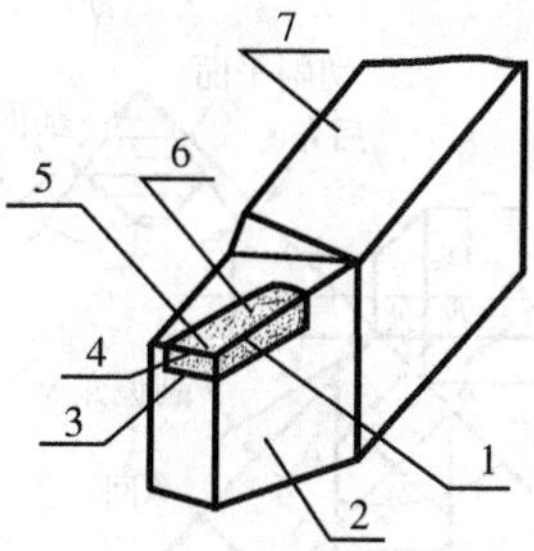

图 9-8 车刀的切削部分

1—主切削刃；2—主后刀面；3—副后刀面；4—副切削刃；
5—刀尖；6—前刀面；7—刀柄

(3) 副后刀面(A_α')——与工件已加工面相对的表面；

(4) 副切削刃(S′)——前刀面与副后刀面相交的切削刃，担任辅助切削工作；

(5) 刀尖——主切削刃与副切削刃连接处的一部分切削刃，一般为一段过渡圆弧。

(6) 前刀面(A_γ)——刀具上切屑流过的表面；

2. *度量刀具角度的基准平面*

为了确定上述刀面和切削刃的空间位置，首先要建立起有三个平面组成的坐标参考系。如图 9-9 所示。

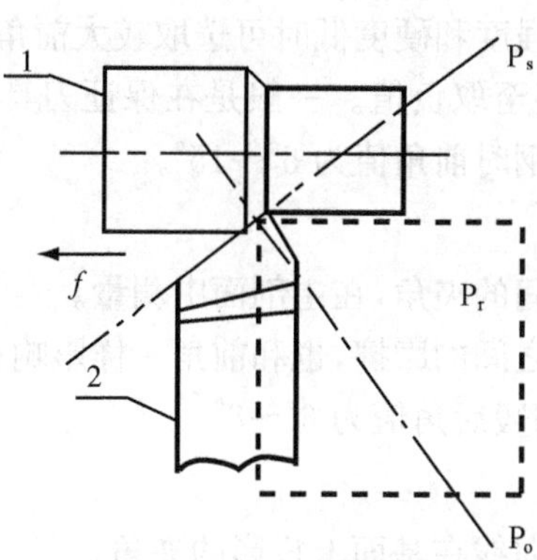

图 9-9 车刀的基准平面

1—工件；2—车刀；P_o—主剖面(正交平面)；P_r—基面；P_s—切削平面

度量刀具角度的基准平面是由基面、主切削平面和正交平面三个相互垂直的平面所构成，它是作为标注、刃磨和测量车刀角度的基准。

(1) 基面——过切削刃上一点，垂直于该点主运动方向的平面，以 P_r表示。

(2) 切削平面——过切削刃上一点，与切削表面相切，并垂直于基面的平面，以 P_s表示。

(3) 主剖面(正交平面)——过切削刃上一点，并同时垂直于基面和切削平面的平面，以 P_o表示。

9.3.5 车刀主要角度及选择原则

车刀主要角度参见图 9-10。

在刀具静止参考系内，车刀切削部分在基准平面中的位置形成了车刀的几何角度。车

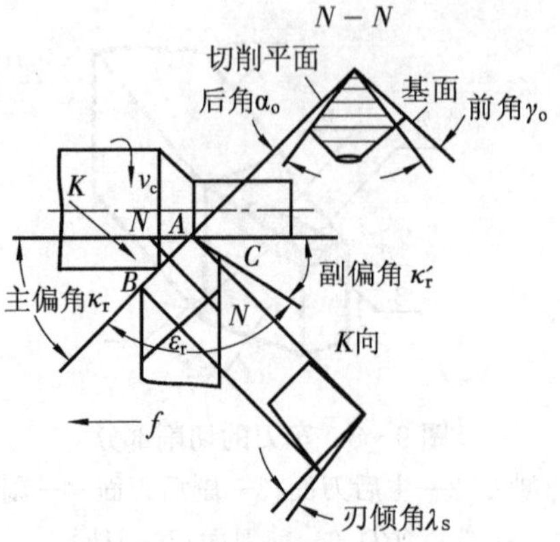

图 9－10　外圆车刀的几何角度

刀的几何角度主要有前角 γ_o、后角 α_o、主偏角 κ_r、副偏角 κ_r'和刃倾角 λ_s。

1. 前角 γ_o

定义:前刀面与基面的夹角,在主剖面中测量。

作用:影响切削刃锋利程度及强度。增大前角可使刃口锋利,切削力减小,切削温度降低,但过大的前角会使刃口强度降低,容易造成刃口损坏。

选择原则:前角的数值大小与刀具材料、被加工材料、工作条件等有关。刀具材料性脆,强度低时应取小值,工件材料强度和硬度低时可选取较大前角,粗切削和有冲击的工作条件下,前角只能取较小值,有时甚至取负值。一般是在保证刀具刃口强度的条件下,尽量选用大前角,如硬质合金车刀加工钢时前角值为 5°～15°。

2. 后角 α_o

定义:后刀面与切削平面间的夹角,在主剖面中测量。

作用:减少后刀面与工件之间的摩擦,也和前角一样影响刃口强度和锋利程度。

选择原则:与前角相似,一般后角值为 6°～8°。

3. 主偏角 κ_r

定义:主切削刃与进给方向线在基面上投影的夹角。

作用:影响切削刃工作长度、进给抗力、刀尖强度和散热条件。主偏角越小,进给抗力越大,切削刃工作长度越长,散热条件越好。

选择原则:工件粗大,刚性好时可取较小值;车细长轴时为了减少径向切削抗力,以免工件弯曲,宜选取较大的值,常用为 45°～75°之间。

4. 副偏角 κ_r'

定义:副切削刃与进给方向线在基面上投影的夹角。

作用:影响已加工表面的粗糙度,减少副偏角,可使被加工表面更光洁。

选择原则:精加工时为提高已加工表面的质量,选取较小的值,一般为 5°～10°。

5. 刃倾角 λ_s

定义:主切削刃与基面的夹角,在切削平面中测量。刀尖为切削刃最高点时为正,反之为负。

作用:控制切屑流出方向和改变切削时切削刃上受力的状态和位置。如图 9－11 所示。

当 $\lambda_s=0$ 时，切屑在前刀面上近似沿垂直于主切削刃方向流出，就地卷曲成团。当 λ_s 为负值时，切屑流向已加工表面，形成长卷切屑，易损坏已加工表面。当 λ_s 为正值时，切屑流向待加工表面，此时长卷切屑易缠绕在机床主轴上的卡盘等转动部件上，从工作和安全角度来考虑都是不利的，但在精车时一般切屑较细，为避免切屑擦伤已加工表面，精车时常取正刃倾角。

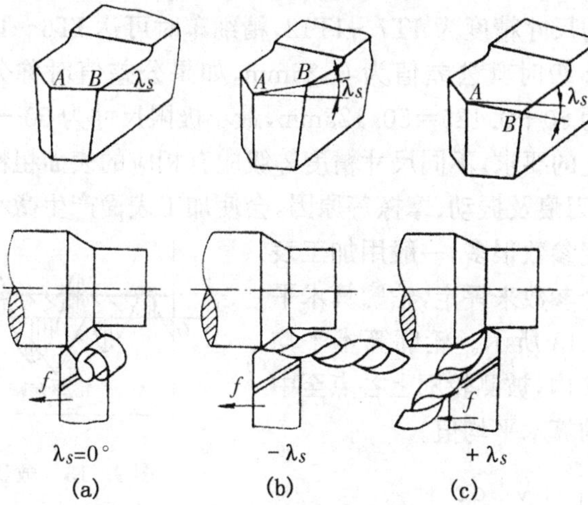

图 9-11 刃倾角对切屑流向的影响

图 9-12 表示 λ_s 对切屑刃受力状态和位置的影响。当 λ_s 为正值时，切屑作用于刀头上的压力使刃口部分呈弯曲应力状态而容易损坏，表现出刀头强度较差。当 λ_s 为负值时，呈压应力状态，表现为刀头强度较好。

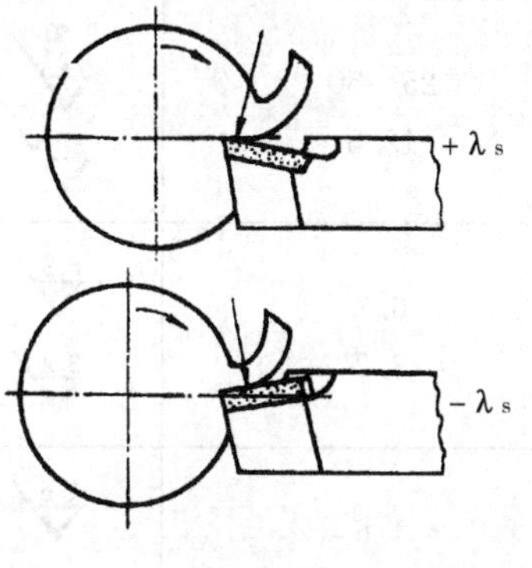

图 9-12 刃倾角对切削刃的影响

选择原则：精加工时取正值，粗加工时或有冲击时取负值。一般 λ_s 取 0°到±5°之间。

9.4 车削精度

9.4.1 车削精度

车削零件主要由回转表面和端面组成，车削精度分为尺寸精度、形状精度和位置精度。

1. 尺寸精度

尺寸精度是指尺寸的准确程度,零件的尺寸精度是由尺寸公差来保证的,公差小则精度高;公差大则精度低。国家标准规定尺寸公差分为 20 个等级,以 IT01,IT02,IT1,IT2,…,IT18 表示。IT01 公差最小,精度最高;IT18 公差最大,精度最低。

车削时一般零件的尺寸精度为 IT7～IT12,精细车时可达 IT6～IT5。例如车削零件外径尺寸为 $\phi50$,则 IT12 级时其公差值为 0.25mm,如果公差值对称分布,则其值为 $\phi50\pm0.125$,最大极限尺寸为 50+0.125=50.125mm,最小极限尺寸为 50−0.125=49.875mm。

为了测量和使用上的要求,不同尺寸精度等级应有相应的表面粗糙度。

车削过程中,由于刀痕及振动、摩擦等原因,会使加工表面产生微小的峰谷。

表面粗糙度的评定参数很多,一般用加工表面轮廓高度方向的几个参数来评定,轮廓算术平均偏差为 R_a,如图 9-13 所示。轮廓算术平均偏差 R_a 是在取样长度 l 内,被测轮廓上各点至中线的轮廓偏差绝对值的算术平均值。

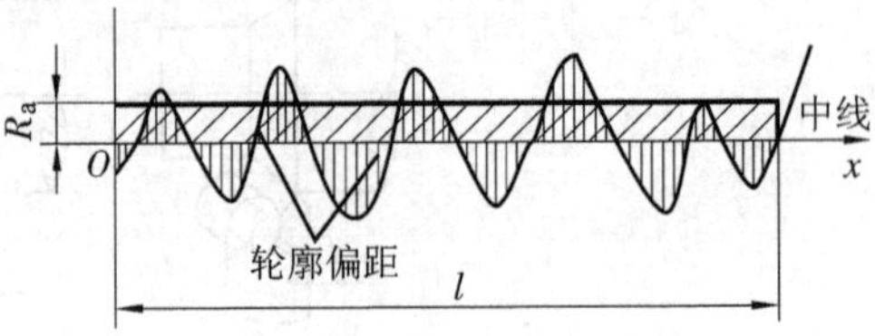

图 9-13 微观几何形状误差

$$R_a = \frac{1}{l}\int_0^l |y|\,dx$$

车削时尺寸公差等级和相应的表面粗糙度值如表 9-1 所示。

表 9-1 常用车削精度与相应表面粗糙度值

加工类别	加工精度	相应表面粗糙度值 $R_a/\mu m$	标注代号	表面特征
粗车	IT12	25～50	50 25	可见明显刀痕
	IT11	12.5	12.5	可见刀痕
半精车	IT10	6.3	6.3	可见加工痕迹
	IT9	3.2	3.2	微见加工痕迹
精车	IT8	1.6	1.6	微辨加工痕迹
	IT7	0.8	0.8	不易辨加工痕迹方向
精细车	IT6	0.4	0.4	难辨加工痕迹方向
	IT5	0.2	0.2	不辨加工痕迹方向

2. 形状精度

形状精度是指零件上被测要素(线和面)相对于理想形状的准确度,由形位公差来控制。GB/T 1182—2008 规定六项形状公差,如表 9-2 所示。常用的为直线度、平面度、圆柱度和圆度。

表9-2　形位公差的分类、项目及符号

分类	项目	符号	分类		项目	符号
形状公差	直线度	—	位置公差	定向	平行度	∥
	平面度	▱			垂直度	⊥
	圆度	○			倾斜度	∠
	圆柱度	⌭		定位	同轴度	◎
	线轮廓度	⌒			对称度	⌯
	面轮廓度	⌓			位置度	⌖
				跳动	圆跳动	↗
					全跳动	⌰

形状精度主要与机床本身精度有关，如机床主轴在高速旋转时，旋转轴线有跳动就会使工件的圆度变坏，又如车床纵、横拖板导轨不直或磨损，则会造成圆柱度和直线度变差。因此要求加工形状精度高的零件，一定要在较高精度的机床上加工。当然操作方法不当也会影响形状精度，如在车外圆时用锉刀或砂布修饰外表面后，就容易使圆度或圆柱度变差。

3. 位置精度

零件的位置精度是指零件上被测要素（线和面），相对于基准之间的位置准确度。GB/T 1182—2008 规定了八项位置公差，如表9-2所示。常用的为平行度、垂直度、同轴度或圆跳动等。

位置精度主要与工件装夹、加工顺序安排及操作人员技术水平有关。如车外圆时多次装夹，就可能使被加工外圆表面之间的同轴度变差。

9.4.2　车削经济精度

经济精度是指在正常生产条件下，所能达到的加工精度。

切削加工中，用同一种加工方法加工一个零件时，随着加工条件的变化（例如改变切削用量），得到的零件的精度也不同。图9-14为加工精度与加工成本的关系曲线。图9-15为加工费用与表面粗糙度的关系曲线。

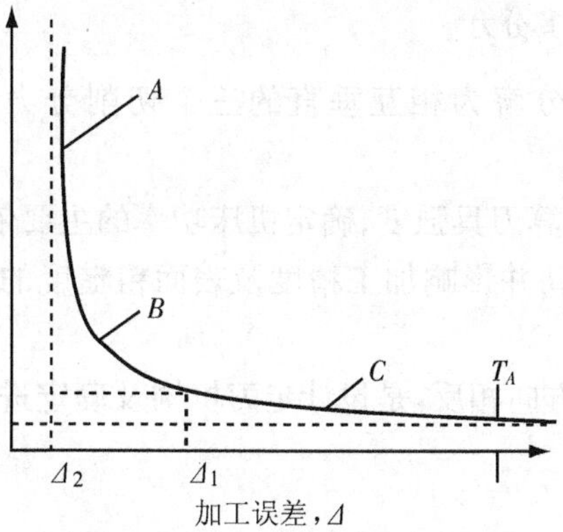

图9-14　精度与成本的关系

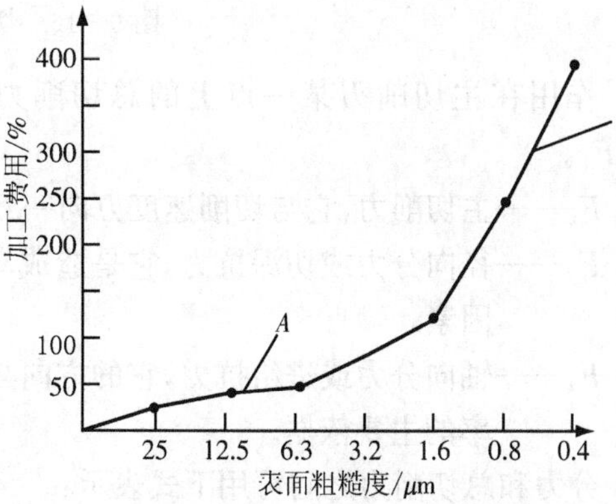

图9-15　车削钢时加工费用和表面粗糙度的关系

由图可知某一种加工方法所能达到的精度都有一定极限,超出极限时加工就变得很不经济。图 9-14 的 B 区域和图 9-15 的 A 区域为加工最经济区,一般精车后所能达到的经济精度为 IT6~IT8 级,表面粗糙度值 R_a 为 0.8~1.6μm。

当零件表面粗糙度值要求越小时,加工费用就越高,这是因为同一台机床上要达到较小的表面粗糙度值时,就要进行多次切削加工,即粗车、半精车、精车等,加工次数越多,加工费用就越高。

9.5 车削过程基本规律

车削过程中会产生一系列的物理现象,如切削变形、切削力、切削热和刀具磨损等。了解这些现象及其规律,对合理使用刀具、保证加工质量、减少能量消耗、提高生产率等方面起着重要作用。

9.5.1 切削力

车刀切入工件,使材料切削层发生变形直至形成切屑所需要的力称为切削力。切削力产生于被加工材料的弹性、塑性变形抗力和切屑、工件表面对刀具表面的摩擦力。图 9-16 为外圆车削时作用在车刀上的切削力及其分力示意图。

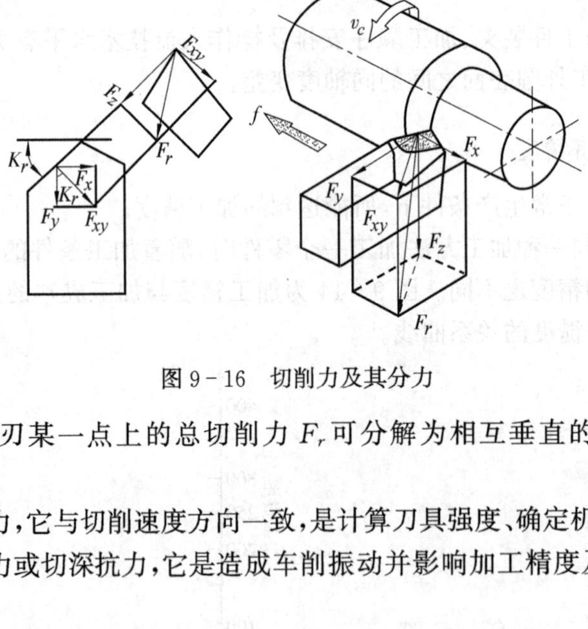

图 9-16 切削力及其分力

作用在主切削刃某一点上的总切削力 F_r 可分解为相互垂直的三个切削分力:F_z、F_y、F_x。

F_z——主切削力,它与切削速度方向一致,是计算刀具强度、确定机床功率的主要依据。

F_y——径向分力或切深抗力,它是造成车削振动并影响加工精度及表面粗糙度的重要因素。

F_x——轴向分力或进给抗力,它的方向与走刀方向相反,是设计走刀机构及确定进给功率的主要依据。

分力和总切削力之间可用下式表示:

$$F_r=\sqrt{F_z^2+F_x^2+F_y^2}$$

在纵车外圆时,一般

$$F_z=(0.8\sim0.9)F_r$$
$$F_y=(0.4\sim0.5)F_r$$
$$F_x=(0.3\sim0.4)F_r$$

由上可知，主切削力为最大，车削时常用主切削力 F_z 代替总切削力 F_r。用它来估算车床主电机功率。此时切削功率为

$$P_m=\frac{F_z \cdot v}{75\times60\times1.36}(\mathrm{kW})$$

式中 F_z——主切削力(kgf)；

v——切削速度(m/min)。

切削功率算出后，电机功率 P_E 可按下式计算：

$$P_E\geqslant\frac{P_m}{\eta_m}$$

式中 η_m——传动效率，机床的传动效率为 0.75～0.85。

一般主切削力可利用切削用量手册中的经验公式计算。

9.5.2 切削热和切削温度

车削时，形成切屑所消耗的功，刀具与工件、切屑间的摩擦都会产生热量，此热量即为切削热，并由切屑、刀具、工件、周围介质传出。传入工件上的热会使工件温度升高而产生热变形，影响加工精度；传入刀具上的热量会使刀具温度升高，造成刀具磨损。

工件材料、车刀角度、切削用量等都会影响切削温度。因此合理选用刀具角度和切削用量对控制切削温度是非常重要的。

9.5.3 刀具磨损和耐用度

车削过程中，刀具前刀面与切屑不断摩擦，后刀面与加工表面不断摩擦；前、后刀面会产生不同程度的磨损，如图 9-17 所示。

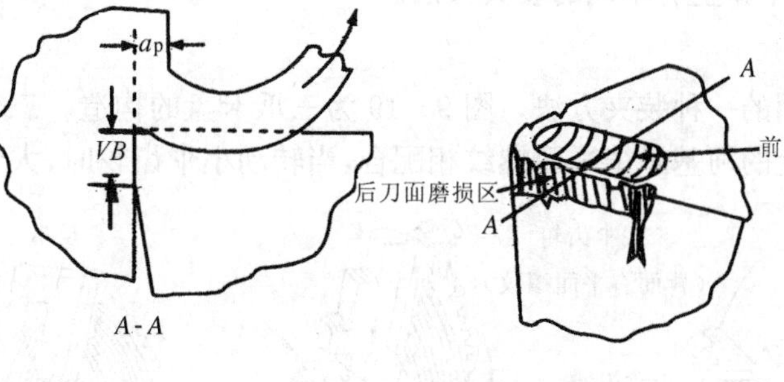

图 9-17 车刀磨损形式

通常以后刀面平均磨损量 VB 表示刀具磨损。刀具车削的初期，后刀面磨损较快，当磨损量达到 0.05～0.1mm 后，磨损就较慢，称为刀具的正常磨损阶段；此阶段车刀磨损量与车削时间近似成正比例增加。当后刀面磨损达到某一极限值后，继续进行切削则会出现噪声，产生振动，加工表面变坏，直至刀具损坏。此阶段称为急剧磨损阶段。图 9-18 为车刀磨损过程曲线。

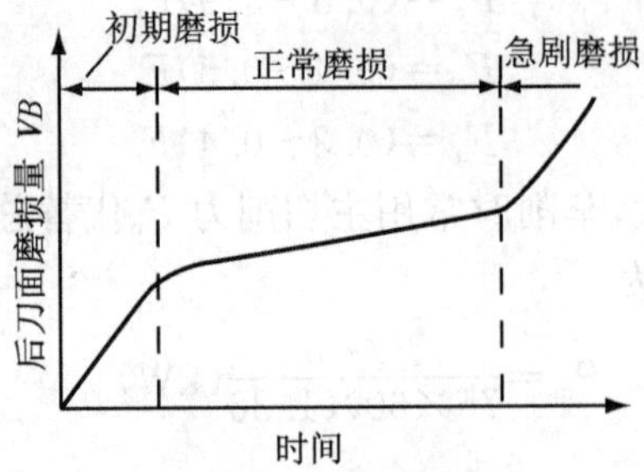

图 9-18 磨损典型曲线

在急剧磨损阶段之前就应及时磨刀或换刀。此磨损的极限值称为磨钝标准。

在实际生产中,不可能经常停机去测量车刀后刀面上的磨损值,以确定是否达到磨钝标准,常采用零件的加工件数或切削时间作为衡量标准,此标准即为耐用度。生产中常用刀具刃磨后开始切削,直到后刀面磨损量达到磨钝标准所经过的总切削时间,作为刀具耐用度。

9.6 车削加工

9.6.1 车刀的安装

(1) 车刀刀尖应与工件中心等高(通常用尾架顶尖对中心);

(2) 车刀伸出长度为刀杆高度的 1.5 ～ 2 倍;

(3) 车刀垫片应放平,尽可能选用厚的垫片,并交替拧紧刀架上的紧固螺钉。

9.6.2 车削时工件的装夹

车床上加工多为轴类零件和盘套类零件,有时也可能在不规则零件上进行外圆、内孔或端面的加工,故零件在车床上有不同的装夹方法。

1. 三爪卡盘装夹

这是车床上最通用的一种装夹方法。图 9-19 为三爪卡盘的构造。三个爪上的矩形齿分别与大伞齿轮背面上的阿基米德平面螺纹相配合,当转动小伞齿轮时,大伞齿轮就带动与

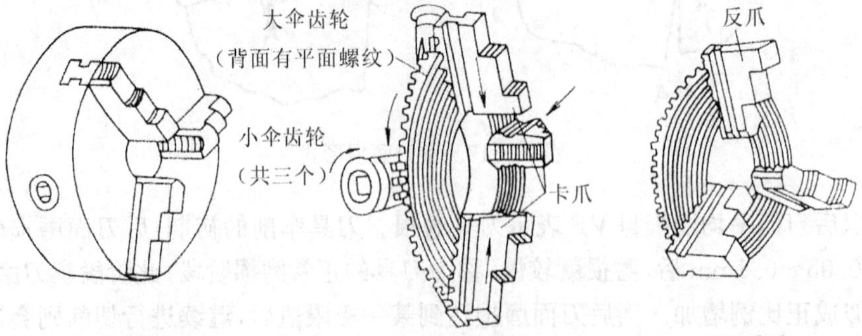

(a) 外形　(b) 构造　(c) 反爪

图 9-19 三爪自动定心卡盘

平面螺纹配合的三个爪同时自动向中心移进，且径向移动距离相等，理论上三爪在任何位置所夹紧的圆柱体具有同一中心，故称为自定心卡盘。长径比为($l:d$)<4 的圆柱体工件，盘套类工件和正六边形截面工件都适用此法装夹，而且装夹迅速，但定心精度不高，一般为0.05～0.15mm。

装夹时，用三爪钥匙逆时针方向旋转是松开，顺时针方向旋转是夹紧。把工件夹持后将手柄调至空挡，把卡盘旋转一周，目测工件装夹得是否歪斜。如有歪斜，将工件从高点向低点轻轻敲击，校正工件，然后夹紧。

2. 四爪卡盘及花盘装夹

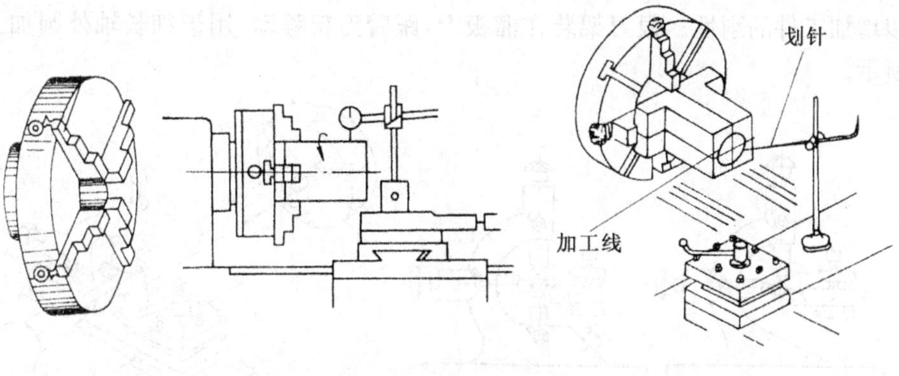

图 9-20　用四爪卡盘装夹工件

图 9-20 为四爪卡盘装夹工件，四爪卡盘上的四个爪分别通过单独转动的螺杆而实现夹紧。它可用来装夹方形、椭圆形或不规则形状工件，根据加工要求利用划线找正，把工件调整至所需位置。调整虽费时费工，但夹紧力大。

图 9-21 为花盘装夹外形不规则工件的情况。利用螺钉、压板、角铁等把工件夹紧在所需的位置上，由于工件的不规则，图中的配重块就是起平衡作用的。

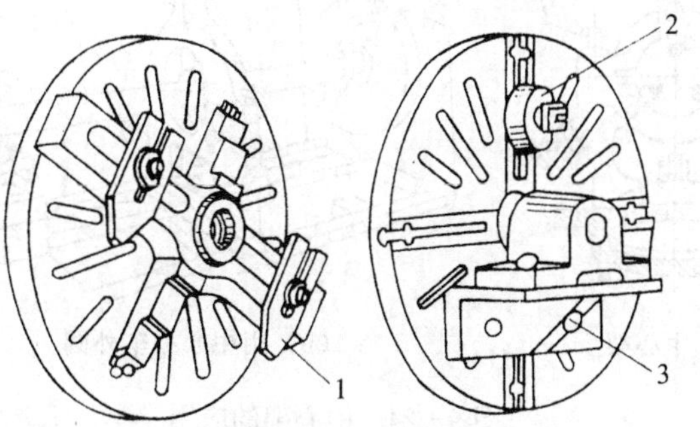

图 9-21　用花盘或花盘、弯板装夹工件

1—压板；2—平衡块；3—弯板

3. 利用顶尖装夹

轴的长径比大于 4 小于 15(4<$l:d$<15)时，为了减少工件变形和振动可用双顶尖来装夹工件。图 9-22 为用双顶尖装夹工件加工外圆的情况。

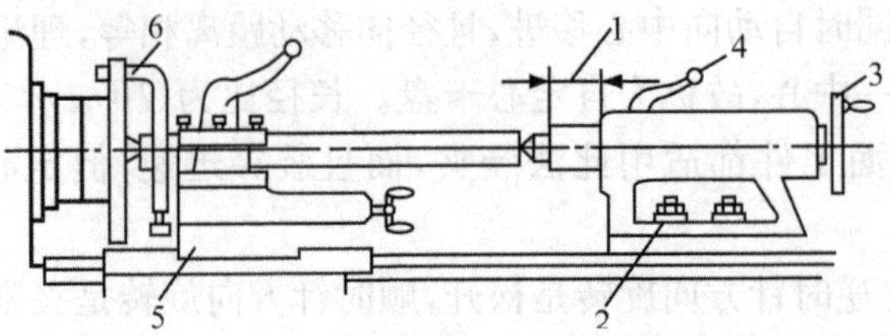

图 9-22　轴在顶尖上安装的步骤

1—调整套筒伸出长度;2—将尾座固定;3—调节工件与顶尖松紧;4—锁紧套筒;
5—刀架移至车削行程左端,用手转动拨盘,检查是否会碰撞;6—拧紧卡箍

当车削 $l:d>15$ 的细长轴时,为了减少工件振动和弯曲,常用跟刀架或中心架作辅助支承,以增加工件的刚性。跟刀架装在溜板上,跟着刀架移动,用于细长轴外圆加工,如图 9-23所示。

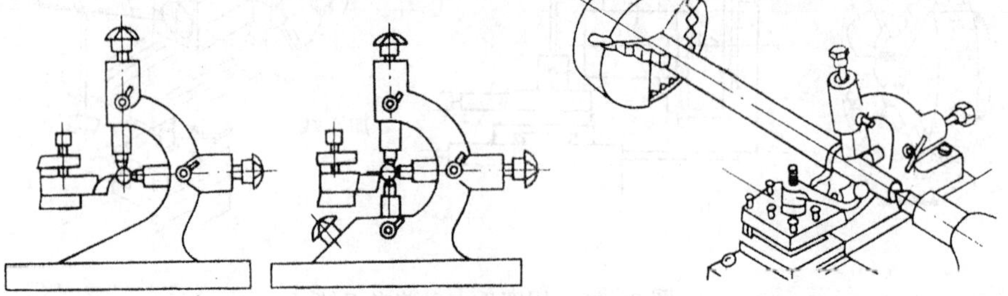

(a) 二爪跟刀架　(b) 三爪跟刀架　(c) 跟刀架的应用

图 9-23　跟刀架

当加工细长阶梯轴时,则使用中心架。中心架固定在床身导轨上,不随刀架移动。图 9-24为利用中心架加工外圆和端面的情况。

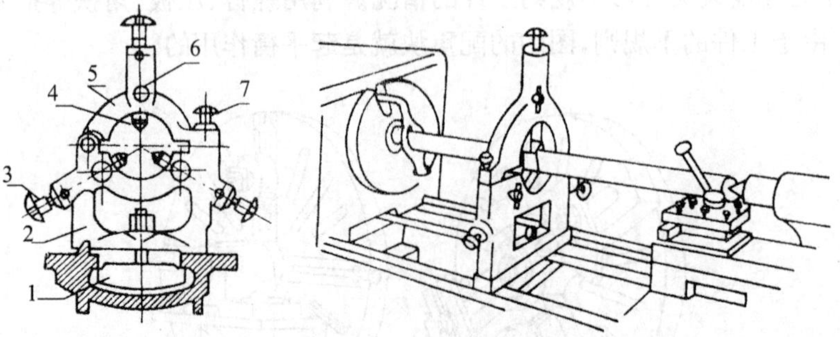

(a) 中心架　(b) 用中心架车外圆

图 9-24　中心架的应用

1—压板;2—底座;3—螺栓;4—支爪;5—盖;6—紧固螺钉;7—螺钉

4. 心轴装夹

心轴主要用于带孔盘、套类零件的装夹。加工时,先加工好孔,然后安装在心轴上进行外圆和端面加工,以保证孔和外圆的同轴度及端面和孔的垂直度。图 9-25 为两种常用的心轴,当工件的长径比较小时,应采用螺母压紧的心轴[图 9-25(a)]。

当工件长度大于孔径时,可采用带有锥度(1∶1000～1∶5000)的心轴。

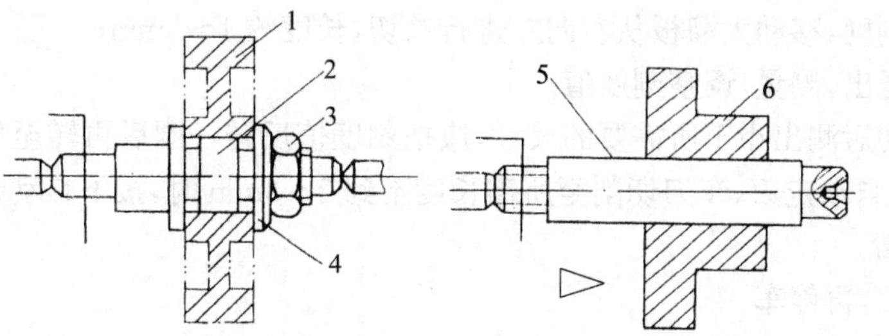

(a)　圆柱形心轴装夹工件　　(b)　圆锥形心轴装夹工件

图 9-25　心轴装夹工件

1—工件；2—圆柱体心轴；3—螺母；4—垫圈；5—锥形心轴；6—工件

9.6.3　车削加工基本内容

1. 端面车削

车端面时，刀具作横向进给，由于加工直径在不断地发生变化，愈向中心车削速度愈小，当刀尖达到工件中心时，车削速度为零，故切削条件比车外圆要差。

车刀安装时，刀尖严格对准工件旋转中心，否则工件中心余料难以切除；并尽量从中心向外走刀，必要时锁住大拖板。

2. 外圆台阶车削

外圆柱面零件有轴类与盘类两大类。轴类零件的原材料有热轧钢材和铸件两种。前者一般直径较小，后者一般直径较大。当零件长径比较大时，可分别采用双顶尖、跟刀架和中心架装夹加工。

台阶轴的径向差距大于 5mm 时，外圆应分层切除，再对台阶面进行精车，如图 9-26 所示。

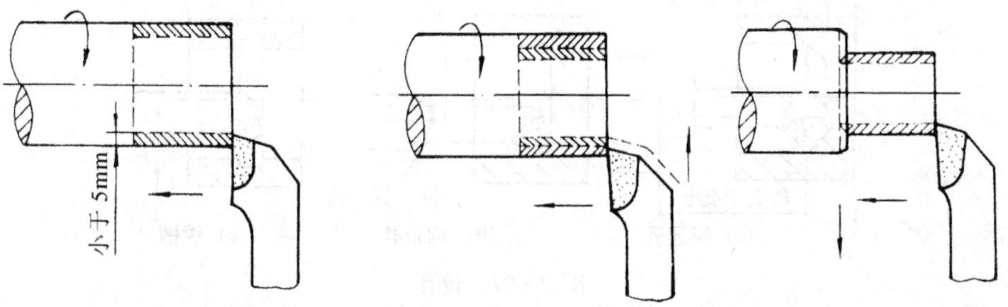

(a)　车低台阶　　(b)　车高台阶

图 9-26　车台阶

盘类零件一般有孔，且内孔、外圆、端面都有形位精度要求，加工方法大多采用一次装夹下加工，俗称一刀落。要求较高时亦可先加工好孔，用心轴装夹再车削有关外圆与端面。粗车的尺寸公差等级为 IT12～IT10，表面粗糙度 R_a 为 50～12.5μm；精车时可达 IT10～IT8，表面粗糙度 R_a 为 6.3～1.6μm。经精车后，再细车的加工精度可达 IT 7～IT5，R_a 为 0.8～0.2。

外圆车削步骤：

(1) 先启动车床，然后使刀尖轻微接触工件，记住中溜板上的刻度值；

(2) 调整刻度,移动大溜板从右向左进行试切,长度约 1～3mm;

(3) 向右退出,测量,调整刻度值;

(4) 如试切后测出小于所需要的尺寸,应把刻度值反转一圈后再转至所需位置,再启动机床,拉起纵向自动走刀,车刀切削至所需长度不到 2～3mm 时,按下自动走刀,手动进给至所需长度的位置。

(5) 先退刀,再停车。

3. 内孔镗削

常用的内孔车削为钻孔和镗孔。在实体材料上进行孔加工时,先要钻孔,钻孔时的刀具为麻花钻,装在尾架套筒内由手动进给。

钻孔时应注意以下几点:

(1) 钻孔前先车端面,中心处不能有凸台,必要时先打中心孔或凹坑。

(2) 钻削开始时,和钻通之前都要慢,钻削过程中应随时退刀以清除切屑。

(3) 充分使用切削液冷却工件和刀具。

(4) 孔钻通或钻到要求深度时,应先退出钻头,再停车。

在已有孔(钻孔、铸孔)的工件上如需对孔作进一步扩径的加工称为镗孔,镗孔有加工通孔、盲孔、内环形槽三种情况。

镗孔时由于刀具截面积受被加工孔径大小的影响,刀杆悬伸长,工作条件差,因此解决好镗刀的刚度是保证镗孔质量的关键。

由于孔加工的特点,车刀角度与外圆车刀有一定的区别,如图 9-27 所示。一般前角和后角都比车外圆时大,有时为了减小后刀面与孔壁摩擦,增强刀头强度,可磨成两个后角,为了减小径向力,防止振动,主偏角应取较大值;粗车时,刀尖应安装较低于工件中心以增大前角;精车时刀尖应稍高些,以增大后角。

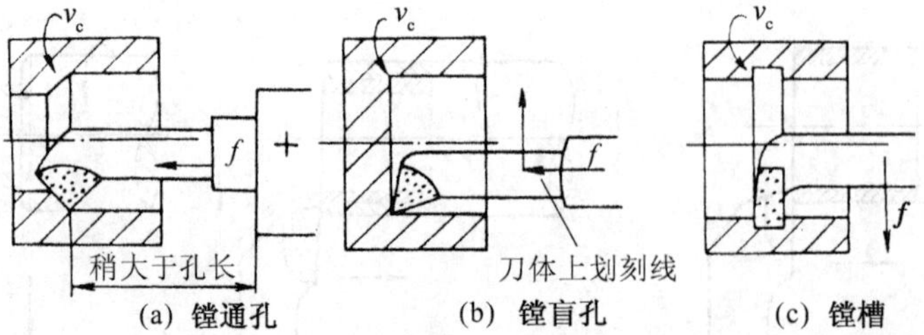

(a) 镗通孔　(b) 镗盲孔　(c) 镗槽

图 9-27　镗孔

孔径≥35cm 的孔,可先用直径为孔径 0.5～0.7 的钻头预钻孔,再用规定尺寸的扩孔钻扩孔,加工精度达 IT10～IT9,表面粗糙度为 R_a6.3～3.2μm;钻孔后进行粗镗的孔,可达 IT9～IT8,表面粗糙度 R_a达 3.2～1.6μm;钻孔后,经粗镗,再精镗的孔,可达 IT8～IT7,表面粗糙度 R_a为 1.6～0.8μm。

对孔径小于 10mm 的孔,在车床上一般采用钻孔后直接铰孔,机铰的加工精度为 IT8～IT7,R_a为 1.6～0.8μm;手铰可达 IT6,R_a为 0.4～0.2μm。

4. 锥体车削

锥体有配合精密、传递扭矩大、定心准确、同轴度高、拆装方便等优点,故锥体使用广泛。锥面是车床上除内外圆柱面之外最常加工的表面之一。

表 9－3 为锥面各部分名称及代号。

表 9－3　锥体名称及代号

锥　　体	锥体各部分名称	锥度代号
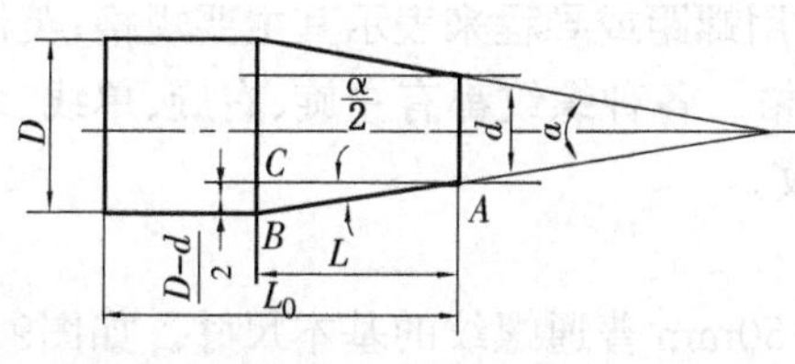	①圆锥角 α ②斜角 $\alpha/2$ ③锥度 C ④大端直径 D ⑤小端直径 d ⑥锥体长度 L	$\tan\frac{\alpha}{2}=\frac{D-d}{2L}$ $C=\frac{D-d}{L}$

最常用的锥体车削方法有以下几种。

(1) 转动小拖板法(图 9－28)。此法调整方便，由于小拖板(上滑板)行程较短，只能加工短锥体且为手动进给，故车削时进给量不均匀、表面质量较差，但锥角大小不受限制，因此获得广泛使用。

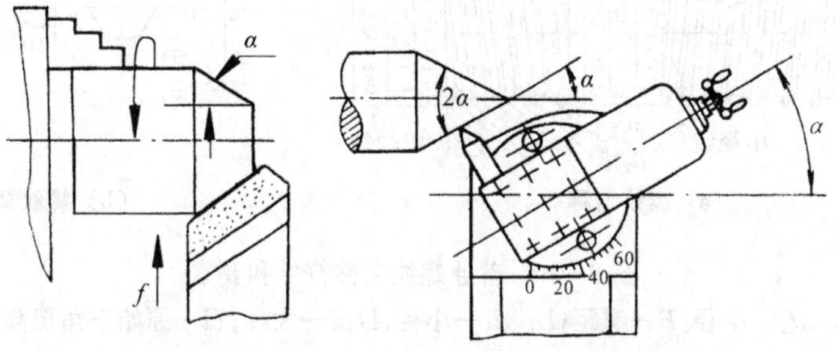

(a) 宽刀法车锥体　　(b) 小拖板转位法车锥体

图 9－28　车锥体

(2) 偏移尾架法(图 9－29)。由于尾架体偏移距 S 较小，故一般用于车削小锥度的长锥体。当斜角 $\alpha/2$ 大于 6°时误差就较大，且偏移量过大后中心孔与顶尖配合变坏，使工件装夹不稳固。

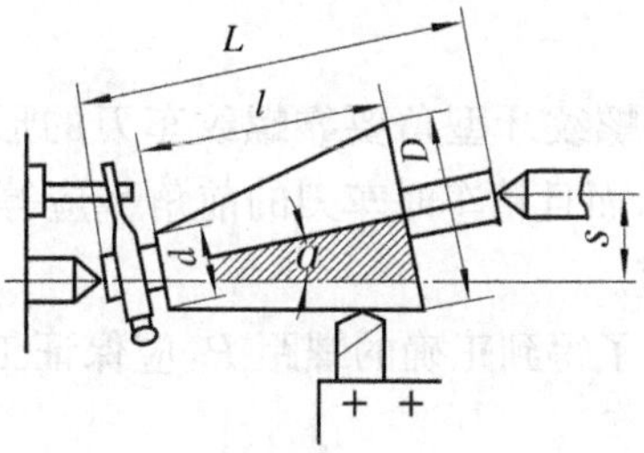

尾架体偏移距离 $S=\frac{(D-d)L}{2l}$

图 9－29　偏移尾架法车锥体

(3) 靠模法。利用此方法加工时，车床后面要安装靠模附件，同时横向进给丝杠与螺母要脱开，小刀架要转过 90°以作背吃刀量调节之用。它的优点是可在自动进给条件下车削锥体，且一批工件能获得稳定一致的合格锥度，但目前已逐渐为数控车床所代替。

为保证锥体母线平直,车锥体时一定要严格保证刀具刃口与工件中心(旋转中心)等高,否则锥体母线会变成曲线而造成误差。

5. 螺纹车削

螺纹种类很多,按牙型分有三角形螺纹、梯形螺纹和矩形螺纹等。按标准分有公制螺纹和英制螺纹等,公制三角形螺纹的牙型角为60°,用螺距或导程来表示其主要规格;英制三角形螺纹的牙型角为55°,用每英寸牙数为主要规格。各种螺纹都有左旋、右旋、单线、多线之分,其中以公制三角形螺纹应用最广,称普通螺纹。

1) 普通螺纹的基本尺寸

GB 192～196—1981 规定了公称直径自1～50mm普通螺纹的基本尺寸。如图9-30所示。其中大径、螺距、中径、牙型角是最基本要素,也是螺纹车削时必须控制的部分。

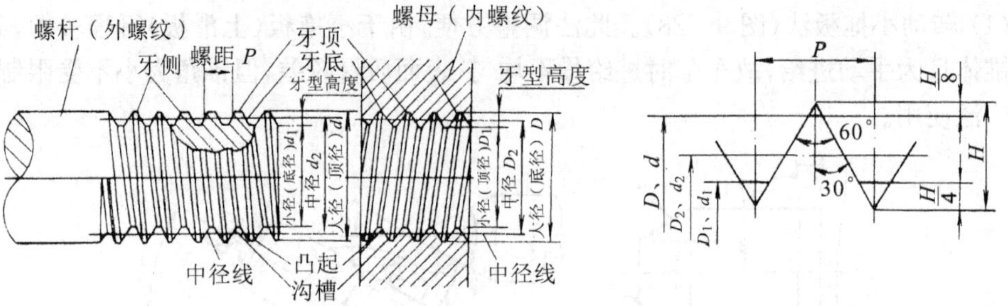

(a) 螺纹名称　　　　(b) 螺纹要素

图 9-30　普通螺纹名称符号和要素

D_2、d_2—中径;P—螺距;D_1、d_1—小径;D、d—大径;H—原始三角形高度

大径 D、d:螺纹的主要尺寸之一,外螺纹为螺纹外径,用符号 d 表示;内螺纹为螺纹的底径,用 D 表示。

中径 D_2,d_2:螺纹中一假想圆柱面直径,该处圆柱面上螺纹牙厚与螺纹槽宽相等,是主要的检验尺寸。

螺距 P:指相邻两牙在轴线方向上对应点间的距离,由机床传动系统控制。

牙型角 α:螺纹轴向剖面上相邻两牙侧之间的夹角。

2) 螺纹车削

(1) 螺纹车刀及其安装。螺纹牙型角要靠螺纹车刀的形状来保证,因此三角形螺纹车刀刀尖及刀刃的夹角应为60°,而且精车时车刀的前角 γ_0 应等于0°,刀具用样板安装,应保证刀尖平分角线与工件轴线垂直。

(2) 车床运动链调整。为了得到正确的螺距 P,应保证工件转一转时,刀具纵向移动一个螺距,即:

$$n_{丝}P_{丝}=nP$$

图9-31为车螺纹时车床传动简图,其中 n、$n_{丝}$ 分别表示工件和车床丝杠每分钟转数,P、$P_{丝}$ 分别为加工工件和车床传动丝杠螺距。通常在具体操作时可按车床进给箱铭牌上表示的数值,按欲加工工件螺距值,调整相应的进给调速手柄和配换挂轮,即可满足上述公式的要求。

(3) 螺纹车削注意事项。由于螺纹的牙型是经过多次走刀而形成的,一般每次走刀都是采用一侧刀刃进行切削的(称斜进刀法),故这种方法适用于较大螺纹的粗加工。有时为

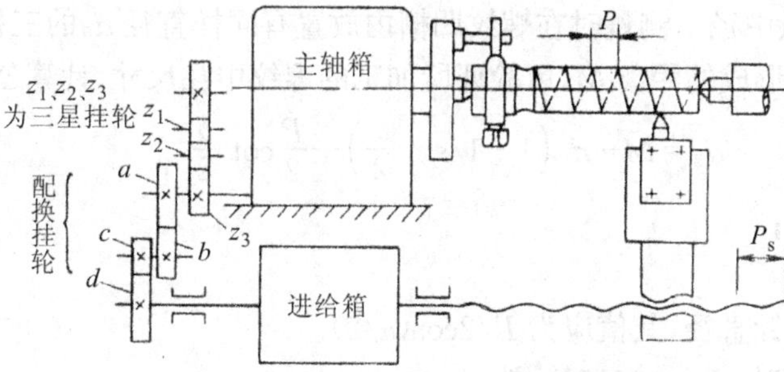

图 9-31 车螺纹时车床传动简图

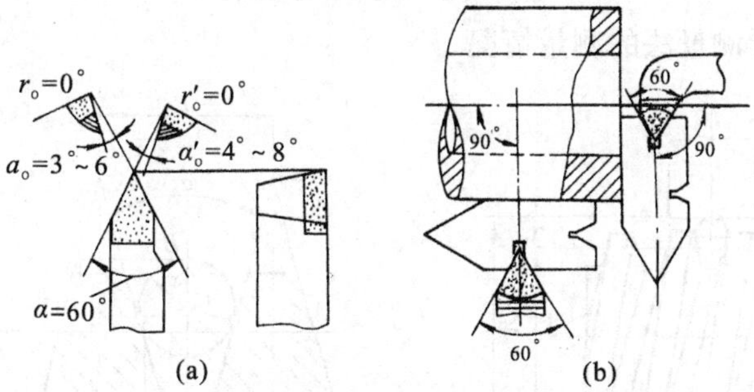

图 9-32 螺纹车刀的形状及对刀安装方法

了保证螺纹两侧都同样光洁，可采用左右切削法，采用此法加工时可利用小刀架先作左或右的少量进给，如图 9-33 所示。

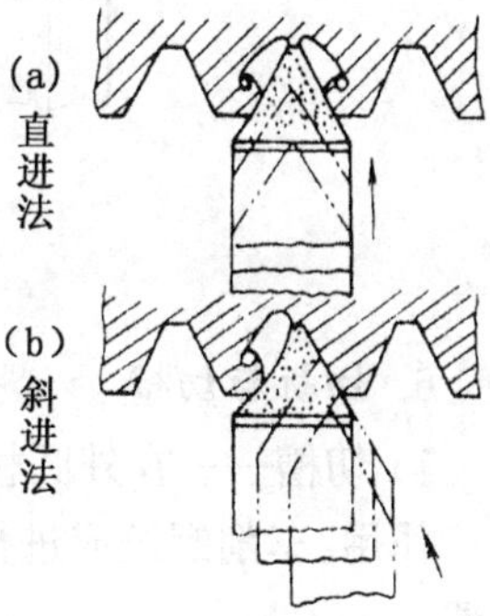

图 9-33 车螺纹的进刀方式

在车削加工工件的螺距 P 与车床丝杠螺距 $P_{丝}$ 不是整数倍数时，为了保证每次走刀时刀尖都正确落在前次车削的螺纹槽内，不能在车削过程中提起开合螺母，而应采用反转退刀的方法。车削螺纹时严格禁止以手触摸工件和以棉纱揩擦转动着的螺纹。

3) 螺纹的检验

螺纹的检验方法有综合测量和单项几何参数测量。

(1) 综合测量法。综合测量法是用螺纹量规来测量的，测外螺纹用螺纹环规，测内螺纹用螺纹塞规。

(2) 单项几何参数测量。

① 用螺纹样板或螺距规测量。

② 用螺纹千分尺测量中径(图 9-34)。螺纹千分尺的两个测量头正好卡在牙型角上轻轻接触，所得的读数就是中径的尺寸。一般用来测量三角形螺纹。

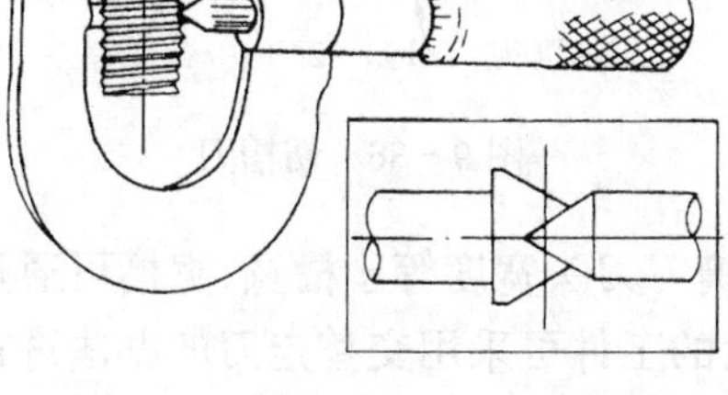

图 9-34 用螺纹千分尺测量中径

③ 用三针量法测量中径。测量时在螺纹凹槽内放置有同样直径 d_0 的三根量针，然后用外径千分尺来测量三针形成的距离 M，以验证所加工的螺纹中径尺寸，计算公式为

$$d_2=M-d_0\left(1+1/\sin\frac{\alpha}{2}\right)+\frac{P}{2}\cot\frac{\alpha}{2}$$

式中 d_2——螺纹中径；

P——螺纹螺距；

d_0——测量用量针直径，其值应为 $P/2\cos(\alpha/2)$。

当螺纹牙型角为 $\alpha=60°$ 时，$d_0=0.577P$，则

$$d_2=M-3d_0+0.866P$$

图 9 - 35 为三针测量法的测量情况。

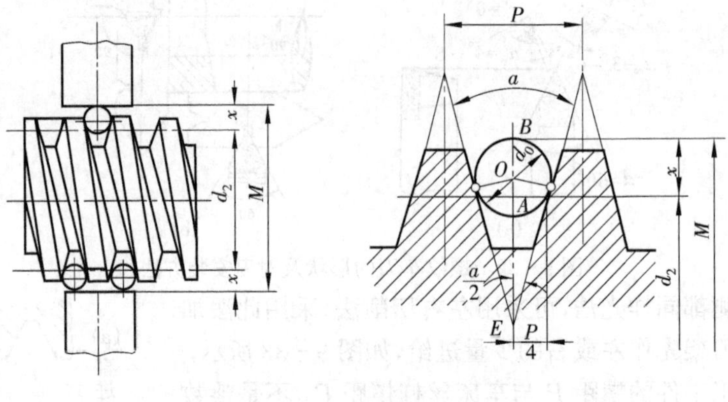

图 9 - 35　用三针测量法测量中径

6. 切断与切槽

1) 切槽——在外圆柱表面上切沟槽(退刀槽)

作用：车削螺纹或进行磨削时便于退刀；在轴上或孔内装配其他零件时，便于确定轴的位置。

刀具：切槽刀。刀头的长度根据工件直径决定，一般尽可能短一些，以免悬伸太长容易因切削力作用而折断(图 9 - 36)。

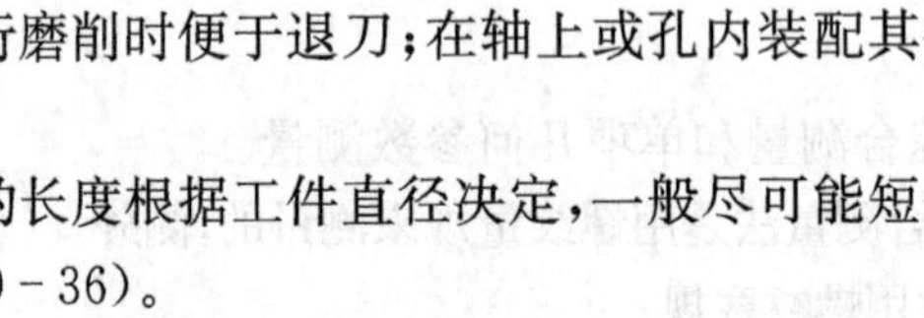

图 9 - 36　切槽刀

方法：当加工窄槽时，切槽刀刀头宽度等于槽宽，宽槽可通过几次走刀完成，切直径小的工件可一次走刀切下，直径大的工件可采用交替走刀的办法进行切削(图 9 - 37)。

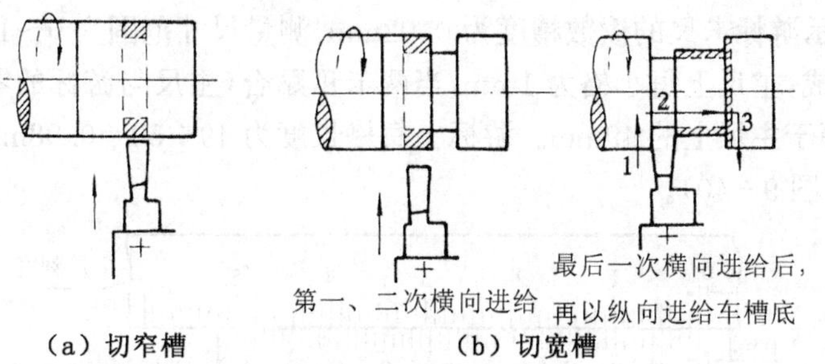

图 9－37　切槽方法

2）切断——将坯料或工件从夹持端上分离下来(图 9－38)。

作用：(1) 下料；

(2) 把加工完毕的工件从坯料上切下来。

刀具：与切槽刀形状相似。

切断时应注意下列事项：

(1) 切断时刀尖必须与工件等高，否则切断处将留有凸台，也容易损坏刀具；

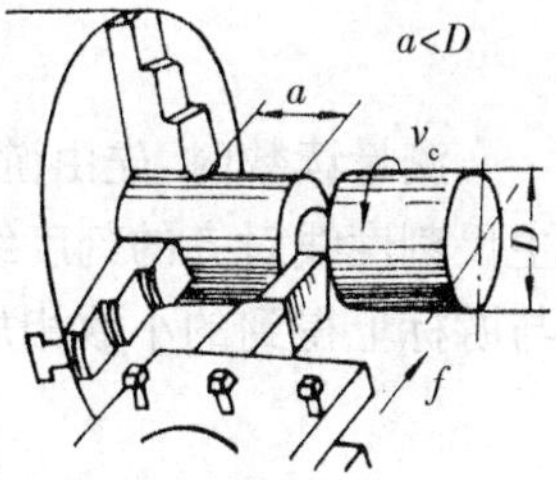

图 9－38　切断

(2) 切断处靠近卡盘，增加工件刚性，减小切削时的振动；

(3) 切断刀伸出不宜过长，以增强刀具刚度；

(4) 减小刀架各滑动部分的间隙，提高刀架刚度，减少切削过程中的变形与振动；

(5) 快要切断时切削速度要低，采用缓慢均匀的手动进给，以防进给量太大造成刀具折断。

9.7　量具的使用和保养

9.7.1　量具的使用

1. 游标卡尺

游标卡尺是一种比较精密的量具，如图 9－39 所示。其结构简单，可以直接量出工件的内径、外径、长度和深度等。游标卡尺按测量精度可分为 0.10mm、0.05mm、0.02mm 三个量级。按测量尺寸范围有 0～125mm、0～150mm、0～200mm、0～300mm 等多种规格。使用时应根据零件精度要求及零件尺寸大小进行选择。

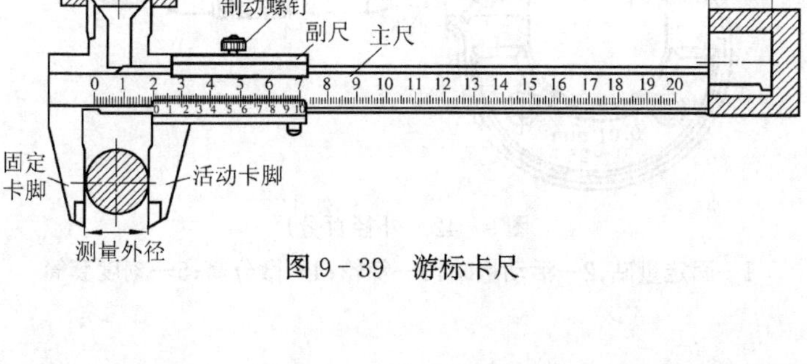

图 9－39　游标卡尺

图 9－39 所示游标卡尺的读数精度为 0.02mm，测量尺寸范围为 0～150mm。它由主尺和游标两部分组成，主尺上每小格为 1mm，当两卡爪贴合(主尺与游标的零线重合)时，游标上的 50 格正好等于主尺上的 49mm。游标上每格长度为 49÷50＝0.98mm。主尺与游标每格相差 0.02mm(图 9－40)。

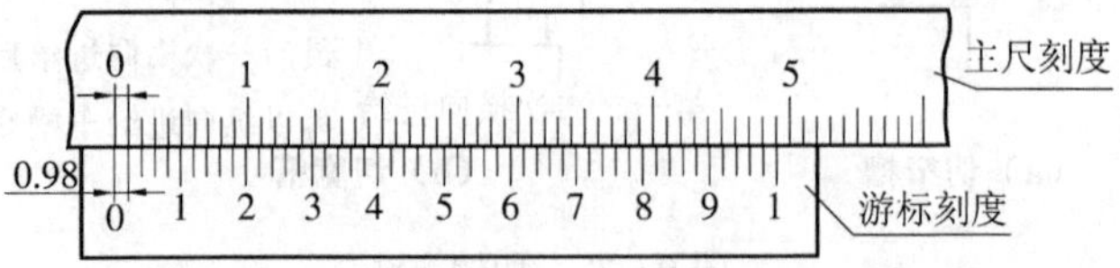

图 9－40　0.02mm 游标卡尺刻线原理

测量读数时，先由游标以左的主尺上读出最大的整毫米数，然后在游标上读出零线到与主尺刻度线对齐的刻度线之间的格数，将格数与 0.02 相乘得到小数，将主尺上读出的整数与游标上得到的小数相加就得到测量的尺寸(图 9－41)。

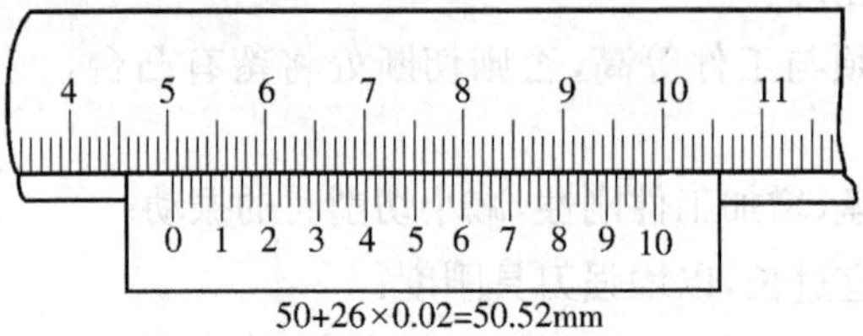

图 9－41　0.02mm 游标卡尺的读数方法

使用时的注意事项：

(1) 检查零线　使用前应先擦净卡尺，合拢卡爪，检查主尺和游标的零线是否对齐。

(2) 放正卡尺　测量内外圆时，卡尺应垂直工件轴线，两卡爪应处于直径处。

(3) 用力适当　当卡爪与工件被测量面接触时，用力不能过大，否则会使卡爪变形，加速卡爪的磨损，使测量精度下降。

(4) 读数准确　读数时视线要对准所读刻线并垂直尺面，否则读数不准。

(5) 防止松动　未读出读数之前游标卡尺离开工件表面，必须先将止动螺钉拧紧。

(6) 不得用游标卡尺测量毛坯表面和正在运动的工件。

2. *百分尺*

百分尺是用微分套筒读数的示值为 0.01mm 的测量工具。百分尺的测量精度比游标卡尺高，习惯上称之为千分尺。按照用途可分为外径百分尺、内径百分尺和深度百分尺几种。外径百分尺按其测量范围有 0～25mm、25～50mm、50～75mm 等各种规格(图 9－42)。

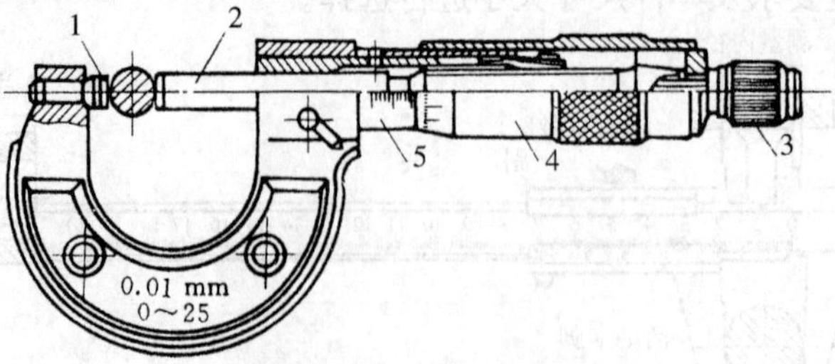

图 9－42　外径百分尺

1—固定量砧；2—活动量砧；3—棘轮；4—微分筒；5—刻度套筒

百分尺的读数方法(以测量范围为 0～25mm 的外径百分尺为例)：

(1) 读出距离微分套筒边缘最近的轴向刻度数(应为 0.5mm 的整数倍)；

(2) 读出与轴向刻度中线重合的微分套筒周向刻度数值(刻度格数×0.01mm)；

(3) 将两部分读数相加即为测量尺寸(图 9 - 43)。

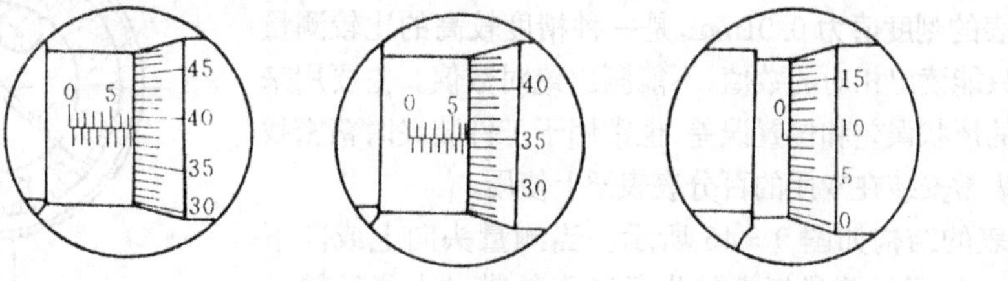

(a) 读 7.89　　(b) 读 7.35　　(c) 读 0.59

图 9 - 43　百分尺读数

使用时的注意事项：

(1) 校对零点　将砧座擦拭干净,使它们相接触,看微分套筒圆周刻度零线与中线是否对准。

(2) 测量时,左手握住弓架,用右手旋转微分套筒,当测量螺杆快接近工件时,必须使用右端棘轮以较慢的速度与工件接触,当棘轮发出"嘎嘎"的打滑声时,表示压力合适,应停止旋转。

(3) 从百分尺上读取尺寸,可在工件未取下前进行,读完后松开百分尺,亦可先将百分尺锁紧,取下工件后再读数。

(4) 不得用百分尺测量毛坯表面和运动中的工件。

3. 塞规与卡规

塞规与卡规是用于成批、大量生产的一种定尺寸专用量具,通称为量规。

塞规是用来测量孔径或槽宽的。它的两端分别称为"通规"和"止规"。通规的长度较长,直径等于工件的下限尺寸(最小孔径或最小槽宽)。止规的长度较短,直径等于工件的上限尺寸。用塞规检验工件时,当通规能进入孔(或槽)时,说明孔径(槽宽)大于最小极限尺寸;当止规不能进入孔(或槽)时,说明孔径(或槽宽)小于最大极限尺寸。工件的尺寸只有当通规进得去,而止规进不去时,才说明工件的实际尺寸在公差范围之内,是合格的。否则,工件尺寸不合格,如图 9 - 44 所示。

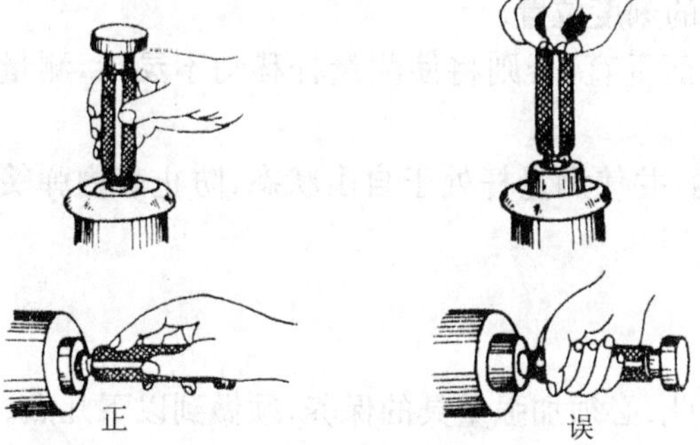

图 9 - 44　塞规及其使用

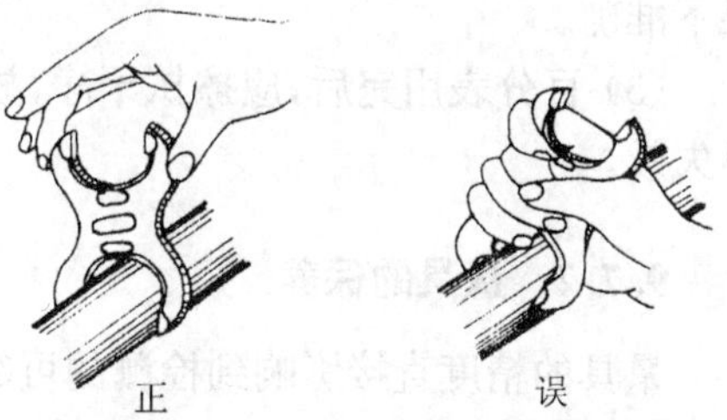

图 9 - 45　卡规及其使用

卡规是用来检验轴径或厚度的。和塞规相似,也有通规和止规两端,使用的方法亦和塞规相同。与塞规不同的是:卡规的通规尺寸等于工件的最大极限尺寸,而止规的尺寸等于工件的最小极限尺寸,如图9-45所示。

量规检验工件时,只能检验工件合格与否,但不能测出工件的具体尺寸。

4. 百分表

百分表的刻度值为0.01mm,是一种精度较高的比较测量工具。它只能读出相对的数值,不能测出绝对数值。主要用来检验零件的形状误差和位置误差,也常用于工件装夹时精密找正。百分表常安装在专用的百分表表架上使用。

百分表的结构如图9-46所示。当测量头向上或向下移动1mm时,通过测量杆上的齿条和齿轮带动大指针转一周,小指针转一格。刻度盘在圆周上有100等分的刻度线,其每格的读数值为0.01mm;小指针每格读数值为1mm。测量时,大、小指针所示读数变化值之和即为尺寸变化量。小指针处的刻度范围就是百分表的测量范围。刻度盘可以转动,供测量时调整大指针对零位刻线之用。图9-47为百分表检验工件径向圆跳动的示意图。

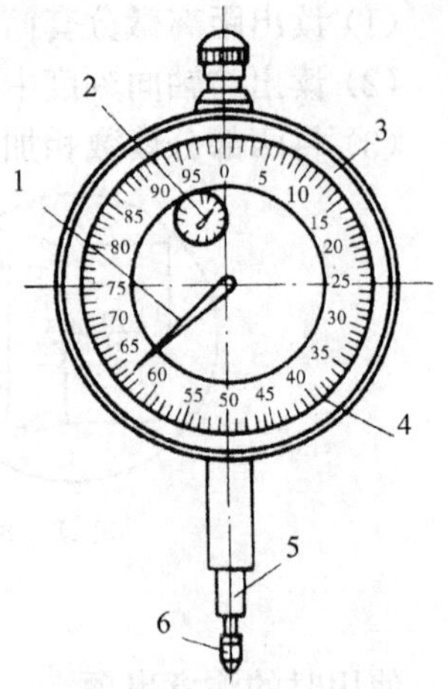

图9-46 百分表

1—大指针;2—小指针;3—表壳;4—刻度盘;5—量杆;6—量头

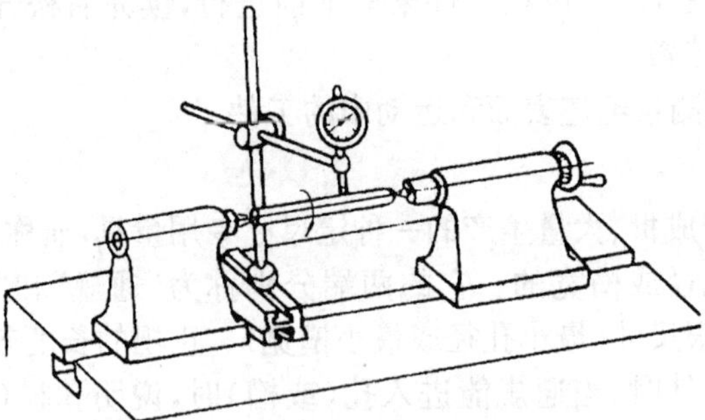

图9-47 百分表检验工件径向圆跳动

百分表使用时的注意事项:

(1) 使用前,应检查测量杆的灵活性。具体做法是:轻轻推动测量杆,看其能否在套筒内灵活移动。每次松开手后,指针应回到原来的刻度位置。

(2) 测量时,百分表的测量杆要与被测表面垂直,否则将使测量杆移动不灵活,测量结果不准确。

(3) 百分表用完后,应擦拭干净,放入盒内,并使测量杆处于自由状态,防止表内弹簧过早失效。

9.7.2 量具的保养

量具的精度直接影响到检测的可靠性,因此,必须加强量具的保养,须做到以下几点。

(1) 量具在使用前、后,必须用棉纱擦干净。

(2) 不能用精密量具测量毛坯或运动着的工件。

(3) 测量时不能用力过猛,不能测量温度过高的物体。

(4) 不能将量具与工具混放、乱放,不能将量具当工具使用。

(5) 不能用脏油清洗量具，不能给量具注脏油。

(6) 量具用完后必须擦洗干净，涂防锈油并放入专用的量具盒内。

9.8　典型零件车削工艺

由于零件都是由不同表面组成的，在生产中，往往需经过若干个加工步骤才能从毛坯加工出成品。零件形状越复杂，精度、粗糙度要求就越高，需要的加工步骤也就越多。一般适合于车床加工的零件，有时还需经过铣、刨、磨、钳、热处理等工种方能完成。因此，制定零件的加工工艺时，必须综合考虑，合理安排加工步骤。

制定零件的加工工艺，一般要解决以下几方面问题：

(1) 根据零件的形状、结构、材料、数量和使用条件，确定毛坯的种类(如棒料、锻件、铸件等)。

(2) 根据零件的精度、粗糙度等全部技术要求，以及所选用的毛坯，确定零件的加工顺序(除对各表面进行粗加工、精加工外，还要包括热处理方法的确定及安排等)。

(3) 确定每一加工步骤所用的机床、零件的安装方法、加工方法、度量方法以及加工的尺寸和为下一步所留的加工余量。

(4) 成批生产的零件还要确定每一步加工时所用的切削用量。

为此必须强调，在制定零件加工工艺之前，一定要首先看清图纸，做到既了解全部技术要求，又要抓住技术关键。具体制定工艺时，还要紧密结合本厂、本车间的实际生产条件。

加工轴类、盘套类零件时，其车削工艺是整个工艺过程的重要组成部分，有的零件通过车削即可完成全部加工内容。下面介绍几种典型零件的车削工艺。

9.8.1　轴类零件

1. 传动轴

图 9-48 所示为齿轮箱传动轴，轴的表面由外圆、轴肩、退刀槽、螺纹、越程槽等组成。两头轴颈和中间的一段外圆为主要工作表面。轴颈表面与轴承内圈配合，中间的外圆面用于装齿轮等。这三段外圆表面精度要求和表面粗糙度要求都较高。中间圆柱面和轴肩对两头轴颈分别有径向跳动和端面跳动的要求。三段主要外圆表面应以磨削作为终加工。由于轴类零件需要有良好的综合力学性能，应进行调质处理。

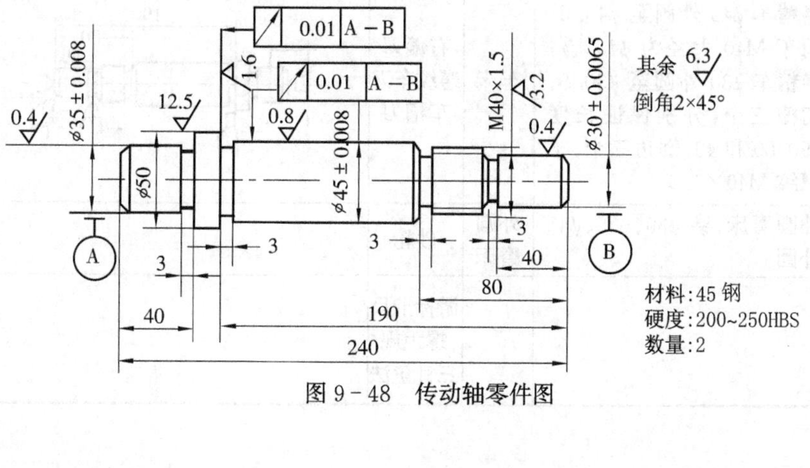

图 9-48　传动轴零件图

轴类零件中,对于光轴或直径相差不大的阶梯轴,多采用圆钢为坯料;对于直径相差悬殊的阶梯轴,采用锻件可节省材料,减少机加工工作量,并能提高力学性能。因该轴各外圆直径相差不大,且数量只有两件,选择直径为 55mm 的圆钢为毛坯。

该传动轴的加工顺序为:粗车—调质—半精车—磨削。

工件粗车时,切削力大,而精度要求不高,采用卡盘和后顶尖装夹;半精车和磨削加工则采用双顶尖装夹,统一加工基准,可提高各表面的位置精度。

加工所用的刀具为 90°右偏刀、45°弯头刀、切槽刀、螺纹车刀和中心钻。

传动轴的加工工艺过程见表 9-4。

表 9-4　传动轴车削的加工步骤与内容

序号	工种	工序内容	设备	刀具或工具	加工简图	装夹方法
1	下料	下料 φ55×245	锯床			
2	车	夹持 φ55 外圆;车端面见平;钻 φ2.5 中心孔;用尾座顶尖顶住。 粗车外圆 φ52×202;粗车 φ45、φ40、φ30 各外圆;直径留余量 2,长度留余量 1	车床	中心钻 右偏刀	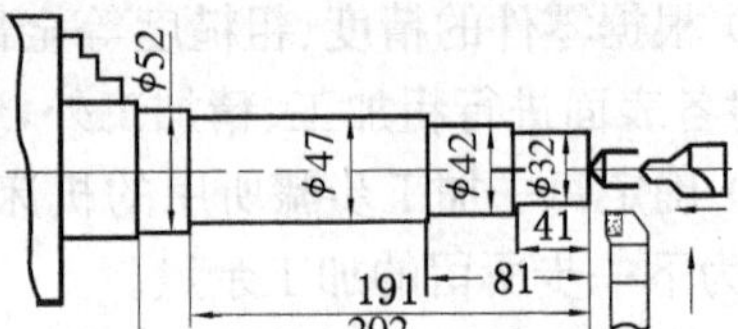	三爪卡盘顶尖
3	车	用三爪定心卡盘夹 φ47 外圆,车另一端面,保证总长 240;钻 φ2.5 中心孔;粗车 φ35 外圆,直径留余量 2,长度留余量 1	车床	中心钻 右偏刀	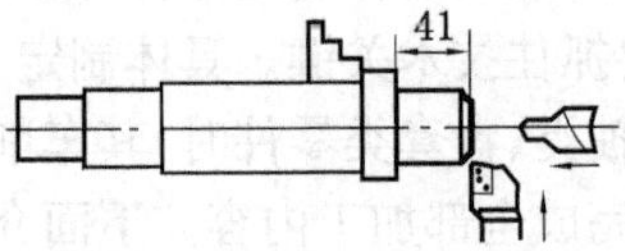	三爪卡盘
4	热处理	调质 220～250HBS	箱式高温炉	钳子	850℃　水淬,600℃～620℃回火	
5	车	修研中心孔	车床	四棱顶尖		三爪卡盘
6	车	用卡箍夹住 φ30 一端 精车 φ50 外圆至尺寸; 半精车 φ35 外圆至 φ35.5; 切槽,保证长度 40;倒角	车床	90°右偏刀 切槽刀	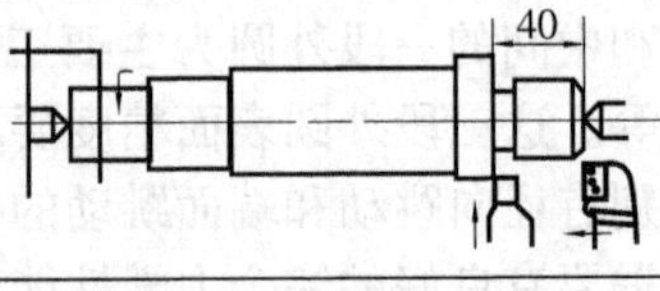	双顶尖
7	车	用卡箍夹住另一端 半精车 φ45 外圆至 φ45.5; 精车 M40 大径为 $\phi40^{-0.1}_{-0.2}$; 半精车 φ30 外圆至 φ30.5; 切槽三个,分别保证长度 190、80 和 40;倒角三个;车螺纹 M40×1.5	车床	右偏刀 螺纹车刀 车槽刀	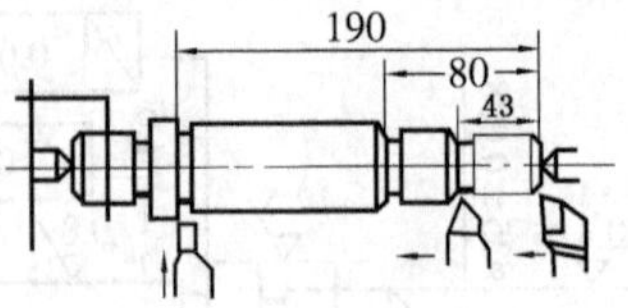	双顶尖
8	磨	外圆磨床,磨 φ30、φ35、φ45 外圆	外圆磨床	砂轮		双顶尖
9	检验			游标卡尺 螺距规 三针量法		

2. 短轴

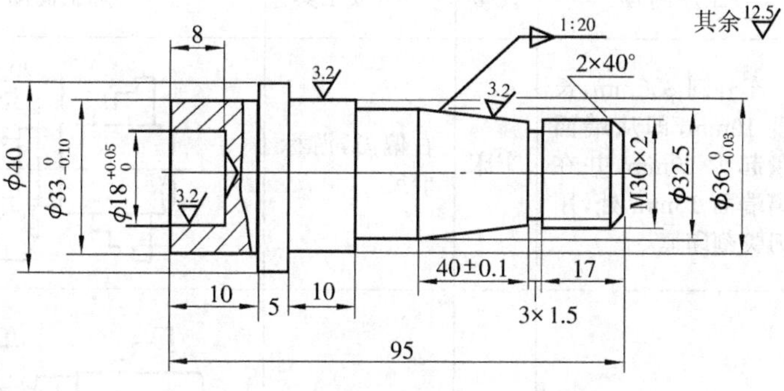

图 9－49　短轴零件图(材料:低碳钢　数量 5 件)

表 9－5　短轴车削的加工步骤与内容(零件图 9－49)

序号	工种	工序内容	设备	刀具或工具	加工简图	装夹方法
1	下料	棒料 $\phi40\times100$	锯床			
2	车	伸出长度 10～20mm,车端面,车平,再打中心孔	车床	45°弯头车刀,中心钻及钻夹头	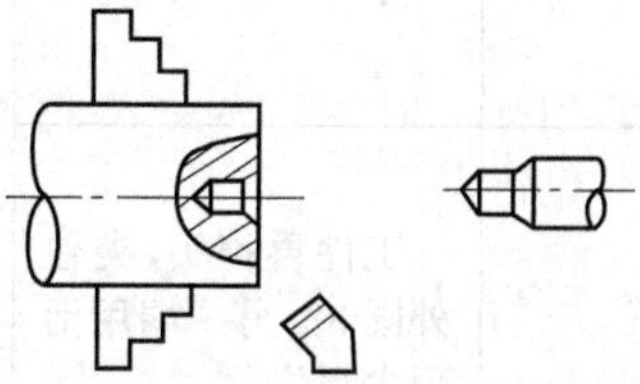	三爪卡盘
3		工件掉头,伸出长度为 30～40mm			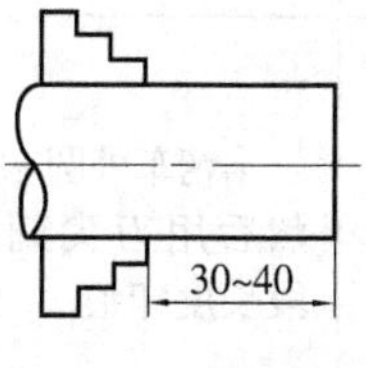	三爪卡盘
(1)	车	车端面到尺寸 95mm	车床	45°弯头车刀	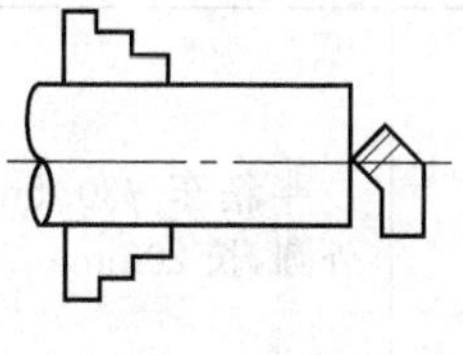	三爪卡盘
(2)	车	车外圆 $\phi33^{0}_{-0.10}$ mm,长度为 10mm	车床	右偏刀,游标卡尺	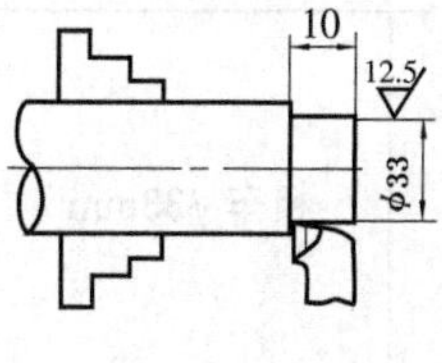	三爪卡盘

(续表)

序号	工种	工序内容	设备	刀具或工具	加工简图	装夹方法
(3)	车	车外圆 $\phi 36$mm,长度 10mm,即从端面量起为 20mm,并在离端面 15mm 处,用刀尖刻印痕	车床	右偏刀,游标卡尺	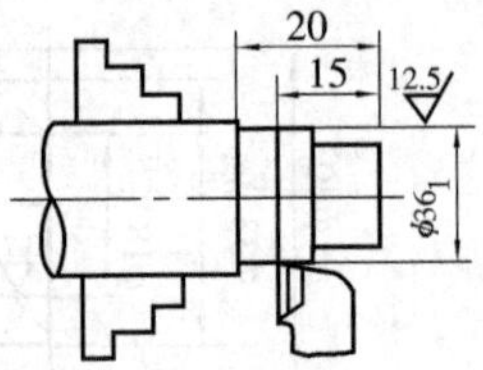	三爪卡盘
(4)	车	钻孔,深 6mm	车床	麻花钻 $\phi 15$mm	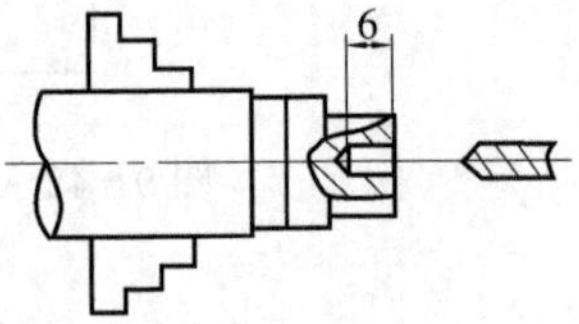	三爪卡盘
(5)	车	镗孔,孔径为 $\phi 18_{0}^{+0.05}$ mm,R_a 为 3.2μm,孔深 8mm	车床	盲孔镗刀,游标卡尺	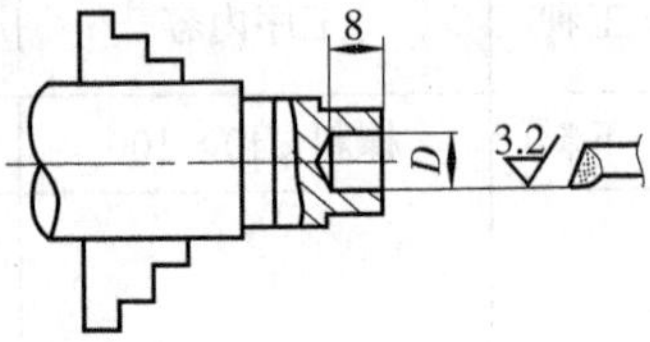	三爪卡盘
4		工件再掉头,夹住外圆 33,另一端用活顶尖顶住			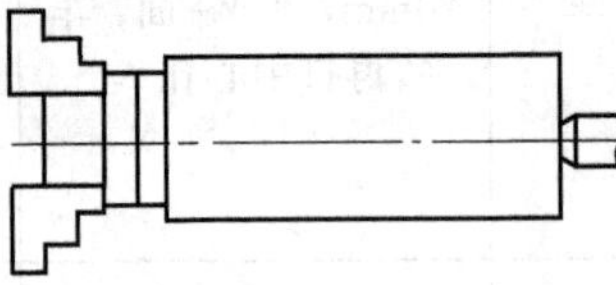	三爪卡盘
(1)	车	半精车外圆 $\phi 36$mm,然后用刀尖刻出各段长度印痕	车床	45°弯头车刀,游标卡尺	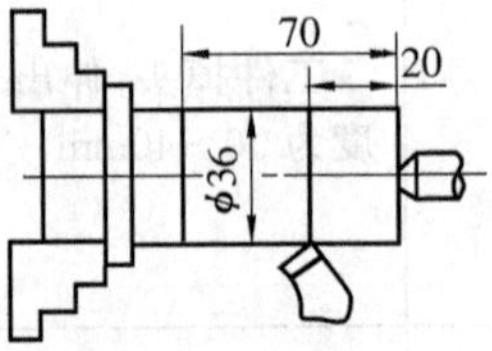	三爪卡盘
(2)	车	半精车 $\phi 30.5$mm 外圆,长 20mm	车床	90°右偏刀,游标卡尺	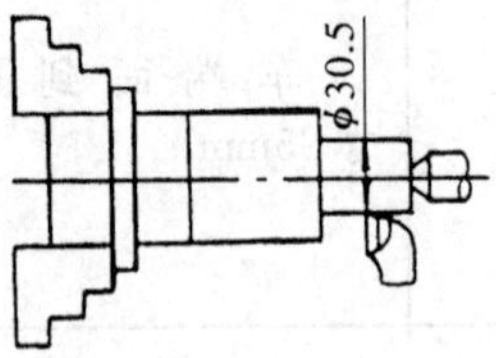	三爪卡盘
(3)	车	粗车 $\phi 33$mm	车床	90°右偏刀	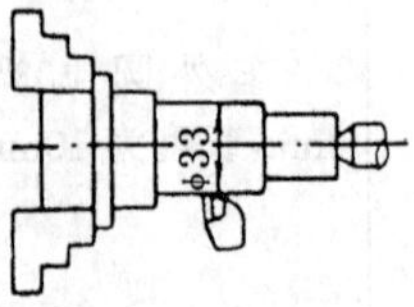	三爪卡盘

（续表）

序号	工种	工序内容	设备	刀具或工具	加工简图	装夹方法
(4)	车	半精车 ϕ33.5mm，留余量 0.5mm	车床	右偏刀	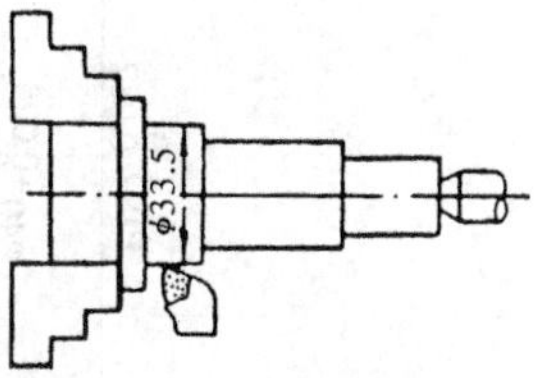	三爪卡盘
(5)	车	依次精车 $\phi30^{0}_{-0.18}$ mm，ϕ 32.5mm，ϕ36mm	车床	右偏刀，千分尺	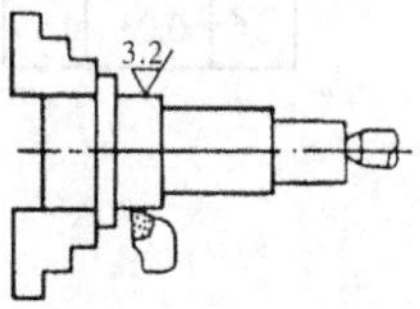	三爪卡盘
(6)	车	车圆锥 $\frac{\alpha}{2}=\tan^{-1}\frac{D-d}{2l}=\tan^{-1}\frac{32.5-30}{2\times 40}=1.79°$	车床	右偏刀	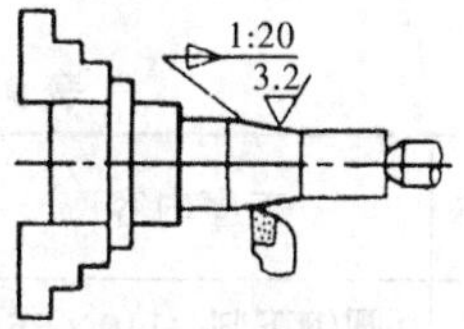	三爪卡盘
(7)	车	切槽，倒角	车床	切槽刀，45°弯头车刀	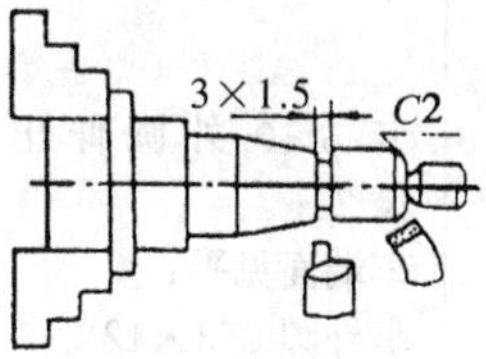	三爪卡盘
(8)	车	车螺纹 M30×2	车床	螺纹车刀	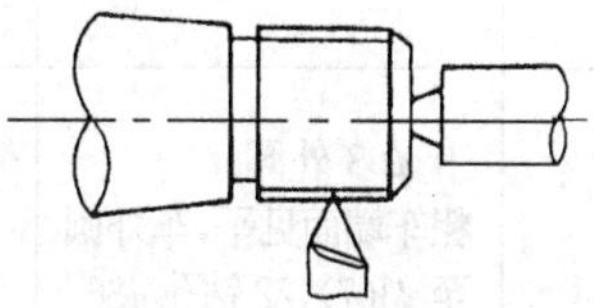	三爪卡盘
(9)		去毛刺		锉刀		
5	检验			游标卡尺、螺距规、三针量法		

9.8.2　盘类零件

齿轮是典型的盘类零件，如图 9－50。图中表面粗糙度要求 R_a 为 3.2～1.6μm，外圆及端面对内孔的跳动量为 0.02～0.03mm。其主要的加工都可以在车床上完成，加工工艺过程见表 9－6。

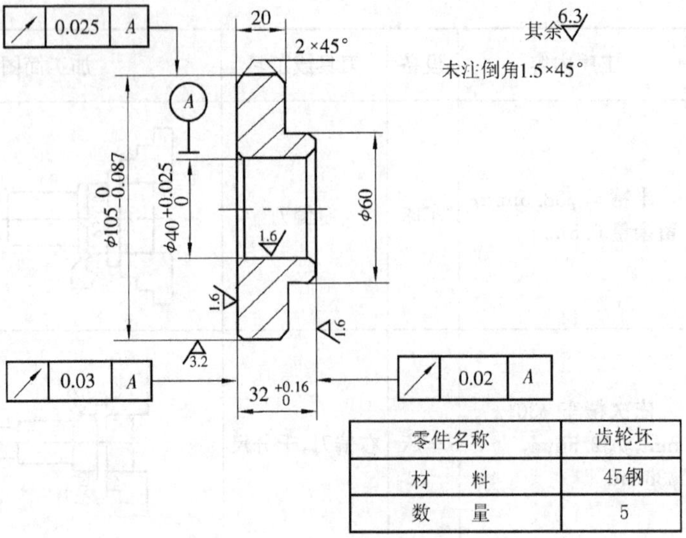

图 9－50 齿轮坯零件图

表 9－6 盘类零件的车削加工步骤及内容

序号	工种	工序内容	设备	刀具或工具	加工简图	装夹方法
1	下料	圆钢下料 $\phi110\times36$	锯床			
2	车	卡 $\phi110$ 外圆伸出长 20； 车端面见平； 车外圆 $\phi63\times12$	车床	右偏刀	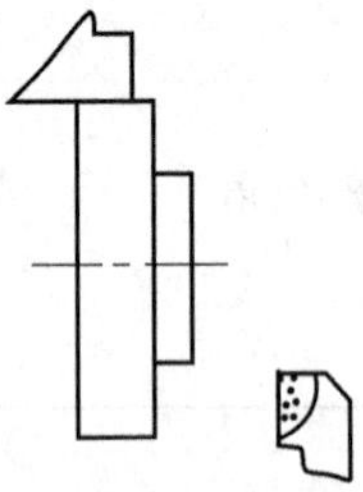	三爪卡盘
3	车	卡 $\phi63$ 外圆 粗车端面见平，车外圆至 $\phi107\times22$ 钻孔 $\phi36$ 粗精镗孔 $\phi40_{0}^{+0.025}$ 至尺寸 精车端面保证总长 33 精车外圆 $\phi105_{-0.087}^{0}$ 至尺寸，倒内角 $1.5\times45°$ 外角 $2\times45°$	车床	右偏刀 45°弯头车刀 麻花钻 镗刀	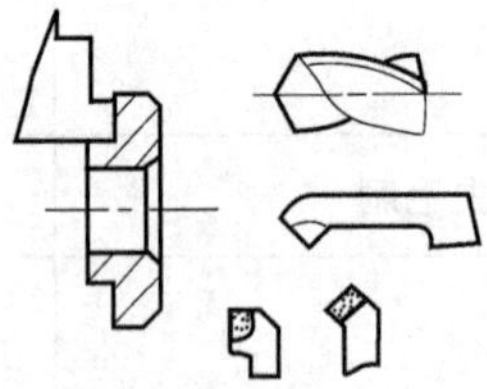	三爪卡盘

（续表）

序号	工种	工序内容	设备	刀具或工具	加工简图	装夹方法
4	车	卡 φ105 外圆、垫铜皮、找正 精车台肩面保证厚度 12.3 车小端面、保证总长 32.3 精车外圆 φ60 至尺寸 倒内角 1.5×45° 外角 2×45°	车床	右偏刀 45°弯头车刀	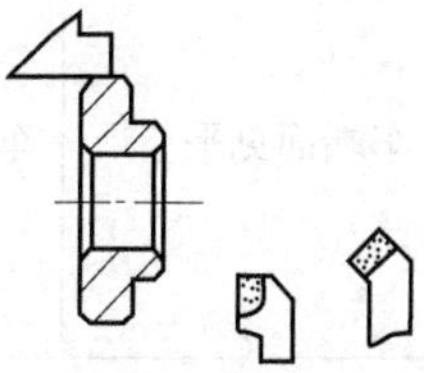	三爪卡盘
5	车	精车小端面； 保证总长 $32_0^{+0.16}$	车床	右偏刀	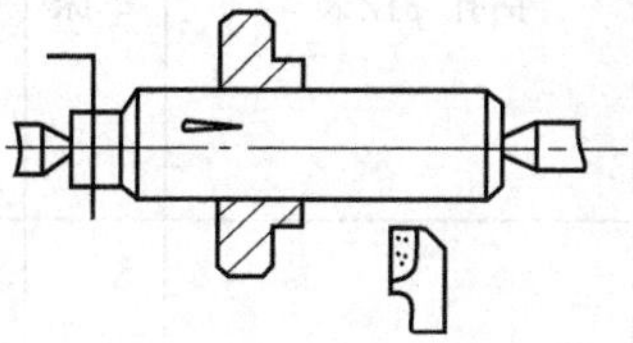	卡箍 顶尖 锥度心轴
6	检验					

9.8.3　套类零件

图 9-51 所示为盘套类零件，材料为铸铁 HT200，坯料是棒料，其车削加工步骤如表 9-7所示。

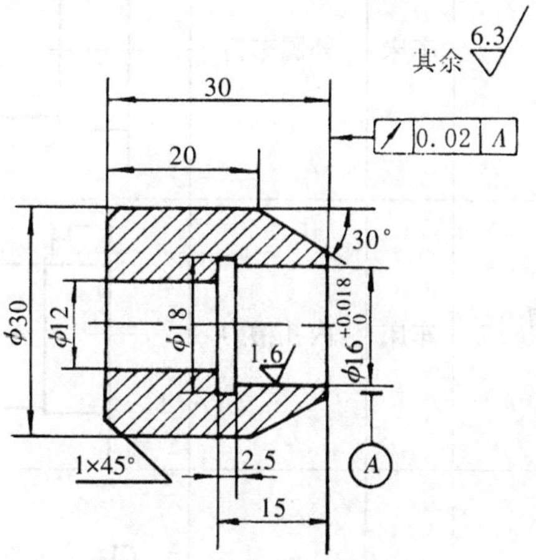

图 9-51　盘套类零件

表 9－7　盘套类零件的车削加工步骤及内容(零件图如图 9－51 所示)

序号	工种	工序内容	设备	刀具或工具	加工简图	装夹方法
1	下料	$\phi35\times140$ 棒料	锯床			
2	车	车端面见平	车床	车刀	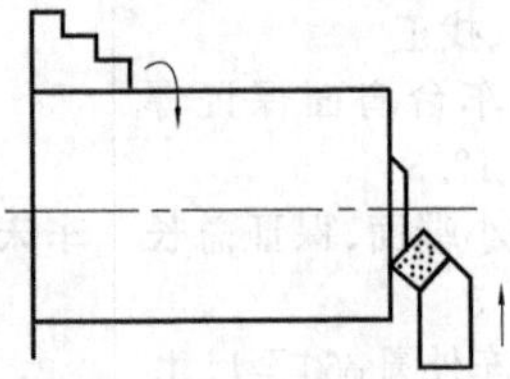	三爪卡盘
3	车	钻孔 $\phi12\times34$	车床	麻花钻	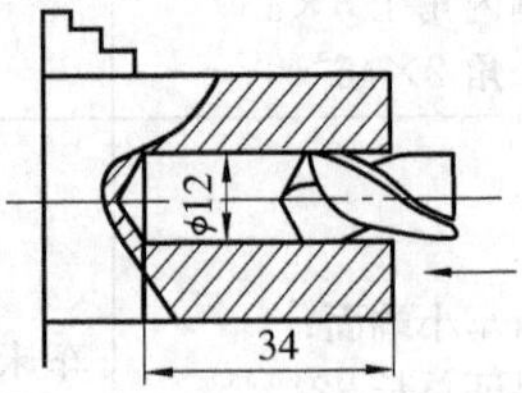	三爪卡盘
4	车	粗、精车外圆柱面 $\phi30\times34$	车床	外圆车刀	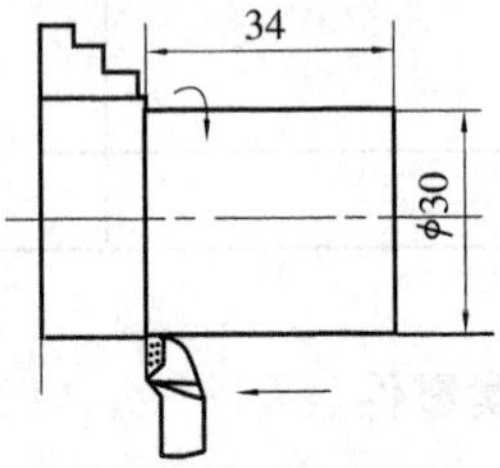	三爪卡盘
5	车	圆锥表面	车床	外圆车刀	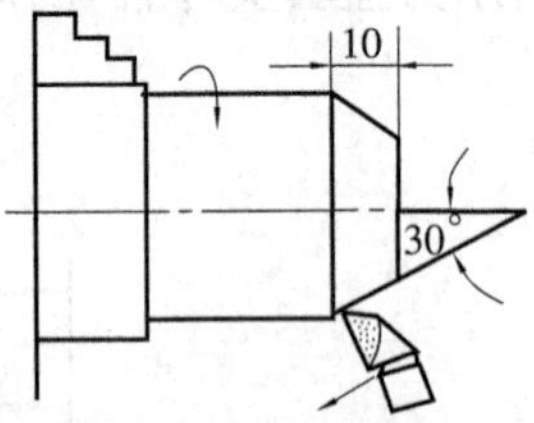	三爪卡盘
6	车	内孔退刀槽 2.5×3	车床	内孔槽刀	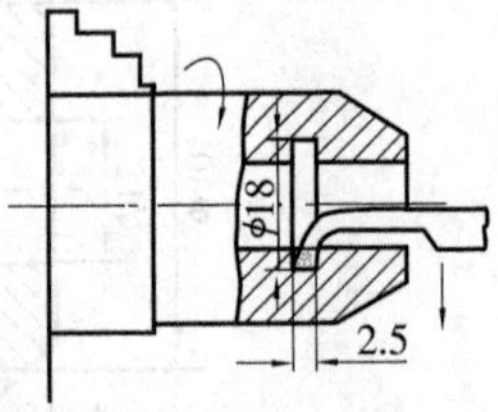	三爪卡盘
7	车	镗孔 $\phi16_{0}^{+0.018}$	车床	镗刀	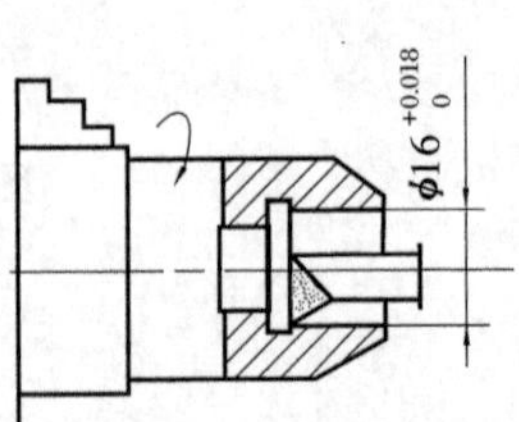	三爪卡盘

（续表）

序号	工种	工序内容	设备	刀具或工具	加工简图	装卡方法
8	车	切断， 全长 31mm	车床	切断刀	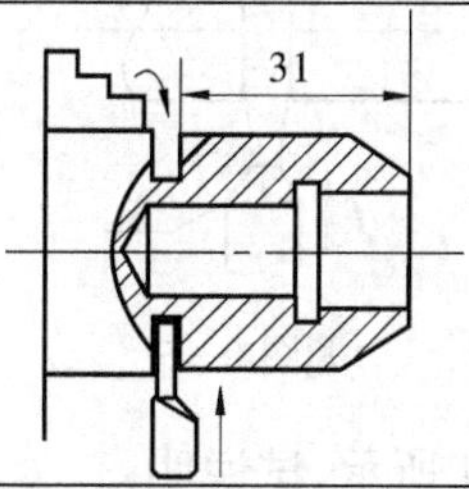	三爪卡盘
9	车	调头装夹 车端面至总长 30mm、倒角	车床	45°弯头车刀	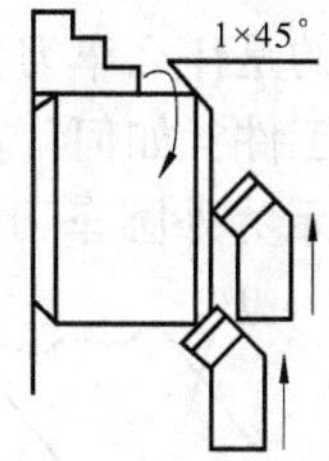	三爪卡盘
10	检验			游标卡尺		

习 题 九

1. 思考题

(1) 车螺纹时，常造成乱扣，在何种情况下会出现这一现象？怎样避免之？

(2) 何谓“一刀落”？为什么要一刀落？如何使用一刀落？

(3) 题图 9-1 所示为用外圆车刀加工工件的外圆柱表面，试说明：

① 图中表面 1、2、3、是什么表面？

② 图中∠1、∠2、∠3 是什么角？在什么面上度量？

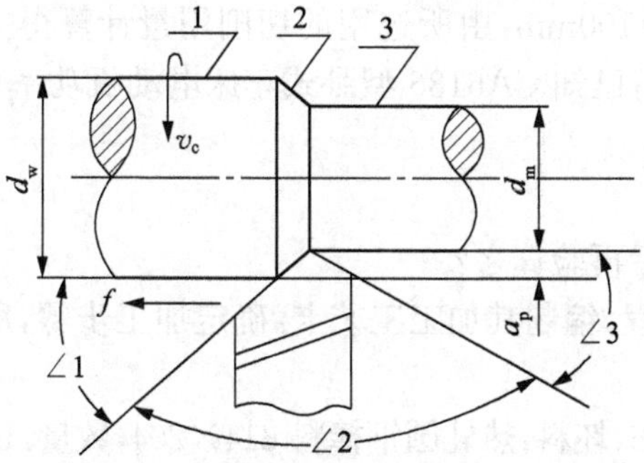

题图 9-1

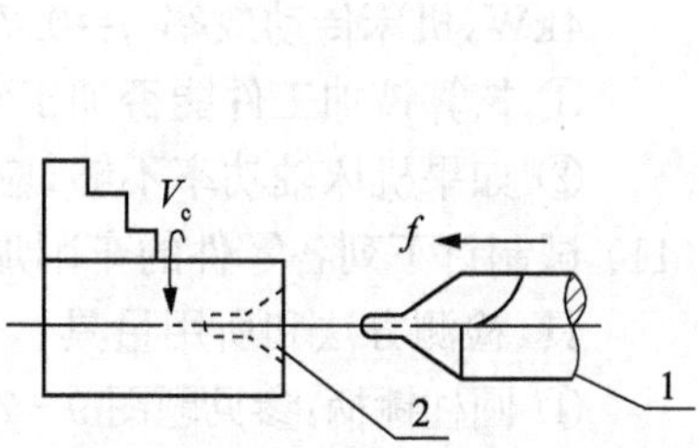

题图 9-2

(4) 题图 9-2 所示，其中：1 为什么刀具？装在车床何处？怎样进给的？2 是什么孔？派什么用处？

(5) 题图 9-3 所示，其中：1 为什么刀具？2 是加工什么？怎样进给的？这把刀具你见过吗？它有几条切削刃？几个副偏角？几个副后角？几个刀尖？试分别说明之。

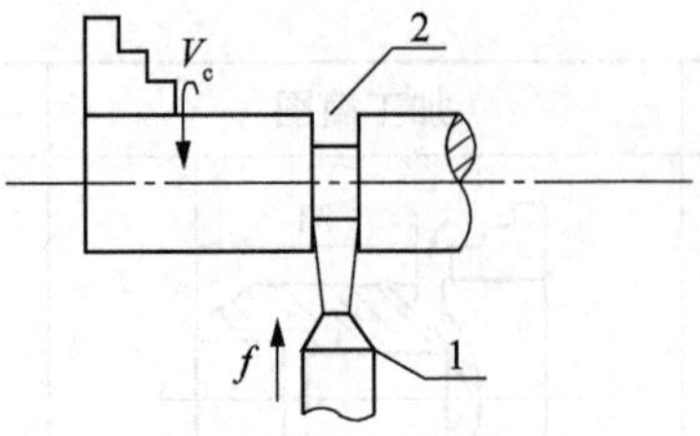

题图 9-3

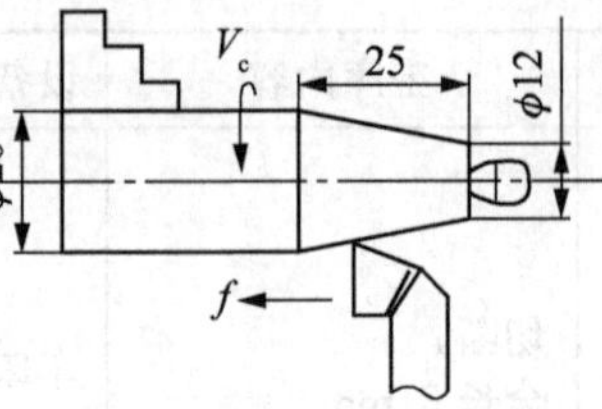

题图 9-4

(6) 题图 9-4 所示,试说明:

① 图中所用的是什么车刀?怎样进给的?刀具装夹有什么要求?怎样调整的?

② 加工什么工件?如何计算其加工参数?

(7) 题图 9-5 所示为外圆车刀的典型结构,试按图中编号顺序说明其名称和作用。

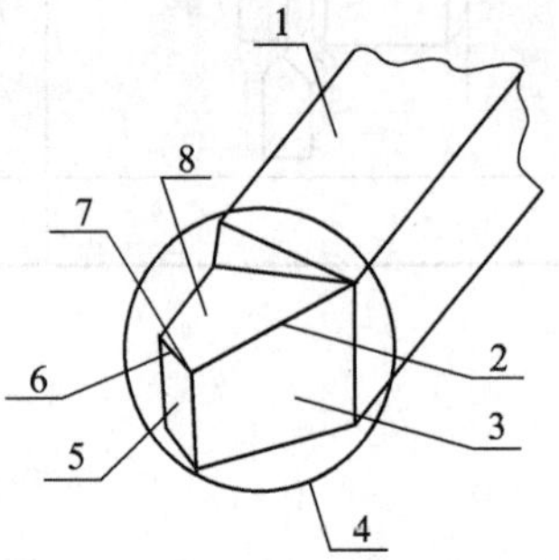

题图 9-5

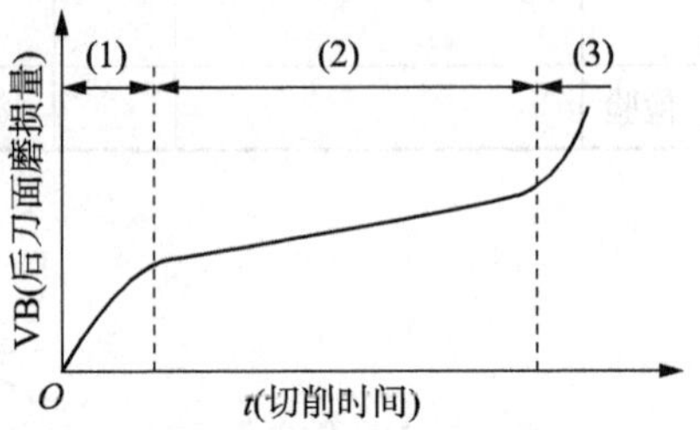

题图 9-6 磨损曲线

(8) 题图 9-6 所示为车刀磨损曲线,其磨损过程可分为三个阶段:试说明图中 1、2、3 各为什么阶段?当磨损到阶段 2 终点处的磨损量 VB 值(磨损极限)时,就应采取什么措施?为什么?

(9) 在车削实习时,你观察到了切削过程中发生了哪些物理现象?发现了什么规律?如何设计与合理使用刀具,以保证加工质量、减少能耗、提高生产率?

(10) 当加工盘状工件时,测得工件外径 $D=100\text{mm}$,由所选用的切削用量计算得主轴转速 $n=560\text{r/min}$,主切削力 $P_Z=100\text{kgf}$;已知 CA6136 型卧式车床电动机功率 $N_{电}=4\text{kW}$,机床传动效率 $\eta=0.75$,问:

① 核算该加工件能否加工?

② 如果机床轴功率不够,应如何改变后再验算之?

(11) 试制订下列各零件的车削加工工艺过程,编制其加工工艺卡.确定加工步骤,所用工具,检测方法和所用量具:

① 圆柱锤柄:参见题图 9-7,材料:Q235,坯料:热轧圆钢棒料 $\phi14\times204$,数量:1 件。

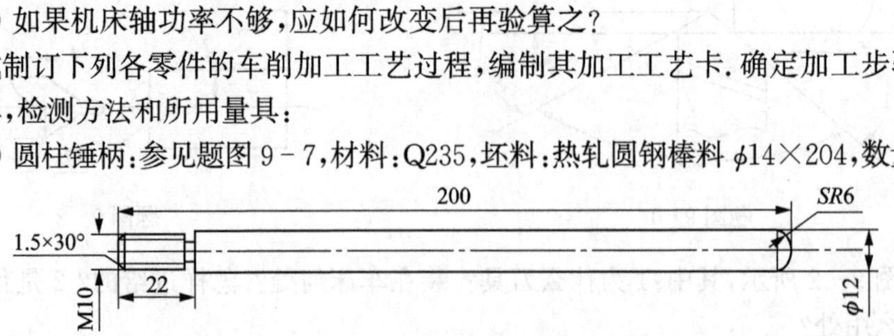

题图 9-7 圆柱锤柄

② 鸭嘴小锤锤柄:参见题图 9-8,材料:Q235,坯料:热轧圆钢 $\phi16\times182$ 棒料,数

量:1件。

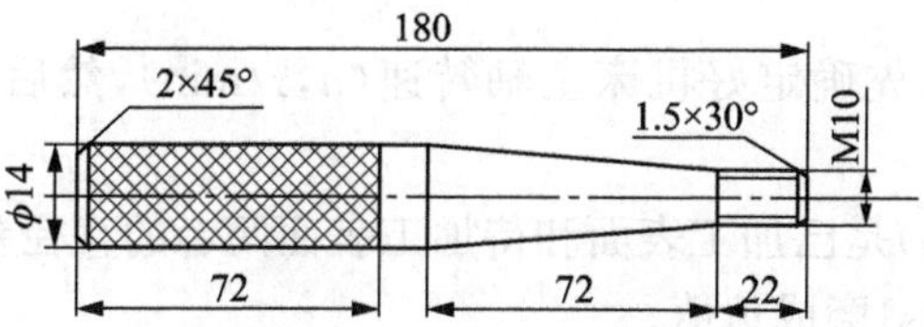

题图 9-8　鸭嘴小锤锤柄

③ 转轴:参见题图 9-9,材料:45 钢,坯料:热轧圆钢 ϕ55×245,热处理,200～250HBS,数量:2件。

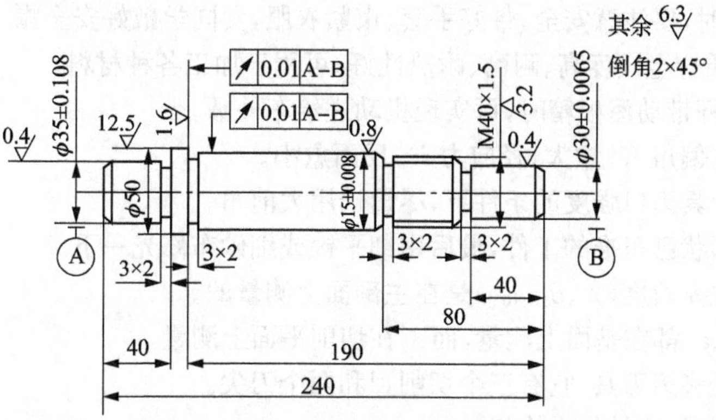

题图 9-9　传动轴零件图

④ 短轴:参见题图 9-10,材料:Q235,坯料:热轧圆钢 ϕ42X100,数量:2件

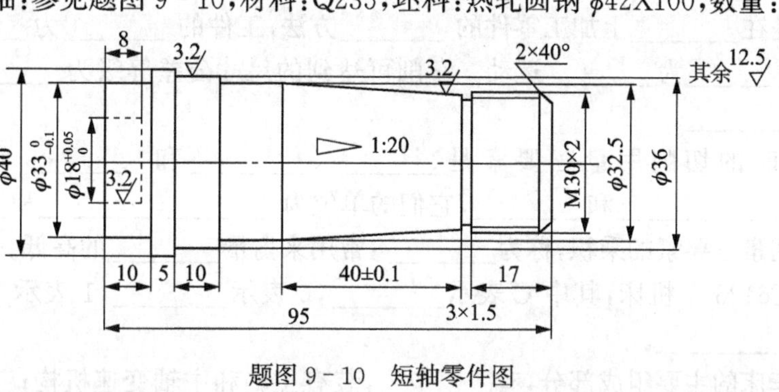

题图 9-10　短轴零件图

⑤ 齿轮坯:参见题图 9-11,材料:45 钢,坯料:热轧圆钢 ϕ110X36,数量:1件。

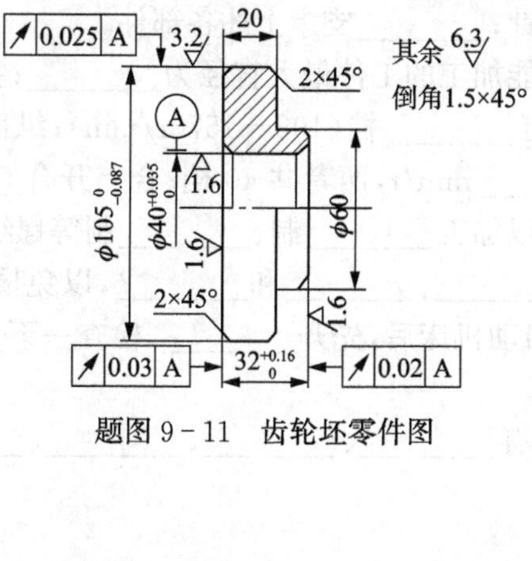

题图 9-11　齿轮坯零件图

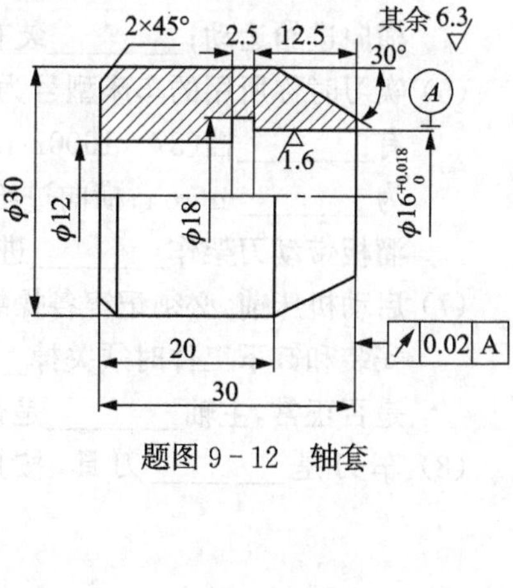

题图 9-12　轴套

⑥ 轴套:参见题图 9-12,材料:HT200.坯料:灰口铸铁棒料,数量:1件

2. 判断题

(1) 计算切削用量时,先确定好机床主轴转速(n,r/min),然后再去计算切削速度(V_C,m/min)。 ( )

(2) 背吃刀量(a_p,mm)是已加工表面和待加工表面两者的直径差。 ( )

(3) 精车时,刃倾角(λs)磨成负值。 ( )

(4) 粗车时,必须把刃倾角(λs)磨成正值。 ( )

(5) 要改变转速,必须先停车,再变速。 ( )

(6) 要改变进给量,不必停车。 ( )

(7) 车削加工时,要注意安全,带好手套、束紧衣服,女同学戴好安全帽。 ( )

(8) YT类硬质合金硬度高、耐磨、耐热性好,可用于加工各种材料。 ( )

(9) 当用螺丝杆带动溜板箱时,可实现机动进给车外圆。 ( )

(10) 车刀的主偏角 K_r 愈大,径向力 F_y 反而愈小。 ( )

(11) 在保证刀具刃口强度的条件下,尽量选用大前角。 ( )

(12) 尺寸与形状已车准的工件,最后用细平锉或细砂布修光一下。 ( )

(13) 刀具的主要角度(γ_0、β_0、α_0、)是在主剖面上测量的。 ( )

(14) K_r、K_r'、ε_r 都在基面上测量,而 λ_s 在切削平面上测量。 ( )

(15) 切槽刀是多刃刀具,它有三个切削刃和两个刀尖。 ( )

(16) 端面车削时,应锁住大拖板。 ( )

3. 填空题

(1) 车削是在______上加工零件的______方法,工件的______为______运动;刀具的______为______运动。车削可达到的尺寸公差等级为______,表面粗糙度为______。

(2) 车削时的切削用量三要素是______、______和______,它们的符号是______、______和______,它们的单位为______、______和______。

(3) 切削用量三要素的乘积,称为______,常用来衡量______的高低。

(4) 型号C6136型机床,其中C表示______,6表示______,1表示______,36表示______。

(5) 卧式车床的主要组成部分,有______,装有主轴和主轴变速机构;______装有变速机构,以扩大主轴变速范围;______装有进给变速机构;______带动溜板作纵、横向进给运动;______装有尾座和顶针;______支承上述各部件。

(6) 实习时你所用的车床型号为______,能加工的工件最大直径为______;主轴正转有______档(37−1600r/min)、反转有______档(102−1570r/min);纵向进给量为______mm/r;横向进给量为______mm/r,两者共40档;合上开合______,溜板带动刀架作______进给运动,可以加工______制、______制等螺纹。

(7) 启动机床前,必须记牢各操纵手柄的______、______和______,以免损坏机床;安装和卸下工件时须关掉______。启动机床后,先开______,检查一下______是否正常,主轴______是否符合要求。

(8) 车刀是______刀具,按用途不同,有______、______、______、______、

________等;按结构不同,有________,如高速钢车刀;________,如普通硬质合金车刀;________,如可重磨刀头的车刀;________,如不需重磨刀头的车刀。

(9) 对车刀切削部分材料性能的主要要求是________、________、________、________、________和良好的________与________,以及优异的________;目前常用的材料有________、________和________。

(10) 在高速钢刀具表面上用________法涂上________,刀具切削性能与使用寿命显著提高;在硬质合金刀具表面上用________法,涂上________、________、________、________等,刀具寿命提高1-4倍之多。

(11) 切削力大小取决于工件材料的变形抗力和刀具表面承受的________。________占总切削力的80%~90%,常用于直接计算机床________的依据;切深抗力________直接影响车削________与________,严重时甚至造成________和________;进给抗力________是计算进给机构强度的依据。

(12) 所谓经济精度是指在正常生产条件下,所能达到的________,例如一般精车后能达到的经济精度为________,表面粗糙度________。如果要提高,就要多次切削,即粗车、半精车、________,甚至再________等。加工次数越多,费用就越高,生产效率越低,经济性就越________。

(13) 车削时,金属切削层的________和刀具与工件、切屑间的________都转化为________,即为________。传入刀具的________,会使刀具________升高,造成刀具________,所以合理选用刀具________和切削用量,以控制________,减小刀具________。

(14) 刀具经刃磨后,开始切削,直至后刀面磨损量达到磨钝标准值(*VB* 值),所经过的切削总时间,称为________,其单位为________。

(15) 装夹车刀时,刀尖应与工件中心________,常用________对中心;刀杆伸出长度为刀杆截面高度的________,垫片要________,________刀架上的紧固螺钉,不要________拧到底。

(16) 长径比<4的圆柱体工件、________和________工件都可用________装夹,但定心精度________。卡盘钥匙逆时针方向旋转是________;顺时针方向旋转是________。装夹后须目测或用划针盘,甚至________进行________,然后________。

(17) 方形、椭圆形或不规则形状的工件用________装夹,用划针盘或________进行________。

(18) 找不出对称轴线的不规则工件,可在________上装夹,并用________平衡其重量。

(19) 长径比介于4~15时,可用________装夹法装夹工件;>15的细长轴,还应加装________或________,以增加工件刚性,其中________装在________上;________装在________上,随刀架一起移动。

(20) 以中心孔定位的盘套类光坯工件,可用心轴装夹,以保证________与________的同轴度和________与________中心线的垂直度。

(21) 车端面时,刀尖必须与工件轴线________,否则会崩刃或留下________,端面车不平。

(22) 车床上常用的车锥体方法:1. ________,适用于锥体长度较短,而锥角较大的锥体;

2. ________,适用于锥体长度较长,而锥角较小,一般圆锥角<12°的锥体。

(23) 相邻螺牙在轴线方向上两对应点间的距离,称为________;螺纹轴向剖面上左右两牙廓的夹角,称为________。________螺纹为________;________螺纹为________。前者以________表示其规格;后者以________表示其规格。

(24) 螺距大小常用________测量;用外径百分尺测量螺纹中径的方法,称为________。

(25) 成批或大量生产时,常采用________来检验零件的合格性,检验轴或厚度时,用________;检验孔或槽时,用________。它们都成对使用,________的________等于工件轴的最大极限尺寸,________的________等于工件轴的最小极限尺寸;________的________等于工件孔的最小极限尺寸,________的________等于孔的最大极限尺寸。

4. 选择题

(1) 车细长轴的外圆柱面时,宜用(　　)外圆车刀。

1. $Kr=45°$直头车刀;　2. $Kr45°$弯头车刀;
3. $Kr=75°$外圆车刀;　4. $Kr=90°$外圆车刀

(2) 形位公差包括形状和位置两类公差,其中同轴度公差的符号为(　　)。

1. ○;　2. ⊕;　3. ◎;　4. ⌭

(3) 表面粗糙度$\overset{1.6}{\checkmark}$,表示车削后的表面微观不平度算术平均偏差$Ra$=(　　)。

1. 1.6mm;　2. 1.6/10mm;　3. 1.6μm;　4. 1.6%

(4) 测量毛坯尺寸时,应采用(　　)。

1. 游标卡尺;　2. 百分尺;　3. 卷尺;　4. 钢直尺和内外卡

(5) 测量光坯或零件时,应采用(　　)。

1. 游标卡尺;　2. 百分尺;　3. 卷尺;　4. 钢直尺和内外卡

(6) 同轴度要求高的阶梯轴,应采用(　　)装夹。

1. 自动定心三爪卡盘;　2. 四爪卡盘;
3. 双顶针;　4. 都可以

(7) 读数值为0.001mm的千分表,当量头向上移动0.1mm时,表盘上的大指针转过(　　)圈,表盘上的小指针转过(　　)格。

1. 100;　2. 10;　3. 1;　4. 1/10;
5. 1;　6. 10;　7. 1/10;　8. 5/10

(8) 车削加工时,当中拖板调整过大,需要重新调小切深(背切刀量)的方法是(　　)。

1. 直接退到所需刻度上;
2. 松开车刀,缩短刀具伸出长度;
3. 反向摇中拖板手柄退过头若干格后,重新转到所需的刻度上

(9) CA6136型普通卧式车床的螺丝杆螺距P=6mm,下列螺纹(　　)车削时,只能采用主轴反转退刀法车削,而不能采用开启开合螺帽法。

1. M36;　2. M36X3;　3. M36X2;　4. M36X1.5

(10) 螺纹百分尺可测量外螺纹的(　　)。

1. 大径d;　2. 小径d_1;　3. 中径d_2;　4. 螺距P

第10章　铣　削　加　工

10.1　概　　述

在铣床上用铣刀对工件进行切削加工的方法叫铣削。主要用于加工平面、斜面、垂直面、各种沟槽以及成型表面。图 10－1 为铣削加工常用的加工方法。

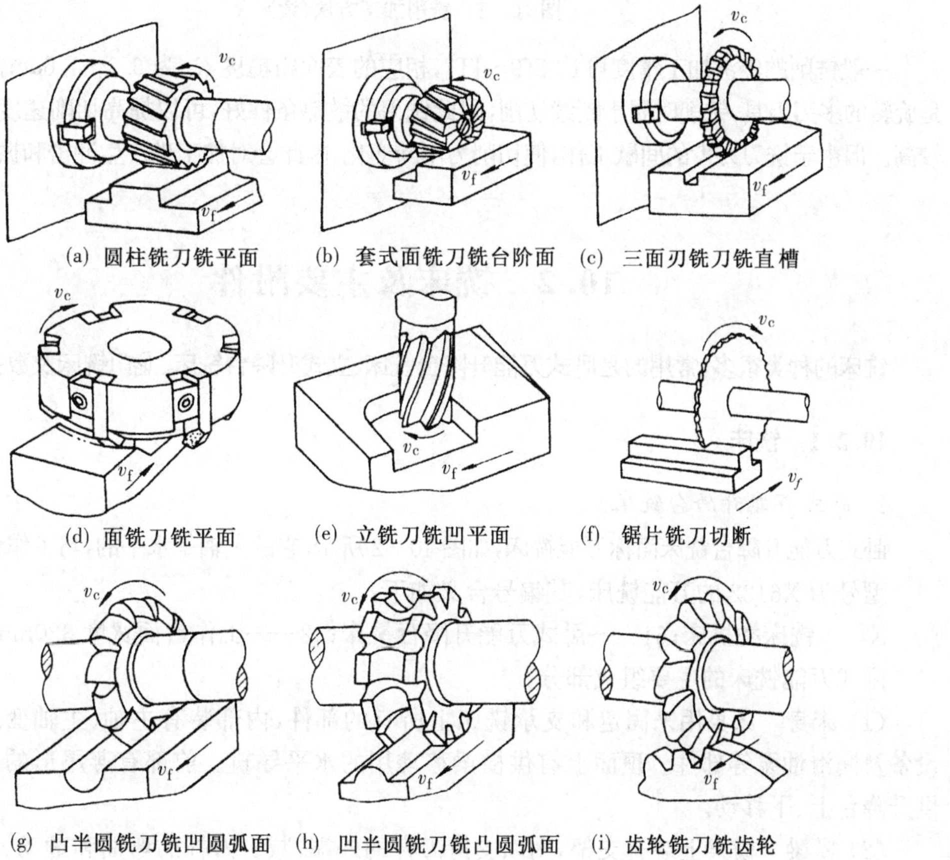

图 10－1　铣削加工方法

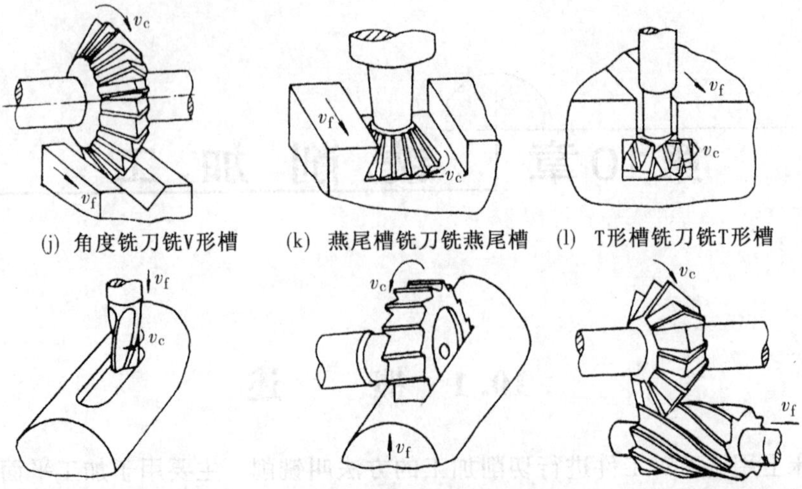

(j) 角度铣刀铣V形槽　(k) 燕尾槽铣刀铣燕尾槽　(l) T形槽铣刀铣T形槽

(m) 键槽铣刀铣键槽　(n) 半圆键槽铣刀铣半圆键槽　(o) 角度铣刀铣螺旋槽

图 10－1　铣削加工方法(续)

一般铣削的经济加工精度可达 IT9～IT7,相应的表面粗糙度 R_a 为 6.3～1.6μm。由于铣刀是旋转的多刃刀具,铣削时属于断续切削,因此铣刀的散热条件好,可以提高切削速度,故生产率较高。但由于铣刀刀齿的间歇工作,使切削力不断变化,因此会对加工件产生冲击和振动。

10.2　铣床及主要附件

铣床的种类很多,常用的是卧式万能升降台铣床、立式升降台铣床、龙门铣床及数控铣床等。

10.2.1　铣床

1. 卧式万能升降台铣床

卧式万能升降台铣床简称万能铣床,如图 10－2 所示,它的主轴是水平的,与工作台面平行。

型号为 X6132 的万能铣床,其编号含义如下:

X——铣床类机床;61——卧式万能升降台铣床;32——工作台面宽度 320mm。

卧式万能铣床的主要组成部分:

(1) 床身　床身用来固定和支承铣床上所有的部件,内部装有主轴、主轴变速箱、电器设备及润滑油泵等部件。顶面上有供横梁移动用的水平导轨。前部有燕尾形的垂直导轨,供升降台上、下移动。

(2) 横梁　横梁上装有支架,用以支持刀杆的外端,减少刀杆的弯曲和颤动。横梁可沿床身的水平导轨移动,其伸出长度由刀杆的长度决定。

(3) 主轴　主轴是一根空心轴,前端有 7∶24 的精密锥孔。其作用是安装铣刀刀杆并带动铣刀旋转。

(4) 纵向工作台　纵向工作台由纵向丝杠带动,在转台的导轨上作纵向移动,以带动台面上工件作纵向进给。台面上的 T 形槽用以安装夹具或工件。

(5) 横向工作台　横向工作台位于升降台上面的水平导轨上，可带动纵向工作台一起作横向进给。

(6) 转台　转台可将纵向工作台在水平面内扳转一定的角度(正、反均为0°～45°)，以便铣削螺旋槽等。具有转台的卧式铣床称为卧式万能铣床。

(7) 升降台　升降台可以带动整个工作台沿床身的垂直导轨上下移动，以调整工件与铣刀的距离和实现垂直进给。

(8) 底座　底座用以支承床身和升降台，内盛切削液。

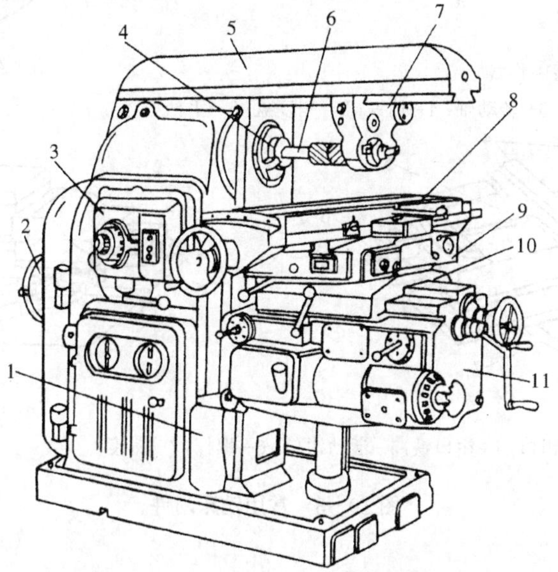

图10-2　X6132卧式万能升降台铣床

1—床身；2—电动机；3—主轴变速机构；4—主轴；5—横梁；6—刀杆；
7—吊架；8—纵向工作台；9—转台；10—横向工作台；11—升降台

2. 立式万能升降台铣床

立式升降台铣床简称立式铣床。其主轴与工作台台面是相互垂直的。有时根据加工的需要，可以将立铣头(包括主轴)左右扳转一定角度，以便加工斜面等。其他与卧式升降台式铣床相同。

型号为X5032的立式铣床，其编号含义如下：

X——铣床类机床；50——立式万能升降台铣床；32——工作台面宽度为320mm。

3. 龙门铣床

龙门铣床有单轴、双轴、四轴等多种形式，主要用来加工大型或较重的工件。它可以同时用几个铣头对工件的几个表面进行加工，故生产率高，适合成批、大量生产。

4. 数控铣床

数控铣床是综合应用计算机、自动控制、精密测量等新技术的精密、自动化的新型机床。它主要适用于单件和小批量生产，加工表面形状复杂、精度要求高的工件。

10.2.2　常用铣床附件及其应用

常用铣床附件指万能分度头、万能铣头、平口钳、回转工作台等，如图10-3所示。这里主要介绍万能分度头和万能铣头。

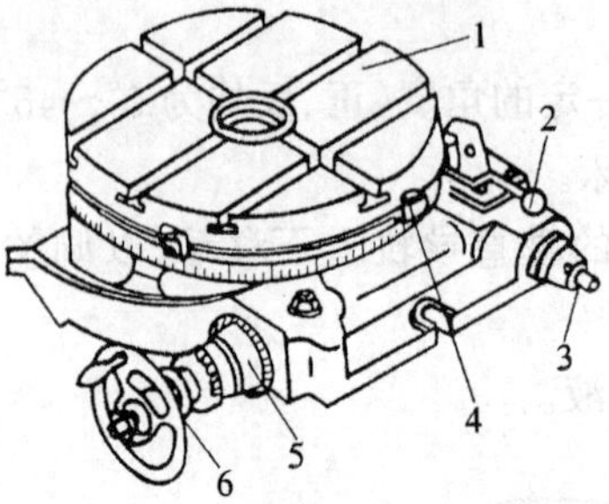

(a) 回转工作台

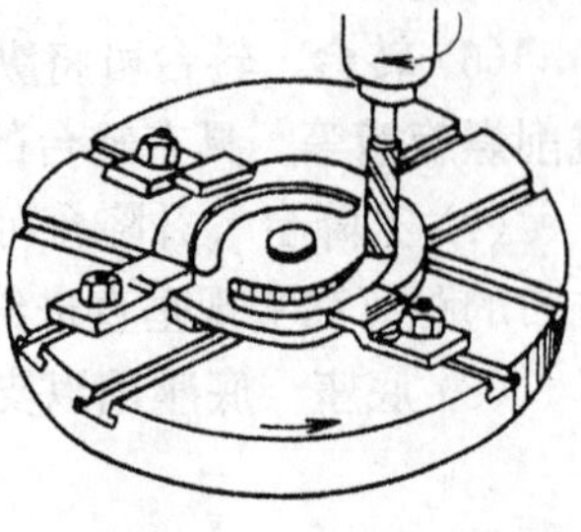

(b) 在回转工作台上铣圆弧槽

1—回转台；2—离合器手柄；3—转动轴；4—挡铁；5—刻度盘；6—手柄

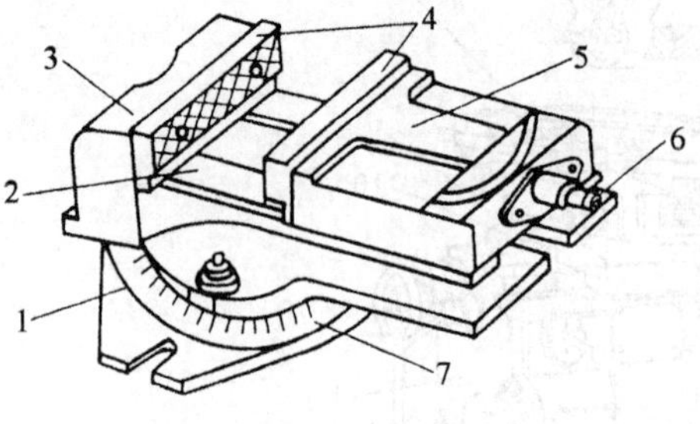

(c) 平口钳

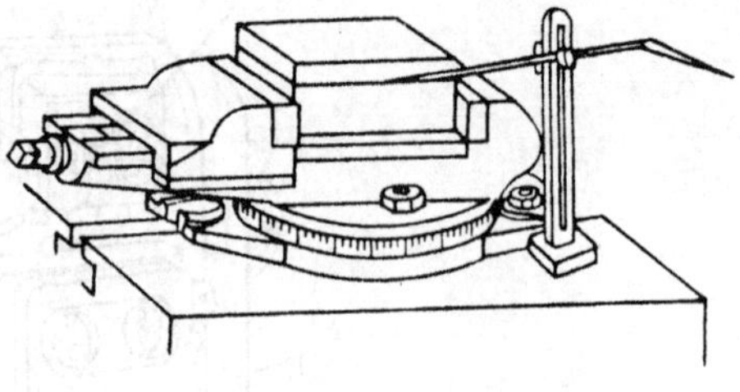

(d) 用划针校正平口钳

1—底座；2—钳身；3—固定钳口；4—钳口铁；5—活动钳口；6—螺杆；7—刻度

图 10-3 常用铣床附件

1. 万能分度头

分度头是能对工件在圆周、水平、垂直、倾斜方向上进行等分或不等分地铣削的铣床附件,可铣四方、六方、齿轮、花键和刻线等。分度头有许多类型,最常见的是万能分度头。

1) 万能分度头的结构

分度头是一种分度装置,这种使工件转过一定角度的工作称分度。分度时摇动手柄,通过蜗杆、蜗轮带动分度头主轴,再通过主轴带动安装在主轴上的工件旋转。图 10-4 为分度头及其传动系统。

2) 简单分度法

分度头蜗杆蜗轮的传动比为 1∶40,即当蜗杆转过一圈时,带动与它相啮合的蜗轮转动一个轮齿;这样当手柄连续转动 40 圈后蜗轮正好转过一整转。由于主轴与蜗轮相连,故主轴带动工件也转过一整转。如使工件 Z 等分分度,每分度一次,工件(主轴)应转动$\frac{1}{Z}$转,则分度头手柄转数 n 与 Z 的关系为:

$$1:40=\frac{1}{Z}:n \qquad \text{即 } n=\frac{40}{Z}$$

这种分度方法称为简单分度。

例:今欲铣一六面体,每铣完一面后工件应转过 1/6 转,按上述公式,手柄转动转数应为:

$$n=\frac{40}{6}=6\,\frac{2}{3}$$

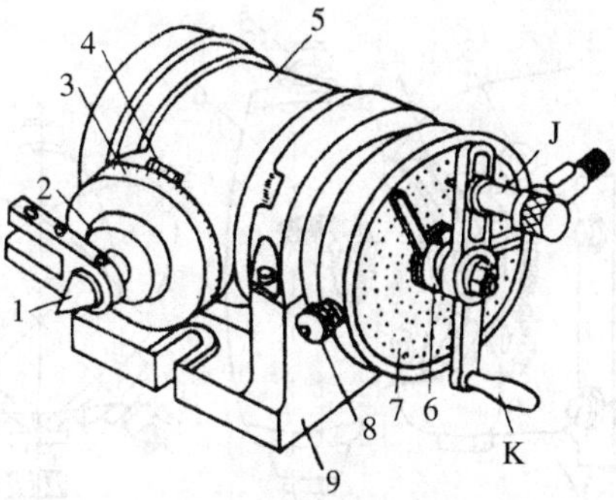

(a) 分度头

1—顶尖;2—主轴;3—刻度盘;4—游标尺;5—鼓形壳体;6—分度叉;
7—分度盘;8—锁紧螺钉;9—底座;J—定位销;K—手柄

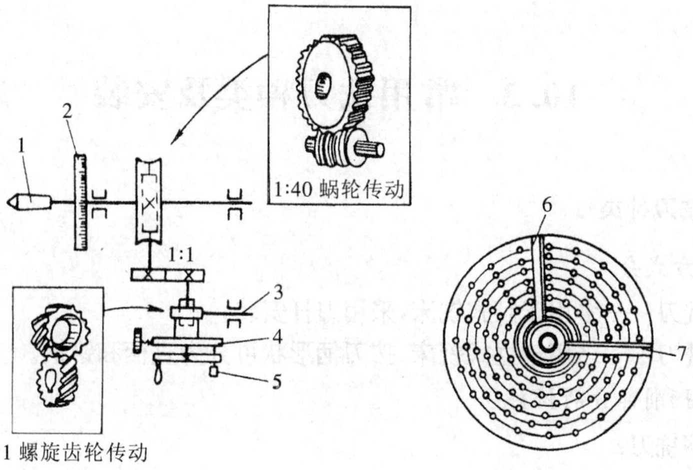

传动示意图　　分度盘

(b) 万能分度头的传动系统及分度盘

1—主轴;2—刻度环;3—挂轮轴;4—分度盘;5—定位销;6、7—分度叉

图 10-4　万能分度头

即手柄要转动 6 整圈再加上 2/3 圈;此处 2/3 圈一般是通过分度盘来控制的。分度头一般备有两块分度盘,分度盘两面上有许多数目不同的等分孔,它们的孔距是相等的,只要在上面找到 3 的倍数,例如 30,33,36,……任选一个即可进行 2/3 圈的分度,一般取其最小倍数。当然,这是最普通的分度法;此外尚有直接分度法、差动分度法和复式分度法等。

2. *万能铣头*

万能铣头是一种扩大卧式铣床加工范围的附件,利用它可以在卧式铣床上进行立铣工作。使用时卸下卧式铣床横梁、刀杆,装上万能铣头,根据加工需要,其主轴可以转任意方向,如图 10-5 所示。

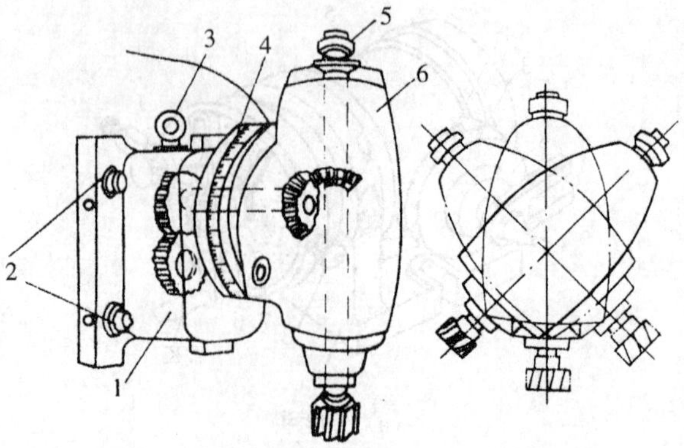

图 10-5 立铣头
1—立铣头座体;2—夹紧用螺栓;3—吊环;4—刻度盘;5—刀轴;6—立铣头转动部分

10.3 常用铣刀种类及安装

10.3.1 铣刀种类

1. 按安装方式分

(1) 带孔铣刀——多用于卧式铣床,采用刀杆安装;

(2) 带柄铣刀——多用于立式铣床,按刀柄形状可分为直柄和锥柄。

2. 按铣刀切削部分的材料分

(1) 高速钢铣刀;

(2) 硬质合金铣刀。

3. 按铣刀用途分

(1) 加工平面用的铣刀:面铣刀、圆柱铣刀;

(2) 加工沟槽用的铣刀:立铣刀、三面刃铣刀、T形槽铣刀、燕尾槽铣刀、角度铣刀;

(3) 加工键槽用的铣刀:键槽铣刀;

(4) 切断用的铣刀:锯片铣刀。

10.3.2 铣刀的装夹

1. 圆柱铣刀、圆盘铣刀和角度铣刀的装夹

在卧式铣床上多使用刀杆安装刀具,如图10-6所示。刀杆的一端为锥体,装入机床前端的锥孔中,并用拉杆螺丝穿过机床主轴将刀杆拉紧。主轴的动力通过锥面和前端的键,带动刀杆旋转。铣刀装在刀杆上尽量靠近主轴的前端,以减少刀杆的变形。

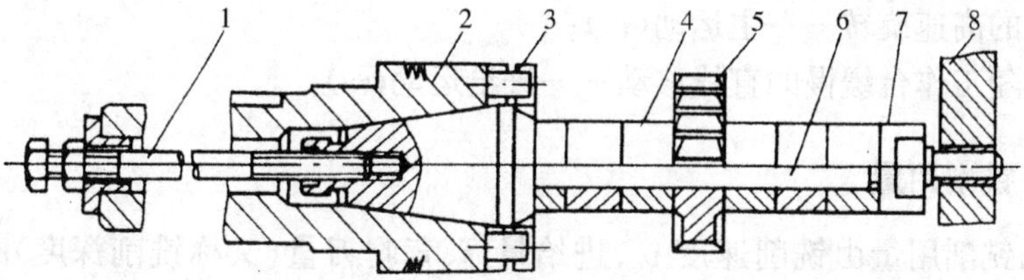

图 10-6　圆盘铣刀的装夹

1—拉杆；2—主轴；3—端面键；4—套筒；5—铣刀；6—刀杆；7—螺母；8—吊架

2. 立铣刀的装夹

对于直柄立铣刀，可使用弹簧夹头装夹，弹簧夹头可装入机床的主轴孔中，如图 10-7(a)所示。对于锥柄立铣刀，可借助过渡套筒装入机床主轴孔中，如图 10-7(b)所示。

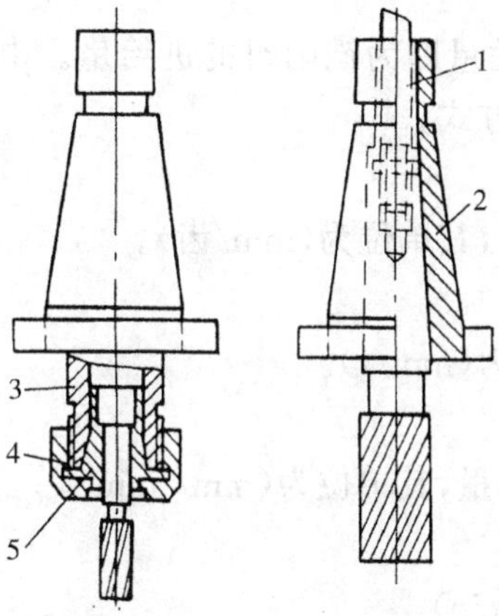

（a）直柄铣刀的装夹　（b）锥柄铣刀的装夹

图 10-7　带柄铣刀的装夹

1—拉杆；2—锥形套筒；3—夹头体；4—螺母；5—弹簧套

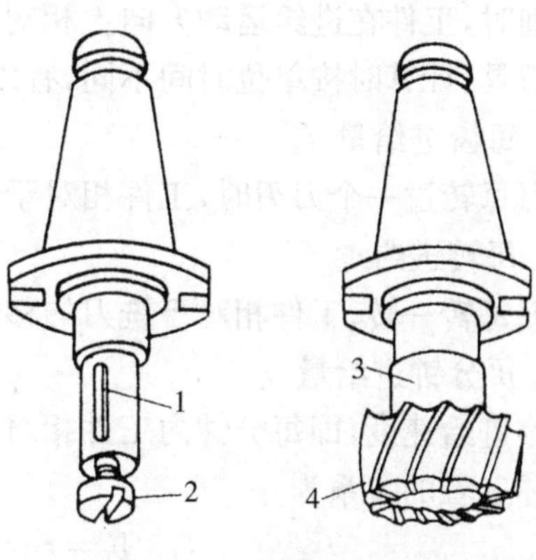

（a）短刀杆　（b）装夹在短刀杆上的端铣刀

图 10-8　面铣刀的装夹

1—键；2—螺钉；3—垫套；4—铣刀

3. 端铣刀的装夹

端铣刀一般中间带有圆孔，先将铣刀装在如图 10-8 所示的短刀杆上，再将刀杆装入机床的主轴并用拉杆螺丝拉紧。

10.3.3　铣刀刃磨特点

铣刀为多刃刀具，用钝后应在专用机床上进行刃磨。

10.4　铣削加工的基本知识

10.4.1　铣削运动

由常见的铣削方式可知，不论哪一种铣削方式，为完成铣削过程必须有以下运动：

(1) 铣刀的高速旋转——主运动(v_c)；

(2) 工件随工作台缓慢的直线移动——进给运动(v_f)。

10.4.2 铣削用量

铣削时的铣削用量由铣削速度 v_c、进给量 f、背吃刀量(又称铣削深度)a_p 和侧吃刀量(又称铣削宽度)a_e 四要素组成。

1. 铣削速度 v_c

铣削速度即铣刀最大直径处的线速度，可由下式计算。

$$v_c=\pi d_0 n/1000(\text{m/mim})$$

式中 d_0——铣刀直径(mm)；

n——铣刀转速(r/mim)。

2. 进给量 f

铣削时，工件在进给运动方向上相对于刀具的移动量即为铣削时的进给量。由于铣刀为多刃刀具，计算时按单位时间不同，有以下三种度量方式。

(1) 每齿进给量 f_z

铣刀每转过一个刀刃时，工件相对于铣刀的位移量，其单位为(mm/齿)。

(2) 每转进给量 f

铣刀每转一转，工件相对于铣刀的移动量，其单位为(mm/r)。

(3) 每分钟进给量 v_f

又称进给速度，即每分钟内工件相对于铣刀的移动量，其单位为(mm/ min)。

上述三者的关系为：

$$v_f=fn=f_z Zn\ (\text{mm/min})$$

式中 n——铣刀转速(r/min)；

Z——铣刀齿数。

一般铣床铭牌上所指出的进给量为 v_f 值。

3. 背吃刀量(铣削深度)a_p

如图 10-9 所示，背吃刀量为平行于铣刀轴线方向测量的切削层尺寸，单位为毫米(mm)。

4. 侧吃刀量(铣削宽度)a_e

它是垂直于铣刀轴线方向测量的切削层尺寸，单位为毫米(mm)，如图 10-9 所示。

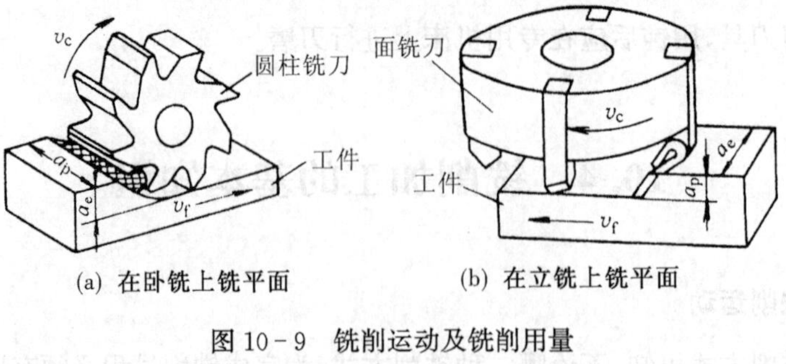

(a) 在卧铣上铣平面 (b) 在立铣上铣平面

图 10-9 铣削运动及铣削用量

10.5 铣削加工

铣削加工范围很广，最主要的是平面、沟槽和齿轮的铣削。

10.5.1 铣平面

图10-10为铣削平面的方法。

(a) 卧铣上用圆柱铣刀铣水平面

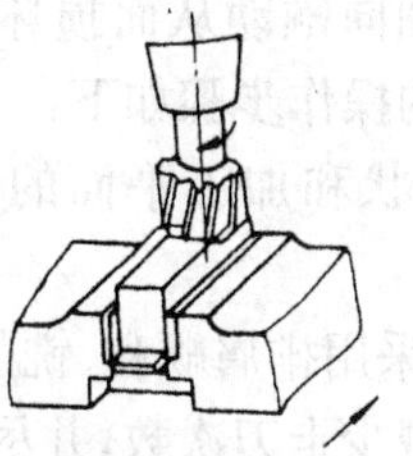

(b) 立铣上用面铣刀铣水平面

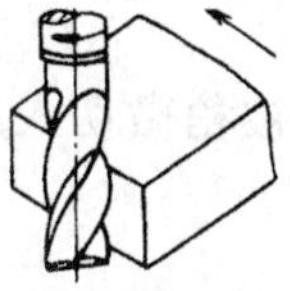

(c) 立铣上用立铣刀铣垂直面

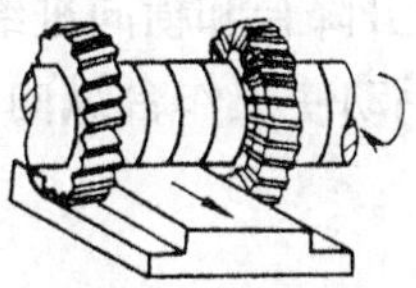

(d) 卧铣上用三面刃铣刀铣垂直面

图10-10 平面铣削

由图10-10可知，在铣床上铣削平面时可以采用圆柱铣刀，也可以用面铣刀，如图10-10(a)、(b)所示。前者称周铣(水平铣或滚铣)，后者称端铣(垂直铣或立铣)。周铣时，铣刀轴线与加工平面平行；端铣时，铣刀轴线与加工平面垂直。

1. 周铣

周铣时，按铣刀转动方向和工件进给方向不同可分为两种铣削方式，如图10-11所示。当铣刀旋转方向与工件进给方向一致时称顺铣；反之称逆铣。

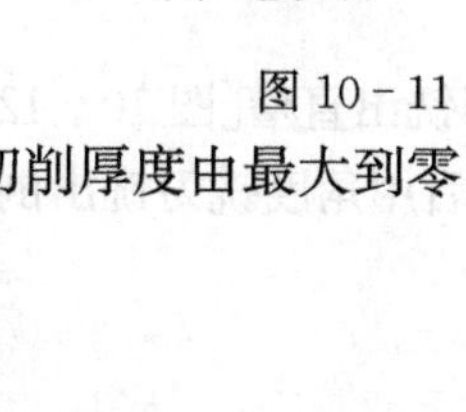

(a) 逆铣法

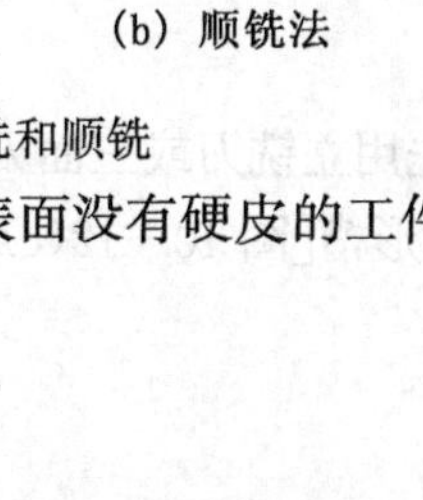

(b) 顺铣法

图10-11 逆铣和顺铣

顺铣的特点是每齿切削厚度由最大到零，对表面没有硬皮的工件易于切入，而且铣刀对工件的切削分力垂直向下,有利于工件夹紧。实践证明,顺铣时铣刀的耐用度可比逆铣时提高 2～3 倍,表面粗糙度亦可减小。但由于其水平切削分力与工件进给方向相同,切削时会使进给丝杠与螺母之间产生间隙,使工作台产生颤动,对加工带来不利,因此必须在纵向进给丝杠处有消除间隙的装置时方可采用。

逆铣的切削特点是每齿切削厚度由零到大,开始切削时,刀刃先在工件表面上滑过一小段距离,并对工件表面进行挤压摩擦,引起刀具的径向振动,使加工表面产生波纹,使刀具耐用度降低。

综上所述,顺铣虽有利于提高刀具的耐用度、已加工表面的质量以及增加工件夹持的稳定性,但工作台会产生轴向颤动从而损坏铣床和铣刀,所以在一般情况下常采用逆铣。例如:用圆柱铣刀铣平面的操作步骤如下:

(1) 根据工件的形状和加工平面的部位,用最合适的方法装夹工件,一般用虎钳来安装。

(2) 铣刀的选择　采用排屑顺利、铣削平稳的螺旋齿圆柱铣刀,刀具的宽度应大于工件待加工表面的宽度,以减少走刀次数,并尽量选用小直径铣刀,以防产生振动。

(3) 调整铣床工作台位置　开车使铣刀旋转,升高工作台,使工件与铣刀稍微接触,停车,将垂直丝杆刻度盘零线对准,将铣刀退离工件,利用手柄转动刻度盘将工作台升高到选定的铣削深度位置,固定升降台和横向进给手柄。

(4) 铣削操作　先手动使工作台纵向进给,当工件被稍微切入后,改为自动进给,进行铣削。

2. 端铣

端铣加工时,刀轴与工件加工面垂直,多用面铣刀或硬质合金镶齿铣刀在立式铣床上加工。端铣时,圆周刀刃进行切削,端面刀刃修光表面。当铣刀中心偏于工件一侧时称不对称端铣,用于铣削较窄的工件。如果工件宽度接近铣刀直径,且铣刀刀齿较多时,可采用对称铣削,此时切削力变化小,可用较大的切削用量,且铣削过程平稳,刀具耐用度高,加工质量及生产率都高于圆周铣。

10.5.2 铣沟槽

采用立铣刀或盘铣刀进行铣削,如图 10－12 中所示铣削沟槽的情况。

1. 铣直槽

其操作步骤为:

(1)选择铣刀　根据图纸上的工件槽的宽度和深度选择合适的三面刃铣刀。

(2) 校正夹具和安装工件　把虎钳安装在工作台上,并加以校正,使钳口与工作台纵向进给方向平行,再把工件安装在虎钳内。

(3) 确定铣削用量。

(4) 调整铣刀对工件的位置和铣削深度。

2. 铣 T 形槽

加工 T 形槽,必须先用立铣刀或三面刃铣刀铣出直槽[图 10－12(a)或(b)],然后在立铣床上用 T 形槽铣刀铣出 T 形槽[图 10－12(c)],最后用角度铣刀铣出倒角[图 10－12(d)]。

由于T形槽的铣削条件差，排屑困难，所以应经常清除切屑，切削用量应取小些，加注足够的切削液。

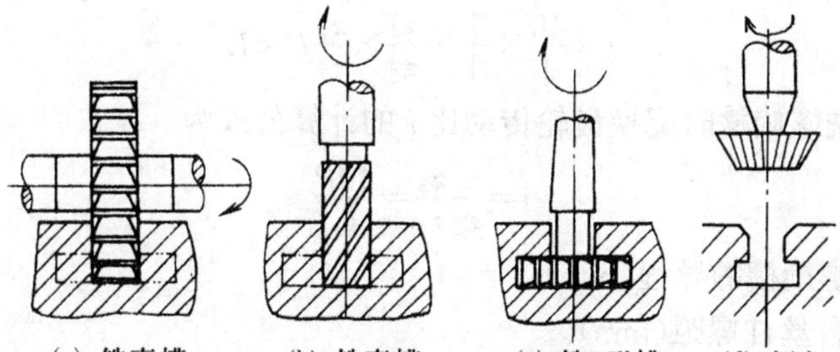

(a) 铣直槽　(b) 铣直槽　(c) 铣T形槽　(d) 倒角

图 10-12　T形槽加工

3. 铣螺旋槽

在铣削加工中，经常会遇到螺旋槽的加工，如斜齿圆柱齿轮的齿槽、麻花钻头、立铣刀、螺旋圆柱铣刀的沟槽等。

螺旋槽的铣削常在卧式万能铣床上进行。铣削螺旋槽的工作原理与车螺纹基本相同。

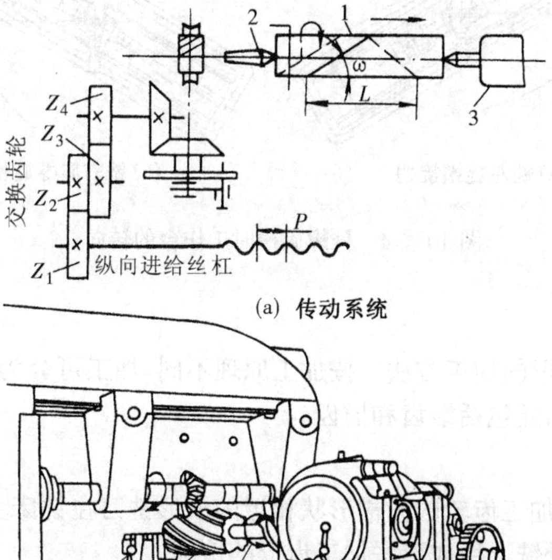

(a) 传动系统

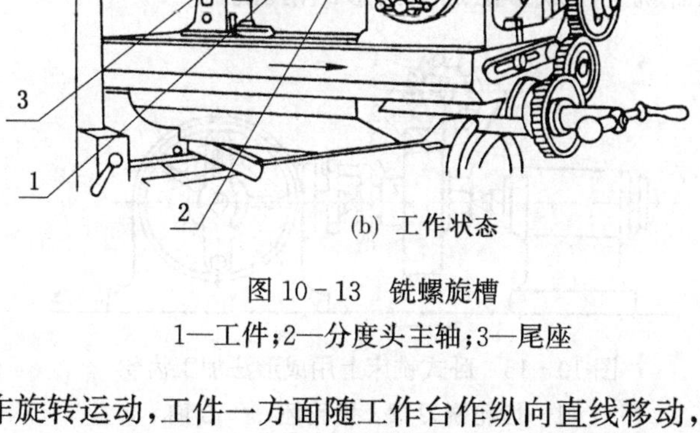

(b) 工作状态

图 10-13　铣螺旋槽

1—工件；2—分度头主轴；3—尾座

铣削时，刀具作旋转运动，工件一方面随工作台作纵向直线移动，同时又被分度头带动作旋转运动，如图 10-13 所示。两种运动必须严格保持如下关系：即工件转动一周，工作台纵向移动的距离等于工件螺旋槽的一个导程 L。该运动的实现，是通过丝杠分度头之间的

配换齿轮 z_1、z_2、z_3、z_4 来实现的,传动系统如图 10-13(a)所示。工作台丝杠与分度头侧轴之间的配换齿轮应满足下列关系。

$$1\times\frac{40}{1}\times\frac{1}{1}\times\frac{z_4}{z_3}\times\frac{z_2}{z_1}P=L$$

化简后,得到铣螺旋槽时配换齿轮传动比 i 的计算公式为

$$i=\frac{z_1}{z_2}\frac{z_3}{z_4}=\frac{40P}{L}$$

式中 L——工件螺旋槽的导程(mm);

P——工作台丝杠螺距(mm)。

为了使铣出的螺旋槽的法向截面形状与盘形铣刀的截面形状一致,纵向工作台必须带动工件在水平面内转过一个角度,以使螺旋槽的槽向与铣刀旋转平面相一致。工作台转过的角度等于工件的螺旋角,转过的方向由螺旋槽的方向决定。如图 10-14 所示,铣左旋螺旋槽时顺时针扳转工作台;铣右旋螺旋槽时逆时针扳转工作台。

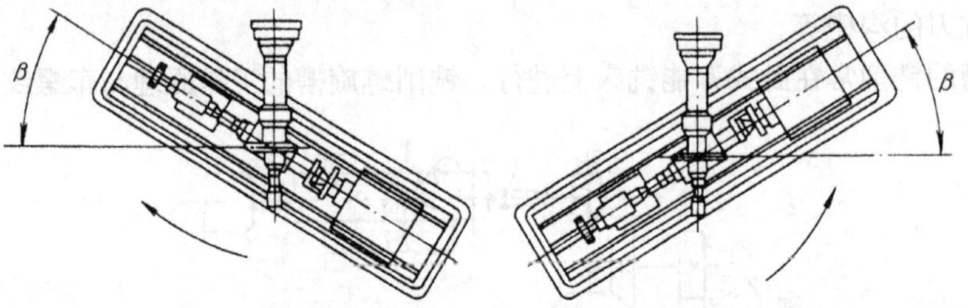

(a) 铣左旋螺旋槽　　(b) 铣右旋螺旋槽

图 10-14　铣螺旋槽时工作台的转向

10.5.3　齿形加工

这里介绍渐开线齿形的加工方法。按加工原理不同,加工可分为成形法和展成法两种。齿形加工不仅包含铣齿,还包括滚齿和插齿。

1. *成形法*

成形法是采用与被加工齿轮的齿槽形状相近的成形铣刀在铣床上利用分度头逐槽加工而成。图 10-15 为在卧铣上用成形法加工齿形的情况。

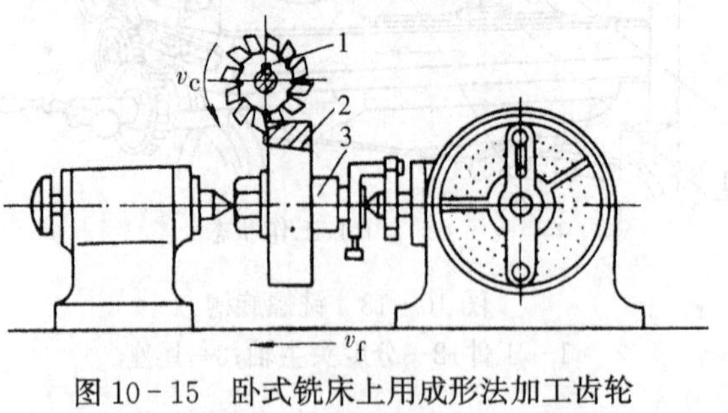

图 10-15　卧式铣床上用成形法加工齿轮

1—齿轮铣刀;2—齿轮坯;3—心轴

由于渐开线形状与齿轮的模数 m、齿数 z 和压力角 α 有关,常用 $\alpha=20°$,因此,从理论上

讲，每一种模数和齿数的渐开线形状都是不一样的，故在加工某一种模数和齿数的齿形时，都需要一把相应的成形模数铣刀。生产中若每个齿数和模数都用一把专用铣刀加工齿形是非常不经济的，所以齿轮铣刀在同一模数中分成 n 个号数，每号铣刀允许加工一定范围齿数的齿形，铣刀的形状是按该号范围中最小齿数的形状来制造的。最常用的为一组八把的模数铣刀。选刀时，先选择与工件模数相同的一组，再按欲铣齿轮齿数从表中查得铣刀号数即可。见表 10-1。

表 10-1 模数铣刀的刀号及铣削齿数的范围

刀 号	1	2	3	4	5	6	7	8
加工齿数范围	12～13	14～16	17～20	21～25	26～34	35～54	55～134	135 以上齿数及齿条

例如：铣圆柱齿轮的操作步骤(图 10-16)：

(1) 安装分度头和尾架　必须严格保证前后顶针的中心连线与工作台平行，并与工作台进给方向一致；

(2) 分度计算与调整　根据齿轮的齿数，分齿时分度头手柄的转数 $n=40/Z$ 来计算；

(3) 检查轮坯的正确性　用百分表检查轮坯外圆与孔径的同轴度，使之调整到轮坯外圆和孔径的同轴度不超过 0.05mm；

(4) 确定进给速度、进给量　齿深不大时，可一次粗铣完，约留 0.2mm 作为精铣余量，齿深较大时，应分几次铣出整个齿槽；

(5) 选择和安装铣刀　按表中选择合适的铣刀，把它安装在刀轴上并紧固；

(6) 对中心　用试切法对中心。

注意：加工时，齿轮坯套在心轴上，安装于分度头主轴与尾架之间，每铣削一齿，就利用分度头进行一次分度，直至铣完全部轮齿。每个齿的深度可按下式计算：齿深＝2.25×模数。

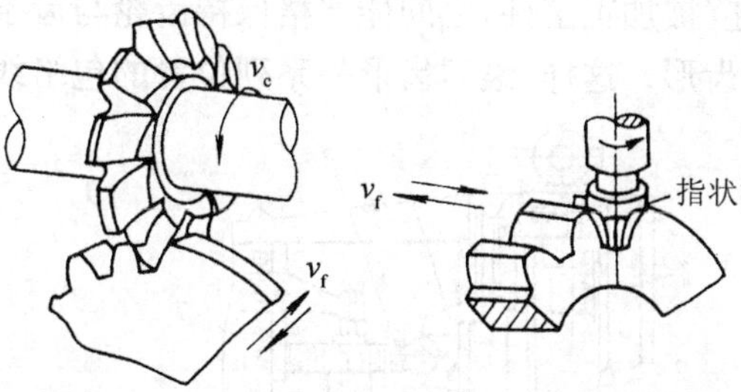

图 10-16　用盘状模数铣刀和指状模数铣刀加工齿轮

成形法的特点是：

(1) 设备简单，刀具成本低；

(2) 生产率低，适合于小批生产或修配；

(3) 一般情况下加工精度低，只能达到 GB/T 10095.1—2001“渐形线圆柱齿轮”12 级精度标准中的 9 级。

2. 展成法

展成法是利用齿轮刀具与被切齿轮的啮合运转时切出齿形的方法,常用的滚齿和插齿即属于展成法。

1) 滚齿加工原理

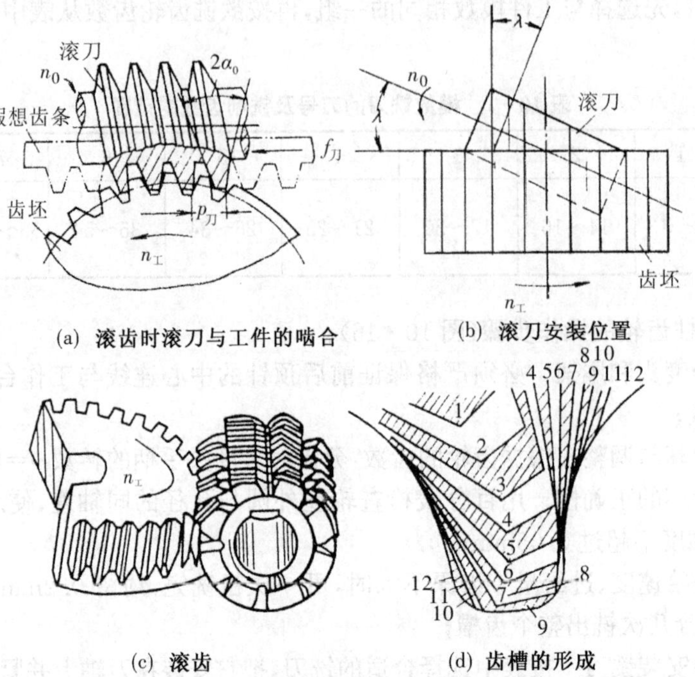

(a) 滚齿时滚刀与工件的啮合　(b) 滚刀安装位置

(c) 滚齿　(d) 齿槽的形成

图 10－17　滚齿加工直齿圆柱齿轮

图 10－17 为滚齿加工原理图。在滚齿机(图 10－18)上滚齿时刀具为滚刀,其外形像一个蜗杆,在垂直于螺旋槽方向开出槽以形成切削刃。其法向剖面具有齿条形状,因此当滚刀连续旋转时,滚刀的刀齿可以看成是一个无限长的齿条在移动,同时刀刃由上而下完成切削任务,只要齿条(滚刀)和齿坯(被加工工件)之间能严格保持齿轮与齿条的啮合运动关系,滚刀就可在齿坯上切出渐开线齿形。这样,滚刀齿形一系列位置的包络线就形成齿轮的齿形,

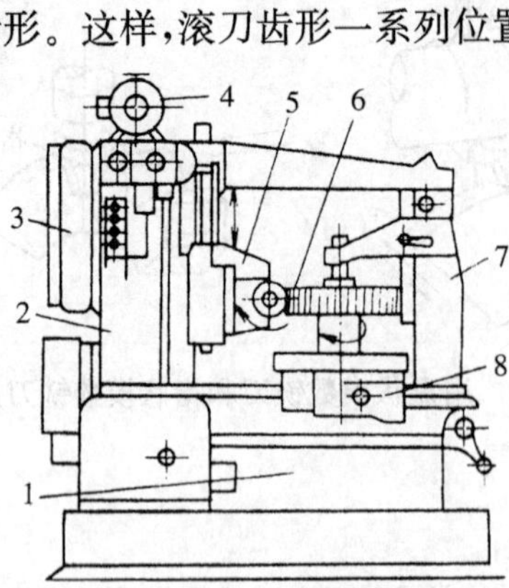

图 10－18　滚齿机外形图

1—床身;2—立柱;3—电器箱;4—电动机;

5—刀架;6—齿坯;7—支承架;8—工作台

如图 10－17(d)所示。随着滚刀的垂直进给,齿轮的齿即被加工出来。由于齿条与相同模数的任何齿数的渐开线齿轮都能正确地啮合,所以,一把滚刀能正确地切削出同一模数下各种齿数的齿轮。滚齿机的外形如图 10－18 所示。

加工直齿圆柱齿轮时,有以下几种运动:

(1) 切削运动　即滚刀的旋转运动。

(2) 分齿运动　用以保证滚刀与被切齿轮之间的啮合关系,即保证滚刀转一圈,齿坯转过一个齿。

(3) 垂直进给运动　指滚刀沿被切齿轮轴向的垂直进给运动,用以切出整个齿宽。

切削深度的调整是靠移动工作台来实现的。对模数小于或等于 3mm 的齿轮,通常一次滚切完成;当模数大于 3mm 时,通常要分粗、精加工两次完成。

滚齿的经济加工精度一般为 GB/T 10095.1—2001"渐形线圆柱齿轮"12 级精度标准中的 8～7 级精度,表面粗糙度 R_a 为 1.6～0.8μm。

2) 插齿加工原理

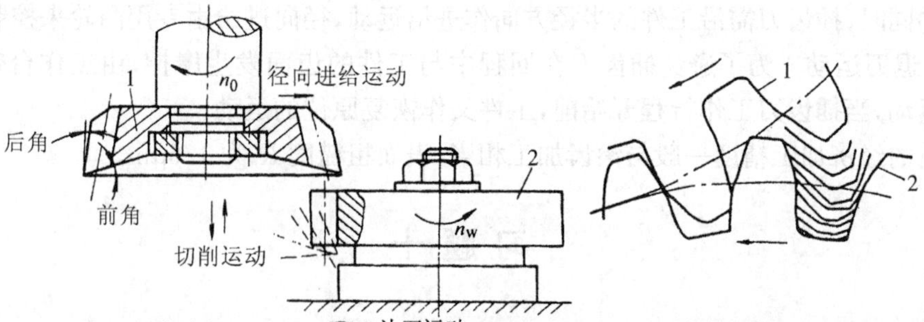

(a) 插齿过程　　(b) 齿成型原理

图 10－19　插齿加工原理

1—插齿刀;2—齿坯

图 10－19 为插齿机加工原理图。插齿机(图 10－20)利用一对轴线相互平行的圆柱齿轮的啮合原理进行加工,插齿刀的外形像一个齿轮,在每一个齿上磨出前角和后角以形成刀刃,切削时刀具做上下往复运动。

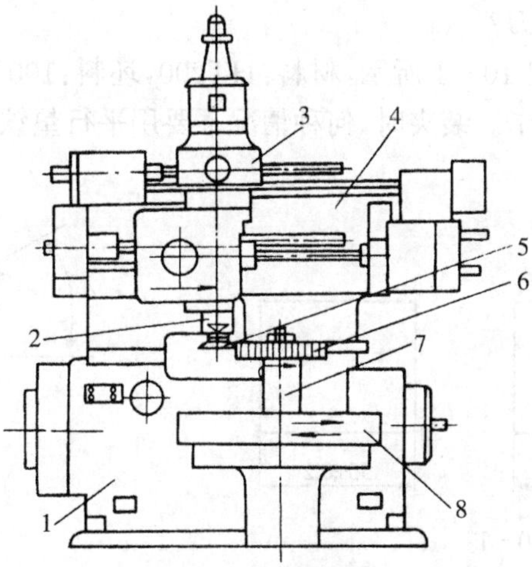

图 10－20　插齿机

1—床身;2—刀轴;3—刀架;4—横梁;5—插齿刀;6—齿坯;7—心轴;8—工作台

为了保证切出渐开线形状的齿形，在刀具上下作往复运动的同时，还要强制刀具和被加工齿轮之间保持着一对渐开线齿轮的啮合传动关系。这样，一种模数的插齿刀可以切出模数相同、齿数不同的齿轮。

插削圆柱直齿轮时，插齿机必须具有以下几个运动：

(1) 切削运动　即主运动，它由插齿刀的往复运动来实现。通过改变机床上不同齿轮的搭配可获得不同的切削速度。

(2) 周向进给运动　又称圆周进给运动，它控制插齿刀转动的速度。

(3) 分齿运动　是完成渐开线啮合原理的展成运动，应保证工件转过一齿时刀具亦相应转过一齿，以使插齿刀的刀刃包络成齿形的轮廓。

假定插齿刀齿数为 Z_o，被切齿轮齿数为 Z_w，插齿刀的转速为 N_o，被切齿轮转速为 N_w(r/min)，则它们之间应保证如下的传动关系

$$N_w/N_o=Z_o/Z_w$$

(4) 径向进给运动　插齿时，插齿刀不能一开始就切至全齿深，需要逐步切入，故在分齿运动的同时，插齿刀需沿工件的半径方向作进给运动，径向进给由专用凸轮来控制。

(5) 退刀运动　为了避免插齿刀在回程中与工件的齿面发生摩擦，由工作台带动工件作退让运动，当插齿刀工作行程开始前，工件又作恢复原位的运动。

插齿的经济加工精度一般与滚齿加工相当，表面粗糙度 R_a 为 1.6μm。

习题十

1. 思考题

(1) 已知铣刀直径 $d=100$mm，主轴转速 $n=110$r/min，试计算铣刀的切削速度。

(2) 铣削时，顺铣的最大缺点是什么？为什么通常情况下大多采用逆铣？

(3) 已知高速钢三面刃盘铣刀的直径 $d=100$mm，16 齿(齿数)，切削铸铁件时的切削速度 $V_c=20$m/min，每齿进给量 $f_z=0.1$mm/z，试计算加工时的进给速度。

(4) 在中小型传动轴工件上要铣：①敞开式直槽；②封闭式键槽时，应采用什么机床？刀具是什么？怎样进行对刀？

(5) 六面体零件，如题图 10-1 所示，材料：HT200，坯料：100×50×60 棒料，数量：5 件，试制订其铣削加工工艺卡。装夹时，何种情况下要用平行垫铁和夹紧棒，为什么？

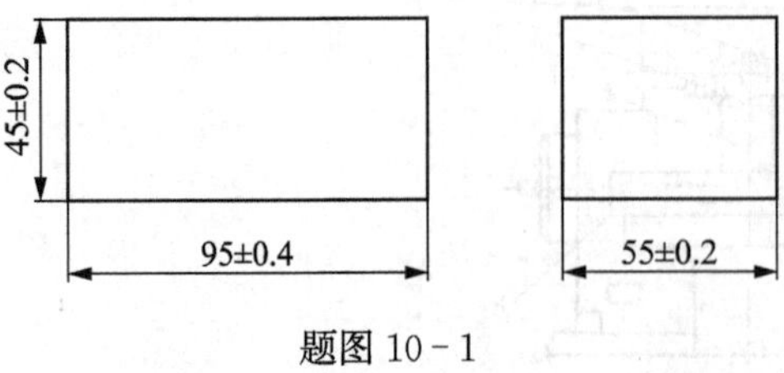

题图 10-1

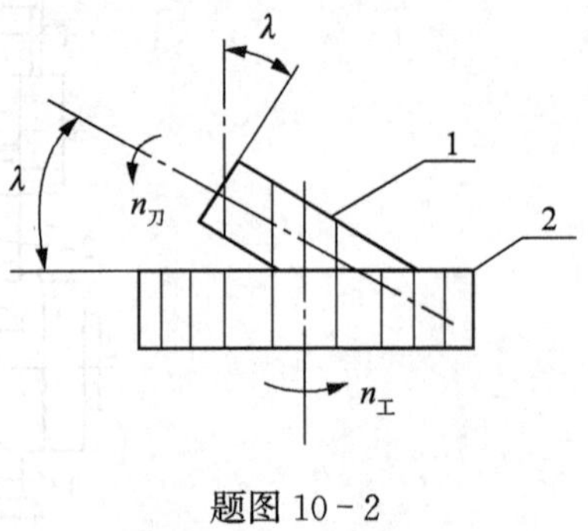

题图 10-2

(6) 参见题图 10-2 所示，①这是什么加工方法？②正在加工什么工件？采用的是什么

刀具？③图中的∠λ是什么角？为何要转这个角？④它们两者转速成何关系？

(7) T 形槽零件，参见题图 10 - 3 所示，材料：HT200 灰口铸铁，坯料：50×90×110 矩形截面棒料. 数量：4 件，试制订其铣削加工工艺卡并绘制加工简图。

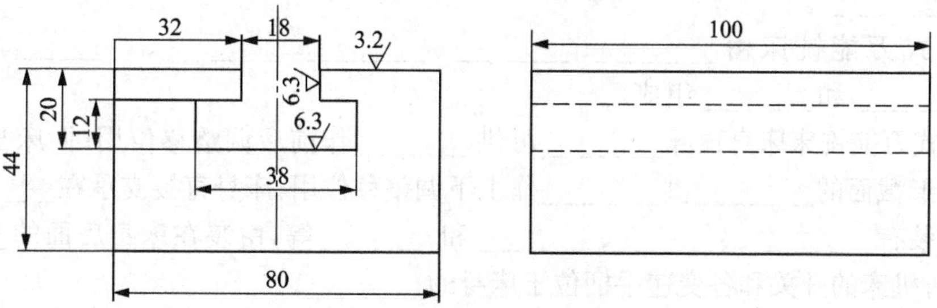

题图 10 - 3

(8) 模数 $m=2$mm、齿数 $Z=25$、压力角 $\alpha=20°$ 的带孔齿轮光坯，需要铣齿，试：

① 如何选择机床、刀具、夹具等工具？

② 如何分度？怎样计算？如何操作？

③ 制订其加工工艺卡。

2. 判断题

(1) 铣削加工时，工件做主运动，铣刀做进给运动。　(　)

(2) 卧式铣床的主轴与工作台平面相互垂直。　(　)

(3) 铣刀是多刃刀具，每个刀齿都在连续切削，所以生产率较高。　(　)

(4) 分度盘正反两面都有孔数相同的孔圈。　(　)

(5) 圆柱铣刀切削工件时，逆铣时的侧吃刀量(切削层厚度)a_e 由最大值到零，而顺铣时正好相反。　(　)

(6) 当分度手柄转过一圈，分度头主轴带着工件正好转过 1/40 圈。　(　)

(7) 铣削 T 形槽时，由 T 形槽铣刀直接在光坯上加工出来。　(　)

(8) 万能铣床是指立式和卧式铣床上能加工的工件，它都能完成。　(　)

(9) 带孔铣刀都用刀杆安装，且用于立式铣床上。　(　)

(10) 带柄铣刀根据刀柄形式分为直柄和锥柄两种，且都用于卧式铣床上。　(　)

(11) 圆柱铣刀常用于加工平面，是带孔铣刀，装在立式铣床上使用。　(　)

(12) 面铣刀也称端铣刀，用于加工平面，装在卧式铣床上使用。　(　)

(13) 端铣刀加工平面时，其背吃刀量 a_p 是垂直于铣刀轴线方向测量的切削层尺寸。　(　)

(14) 圆柱铣刀切削时，平行于铣刀轴线方向测量的切削层尺寸为侧吃刀量 a_e。　(　)

(15) 圆柱齿轮，不论是正齿轮或斜齿轮都可以在万能铣床上加工。　(　)

3. 填空题

(1) 在铣床上用________对工件进行________的方法，称为________. 常用于加工________、________、________，各种________和________等；其经济加工精度可达________，表面粗糙度为________。

(2) 铣削时，铣刀是旋转着的________，每个刀齿交替进行________，所以散热条件________，相应地可________切削速度 V_c，生产率________. 因刀齿________切削，

________不断变化，而产生________和________，所以加工精度________，表面粗糙度也________。

(3) 型号 X6132 型铣床，其中 X 表示________，6 表示________，1 表示________，32 表示________。

(4) 卧式万能铣床由________、________、________、________、________、________、________和________组成。

(5) 卧式万能铣床床身顶部________可供________作前后调整移位用；而床身前面的燕尾形截面的________供________作上下调整移位用；床身直接支承在________上，其内装有________、________、________和________等，由装在床身后面的________驱动；机床的开关和各变速手柄位于床身的________。

(6) 卧式铣床沿相互垂直的三个方向所作的________或________，由装在升降台内的________驱动。

(7) 型号为 X5032 型的铣床，其中 X 表示________；5 表示________；0 表示________；32 表示________。

(8) 立式铣床的________和________相互垂直；________是综合应用计算机、自动控制和精密测量等技术的新型铣床，主要用于单件和小批生产中，加工形状________，精度________的工件；龙门铣床的工作台台面________，可以安装特别________而________的工件，龙门架上的横梁和两侧立柱上装有立铣头，用几把________可同时进行铣削，生产率________，适合________.。

(9) 对工件进行等分或不等分分度铣削时，必须采用________. 将________装在工作台上，再将工件装在________上，用________或________校正工件轴线与________移动方向________. 然后采用________，可以铣削________、________、________等________或________工件。

(10) 切断用的铣刀，称为________；铣削键槽用的铣刀，称为________；加工矩形截面直槽的铣刀有________；加工 T 形槽的铣刀是________；加工燕尾槽的铣刀是________。

(11) 中小直径的立铣刀是直柄(圆柱柄)，装刀时，先装入________，再把________装入机床________内。

(12) 为完成铣削过程，必须有________，即________的________；以及________的________. 它们的符号分别为________和________，其单位分别为________和________。

(13) 铣削用量四要素是________，符号为________，单位为________；________，符号为________，单位为________；________，符号为________，单位为________；________，符号为________，单位是________。

(14) 成对渐开线正齿轮能够啮合运转的必要条件是________和________相同。

(15) 按平行轴渐开线圆柱齿轮啮合原理，加工圆柱齿轮齿廓的方法，称为________. ________的往复运动是________，而让刀运动由________完成。它属于________的一种，所以只要用一把________，就能加工出相同________下的不同________的________. 可达到________级齿轮精度和________表面粗糙度。

(16) 按齿条与齿轮的啮合原理,加工渐开线齿轮的铣削方法,称为________. ________连续旋转运动是________;进给运动和分齿运动由________和________共同完成。它是________加工中的一种,相同________的________都可由________加工出来。

4. 选择题

(1) 分度铣削时,分度手柄每次分度时须转过的孔数,当25、30的孔圈都符合计算值时,你应选取(　　)。

1. 25孔;　　2. 30孔;　　3. 两者都可以

(2) 带孔铣刀安装到卧式铣床刀杆上时,应(　　)。

1. 尽量靠近主轴前端;　　2. 尽量靠近刀杆吊架;

3. 尽量位于刀杆中间

(3) 在卧式铣床上铣水平平面时,应选用(　　)。

1. 圆柱铣刀;　　2. 面铣刀;　　3. 立铣刀;　　4. 三面刃盘铣刀

(4) 周铣时,铣刀旋转方向与工件进给方向相同时,称为(　　)。

1. 逆铣;　　2. 滚铣;　　3. 端铣;　　4. 顺铣

(5) 在立铣床上,用面铣刀铣平面时,起主切削作用的是(　　)。

1. 端面刀刃;　　2. 圆周刀刃;　　3. 刀尖;　　4. 都起相同作用

(6) 在卧式铣床上,用模数盘铣刀加工直齿圆柱齿轮的方法,属于(　　)。

1. 展成法;　　2. 滚齿法;　　3. 插齿法;　　4. 成形法

(7) 在万能铣床上加工的齿轮,都是(　　)。

1. 单件、小批的高精度齿轮;　　2. 大量生产的高精度齿轮;

3. 单件、小批的低精度齿轮;　　4. 大量生产的低精度齿轮

(8) 渐开线正齿轮光坯,已知其分度圆直径 $d=112$mm,模数 $m=3.5$mm,则其齿数为(　　)。

1. 36;　　2. 34;　　3. 30;　　4. 32

(9) 采用展成法切削加工齿轮时,刀具的选用只与(　　)相关。

1. 齿数;　　2. 机床;　　3. 分度圆直径;　　4. 模数

(10) 在卧式万能铣床上加工渐开线正齿轮,其模数 $m=3$mm,齿数 $Z=25$,应选用八件组铣刀中的(　　)。

1. 3号;　　2. 5号;　　3. 4号;　　4. 6号

(11) 就标准直齿圆柱齿轮而言,其模数(m)与齿数(z)的乘积是(　　)。

1. 基圆直径;　　2. 分度圆直径;　　3. 齿顶圆直径;　　4. 齿根圆直径

第11章　磨　削

11.1　磨削的特点及应用

磨削加工是零件精加工的主要方法。磨削可采用砂轮、油石、磨头、砂带等作磨具，而最常用的磨具是砂轮。通常磨削能达到的经济加工精度达 IT5，表面粗糙度 R_a 一般为 0.2μm。

磨削的加工范围很广，不仅可以加工内外圆柱面、内外圆锥面和平面，还可加工螺纹、花键轴、曲轴、齿轮、叶片等特殊的成形表面。除此以外，磨削可用于切削刀具的刃磨、加工难以切削的硬材料(如淬火钢、硬质合金等)和毛坯的预加工。图 11 - 1 为常见的磨削方法。

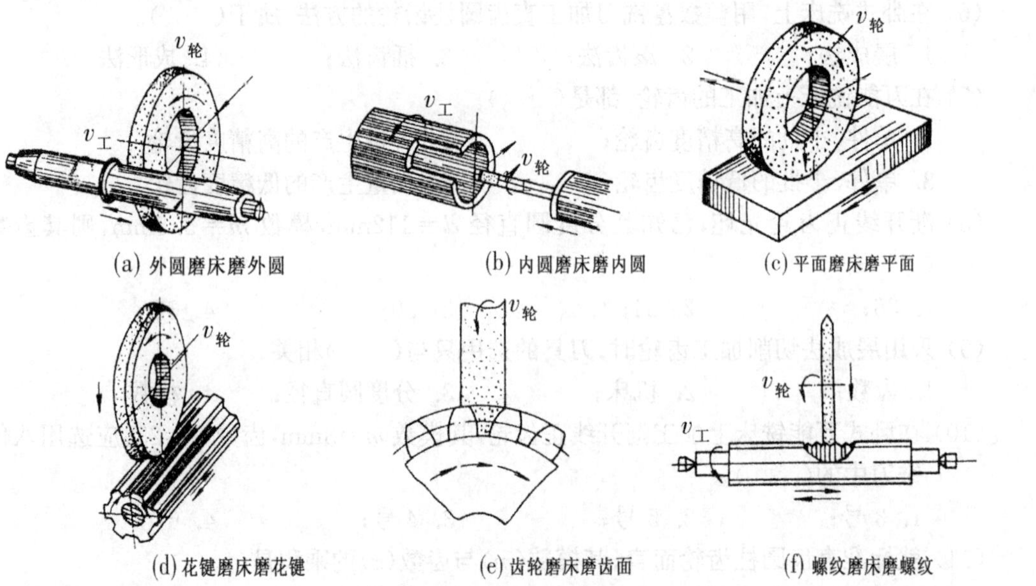

(a) 外圆磨床磨外圆　(b) 内圆磨床磨内圆　(c) 平面磨床磨平面

(d) 花键磨床磨花键　(e) 齿轮磨床磨齿面　(f) 螺纹磨床磨螺纹

图 11 - 1　磨床的主要加工方式

磨削加工从本质上讲属于一种切削加工，和通常的切削加工相比，具有以下的特点。

1. *磨削属多刃、微刃切削*

由于砂轮上每一砂粒相当于一个切削刃，而且切削刃的形状及分布处于随机状态，每个砂粒的切削角度、切削条件均不相同。因此磨削属多刃、微刃切削。如图 11 - 2 所示。

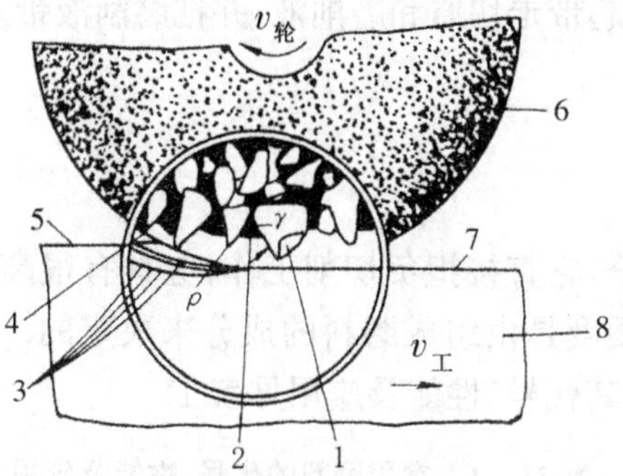

图 11-2 砂轮的构造

1—磨粒;2—黏结剂;3—过渡表面;4—孔隙;5—待加工表面;
6—砂轮;7—已加工表面;8—工件

2. 加工精度高

磨削属于微刃切削,切削厚度极薄,每一磨粒切削厚度可小到数微米,故可获得很高的加工精度和低的表面粗糙度。

3. 磨削速度高

一般砂轮的圆周速度达 2000～3000m/min,目前的高速磨削砂轮线速度已达到60～250 m/s。故磨削时温度很高,磨削区的瞬时温度可达 800～1000℃。因此,磨削时一般都使用磨削液。

磨削液即乳化液,也称冷却液,它在磨削加工时起到冷却作用。因为在磨削区瞬间产生很高温度,如果不使用冷却液,就会使工件表面烧焦,而且也会影响粗糙度,冷却液同时还起到清洗、防锈、润滑作用。

4. 加工范围广

磨粒硬度很高,因此磨削不但可以加工碳钢、铸铁等常用金属材料,还能加工难以加工的高硬度、高脆性材料,如淬火钢、硬质合金等。但磨削不适宜加工硬度低而塑性很好的有色金属材料。

磨削加工是机械制造中的精加工工艺,已广泛用于各种表面的精密加工。特别是随着精密铸造、精密锻造等现代成型工艺的发展,以及磨削技术自身的不断进步,越来越多的零件可以用铸件、锻件直接磨削,就能达到精度要求。因此,磨削在机械制造业中的应用日益广泛。

11.2 砂轮的组成、特性及选用

11.2.1 砂轮的组成

砂轮是由磨料和黏结剂经压坯、干燥、烧结而成的疏松体,由磨粒、黏结剂和孔隙三部分组成。它对磨削加工的精度、表面粗糙度和生产效率等有着重要的影响。磨粒暴露在表面部分的尖角即为切削刃;黏结剂的作用是将众多磨粒黏结在一起,并使砂轮具有一定的形状和强度;孔隙在磨削中主要起带走切屑和磨削液,并把磨削液带入磨削区的作用。

11.2.2 砂轮特性

1. 磨料

磨料是砂轮的主要成分,它直接担负切削工作,应具有很高的硬度和锋利的棱角,并要有良好的耐热性。磨料的硬度是由组成磨料的成分来决定的。常用的磨料有氧化物系、碳化物系和高硬磨料系三种,其代号、性能及应用见表 11-1。

表 11-1 常用磨料的代号、性能及应用

系列	磨料名称	代号	特性	适用范围
氧化物系 Al_2O_3	棕色刚玉	A	硬度较高、韧性较好	磨削碳钢、合金钢、可锻铸铁、硬青铜
	白色刚玉	WA		磨削淬硬钢、高速钢及成型磨
碳化物系 SiC	黑色碳化硅	C	硬度高、韧性差、导热性较好	磨削铸铁、黄铜、铝及非金属等
	绿色碳化硅	GC		磨削硬质合金、玻璃、玉石、陶瓷等
高硬磨料系 CBN	人造金刚石	SD	硬度很高	磨削硬质合金、宝石、玻璃、硅片等
	立方氮化硼	CBN		磨削高温合金、不锈钢、高速钢等

2. 粒度

粒度用来表示磨料颗粒的大小。一般直径较大的砂粒称为磨粒,其粒度用磨粒所能通过的筛网号表示;直径极小的砂粒称为微粉,其粒度用磨料自身的实际尺寸表示。粒度对磨削生产率和加工表面的粗糙度有很大的影响。一般粗磨或磨软材料时选用粗磨粒;精磨或磨硬而脆的材料时选用细磨粒。常用磨料的粒度、尺寸及应用范围见表 11-2。

表 11-2 常用磨料的粒度、尺寸及应用范围

粒度	公称尺寸/μm	应用范围	粒度	公称尺寸/μm	应用范围
20#	1180~1000	荒磨钢锭,打磨铸件毛刺,切断钢坯等	100#	150~125	半精磨、精磨、珩磨、成型磨、工具磨等
24#	850~710		150#	106~75	
30#	710~600		240#	75~53	
40#	500~425	磨内圆、外圆和平面,无心磨,刀具刃磨等	W40	40~28	精磨、超精磨、珩磨、螺纹磨、镜面磨等
46#	425~355		W28	28~20	
60#	300~250		W20	20~14	
70#	250~212	半精磨、精磨内外圆和平面,无心磨和工具磨等	W12	14~10	精磨、超精磨、镜面磨、研磨、抛光等
80#	212~180		|	~	
90#	180~150		W0.5	0.5~更细	

3. 黏结剂

黏结剂的作用是将磨粒黏结在一起,并使砂轮具有所需要的形状、强度、耐冲击性、耐热性及抗腐蚀性等。黏结愈牢固,磨削过程中磨粒就愈不易脱落。常用黏结剂的名称、代号、性能及应用范围如表 11-3 所示。

表 11-3 砂轮粘结剂的种类、性能及应用

名 称	代 号	性 能	应 用 范 围
陶瓷黏结剂	V	耐热、耐水、耐油、耐酸碱，孔隙率大、强度高、韧性弹性差	应用范围最广，除切断砂轮外，大多数砂轮都采用它
树脂黏结剂	B	强度高、弹性好、耐冲击、有抛光作用，耐热性、抗腐蚀性差	制造高速砂轮、薄砂轮
橡胶黏结剂	R	强度和弹性更好，有极好抛光作用，但耐热性更差，不耐酸	制造无心磨床导轮、薄砂轮、抛光砂轮

4. 硬度

砂轮的硬度和磨料的硬度是两个不同的概念。砂轮的硬度是指砂轮表面上的磨粒在磨削力的作用下脱落的难易程度。磨粒容易脱落，则砂轮的硬度低，称为软砂轮；磨粒难脱落，则砂轮的硬度就高，称为硬砂轮。砂轮的硬度主要取决于结合剂的粘接能力及含量，与磨粒本身的硬度无关。砂轮的硬度如表 11-4 所示。

表 11-4 砂轮的硬度等级与代号

硬度等级	大级	超软	软			中软		中		中硬			硬		超硬
	小级	超软	软$_1$	软$_2$	软$_3$	中软$_1$	中软$_2$	中$_1$	中$_2$	中硬$_1$	中硬$_2$	中硬$_3$	硬$_1$	硬$_2$	超硬
代 号		D、E、F	G	H	J	K	L	M	N	P	Q	R	S	T	Y

选择砂轮的硬度主要根据工件材料特性和磨削条件来决定。一般磨削软材料时应选用硬砂轮，磨削硬材料时应选用软砂轮，成型磨削和精密磨削也应选用硬砂轮。

5. 组织

砂轮的组织是指磨粒和黏结剂的疏密程度，它反映了磨粒、黏结剂、孔隙三者之间的比例关系。按照 GB 2484—2006 的规定，砂轮组织分为紧密、中等和疏松三大类 15 级，常用的是 5、6 级，级数越大，砂轮越松。如表 11-5 所示。

表 11-5 砂轮的组织与代号

组织号	0	1	2	3	4	5	6	7	8	9	10	11	12	13	14
磨粒率(%)	62	60	58	56	54	52	50	48	46	44	42	40	38	36	34
疏密程度	紧 密					中 等						疏 松			

砂轮的组织对磨削生产率和工件表面质量有直接影响。一般的磨削加工广泛使用中等组织的砂轮；成型磨削和精密磨削则采用紧密组织的砂轮；而平面端磨、内圆磨削等接触面积较大的磨削以及磨削薄壁零件、有色金属、树脂等软材料时应选用疏松组织的砂轮。

6. 砂轮的形状和尺寸

为适应各种磨床结构和磨削加工的需要，砂轮可制成各种形状与尺寸。如表 11-6 所示。

表 11－6 常用砂轮的形状、代号及用途(GB/T 2484—2006)

砂轮名称	代号	断面简图	基本用途
平形砂轮	1	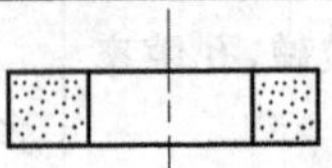	根据不同尺寸，分别用于外圆磨、内圆磨、平面磨、无心磨、工具磨、螺纹磨和砂轮机上
双斜边形砂轮	4	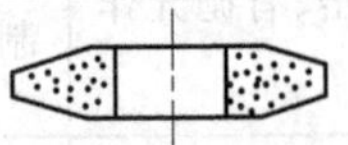	主要用于磨齿轮齿面和磨单线螺纹
薄片砂轮	41	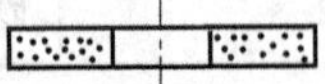	主要用于切断和开槽等
筒形砂轮	2	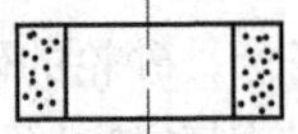	用于立式平面磨床上
杯形砂轮	6	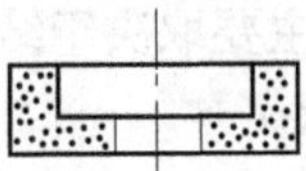	主要用于端面刃磨刀具，也可用其圆周磨平面和内孔
碗形砂轮	11	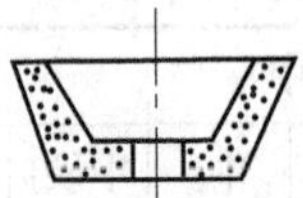	通常用于刃磨刀具，磨机床导轨
碟形一号砂轮	12a	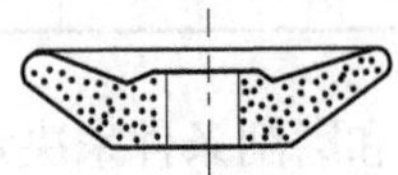	适于磨铣刀、铰刀、拉刀等，大尺寸的一般用于磨齿轮的齿面

为了方便使用，在砂轮的非工作面上标有砂轮的特性代号，它是由一系列的符号和数字按一定的顺序排列起来的。按 GB/T 2484—1994 规定其标志顺序及意义如下：

以 1 400×50×203 A46L6V35 为例。

其中 1——表示形状代号为平形砂轮；

400×50×203——表示砂轮的尺寸，外径×厚度×孔径；

A——表示磨料为白色刚玉；

46——表示磨料粒度为 46＃；

L——表示硬度为中等软硬程度；

6——表示组织号为 6，中等紧密度；

V——表示黏结剂为陶瓷结合剂；

35——表示最高工作线速度为 35(m/s)。

11.2.3 砂轮的选用

选用砂轮时，应综合考虑工件的形状、材料性质及磨床条件等各种因素，具体可参照表 11－7 的推荐加以选择。在考虑尺寸大小时，应尽可能把外径选得大些，以提高砂轮的圆周速度，有利于提高磨削生产率、降低表面粗糙度；磨内圆时，砂轮的外径取工件孔径的 2/3，有利于提高磨具的刚度。但应特别注意的是不能使砂轮工作时的线速度超过所标的数值。

表 11-7 砂轮的选用

磨削条件	粒度		硬度		组织		结合剂			磨削条件	粒度		硬度		组织		结合剂		
	粗	细	软	硬	松	紧	V	B	R		粗	细	软	硬	松	紧	V	B	R
外圆磨削				·			·			磨削软金属	·			·		·			
内圆磨削			·				·			磨韧性延展性材料	·				·			·	
平面磨削			·				·			磨硬脆材料		·	·						
无心磨削				·			·			磨削薄壁工件	·		·		·			·	
荒磨、打磨毛刺	·		·					·	·	干　磨	·		·						
精密磨削		·		·		·	·	·		湿　磨		·		·					
高精密磨削		·		·		·	·	·		成型磨削		·		·		·	·		
超精密磨削		·		·		·	·	·		磨热敏性材料					·				
镜面磨削		·	·			·		·		刀具刃磨			·				·		
高速磨削		·		·						钢材切断			·					·	·

11.3 砂轮的检查、安装、平衡和修整

1. *砂轮的检查*

砂轮是在高速旋转下工作的，安装前必须经过外观检查，严禁使用有裂纹的砂轮。通过外观检查确认无表面裂纹的砂轮，一般还要用木槌轻轻敲击，声音清脆的为没有裂纹的好砂轮。

2. *砂轮的平衡*

由于砂轮各部分密度不均匀、几何形状不对称以及安装偏心等各种原因，往往造成砂轮重心与其旋转中心不重合，即产生不平衡现象。不平衡的砂轮在高速旋转时会产生振动，影响磨削质量和机床精度，严重时还造成机床损坏和砂轮碎裂，因此在安装砂轮前都要进行平衡。砂轮的平衡有静平衡和动平衡两种。一般情况下，只需作静平衡，但在高速磨削(线速度大于 50m/s)和高精度磨削时，必须进行动平衡。

图 11-3 为砂轮静平衡装置。平衡时先将砂轮装在法兰盘上，再将法兰盘套在心轴上，然后放到平衡架的平衡轨道上。平衡的砂轮可以在任意位置都静止不动，而不平衡的砂轮，其较重部分总是转到下面。这时可移动平衡块的位置使其达到平衡。

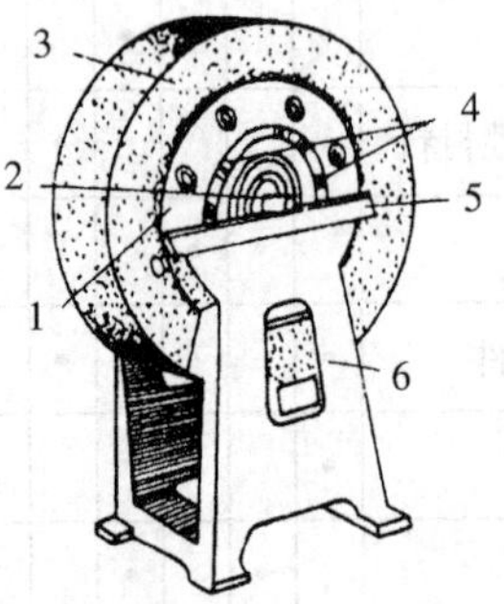

图 11-3 砂轮的静平衡
1—法兰盘;2—心轴;3—砂轮;
4—平衡铁;5—平衡轨道;6—平衡架

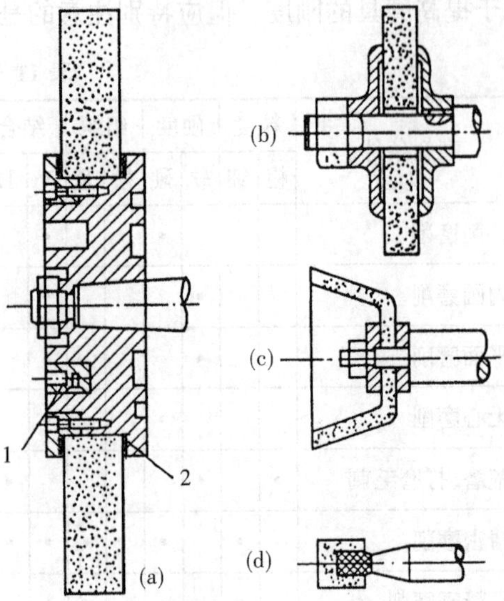

图 11-4 砂轮的安装方法
1—平衡块;2—弹性垫圈

3. 砂轮的安装

最常用的孔径较大的平形砂轮安装方法是用法兰盘装夹砂轮[图 11-4(a)]。两法兰盘的直径必须相等,其尺寸一般为砂轮直径的一半。安装时,砂轮和法兰之间应垫上0.5mm~1mm 厚的弹性垫圈,砂轮与砂轮轴或法兰盘间应有一定的间隙,以免主轴受热膨胀而将砂轮胀裂;不太大的砂轮(如:小平形砂轮)可用法兰盘直接装在主轴上[图 11-4(b)];小砂轮(如:碗形砂轮)可用螺母紧固在主轴上[图 11-4(c)];更小的砂轮(如:内圆砂轮)可粘固在轴上[图 11-4(d)]。

4. 砂轮的修整

在磨削过程中,砂轮的磨粒在摩擦、挤压作用下,棱角逐渐被磨圆变钝;或者在磨韧性材料时,磨屑常会嵌塞在砂轮表面的孔隙中,使砂轮表面孔隙被堵塞。此外,砂轮工作表面磨损不均匀,致使砂轮丧失外形精度。凡此种种,砂轮就必须进行修整,除去表层已磨钝的磨粒及碎屑,重新修磨出新的刃口,以恢复砂轮的切削能力和外形精度。砂轮修整一般利用金刚石工具车削法、滚压法或磨削法修整,如图 11-5 所示。

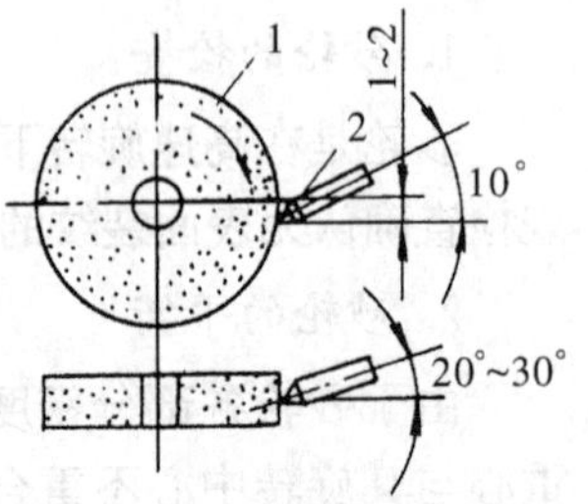

图 11-5 砂轮的修整
1—砂轮;2—金刚石笔

11.4 磨削运动与磨削用量

磨削时砂轮与工件的切削运动也分为主运动和进给运动,主运动是砂轮的高速旋转;进给运动一般为圆周进给运动(即工件的旋转运动)、纵向进给运动(即工作台带动工件所作的纵向直线往复运动)和径向进给运动(即砂轮沿工件径向的移动)。这四个运动的参数即为磨削用量，表 11-8 为常用磨削用量的定义、计算及选用。

表 11-8 磨削用量的定义、计算及选用

磨削用量	定义及计算	选用原则
砂轮圆周速度 v_s	砂轮外圆的线速度 $v_s=\frac{\pi d_s n_s}{1000\times 60}$(m/s)	一般陶瓷黏结剂砂轮 $v_a\leqslant 35$m/s 特殊陶瓷黏结剂砂轮 $v_s\leqslant 50$m/s
工件圆周速度 v_w	被磨削工件外圆处的线速度 $v_w=\frac{\pi d_w n_w}{1000\times 60}$(m/s)	一般 v_w 取 0.2～0.4m/s 粗磨时取大值，精磨时取小值
纵向进给量 f_a	工件每转一圈沿本身轴向的移动量(mm/r)	一般取 $f_a=(0.3\sim 0.6)B$(B—砂轮宽度 mm) 粗磨时取大值，精磨时取小值
径向进给量 f_r	工作台一次往复行程内，砂轮相对工件的径向移动量(又称磨削深度 a_p)	粗磨时取 $a_p=(0.01\sim 0.06)$mm 精磨时取 $a_p=(0.005\sim 0.02)$mm

11.5 外圆磨床的主要组成及功用

11.5.1 组成及功用

外圆磨床分普通外圆磨床和万能外圆磨床。图 11-6 所示为 M1432A 型万能外圆磨床。

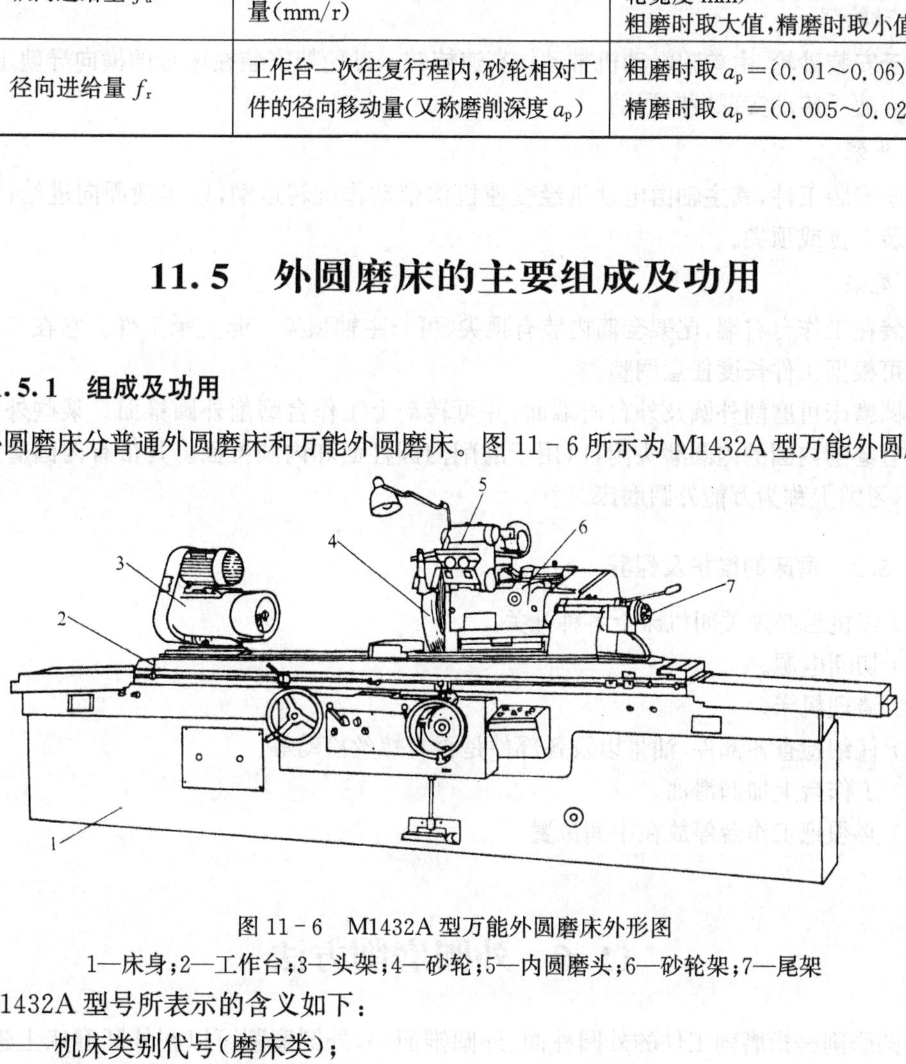

图 11-6 M1432A 型万能外圆磨床外形图

1—床身；2—工作台；3—头架；4—砂轮；5—内圆磨头；6—砂轮架；7—尾架

M1432A 型号所表示的含义如下：

M——机床类别代号(磨床类)；

1——组别代号(外圆磨床组)；

4——型别代号(万能外圆磨床型)；

32——主参数代号(最大磨削直径的 1/10)；

A——第一次改进。

M1432A 型外圆磨床主要由下列五部分组成。

1. 床身

用于支承和连接磨床各个部件。为提高机床刚度,磨床床身一般为箱形结构,内部装有液压传动装置,上部有纵向和横向两组导轨以安装工作台和砂轮架。

2. 工作台

由上下两层组成,上工作台可相对于下工作台偏转一定角度,以便磨削锥面;下工作台下装有活塞杆—活塞,可通过液压机构使工作台作往复运动。工作台的往复换向是通过行程挡块改变换向阀的位置实现的,而工作台运动速度的改变是通过调节节流阀改变压力油的流量大小实现的。

3. 砂轮架

用于安装砂轮,由单独电动机带动作高速旋转。砂轮架安装在床身的横向导轨上,可通过手动或液压传动实现横向运动。

4. 头架

用于安装工件,其主轴由电动机经变速机构带动作旋转运动,以实现周向进给;主轴前端可安装卡盘或顶尖。

5. 尾架

安装在工作台右端,尾架套筒内装有顶尖,可与主轴顶尖一起支承工件。它在工作台上的位置可根据工件长度任意调整。

外圆磨床可磨削外圆及外台肩端面,并可转动上工作台磨削外圆锥面。某些外圆磨床还具备有磨削内圆的内圆磨头附件,用于磨削内圆柱面和内圆锥面。凡带有内圆磨头的外圆磨床,习惯上称为万能外圆磨床。

11.5.2 磨床的维护及保养

(1) 停机后必须关闭机床上各种开关。

(2) 切断电源。

(3) 清理机床。

(4) 仔细检查各部件、油量以及各部件是否有螺丝松动等。

(5) 工作台上加润滑油。

(6) 必须把工作台停放在中间位置。

11.6 外圆磨削方法

外圆磨削是指磨削工件的外圆柱面、外圆锥面等,外圆磨削可以在外圆磨床上进行,也可以在无心磨床上进行。外圆磨床上磨削外圆时,工件一般用双顶尖安装,但与车削不同的是双顶尖均为死顶尖,如图 11－7 所示。

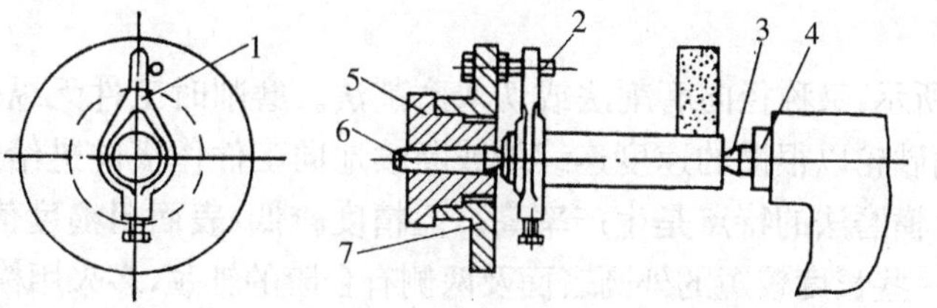

图 11-7 顶尖装夹

1—夹头；2—拨杆；3—后顶尖；4—尾架套筒；5—头架主轴；6—前顶尖；7—拨盘

11.6.1 磨外圆柱面

在外圆磨床上磨削外圆的常用方法有纵磨法、横磨法和综合磨削三种，其中又以纵磨法用得最多。

磨削前，工件中心孔均要修研，提高其几何精度，减小表面粗糙度。用四棱硬质合金顶尖(图 11-8)在车床上挤研，研亮即可；中心孔较大，精度要求较高时，需用油石或铸铁顶尖为前顶尖，一般顶尖为后顶尖。修研时，头架旋转，工件不转，用手握住。研好一端，再研另一端(图 11-9)。

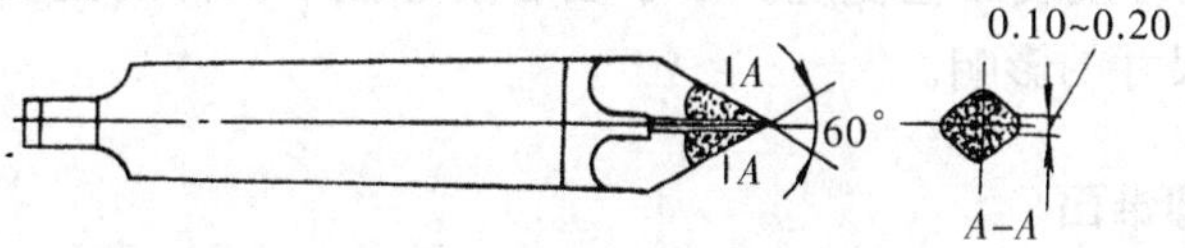

图 11-8 四棱硬质合金顶尖

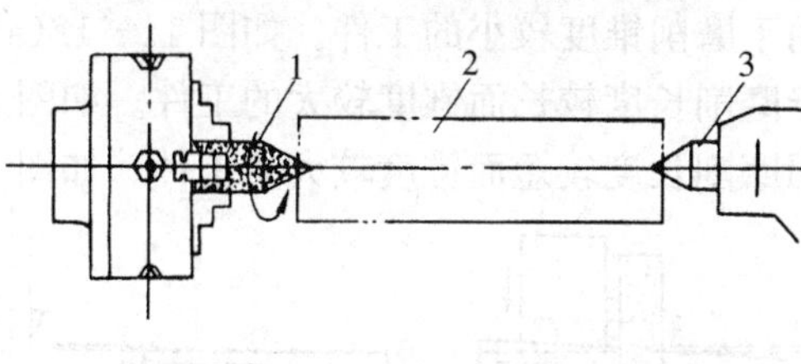

图 11-9 用油石顶尖修研中心孔

1—油石顶尖；2—工件；3—后顶尖(普通顶尖)

1. 纵磨法

如图 11-10 所示，磨削时工件转动(圆周进给)并与工作台一起作直线往复运动(纵向进给)，当每一纵向行程或往复行程终了时，砂轮按规定的吃刀深度作一次横向进给运动。

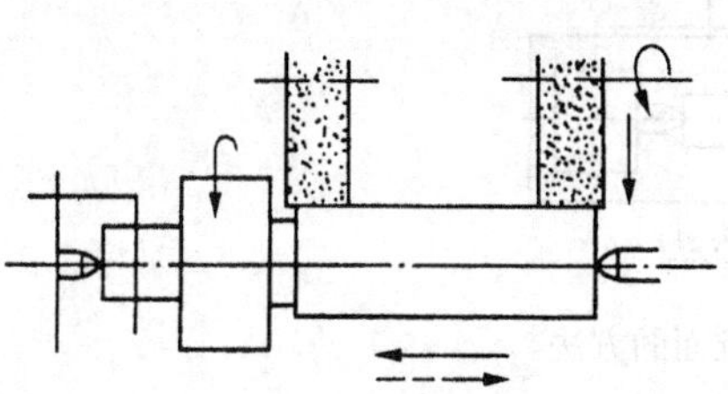

图 11-10 纵磨法

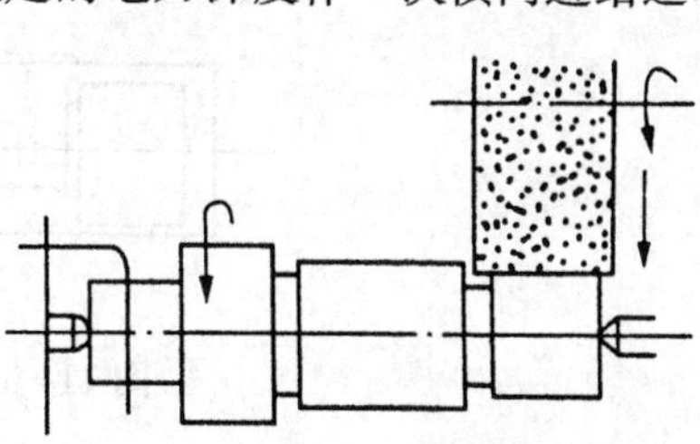

图 11-11 横磨法

2. 横磨法

如图 11－11 所示,又称径向磨削法或切入磨削法。磨削时工件无纵向进给运动,工件只作圆周进给运动而砂轮以很慢的速度连续地或断续地向工件作横向进给运动,直至把磨削余量全部磨掉为止。横磨法的特点是生产率高。但精度较低,表面粗糙度值较大。在大批量生产中,特别是对于一些长度较短的外圆表面及两侧有台阶的轴颈,多采用横磨法。

3. 磨削外圆操作方法

在安装工件和调整机床后,可按下列步骤进行外圆磨削:

(1) 启动磨床使砂轮和工件转动。将砂轮慢慢靠近工件,直至与工件稍微接触,开放冷却液;

(2) 调整切深后,使工作台纵向进给进行一次试磨。磨完全长后用分厘卡检查有无锥度,如有锥度须转动工作台加以调整;

(3) 进行粗磨。粗磨时工件每往复一次,切深为 0.10～0.02mm。磨削过程中因产生大量的热量,因此须有充分的冷却液冷却,以免工件表面被“烧伤”;

(4) 进行精磨。精磨前往往要修整砂轮。每次切深为 0.005～0.015mm。精磨至最后尺寸时,停止砂轮的横向切深,继续使工作台纵向进给几次,直到不发生火花为止;

(5) 检验工件尺寸及表面粗糙度。由于在磨削过程中工件的温度有所提高,因此测量时应考虑热膨胀对尺寸的影响。

11.6.2 磨外圆锥面

根据工件形状和锥度大小的不同,可采用以下三种磨削方法:

(1) 转动工作台法适用于磨削锥度较小的工件。如图 11－12(a)所示;

(2) 转动头架法适用于磨削长度较长而锥度较大的工件。如图 11－12(b)所示;

(3) 转动砂轮架法适用磨削长度较短而锥度较大的工件。如图 11－12(c)所示。

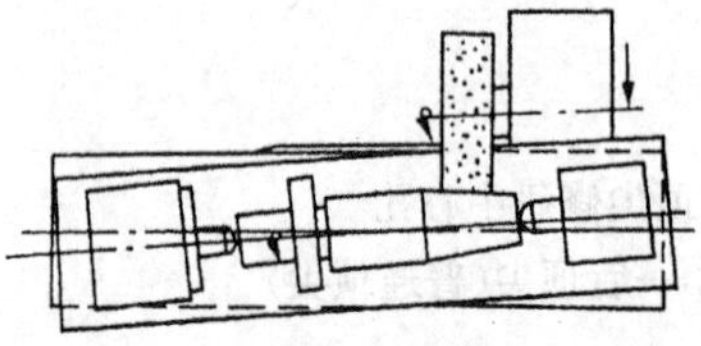
(a) 转动工作台法

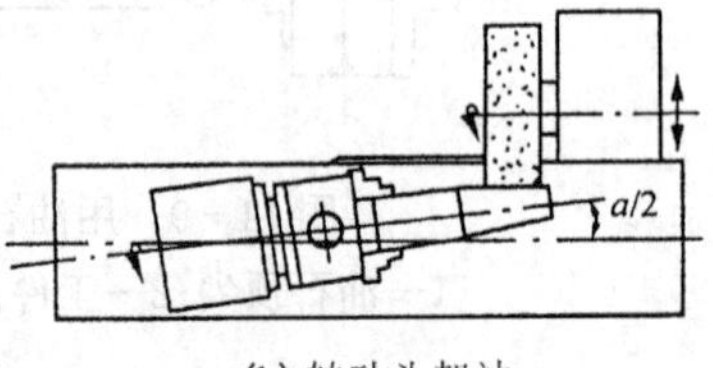

(b) 转动头架法

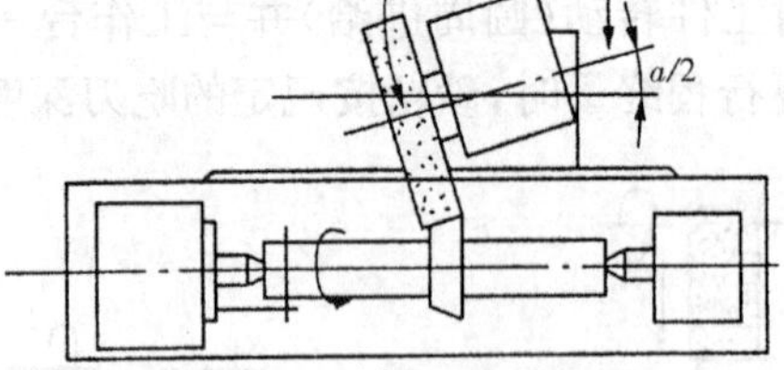

(c) 转动砂轮架法

图 11－12 磨削外圆锥面的方法

11.6.3 磨内圆锥面

磨内圆锥面可以在内圆磨床上完成,也可在万能外圆磨床上完成。磨削方法有以下两种:

(1) 转动头架法适用于在内圆磨床上磨削各种锥度的圆锥孔，以及在万能外圆磨床上磨削锥度较大的圆锥孔。如图 11-13(a)所示。

(2) 转动工作台法仅限于在万能外圆磨床上磨削锥度不大的圆锥面。如图 11-13(b)所示。

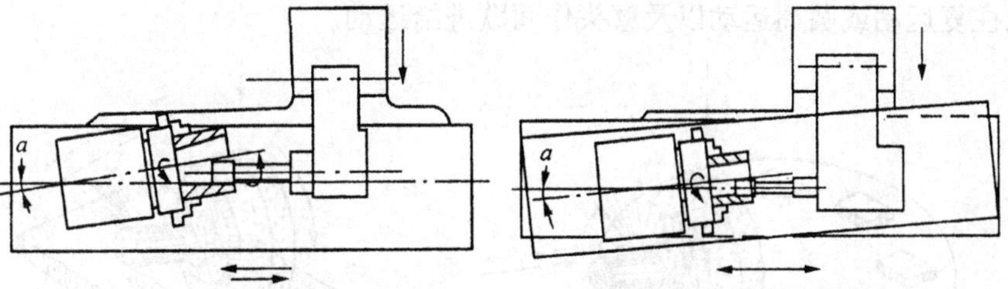

(a) 转动头架法　　(b) 转动工作台法

图 11-13 磨削内圆锥面的方法

外圆磨削的精度可达 IT6～IT5，表面粗糙度一般 R_a 为 0.4～0.2μm，精磨时 R_a 可达 0.16～0.01μm。

11.7 其他磨床的结构特点

11.7.1 平面磨床及其工作特点

平面磨床的主轴分为立轴和卧轴两种，工作台也分为矩形和圆形两种。它们由床身、工作台、立柱、拖板、磨头等部件组成。与其他磨床不同的是工作台上装有电磁吸盘，用于直接吸住工件，如图 11-14 所示为 M7120A 平面磨床。

图 11-14 M7120A 平面磨床

1—移动工作台手轮；2—磨头；3—拖板；4—横向进给手轮；5—砂轮修整器；
6—立柱；7—行程挡块；8—工作台；9—垂直进给手轮；10—床身

砂轮架沿拖板的水平导轨可作轴向进给运动，这可由液压带动或手轮移动；拖板可沿立柱的导轨垂直移动，以调整磨头的高低位置及完成径向进给运动。这一运动亦可通过转动手轮实现。

平面磨床主要用来磨削工件的平面。平面的磨削方式有周磨法(用砂轮的周边磨削)和端磨法(用砂轮的端面磨削)。磨削时的主运动为砂轮的高速旋转,进给运动为工件随工作台作直线往复运动或圆周运动以及磨头作间歇进给运动。

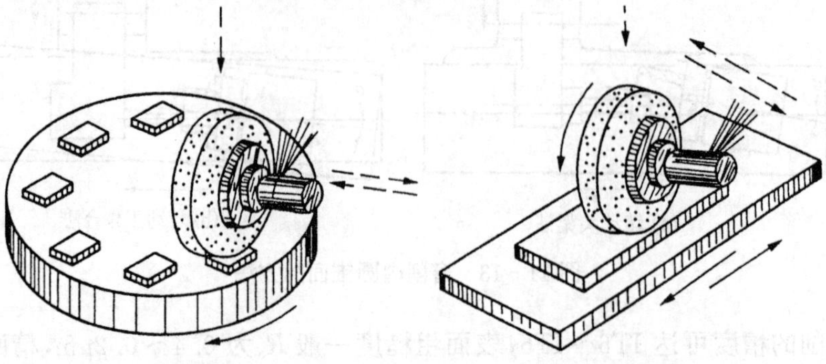

(a) 卧轴圆形工作台　　(b) 卧轴矩形工作台

图 11-15　周磨法磨削平面

周磨法磨削平面时,砂轮与工件接触面积小,排屑冷却条件好,工件发热量少,不易变形,而且砂轮周边磨损均匀,所以能获得较好的加工质量,但磨削效率低,适用于精磨。如图 11-15(a)、图 11-15(b)所示的都为周磨法磨平面。

端磨法磨削平面时,由于砂轮轴伸出较短。而且主要是受轴向力,所以刚性较好,能采用较大的磨削用量,磨削效率高。但因砂轮与工件的接触面积大,发热量大又不易排屑和冷却,故加工质量较低,适用于粗磨。在平面磨床上磨削铁磁性材料时,常采用电磁吸盘将工件吸牢在工作台上,如图 11-16 所示。对非磁性材料或形状复杂的工件可在电磁吸盘上安放一精密虎钳或简易夹具来装夹。

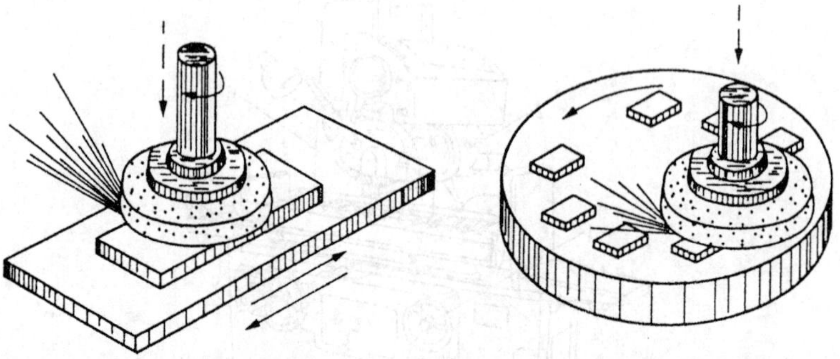

(a)立轴矩形工作台　　(b)立轴圆形工作台

图 11-16　端磨法磨削平面

平面磨削尺寸精度为 IT6～IT5,两平面平行度误差小于 100 ∶ 0.1,表面粗糙度 R_a为 0.4～0.2μm,精密磨削时 R_a可达 0.1～0.01μm。

11.7.2　内圆磨床及其工作特点

内圆磨床主要用于磨削圆柱孔、圆锥孔及端面等。它由床身、头架、砂轮架、拖板和工作台等部分组成。头架可以绕垂直轴线转动一个角度,以便磨削锥孔。工件转速能作无级调整，砂轮架安放在工作台上，工作台由液压传动作往复运动，也能做无级调速，而且砂轮趋近及退出时能自动变为快速，以提高生产率。

内圆磨床的结构特点是砂轮主轴转速特别高，一般达 10 000～20 000r/min，以适应磨削速度的要求。与外圆磨削相比，内圆磨削的生产率很低，加工精度和表面质量较差，测量也较困难。一般内圆磨削能达到的尺寸精度为 IT7～IT6，表面粗糙度 R_a值为 0.8～0.2μm。高精度内圆磨尺寸精度达 0.005μm 以内，粗糙度 R_a值达 0.25～0.1μm。

图 11－17 为 M2120 型内圆磨床。

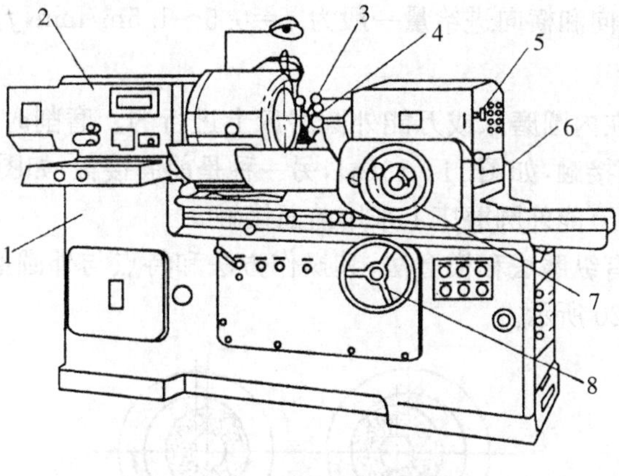

图 11－17　M2120 内圆磨床

1—床身；2—头架；3—砂轮修整器；4—砂轮；5—磨具架；6—工作台；7—磨具架手轮；8—工作台手轮

作为孔的精加工，成批生产中常用铰孔，大量生产中常用拉孔。由于磨孔具有万能性，不需要成套的刀具，故在小批及单件生产中应用较多。特别是对于淬硬工件，磨孔仍是精加工孔的主要方法。与磨削外圆相比，磨内圆时，砂轮和砂轮轴的直径受工件孔径的限制，磨削速度难以提高，砂轮易塞实、磨钝，砂轮轴刚性差，使加工质量和生产率都受到其影响。

1. 工件的安装

磨削内圆时，工件大多数是以外圆和端面作为定位基准的。通常采用三爪卡盘、四爪卡盘装卡。如图 11－18 所示。

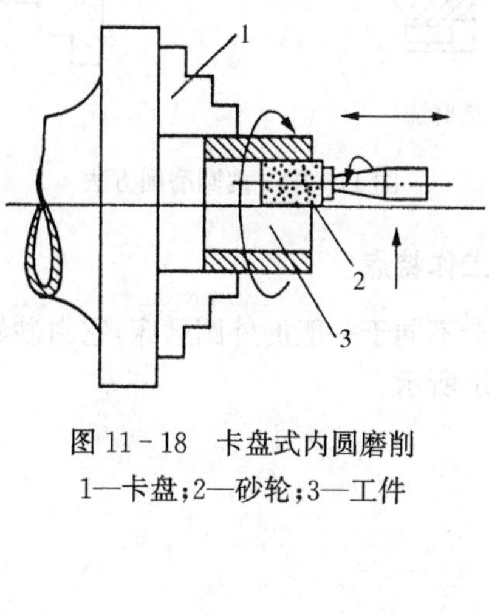

图 11－18　卡盘式内圆磨削

1—卡盘；2—砂轮；3—工件

2. 磨削运动和磨削要素

磨削内圆的运动要素与磨削外圆基本相同,但砂轮与工件的旋转方向相反。同时,砂轮作直线往复运动,砂轮每往复一次,作横向进给(切深)一次。

磨削内圆时,由于砂轮直径较小,但又要求磨削速度较高,一般砂轮圆周速度:v=15～25m/s。因此,内圆磨头转速一般都很高,为10000～20000r/min左右。工件圆周速度一般为v_w=15～25m/min。粗糙度值R_a要求小时应取较小值,粗磨或砂轮与工件的接触面积大时取较大值。粗磨时纵向和横向进给量一般为f=1.5～2.5m/min,f_r=0.01～0.03mm/r。精磨时纵向和横向进给量一般为f=0.5～1.5m/min,f_r=0.002～0.01mm/r。

3. 磨削工件

磨削内圆通常是在内圆磨床或万能外圆磨床上进行的。磨削时,砂轮与工件的接触方式有两种:一种是后面接触,如图11-19(a),另一种是前面接触,如图11-19(b)。在内圆磨床上采用后面接触,在万能外圆磨床上采用前面接触。

内圆磨削的方法有纵磨法和横磨法,其操作方法和特点与外圆磨削相似。纵磨法应用最为广泛。如图11-20所示。

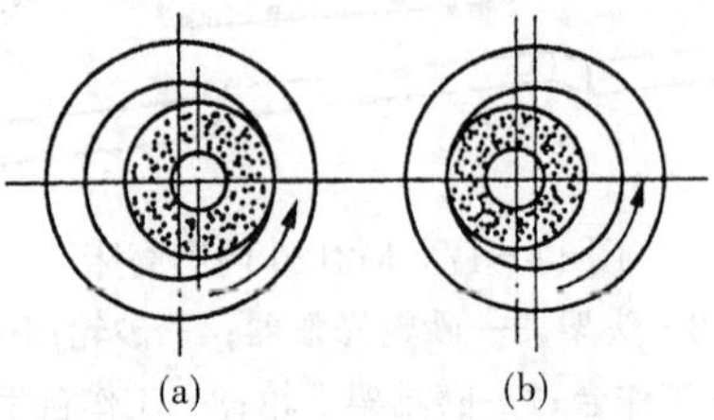

图11-19 砂轮与工件的接触形式

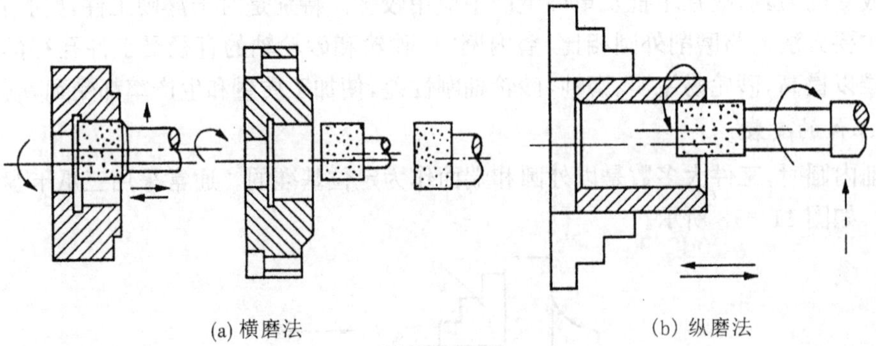

图11-20 内圆磨削方法

11.7.3 无心磨床及其工作特点

无心外圆磨床的结构完全不同于一般的外圆磨床,它由砂轮、导轮、修整器、工件支架和床身等部分组成,如图11-21所示。

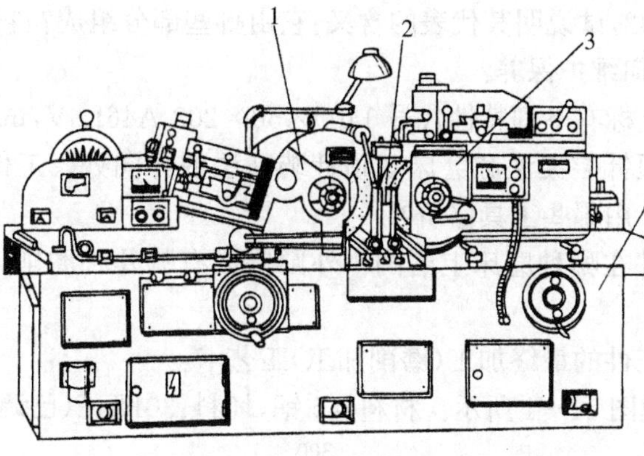

图 11-21 无心磨床外形图

1—砂轮架；2—托板；3—导轮架；4—床身

无心磨床在磨削时工件不需要夹持，而是放在砂轮与导轮之间，由拖板支持着；工件轴线略高于砂轮与导轮轴线，以避免工件在磨削时产生圆度误差；工件由橡胶结合剂制成的导轮带着作低速旋转($v_w=0.2\sim0.5$m/s)，并由高速旋转着的砂轮进行磨削。

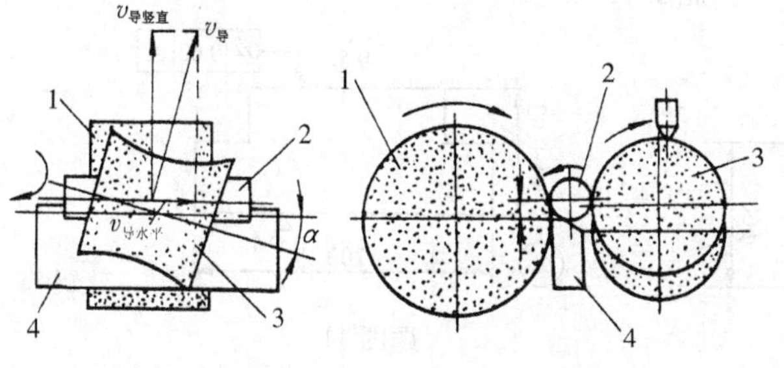

(a) (b)

图 11-22 贯穿磨削法工作原理图

1—砂轮；2—工件；3—导轮；4—托板

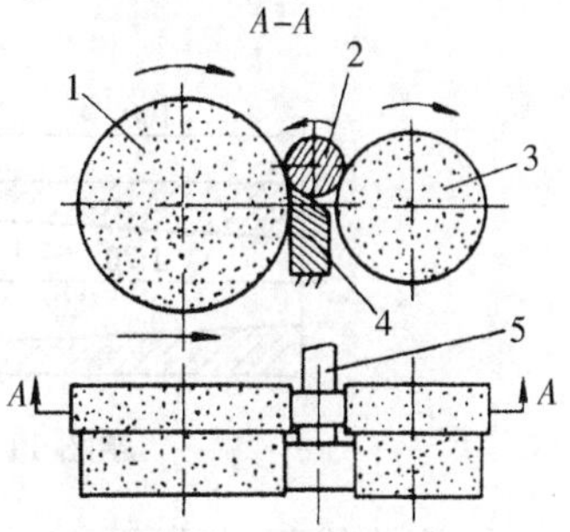

图 11-23 切入磨削法工作原理图

1—砂轮；2—工件；3—导轮；4—托板；5—挡块

由于导轮轴线与工件轴线不平行，倾斜一个角度 $\alpha(\alpha=1^\circ\sim4^\circ)$，因而导轮旋转时所产生的线速度 $v_w=v_r\cdot\cos\alpha$ 垂直于工件的轴线，使工件产生旋转运动，而 $v_{fx}=v_r\cdot\sin\alpha$ 则平行于工件的轴线，使工件作轴向进给运动，进行贯穿磨削，如图 11-22 所示。图 11-23 为切入磨削短圆柱。

无心外圆磨削的生产率高，主要用于成批及大量生产中磨削细长轴和无中心孔的短轴等。一般无心外圆磨削的精度为 IT6～IT5 级，表面粗糙度 R_a 为 0.8～0.2μm。

习题十一

1. 思考题

(1) 更换砂轮时，必须仔细检查砂轮质量，应如何检查，以保证使用安全？

(2) 换上的新砂轮安装时，应如何进行调整操作，采用什么方法，才能保证其平稳运转？

(3) 越是高精度磨削，越是必须经常修整砂轮，为什么；而磨刀机(砂轮机)或砂轮切割机的砂轮很少甚至从不进行砂轮修整？用什么方法和工具进行砂轮修整？达到什么要求？

(4) 磨床型号:M1432,试说明其代表的含义:它由哪些部分组成?它的主要用途是什么?机床用毕,应如何维护保养?

(5) 砂轮非工作面上标有下列特性代号 1400×50×203 A46L6V,试说明其代表的含义。

(6) 试比较车床双顶针装夹法和磨床双顶针装夹法的异同处。工件顶针孔为什么要修研?怎样修研?用哪些工具修研?

(7) 内外圆锥面工件在哪种磨床上磨削?外圆锥面有哪几种磨削方法?各适用于何种锥体?

(8) 试制订下列各工件的最终加工(磨削加工)工艺卡:

① 磨外圆:如题图 11-1 所示。材料:45 钢,坯料:30HRC(已调质)光坯。

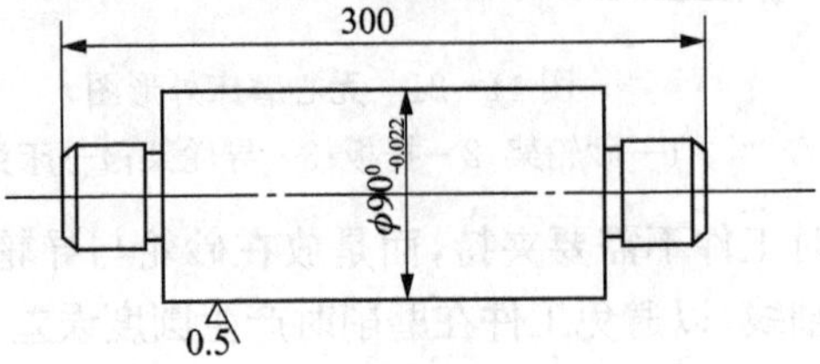

题图 11-1

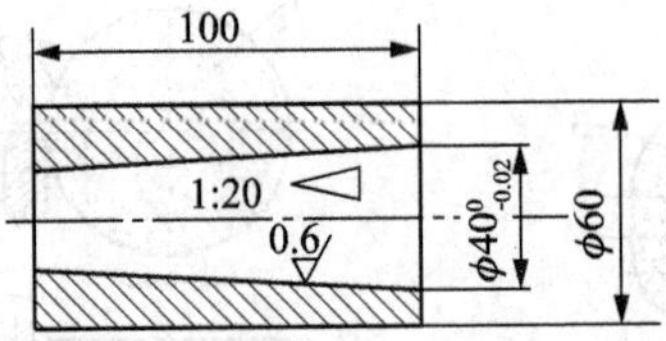

题图 11-2

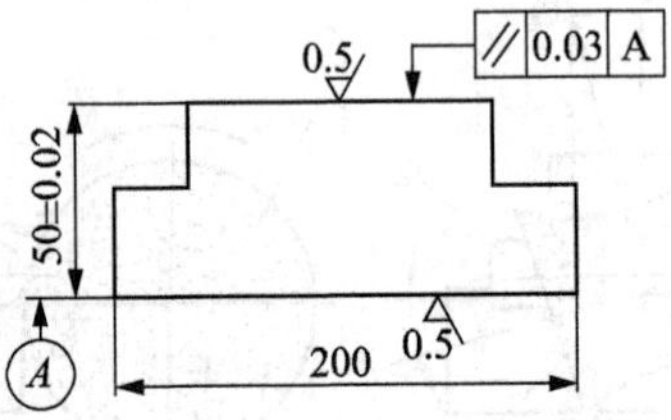

题图 11-3

② 磨内锥面:如题图 11-2 所示。材料:45 钢,坯料:30HRC(已调质)光坯。

③ 磨平面:如题图 11-3 所示。材料:45 钢,坯料:30HRC(已调质)光坯。

(9) 题图 11-4 所示是什么加工工种?

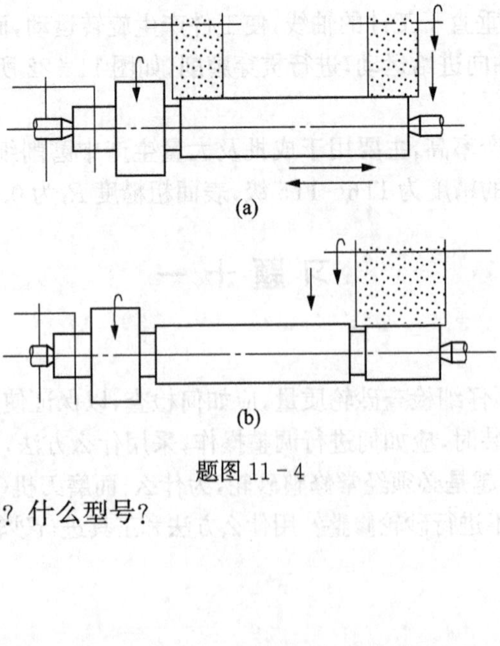

题图 11-4

① 采用什么机床?什么型号?

② 什么刀具、形状、类型？

③ 何种装夹方法？

④ 切割过程中应有哪些运动？

⑤ 图中(a)和(b)所示的加工方法有何不同？试述其名称和用途。

(10) 题图 11－5 所示是什么加工工种？

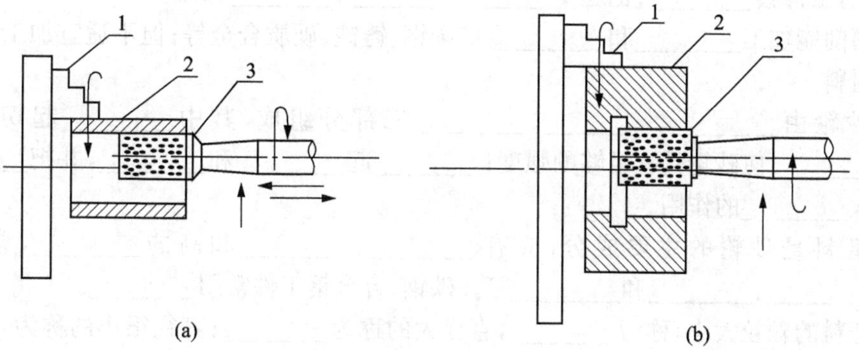

题图 11－5

① 采用什么机床？

② 怎样装夹？

③ 所用什么刀具？

④ 图(a)和(b)所示的加工方法有何不同？

⑤ 切削过程中应用哪些运动？

2. 判断题

(1) 砂轮黏结剂把磨粒粘得愈牢固愈好。（　）

(2) 陶瓷黏结剂耐热、耐水，强度高，薄砂轮片都用它粘结。（　）

(3) 砂轮的硬度，即是砂轮上磨粒的硬度。（　）

(4) 各种砂轮都是用法兰盘直接装夹在主轴上的。（　）

(5) 砂轮孔径与轴颈间都是间隙配合。（　）

(6) 小砂轮用黏结剂直接粘在轴上。（　）

(7) 工件硬度越高，选用的砂轮硬度应更高。（　）

(8) 为了提高加工精度，磨床上使用的顶针都是死顶针。（　）

(9) 周磨法磨平面时，磨轮与工件接触面积小，排屑易，散热快，工件不变形，但生产率低，用于粗磨。（　）

(10) 端磨法磨工件平面时，磨轮轴刚性好，生产率高，但磨轮与工件接触面积大，不易排屑和冷却，用于粗磨。（　）

(11) 吸铁平面磨床上装上精密机用平口虎钳也可磨非铁磁性工件。（　）

(12) 磨削过程中，砂轮具有自锐性，所以磨轮不一定要进行修整。（　）

(13) 微粉的编号是按其自身的实际直径而定。（　）

3. 填空题

(1) 磨削时，用________为磨具，加工________、________和________，也可磨削________、

________、________等特形表面;还用于________、________和________加工;但用得最多的是零件的________,能达到的经济加工精度________,表面粗糙度________。

(2) 磨削时砂轮上最外层的________才是正在________的________,所以它是________、________。

(3) 磨削时的切削速度________,所以切削温度也________,必须大量使用________,否则,工件会________;也起________、________、________作用。

(4) 磨削能加工________和________,如碳钢、铸铁、硬质合金等;但不适宜加工________材料。

(5) 砂轮由________、________、________三部分组成,其中________起切削作用;________使砂轮具有足够的强度;________起________和________,并把________带入________的作用。

(6) 磨料是砂轮的主要成分,应有________、________和高的________,常用的有________、________和________等。碳钢、合金钢工件常用________。

(7) 磨料的颗粒大小,称为________,直径大的称为________;直径很小的称为________。前者以能通过的筛网孔数/寸表示其________;后者以其自身的________表示。

(8) 黏结剂的作用是把________粘合在一起,使________具有所需的________、________、________、________和________。

(9) 砂轮的组织是指________与________的________,即________、________和________三者的比例关系,常分为________、________和________三类,通常________的用得最多。

(10) 磨内圆时,砂轮的外径取工件孔径的________左右为宜,以提高磨具的________。

(11) 磨削外圆柱面时的磨削用量四要素为:1. ________、2. ________、3. ________、4. ________。当采用外径 $D_s=400\text{mm}$ 的陶瓷黏结剂砂轮时,选取 $V_s\leqslant 35\text{m/s}$;工件外径 $D_w=50\text{mm}$,其圆周速度 V_w 选为 0.2m/s 时,则磨轮的转速 $n_s=$ ____________;工件的转速 $n_w=$ ________。

4. 选择题

(1) 砂轮是由磨粒和黏结剂混合而成的(　　)。

1. 结实的实体;　　　2. 多孔的疏松体

(2) 磨削淬硬钢时,采用(　　)。

1. 人造金刚石(SD)砂轮;　　　2. 白刚玉(Al_2O_3)砂轮

(3) 磨削硬质合金时,采用(　　)。

1. 立方氮化硼(CBN)砂轮;　　　2. 绿色碳化硅(SiC)砂轮

(4) 磨削高速钢刀具时,采用(　　)。

1. 白刚玉(Al_2O_3)砂轮;　　　2. 黑色碳化硅(SiC)砂轮

(5) 粗磨或磨软材料时,采用(　　)。

1. 细磨粒砂轮;　　　2. 粗磨粒砂轮

(6) 精磨或磨硬材料时,采用(　　)。

1. 细磨粒砂轮;　　　2. 粗磨粒砂轮

(7) 研磨或抛光时,采用(　　)。

1. 磨粒;　　　　　　　　　　2. 微粉

(8) 打磨铸件飞边和毛刺时,采用(　　)。

1. 细磨粒砂轮;　　　　　　　　2. 粗磨粒砂轮

(9) 磨削软材料时,采用(　　)。

1. 硬砂轮;　　　　　　　　　2. 软砂轮

(10) 成形磨或精密磨削时,采用(　　)。

1. 硬砂轮;　　　　　　　　　2. 软砂轮

(11) 大批量生产中小规格无中心孔短轴,其尺寸公差等级IT6,表面粗糙度 $R_a0.5\mu m$,应采用(　　)。

1. 外圆磨床;　2. 万能外圆磨床;　3. 无心磨床

(12) 成形磨和精密磨时,采用(　)。

1. 组织疏松的磨轮;　　　　　　2. 组织致密的磨轮

(13) 平面端磨和内圆磨时,采用(　　)。

1. 组织疏松的磨轮;　　　　　　2. 组织致密的磨轮

(14) 磨薄壁件时,采用(　　)。

1. 组织疏松的磨轮;　　　　　　2. 组织致密的磨轮

第12章　数　控　加　工

随着社会需求的演变，市场环境对产品的多样性、多品种和多规格的需求不断增加，生产厂势必迫切要求自己的产品更新换代周期短，高质量，低成本和高生产率，以使质优价廉的新产品源源不断地满足日益增长的社会需求。

基于科技发展的背景，使传统生产模式不断变革和创新，发展出新的先进生产模式和制造系统。促进了数控技术的发展和数控机床的应用，从而，满足了生产上的各项要求。

12.1　概　　述

12.1.1　数控技术的发展

所谓数控，即数字控制(Numerical Control)，利用数字指令对机械运动件的动作进行控制。从而，只需应用不同软件，输入相应信息和处理方法，而不必变换电路系统和机床结构，就能达到变换加工工艺过程，完成不同形状、结构和表面粗糙度要求的零件加工。所以，数控机床(Numerically Controlled machine tools)，无论是数控车床、数控铣床和其他各种类型的数控机床或加工中心，都是用数字指令进行控制的机床，其主运动、进给运动和辅助运动都是用输入数控装置的数字信息来控制和操纵的。图 12－1 所示为数控机床典型操作程序的一部分，根据零件制造图的设计要求，演绎为数控装置阅读和处理的数字信息，操纵和驱动机床的相应机构或部件。

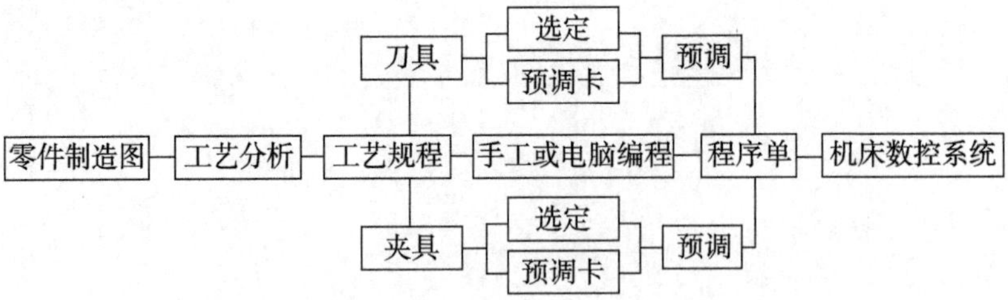

图 12－1　数控机床加工件的数字信息处理过程

早期电脑的运算速度低，不能适应机床加工过程的实时控制要求，直至 1970 年以后，随着小型电脑的出现，运算速度大幅度提高，从而成为机床数控系统的核心部件，由此也开始进入电脑数控(CNC)时代。Intel 公司于 1971 年把电脑的两个核心部件，运算器和控制器集成在一块芯片上，创制了电脑的中央处理单元(CPU)，即微处理器(Micro processor)。20 世纪 90 年代开始，微机，即 PC 机(Personal Computer)成为机床数控系统的核心部件，即当今已广泛使用着的微机数控系统。

12.1.2 数控机床

现代数控机床都采用电脑作为控制系统。普通机床是由人操作相关手柄、按钮来控制机床运动的，而数控机床是高度自动化装备，它是通过电脑发出指令来直接控制机床运转的。

1. 数控机床的组成

图 12-2 所示为数控机床的典型组成系统，主要由控制介质、数控装置、伺服机构和机床执行机构等基本部分组成。

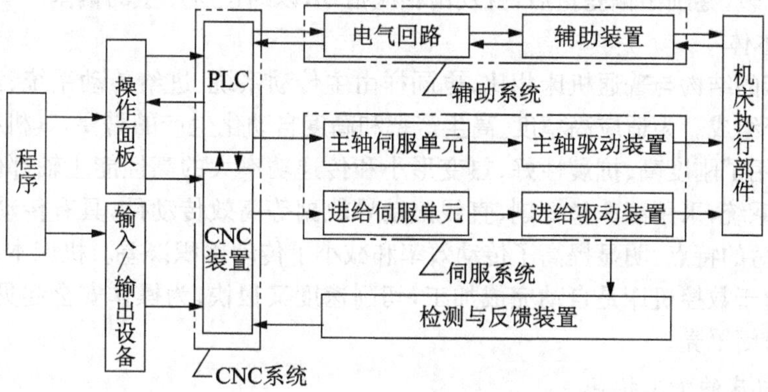

图 12-2 数控机床的典型组成系统

1) 程序及其输入设备

信息载体上记载的加工信息(如零件加工的工艺过程、工艺参数和位移量等)，要通过程序输入设备进入数控装置。常用的程序输入设备，有光电阅读机、磁盘驱动机和磁带机等。对于用微机控制的数控机床，也可由操作面板上的键盘直接输入加工程序。

信息载体又称控制介质，它是指操作者与数控机床间进行联系的中间媒介物，用以记载零件加工过程中所需要的各种加工信息，以控制机床的运动，实施对零件的加工。常用的信息载体有穿孔纸带、磁带和磁盘。

2) CNC 系统

CNC 系统的核心部件是可编程逻辑控制器(Programmable Logic Controller, PLC)和 CNC 装置，接收来自输入装置或机床操作面板键盘的脉冲信号，经过 CNC 系统的软件或逻辑电路进行编译、运算和逻辑处理后，输出各种指令，控制机床的相应部分进行规定的有序动作。

3) 伺服系统

伺服系统是数控机床的执行部分，它是由速度控制装置、位置控制装置、伺服电机和相应的机械传动装置组成的。其功能是接收来自 CNC 系统的脉冲信号，通过它驱动机床运动部件产生相应的运动。并对定位精度和速度加以控制，每一个指令脉冲信号，使机床运动部件产生的位移量，称为脉冲当量。常用的脉冲当量为 0.005 毫米/脉冲、0.001 毫米/脉冲等。因此，伺服系统的精度、灵敏度和动态响应是影响零件加工精度、表面质量和生产率的主要因素。

4) 辅助系统

辅助装置是把CNC系统送来的辅助控制指令,转换成强电信号,控制主轴电动机启动和停止、冷却液的开启和关闭,以及工作台的转位和换刀等动作。所以,辅助装置包括了自动换刀装置ATC(Automatic tool changer)、自动交换工作台机构APC(Automatic Pallet Changer)、工件装夹机构、回转工作台、液压系统、润滑装置、切削液和排屑装置,以及切削力过载保护装置等。

5) 检测和反馈装置

检测和反馈装置的功用:将机床工作台和主轴移动的位移量、移动速度等参数检测出来,并转换成数字信息,反馈给数控系统。根据反馈信息,由数控装置将其与程序上已输入的参数进行比较,鉴别出偏差量后,就发出相应指令,以纠正所产生的偏差。

6) 机床本体

数控机床的结构与普通机床相比,也同样由主传动系统、进给传动系统、工作台和床身支承件等部分组成。为适应高精度、高生产率和高度自动化生产的需要,其机械结构作了明显改进,如采用了刚度高、抗震性好、热变形小和传递功率大的高性能主轴部件和主传动系统;进给传动系统,采用滚珠丝杆副、直线滚动导轨副等高效传动件,具有传动精度高、结构简单、传动链短的特点,明显提高了传动效率和减小了传动累积误差。机床本身具有很高的动、静刚度;由于数控机床是自动完成加工,切削速度又很快,为操作安全起见,采用了移动门结构和全封闭罩壳。

2. 数控机床的加工特点

与传统的普通机床相比,数控机床的加工特点如下:

1) 加工精度高,质量稳定

数控机床的机械结构和传动系统,都有较高的精度、刚度和热稳定性,其加工精度不受零件复杂程度的影响,零件的加工精度和质量由机床保证,消除了操作者的人为误差。所以数控机床的加工精度高,而且同一批零件加工尺寸一致性好,质量稳定。

2) 生产效率高

数控机床结构刚度高、功率大,主轴转速、进给速度和快速定位速度高,可以选择合理的较高的切削用量,充分发挥刀具的切削潜力,减少切削时间;由于机床定位精度高,加工过程稳定,而不需要在加工过程中进行中间测量,就能连续完成整个加工过程,减少了辅助时间和停机时间,所以数控机床的生产效率高。

3) 减轻劳动强度,改善劳动条件

数控机床的加工,除了装卸零件,操作键盘、观察机床运行外,其他动作都是按加工程序要求,由机床自动连续地进行加工,操作者不需要进行繁重的手工操作。

4) 具有高度柔性

所谓柔性,即灵活可变之意。当加工零件改变时,只需变换加工程序,调整刀具参数等,即可进行新零件加工,生产准备周期短,使新品种的开发、产品的改型,十分快捷。

5) 有利于生产管理

数控机床加工零件时,能精确地估算所需的时间,相同工件所用加工时间都基本一致,因而工时和工时费用都可精确预计,有利于精确编制生产进度表和均衡生产,简化了刀、夹、量具和坯料与半成品和成品的管理工作。还可应用数字化网络技术,使机械加工整个系统连接起来，构成由计算机控制和管理的生产系统，做到合理调配，高效运行。

3. 数控机床的分类

数控机床品种规格繁多，其分类方法有下列几种。

1) 按加工工艺方法分类

(1) 金属切削类　指采用车、铣、镗、铰、钻、磨等各种切削加工工艺的数控机床。分为普通型数控机床(数控车床、数控铣床、数控磨床等)和加工中心(铣、镗类加工中心和车削加工中心等)。

(2) 金属成型类　指采用挤、冲、压、拉等成型工艺的数控机床，如数控压力机、数控折弯机、数控弯管机等。

(3) 特种加工类　指数控电火花线切割机、数控电火花成型机、数控激光加工机、数控火焰切割机等。

(4) 测量绘图类　主要有坐标测量机、数控对刀仪、数控绘图仪等。

2) 按控制系统功能特点分类

(1) 点位控制数控机床　点位控制数控机床的特点是只要求刀具相对于工件从一点移动至另一点精确定位，而两点间的移动轨迹未作任何规定。各坐标轴的运动没有相关性，如图 12-3 所示，从起始点至终点的运动轨迹，可以是图中的任意一种。在移动和定位过程中，不进行加工。为了实现既快又精确的定位，一般先快速移动，当接近终点时再降速，慢速趋近，以保证其精度。

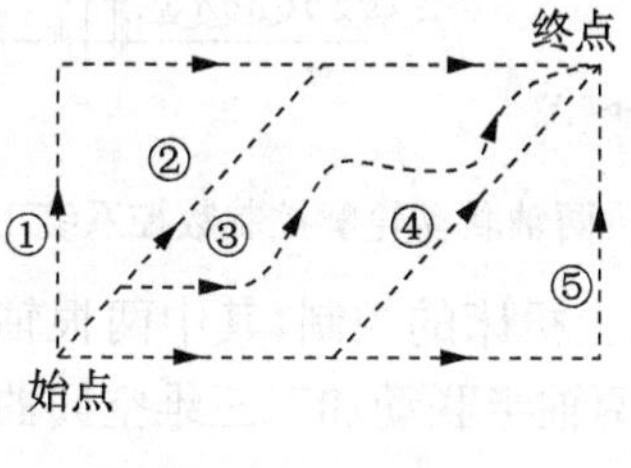

图 12-3　点位控制系统刀具——工件的相对运动轨迹

具有点位控制功能的机床，主要有数控钻床、数控冲床、数控镗床等，这类数控装置称为点位控制数控系统。

(2) 直线控制数控机床　直线控制数控机床的特点是不仅具有精确的定位功能，还能实现平行于坐标轴方向或两轴同时移动构成 45°斜线方向的直线切削加工，图 12-4(b)所示，为直线控制数控机床的加工。与点位控制数控机床相比，直线控制数控机床扩大了工艺范围。

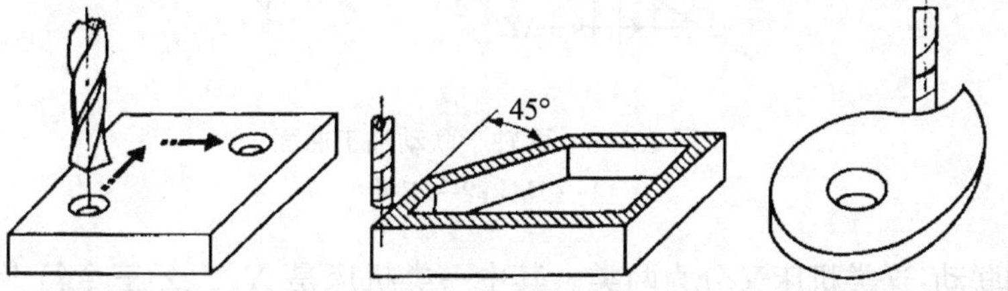

(a) 点位控制数控机床　(b) 直线控制数控机床　(c) 轮廓控制数控机床

图 12-4　按数控系统功能特点分类的数控机床加工特点

这类数控机床主要有简易数控车床、数控铣床、加工中心和数控磨床等。

(3) 轮廓控制数控机床　轮廓控制数控机床的特点是能够对两个或两个以上的联动坐标轴进行连续的切削加工控制,它不仅能控制机床移动部件的起始点和终点坐标,还能按需要严格控制刀具移动的轨迹,以加工出任意斜线、圆弧、抛物线及其他各种函数曲线或曲面,如图 12-4(c)所示。

属于这类数控机床的有数控车床、数控铣床、数控磨床、数控电火花线切割机床和加工中心等,其相应的数控装置称为轮廓控制数控系统。根据所控制的联动坐标轴数不同,又可细分为下列类型。

① 两轴联动:主要用于数控车床加工回转特形曲面和数控铣床加工曲线柱面,如图 12-5所示。

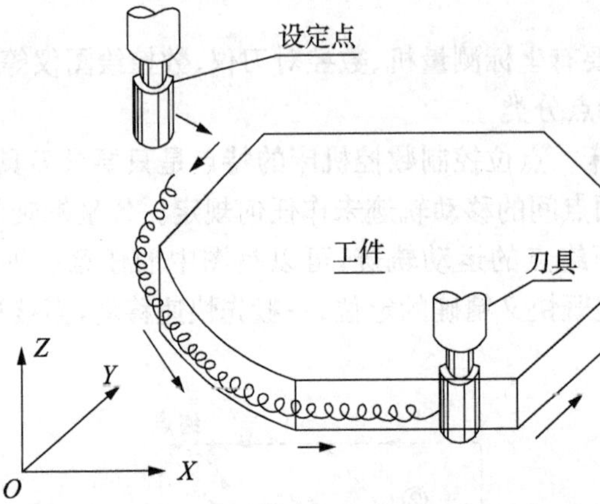

图 12-5　两轴联动轮廓控制数控系统工作原理图

② 两轴半联动:用于三轴以上机床的控制,其中两根轴可连续地联动,而另一根轴仅做周期性进给,如图 12-6 所示为两轴半联动加工三维空间曲面。

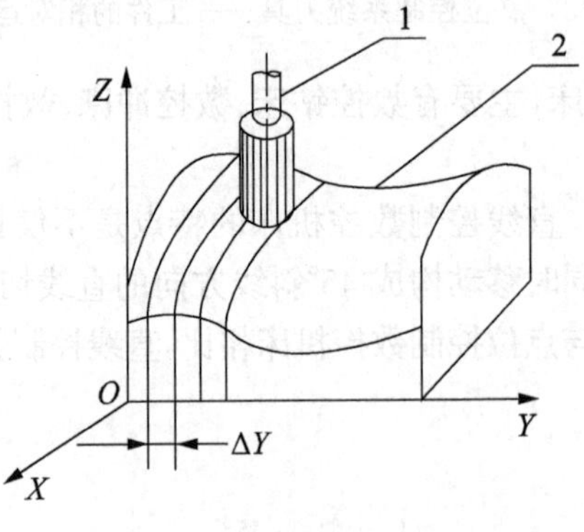

图 12-6　两轴半联动加工曲面

1—刀具;2—工件

③ 三轴联动:这类机床又分为两类。其中一类机床是 X、Y、Z 三个笛卡儿直角坐标轴联动,大多用于数控铣床和加工中心等,如图 12-7 所示,用球头圆柱形模具铣刀切削三维空间曲面。加工过程中,刀具相对于工件沿三个坐标轴作不同速度的移动(进给量)。

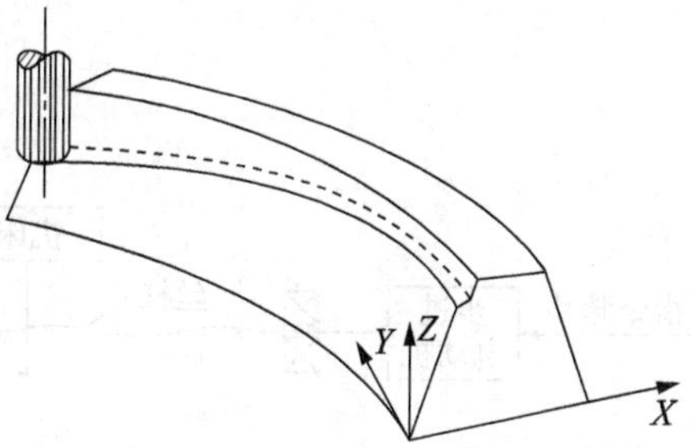

图 12-7　三轴联动加工模具空间曲面

另一类机床则除了同时控制其中两个坐标轴方向联动平移外，还同时控制绕某一坐标轴的回转运动，使之与平移运动联动。这类数控机床如车削加工中心。

④ 四轴联动和五轴联动：在加工过程中，同时控制着 X、Y、Z 三根坐标轴的直线位移又绕某一坐标轴回转联动的，称为四轴联动数控机床，如图 12-8 所示为同时控制 X、Y、Z 三轴直线位移和一个工作台回转轴联动的加工中心。在加工过程中，除了同时控制三根坐标轴直线位移联动外，还同时控制绕着这些坐标轴回转的 A、B、C 坐标轴中的两根轴，也就是同时控制着五根轴联动的，就称为五轴联动的加工中心(图 12-9)。

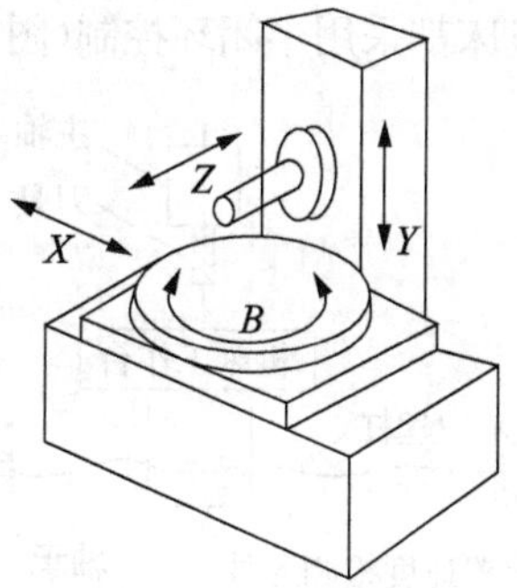

图 12-8　四轴联动的加工中心

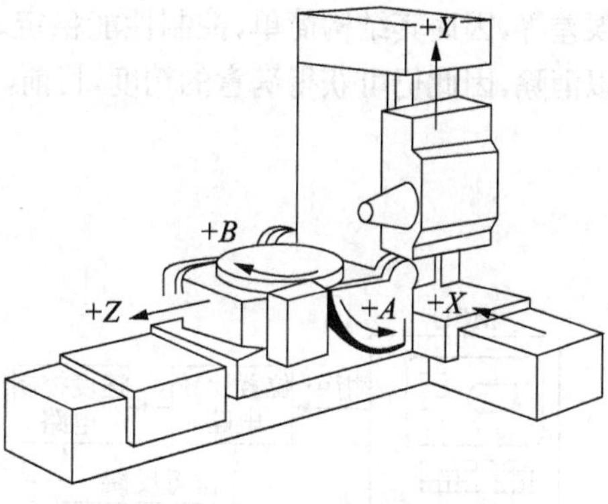

图 12-9　五轴联动的加工中心

由此可知，数控机床的可控轴数和联动轴数，反映了机床数控系统的技术性能。可控轴数是指机床数控装置能够实施控制的坐标数目，表明了该机床 CNC 系统最多只能控制多少根坐标轴，其中包括移动轴和回转轴。联动轴数则是指机床数控装置在加工过程中同时控制着按一定程序协调运动着的坐标轴数。它与可控轴数是两个不同的概念，联动轴数越多，表明该机床可以加工复杂的空间曲面，但联动轴数越多，CNC 系统就越复杂，工艺程序和编程也越困难。

3）按伺服控制方式分类

（1）开环控制数控机床

开环控制系统是指不带进给检测及反馈装置，常使用步进电机为伺服驱动电机的机床。输入的数据经过数控系统的运算，发出进给指令脉冲信号，通过脉冲分配器驱动电路，使步进电机转过相应的步距角，再经过齿轮减速装置带动丝杆旋转，由丝杆-螺母机构转换为进给部件的直线位移。移动部件的移动速度与位移量是由脉冲频率和脉冲数决定的。

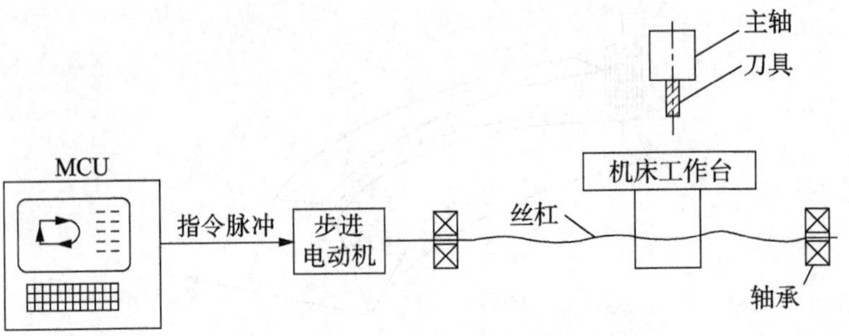

图 12-10　开环控制系统工作原理图

由于没有检测及反馈装置,数控装置发出的指令信号流是单向的,机床结构简单,工作稳定,反应迅速,调试方便,维修简单,价格低廉。其精度主要取决于伺服驱动系统的性能。所以在精度和速度要求不高,驱动力矩不大的场合,应用较多(图 12-10)。

(2) 半闭环控制数控机床

在开环控制系统的伺服电机端部或丝杆上,装有角位移测量装置,通过检测丝杆的转角,间接地检测进给部件的位移,然后反馈到数控装置中去,而不是检测工作台的实际位置,所以机床一大部分部件未包括在检测范围内,如进给丝杆的螺距累积误差、齿轮和同步带轮引起的误差等,因而其结构简单,控制性能稳定。而机械传动环节的系统误差,可由误差补偿方法予以消除,因此仍可获得满意的精度,目前,大部分数控机床都采用半闭环控制(图12-11)。

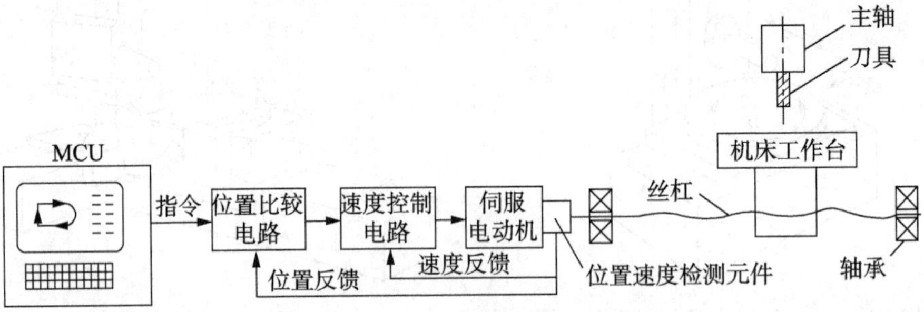

图 12-11　半闭环控制系统工作原理图

(3) 闭环控制数控机床

开环控制数控机床的控制精度不高,主要是未检测工作台移动的实际位置,而没有纠正机床全部偏差的功能。图 12-12 为闭环控制系统工作原理图,安装在工作台侧的检测装置将加工过程中的工作台实际位移量,反馈给 CNC 装置,与位置指令进行比较并纠正,直至差值消除为止。可见闭环控制系统可以消除机床整个传动系统的各种误差和工件加工过程中的随机误差,从而使加工精度大大提高。速度检测装置的作用是将伺服电动机的实际转速变换成电信号,反馈给速度控制电路进行比较并校正,以保证伺服电动机的转速恒定不变。

闭环控制的特点是加工精度高,移动速度快。这类数控机床采用直流或交流伺服电动机作为驱动装置,其控制电路较复杂,检测装置价格较贵,调试和维修也困难,成本较高。相比之下,半闭环系统目前用得较多。

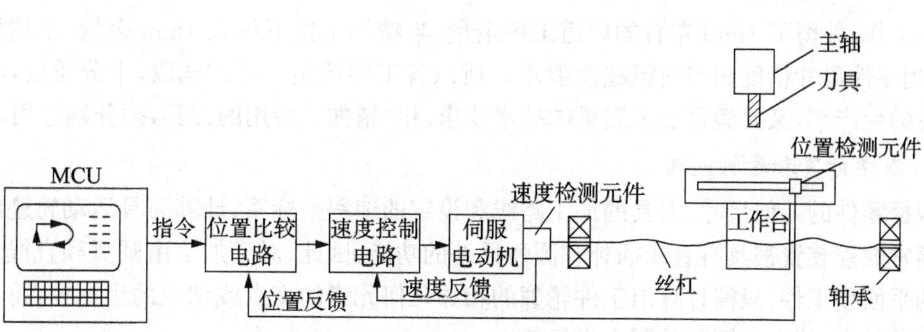

图 12-12 闭环控制系统工作原理图

12.1.3 数控加工工艺过程

数控机床进行加工时，根据零件制造图，按规定的代码和程序格式，将被加工工件的整个工艺过程、工艺参数、位移方向及其位移量，以及操作步骤等，以数字信息的形式，记录在控制介质上，然后，输入数控装置；由数控装置将输入的信息进行运算处理后，转换成驱动伺服机构的指令信号，最后由伺服机构控制机床的各种动作，自动地加工出零件图规定的工件。所以，数控加工的工艺过程，主要包括下列内容，其整个加工过程，如图 12-13 所示。

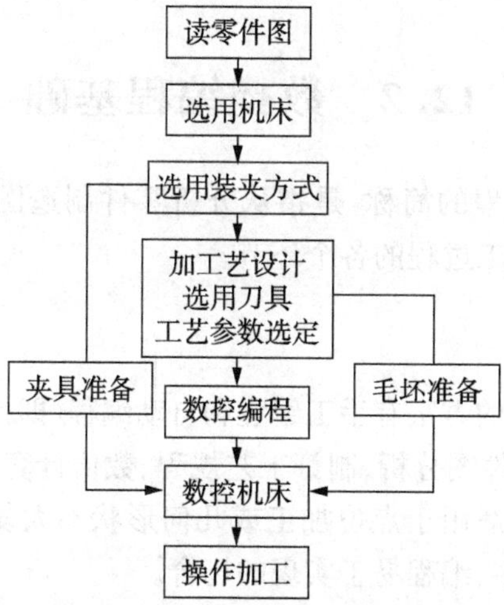

图 12-13 零件的加工过程

1. 分析零件图，确定所用机床

根据零件制造图及其技术要求，分析零件的形状、基准、尺寸公差和形位公差及表面粗糙度要求；以及零件材料、热处理等其他技术条件，确定该工件是否适宜在数控机床上加工，以及适宜在哪一类数控机床上加工，确定所用机床的型号、规格。

2. 编制工件加工工艺规程

在对零件图全面分析的前提下，制订工件的加工方法，包括工件的定位、装夹和所用夹具；加工路线，包括对刀点、换刀点、进给线路等；以及切削用量等工艺参数，包括进给速度、主轴转速等。

根据加工顺序和步骤，分为粗加工、半精加工和精加工工序。粗加工时应以较高的切削生产率工作，并留下1mm左右的后道工序余量；半精加工留下约0.1mm余量，由精加工切除，达到零件尺寸精度和表面粗糙度要求。所以各工序所用刀具的选取，十分重要，既要达到较高的生产率，又要满足加工质量的技术要求，粗、精加工所用的刀具，须分别选用。

3. *数学计算和数据处理*

根据零件的几何尺寸、刀具的加工路线和设定的编程坐标系，计算刀具运动轨迹的坐标值。通常数控装置都具有直线插补和圆弧插补的功能，因此，对于加工由圆弧和直线组成的简单的平面型工件，只需计算出工件轮廓的相邻几何元素的交点或切点的坐标值，得出各几何元素的起点、终点和圆弧的圆心坐标值。

4. *程序编制和检验*

根据加工路线和计算出的刀具运动轨迹坐标值，以及相应的切削用量和辅助动作，按所用的指定代码与程序段格式，逐段编写零件加工程序单。然后，将此程序输入CNC(计算机数控装置)，进行首件试切加工，以检验加工程序的正确性，再行调整、修订，最终确定加工程序。

由此可知，为便于严格执行数控加工工艺过程，保证加工质量与生产率，必须编制下列各项技术文件：程序说明书、工序卡、刀具调整单、机床调整单和工艺规程清单。

12.2 数控编程基础

数控编程是数控加工编程的简称，是指从分析零件制造图到程序校核前的全部过程。数控编程包括了前述数控加工过程的各个环节。

12.2.1 数控编程方法

目前数控机床程序编制的方法有手工编程和自动编程(即计算机编程)两种。

(1) 手工编程是指从零件图分析、制订工艺规程、数值计算、编写程序单、程序检验等步骤均由人工完成。手工编程适用于点位加工或几何形状不太复杂的工件，以及程序编制坐标计算较为简单、程序段不多、编程易于实现的场合。

(2) 自动编程是指编程人员运用软件对零件图和工艺过程参数等要求进行造型，让计算机运行计算，生成刀具运动轨迹，然后进行后置处理等，自动产生数控机床加工所需要的程序，再通过计算机通信接口将加工程序直接输送给数控机床存储器，控制机床的加工。自动编程适用于工件几何形状复杂，程序编制坐标计算较为复杂、程序段多，采用手工编程困难的场合。

12.2.2 数控指令和程序格式

零件程序所用的代码主要有准备功能G指令，进给功能F指令，主轴功能S指令，刀具功能T指令，辅助功能M指令。一般数控系统中常用的G和M功能都与国际标准ISO一致，我国在JB/T 3208—1999标准中也已作了规定。

每种机床数控系统，根据功能要求和编程需要，有一定的程序格式，由于数控机床数控系统种类很多，程序格式也不同，因此具体使用时，必须严格按机床说明书规定格式进行。这里只介绍一种较通用的格式。

数控程序的字-地址程序段格式，该格式中数控加工程序由程序段(Block)组成，每个程序段由功能字所组成。例如：功能字由地址符和数值构成，功能字是数控程序的最小单位。数控程序中使用的功能字主要有以下几种：程序号、程序段号、准备功能字、尺寸字、辅助功能字、进给速度字、主轴功能字、刀具功能字、刀具补偿功能字、暂停功能、子程序号指令、循环次数。

1. *程序号*

每一程序都要有程序编号，如在 FANUC 系统中，用英文字母 O 加 4 位以内的数字表示，必须放在每个程序之首，以区别不同的加工程序，例如 O0001、O1000 等。

2. *程序段号*

用英文字母 N 加 5 位以内的数字表示，必须放在每个程序段之首，以区别每个程序段，例如 N10、N1000 等。

3. *准备功能字*

也称 G 功能，是用英文字母 G 加 2 位数字表示的指令，有 G00～G99 共 100 种。该指令的作用是指定数控机床的加工方式，为数控装置的插补运算、刀具补偿、固定循环等作好准备，主要指令如表 12－1 所示。

表 12－1　准备功能 G 代码及其功能

代码	功　能	代码	功　能
G00	快速定位	G41	左刀径补偿
G01	直线插补	G42	右刀径补偿
G02	圆弧插补 CW(顺时针)，正转	G43	刀具长度正补偿＋
G03	圆弧插补 CCW(逆时针)，反转	G44	刀具长度负补偿－
G04	暂停	G49	刀具长度补偿取消
G15	极坐标指令取消	G54	坐标系 1 选择
G16	极坐标指令	G55	坐标系 2 选择
G17	选择 XY 平面	G56	坐标系 3 选择
G18	选择 ZX 平面	G57	坐标系 4 选择
G19	选择 YZ 平面	G58	坐标系 5 选择
G20	英制输入	G59	坐标系 6 选择
G21	公制输入	G71	内外径车削固定循环
G27	返回参考点检查	G73	深孔钻削固定循环
G28	返回参考点	G74	左螺纹攻螺纹固定循环
G29	由参考点返回到起始点	G76	精镗固定循环
G32	螺纹切削	G80	固定循环取消
G36	直径编程	G81	钻削固定循环、钻中心孔
G37	半径编程	G82	钻削固定循环，锪孔
G40	刀径补偿取消	G83	深孔钻削固定循环

(续表)

代码	功　　能	代码	功　　能
G84	攻螺纹固定循环	G92	工件坐标系的变更/单一固定循环
G85	镗削固定循环	G94	每分钟进给
G87	镗削固定循环	G95	每转进给
G88	镗削固定循环	G96	恒线速度控制
G89	镗削固定循环	G97	恒线速度控制取消
G90	绝对坐标编程	G98	返回固定循环起始点
G91	相对坐标编程	G99	返回固定循环 R 点

部分 G 指令介绍如下：

(1) 绝对坐标和相对坐标指令(G90,G91)

表示运动点位置的坐标方式。使用绝对坐标指令(G90)的位移量用刀具的终点坐标表示。相对坐标指令(G91),用刀具运动的增量表示。图 12-14 所示从 A 点到 B 点的移动,用以上两种方式的编程方法分别如下：

格式：G90　X80.0　Y150.0;

　　　G91　X-120.0　Y90.0;

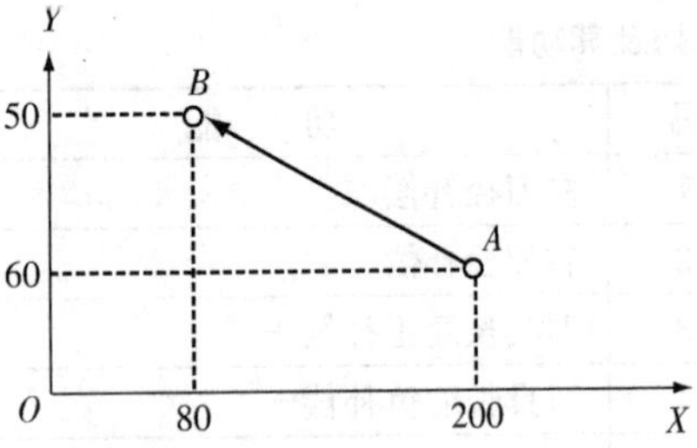

图 12-14　绝对坐标和相对坐标

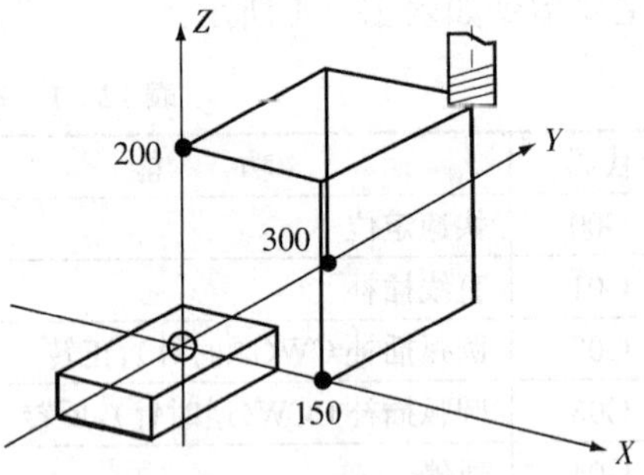

图 12-15　工件坐标的设定

(2) 坐标系设定指令(G92)

编程时,预先要设定工件坐标系,通过 G92 可以确定当前工件坐标系,该坐标系在机床重新开机时消失,如图 12-15 所示。

格式：G92　X____　Y____　Z____;

例：　G92　X150.0 Y300.0 Z200.0;

(3) 平面选择指令(G17, G18, G19)

在机床上加工时,如进行圆弧插补,要规定加工所在平面,用 G 代码可以进行平面选择。

G17　　XY 平面

G18　　ZX 平面

G19　　YZ 平面

(4) 快速定位(G00)

刀具从当前位置快速移动到切削开始位置,在切削完了之后,快速离开工件。一般在刀具非加工状态的快速移动时,使用快速指令,该指令只是快速到位,其运动轨迹因具体的控制系统不同而异，进给速度F对G00指令无效（图12-16）。

格式：　G00　X____ Y____ Z____；

例：　G90G00X20.0Y20.0；如图12-16所示。

（5）直线插补指令（G01）

当刀具作两点间的直线运动加工时，使用该指令。G01指令表示刀具从当前位置开始以给定速度（进给速度F）沿直线移动到规定的位置（图12-17）。

格式：　G01　X____ Y____ Z____ F____；

例：G01　X40.0Y20.0F100；如图12-17所示。其中G01、F指令都是续效指令，即一直有效到改变为止。

（6）圆弧插补指令（G02，G03）

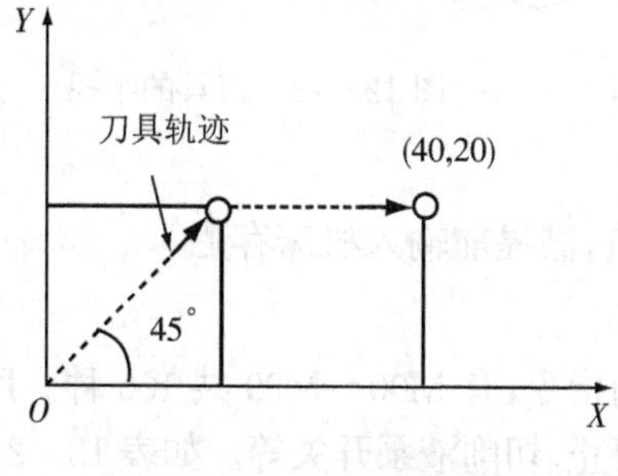

图12-16　快速定位

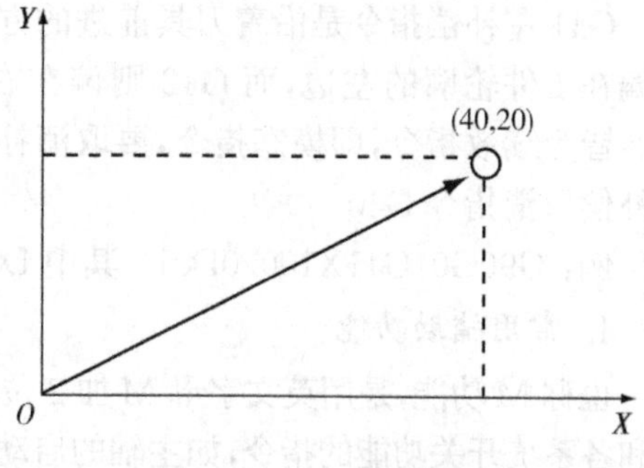

图12-17　直线插补

圆弧插补，G02为顺时针加工，G03为逆时针加工。刀具进行圆弧插补时，必须规定所在平面，然后再确定回转方向，如图12-18所示，沿圆弧所在平面（如XY平面）的另一坐标轴向负方向看去，顺时针方向为G02，逆时针方向为G03。

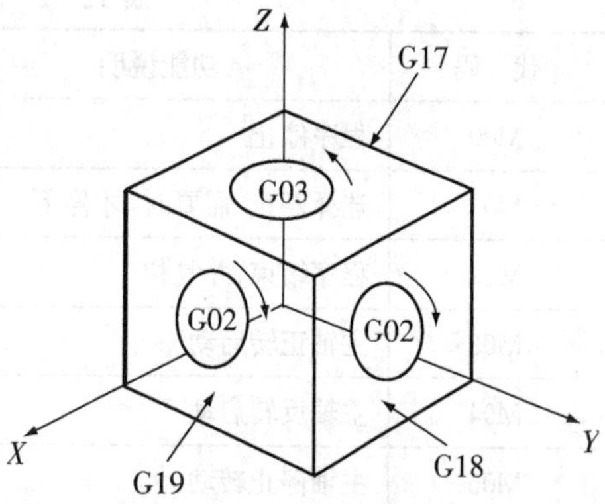

图12-18　圆弧插补顺、逆时针方向

格式：

G17 {G02 / G03} X____ Y____ {R_ / I_ J_} F____；

G18 {G02 / G03} X____ Z____ {R_ / I_ K_} F____；

G19 {G02 / G03} Y____ Z____ {R_ / J_ K_} F____；

式中　R××——圆弧半径；

I××J××——圆弧圆心坐标值（X，Y平面内）；

I××K××——圆弧圆心坐标值（X，Z平面内）；

J××K××——圆弧圆心坐标值（Y，Z平面内）。

（7）机床零点自动返回指令（G28）

机床零点是机床各移动轴正向移动的极限位置。如刀具在交换时，常用到Z轴参考点返回。

格式：G28 X Y Z；

(8) 刀具补偿与偏置指令(G40,G41,G42)

在编制零件轮廓切削加工程序的场合，一般以工件的轮廓尺寸给刀具轨迹编程，这样编制加工程序简单，即假设刀具中心运动轨迹是沿工件轮廓运动的，而实际的刀具轨迹要与工件轮廓有一个偏移量(即刀具半径)，如图 12-19 所示。利用刀具半径补偿功能可以方便地实现这一改变，简化程序编制，机床可以自动判断，按补偿方向和大小，自动计算出刀具中心轨迹，并按刀心轨迹运动。

G41 左补偿指令是沿着刀具前进的方向观察，刀具偏在工件轮廓的左边，而 G42 则偏在右边。G41、G42 皆为续效指令，即模态指令，要取消补偿，须用刀具补偿取消指令 G40。

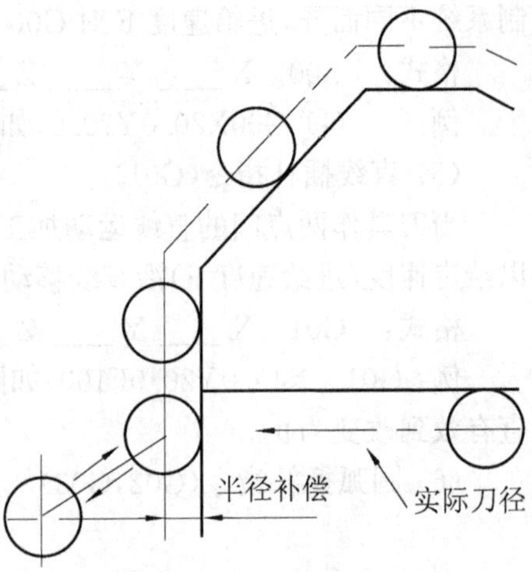

图 12-19 刀具的半径

例：G90G01G41X100.0D01：其中 D01 为补偿值，需提前输入机床存贮。

4. 常用辅助功能

也称 M 功能，是用英文字母 M 加 2 位数字表示的指令，有 M00～M99 共 100 种。用于机床和各系统开关功能的指令，如主轴的启动、正反转、停止、切削液泵开关等。如表 12-2 所示。

表 12-2 辅助功能 M 代码及其功能

代 码	功能说明	代 码	功能说明
M00	程序停止	M10	卡盘夹紧
M01	选择停止，需要时，才停下	M11	卡盘松开
M02	程序结束，并复位	M13	主轴正转、切削液泵开(M03+M08)
M03	主轴正转启动	M21	X 轴镜像
M04	主轴反转启动	M22	Y 轴镜像
M05	主轴停止转动	M23	镜像取消
M06	自动换刀	M30	程序结束、CNC 复位并返回程序起点
M07、M08	切削液泵开(1 号泵、2 号泵)	M98	调用子程序
M09	切削液泵停	M99	子程序结束

辅助功能 M 介绍如下。

(1) M00 程序停止

执行含有 M01 指令的语句后，机床自动停止。如编程者想要在加工中使机床暂停(检验工件、调整程序、排屑等工作)，使用 M00 指令。重新启动程序后，可继续执行后续程序。

(2) M01 选择停止

执行含有 M01 的语句时，如同 M00 指令一样会使机床暂时停止，但是，只有在机床控制面板上的“选择停止”键处于在“ON”状态时，此功能才有效；否则，该指令无效。常用于关键尺寸的检验或临时暂停。按“启动”键，继续执行后面程序。

(3) M02 程序结束

该指令表明主程序结束，机床的数控单元复位，如主轴、进给、切削液停止，表示加工结束，但该指令并不返回程序起始位置。

(4) M03 主轴正转

主轴正转是从主轴+Z方向看(从主轴头向工作台方向看)，主轴顺时针方向旋转。

(5) M04 主轴反转

主轴逆时针旋转是反转，当主轴转向开关M03转换为M04时，不需要用M05先使主轴停转。因为刀具一般都是右切刀，故常用M03。可用S指定主轴转速，执行M03代码或M04后，主轴转速并不是立即达到指令S设定的转速。

(6) M05 主轴停转

主轴停止旋转是在该程序段其他指令执行完成后才停止。

(7) M06 换刀指令

常用于加工中心刀库的自动换刀时使用。

(8) M07 切削液开

执行M07后，2号切削液泵打开。

(9) M08 切削液开

执行M08后，1号切削液泵打开。

(10) M09 切削液关

(11) M30 程序结束(倒带功能)

除执行与M02相同内容外，还返回程序起始位置，准备加工下一件。

(12) M98 调用子程序

子程序是相对于主程序而言的。当一个零件图上有重复的图形时，可以把这个图形编成一个子程序放在存储器中，使用时反复调用。子程序调用命令是M98，子程序可以多次重复调用。

例：M98　P×××　××××；其中，P后三位数为调用次数，后四位是子程序号。

(13) M99 子程序结束命令

当子程序执行M99命令后，子程序结束，并回到主程序。

5. 尺寸字

尺寸字用于指定数控加工中刀具的移动位置或移动距离，由地址符加数值构成。它主要包括以下几项：

(1) 坐标轴的移动位置，如X50，Y50等。

(2) 附加轴的移动位置，如A45，B90等。

(3) 圆弧圆心坐标位置，在进行圆弧插补时，用来指定圆弧圆心的坐标值，可用I、J、K加数值表示，例如I40、J40等。

6. 进给速度字

用F加数值表示加工时的进给速度。如F50表示50mm/min的进给速度。

(1) 每分钟进给量(G94)：系统在执行了一条含有G94的程序段后，再遇到F指令时，便认为 F 所指定的进给速度单位为 mm/min。如 F25,表示 25mm/min。

(2) 每转进给量(G95):若系统处于 G95 状态,则认为 F 所指定的进给量单位为 mm/r。如 F0.2 即为 F0.2mm/r。

7. 主轴功能字

主轴功能主要表示主轴转速或切削速度,用字母 S 和其后面的数字表示。

(1) 恒线速度控制(G96) G96 是接通恒线速度控制的指令。系统执行 G96 指令后,便认为用 S 指定的数值表示切削速度。

例:G96 S200

表示切削速度是 200m/min。

(2) 主轴转速控制(G97),G97 是取消恒线速度控制的指令。此时,S 指定的数值表示主轴每分钟的转数。

例:G97 S1500,表示主轴转速为 1500r/min。

8. 刀具功能字

刀具功能是表示换刀功能,根据加工需要,在某些程序段指令进行选刀和换刀。刀具功能字是用字母 T 和其后的四位数字表示。其中前两位为刀具号,后两位为刀具补偿号。每一刀具加工结束后,必须取消其刀具补偿。

```
例:G50 X270.0 Z400.0
    G00 S2000 M03
    T0304      (3 号刀具、4 号补偿)
    X40.0 Z100.0
    G01 Z50.0 F20
    G00 X270.0 Z400.0
    T0300      (3 号刀具补偿取消)
```

9. 刀具补偿功能字

用 D 和 H 加数值分别指定刀具半径补偿和长度补偿的号码。

10. 暂停功能

用 P 或 X 加数值构成,可以按指令所给时间延时执行下一段程序。

11. 子程序号指令

用 P 加 4 位以内的数值指定子程序号。

12. 循环次数

用 L 加 4 位以内的数值指定子程序或固定循环的执行次数。

12.2.3 数控机床的坐标系及运动方向

机床的设计、操作、编程、维修应选用统一的坐标系,这样有利于简化编程,有利于通用性。

我国已制定了《数控机床坐标和运动方向的命名》(JB/T 3051—1999)数控标准,它与 ISO 841 等效。在此标准中规定:

(1) 标准坐标系:以右手直角坐标为标准坐标系,基本坐标轴为 X、Y、Z;各坐标轴的旋转运动符号为 A、B、C。如图 12-20 所示。

(2) 刀具相对于静止的工件而运动的原则,这样就可以在不知道工件还是刀具运动的情况下编程。

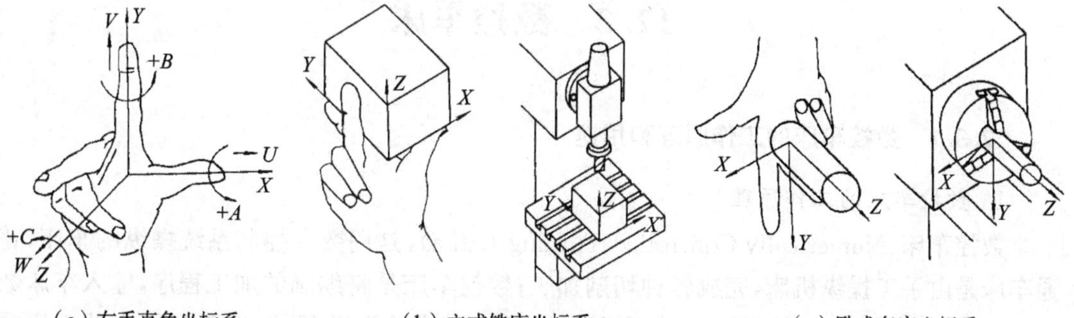

(a) 右手直角坐标系 (b) 立式铣床坐标系 (c) 卧式车床坐标系

图 12-20 数控机床坐标系和运动方向

平行机床主轴的刀具运动坐标轴为 Z 轴,取刀具远离工件的方向为正方向。如机床有多个主轴,则可选垂直于工件装夹面的主要轴作为 Z 轴;如机床无主轴,则 Z 轴垂直于工件装夹面。

X 轴为水平方向,且垂直于 Z 轴并平行于工件装夹面。对于工件作回转运动的机床(车床、磨床),取平行于横向滑座的方向(工件径向)为刀具运动的 X 轴坐标,同样,取刀具远离工件的方向为 X 的正方向;对于刀具作回转运动的机床(如铣床、镗床),当 Z 轴为水平时,沿刀具主轴后端向工件方向看,向右的方向为正向;如 Z 轴是垂直的,则从主轴向立柱看时,X 轴的方向指向右边。上述正方向都是刀具对于工件而言的。

在确定了 X、Z 轴之后,可按右手笛卡儿直角坐标系确定 Y 轴的正方向,即在 $Z-X$ 平面内,从正方向 Z 转到正方向 X 时,右螺旋应沿正方向 Y 前进。

A,B,C 相应地表示其轴线平行于 X,Y,Z 的旋转运动。A,B,C 的正方向为在正 X,Y,Z 方向上按右螺旋旋转的方向。

12.2.4 数控机床编程中的坐标系

1. 机床坐标系

以机床原点($X=0,Y=0,Z=0$)为原点制定的直角坐标系,称为机床坐标系。机床坐标系原点在机床说明书上均有规定,一般利用机床结构的基准线来确定。如车床的机床原点为主轴旋转中心与卡盘端面的交点。该坐标系是设计、制造和调整机床,以及使用机床和编程的基础。

2. 工件坐标系

编程人员在编程和加工工件时建立的坐标系。工件坐标系的原点简称工件原点,也称工件零点或编程零点,其位置由编程人员自行设定,一般设在工件的设计、工艺基准处。

(1) 程序原点(起点):数控加工程序的起始点;

(2) 绝对坐标和相对坐标:

绝对坐标——相对于机床或工件坐标原点的坐标。

相对坐标——相对于当前线段起始点的坐标。

12.3 数控车床

12.3.1 数控车床的工作原理和用途

1. 数控车床的工作原理

数控车床(Numerically Controlled Turning Lathe),是用数字控制系统操纵的车床,普通车床是由手工操纵机床,完成各种切削加工;数控车床是将编制的加工程序,输入车床数控系统,通过车床 X、Z 轴伺服电动机,控制主运动和进给运动部件,以程序给定的工序顺序、速度和方向,加工出所需的回转体零件。数控车床使用很广,约占数控机床总数的 1/4 以上。

经济型(简易的)数控车床的运动部件,都由步进电动机拖动,它是一种把电脉冲信号转变为角位移的机电元件,每接到一个电脉冲信号,它就转动一个角度,这一角度称为步距角,再由传动装置带动丝杆转动,使机床溜板作直线移动。每一电脉冲带动刀具作出的移动距离,称为脉冲当量。

数控装置可以按照加工程序指令,将脉冲信号按规定顺序输给步进电机,步进电机就做相应的转动,而且可以按指令做正转或反转。输入频率的快慢和部件移动速度成正比。当以某一频率输入一定数量的脉冲信号,步进电动机就以某一转速转过一定角度,则刀具刀尖以相应速度移动一定距离,从而达到控制切削的目的。

数控系统在刀具与工件相对运动过程中,对运动轨迹予以严格控制,以满足被加工零件形状和尺寸的要求。而零件的几何轮廓是由不同的几何形状,如直线、斜线、曲线等组成的。其中对直线的加工比较简单,控制也容易;斜线与曲线的加工,可通过数控系统的插补功能,将脉冲信号按一定规律,连续地分配到两个方向的步进电机上,用分段很短的折线来逼近所需轨迹,实际使用表明,用这样的方法,可以达到很高的精度。

2. 数控车床的用途

数控车床的用途,和普通车床一样,也是用以加工各类不同形状和规格的回转体零件的,诸如内外圆柱表面、圆锥表面、圆弧表面、端面和螺纹等。与普通车床相比,由于数控车床的性能特点,其工艺范围比普通车床宽得多。如数控车床的刚性较好,对刀精度高,又能精确地进行刀具半径补偿和长度补偿,切削过程中的刀具走刀轨迹是通过伺服驱动和高精度插补运算后才完成的,所以对直线度、圆度、圆柱度等形状精度和平行度、垂直度、位置度等位置精度要求高的零件的加工,最为适用。对于零件表面粗糙度要求严格时,切削过程中的进给量和切削速度是主要问题,数控车床具有恒线速度切削功能,可选取最佳线速度来切削,达到表面粗糙度既小又均匀一致,还适合于加工同一零件上不同部位粗糙度要求不同的表面,R_a 值大的部位,选用大的进给量;R_a 值小的部位,采用小的进给量,达到最经济的生产率。数控车床有直线插补和圆弧插补功能,可以车削由任意斜角的直线和不同曲率的曲线组成的复杂回转表面。图 12-21 所示,壳体零件的内腔成型表面,在普通车床上很难加工,而数控车床就易于胜任。普通螺丝车床只能车削出车床铭牌上规定的等螺距(等导程)螺纹，数控车床具备精密螺纹车削功能，既能够加工任意导程的圆柱面、圆锥面和端面螺纹，又能加工变螺距（变导程）的各种螺纹，且可使用硬质合金刀片在高转速下切削出精度较高的螺纹。

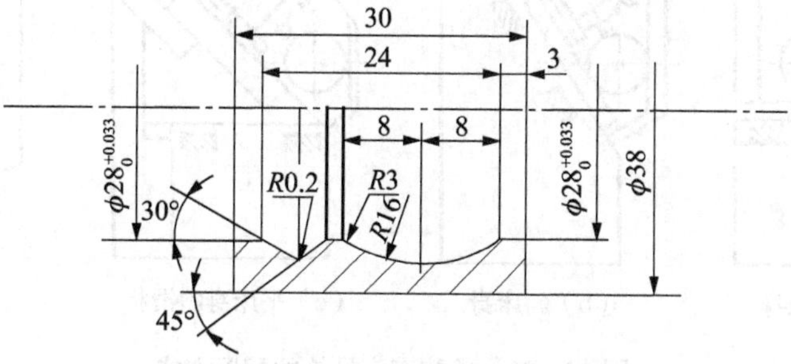

图 12-21 壳体零件的内腔成型表面

12.3.2 数控车床的典型结构

数控车床的外形结构与普通车床基本相同，图 12-22 所示为数控车床的外形结构，由床身、主轴箱、刀具进给系统、尾座、液压系统、润滑系统、切削液系统和排屑器等部分组成。但数控车床的刀架和机床导轨的配置方式已显著变化，使数控车床的结构改观，使用性能各异。此外，数控车床上都设置了封闭的防护门，强化了安全操作。

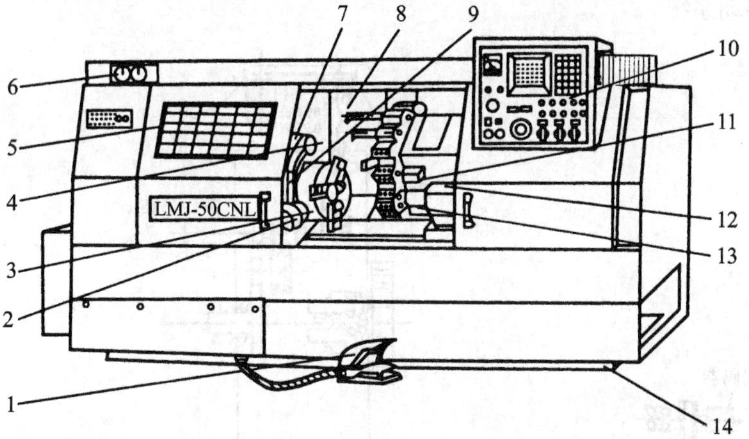

图 12-22 数控车床的结构

1—主轴卡盘松、夹开关；2—对刀仪；3—主轴卡盘；4—主轴箱；5—机床防护罩；6—压力表；7—对刀仪防护罩；8—导轨防护罩；9—对刀仪转臂；10—操作面板；11—回转刀架；12—尾座；13—床鞍；14—床身

1. 导轨配置方式

数控车床导轨面的相对位置，如图 12-23 所示，有以下几种配置方式：

(1) 水平导轨—水平刀架溜板配置方式　其导轨面的加工工艺性好，也提高了刀架的定位和运动精度，在大型和精密数控车床上用得较多，但自动排屑较困难。如图 12-23(a) 所示。

(2) 倾斜导轨配置方式　其导轨面与水平面间呈 30°、45°、60°和 75°等，呈 90°时，称为立

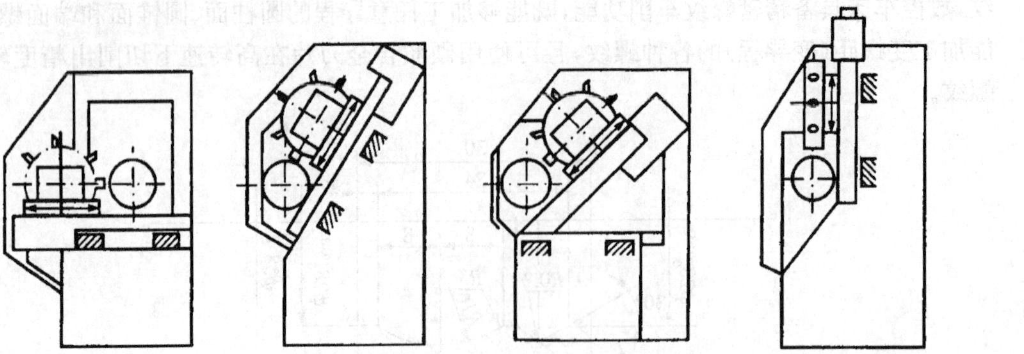

(a) 平床身　(b) 斜床身　(c) 平床身斜滑板　(d) 立床身

图 12-23　数控车床导轨的配置方式

式床身,如图 12-23(d)所示。倾斜角度愈大,易于自动排屑,但受重力影响,其导向性和稳定性变差。所以中、小型的数控车床,常选用倾斜度 60°为宜。如图 12-23(b)所示。

(3) 水平导轨—斜刀架溜板配置方式　其导轨面的加工工艺性好,又兼具排屑方便,高温新鲜切屑不会堆积在导轨面上,也便于安装排屑器和机械手,中、小型数控车床广泛采用。如图 12-23(c)所示。

2. 传动系统

(1) 主传动系统

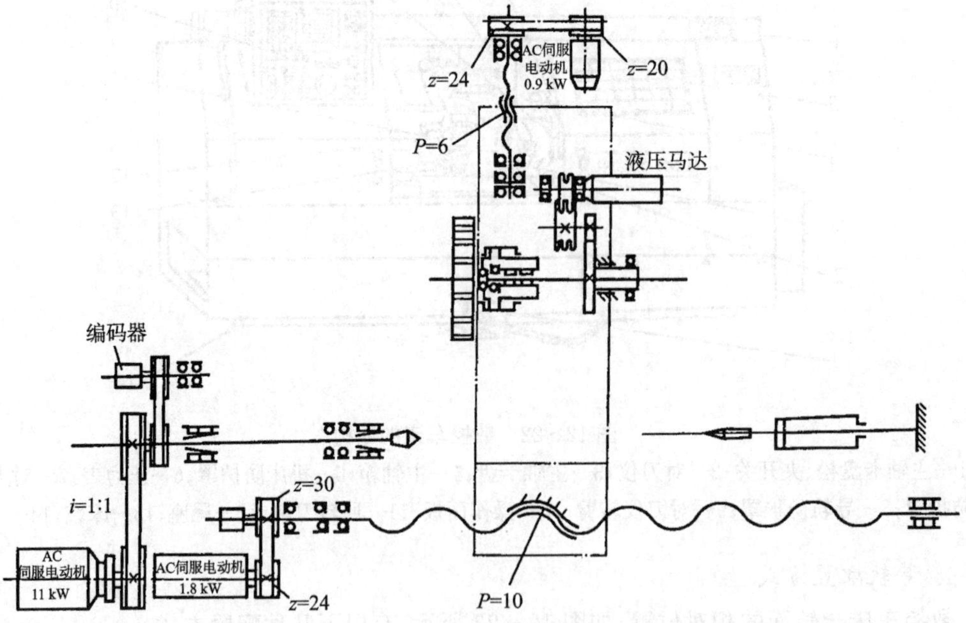

图 12-24　数控车床的传动系统

数控车床主轴旋转速度的变化,是按照加工程序的指令自动改变的。为保证主传动系统具有高的传动精度、低噪声、无振动,高效率,主传动链须尽量缩短;为满足各种工件的加工工艺要求,以获得经济切削速度,主传动系统须大范围无级变速;为提高工件端面加工时的切削生产率和表面加工质量，还须有恒切削速度控制。此外，机床主轴须与相应附件配合，实现工件的自动装夹和拆卸。

图12-24所示为数控车床典型的传动系统图，主轴在最低转速35r/min和最高转速为3500r/min的范围内可以无级调速，主传动系统的驱动和变速，都由AC伺服电动机完成，经1：1速比一级带传动直接拖动主轴旋转。与普通车床相比，主轴箱内省去了复杂的多级齿轮传动变速机构，不仅减少了齿轮传动误差对主轴运动精度的影响，还提高了传动效率。同时，主轴箱内装有脉冲编码器，当主轴旋转时，经同步带轮1：1传到脉冲编码器。脉冲编码器便发出检测到的实际脉冲信号给数控系统，使主电动机的转速与刀架的进给速度保持着严格的同步关系，又保证了螺纹加工时，主轴每转过一整转，刀架沿Z轴向平移一个工件螺纹导程的传动系统关系。

(2) 进给传动系统

数控车床的进给传动系统须具有较高的传动精度，消除传动间隙，正反向传动时没有死区，又能具有较高的灵敏度，快速响应；且降低运动惯量，及时停止或变速；还应使相对运动副之间的摩擦力要小，动、静摩擦系数要尽可能相等，以防止低速平移时发生"爬行"现象，影响定位精度和传动精度。

为此，图12-24所示，数控车床的进给传动系统与普通车床相比，也有显著改变。X轴向的进给传动系统由0.9kW交流伺服电动机驱动，通过齿数比为20：24同步带轮，带动滚珠丝杆旋转，与之配合的螺母带着刀架溜板产生平移进给运动，X轴向进给丝杆的螺距常为6mm；Z轴向的进给传动系统由功率为1.8kW交流伺服电动机驱动，通过齿数比为24：30同步带轮，带动滚珠丝杆旋转，使螺母带动在机床导轨上的溜板平移进给运动，Z轴向进给丝杆的螺距为10mm。

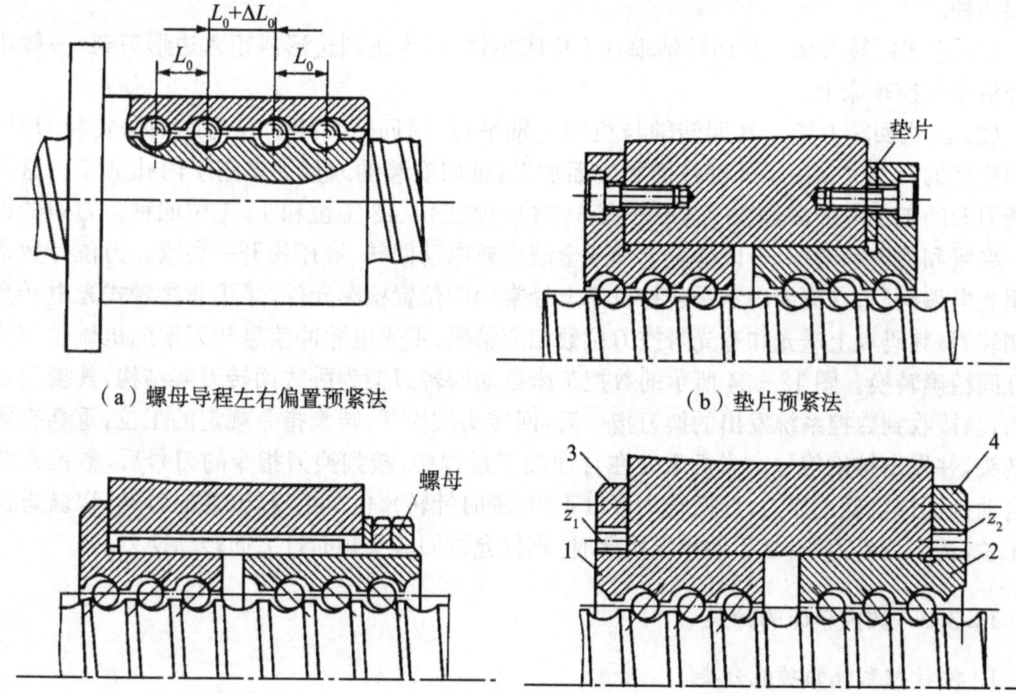

(a) 螺母导程左右偏置预紧法

(b) 垫片预紧法

(c) 螺母预紧法

(d) 内齿轮预紧法

图12-25 数控车床的滚珠丝杆-螺母副

图 12－25 所示为数控车床上进给系统传动机构常用的滚珠丝杆-螺母副，其功能是提高进给系统的灵敏度，以便快速响应；提高传动精度和定位精度，特别是消除低速移动时的“爬行”现象。与滑动摩擦的丝杆-螺母副相比，滚珠丝杆-螺母副大大降低了进给系统的摩擦阻力和静摩擦系数和动摩擦系数之差，使两者几乎没有可感的差别，从而，适应了上述要求。

图中还表明了丝杆-螺母副轴向间隙的消除方法：(a)螺母导程左右偏置预紧法，使螺母滚道的左右两部分导程分别偏置 ΔL_0 轴向间距，从而，螺母右半部分与滚珠接触的是滚道左侧面；而螺母左半部分与之接触的是滚道右侧面，将丝杆紧紧拉紧，消除了螺母-丝杆副的传动间隙，反向传动时没有死区或空转；(b)垫片预紧法，这时，采用双螺母，当垫入适当厚度的垫片后，使左右螺母分离偏置，而达到上述同样的效果；(c)螺母预紧法，也是采用双螺母左右分离 ΔL_0，以拉紧丝杆，消除螺纹配合间隙，其使螺母相互偏置的方法，是调整右螺母上的锁紧螺母，在螺母沿螺母座的滑键上偏移 ΔL_0，然后，将锁紧螺母和自锁螺母分别拧紧，以防止松动；(d)内齿轮预紧法，滚珠丝杆左右螺母两端法兰上切有轮齿，两者齿数相差一个齿，与之相配的内齿轮 3 和 4，与正齿轮的齿数相同。调整时，当双螺母沿丝杆同向转过几个轮齿后，两者偏置距离达 ΔL_0，装上内齿轮与法兰齿轮啮合，用销钉或螺钉固定，如图 12－25 所示。

3. *自动回转刀架*

数控车床的刀架，都为自动回转刀架，兼具良好的切削性能和较高的生产率。刀架的回转头上各刀座，可安装各种不同用途的刀具。随着回转头的旋转、分度和定位，实现机床的自动换刀。这类刀架分度准确，定位可靠，重复定位精度较高，回转速度快，夹紧可靠，保证了机床的高精度和高效率。

根据自动回转刀架回转轴与机床主轴的相对位置关系，分为立式回转刀架和卧式回转刀架两种。

(1) 立式回转刀架　其回转轴垂直于机床主轴，常为正四边形或正六边形刀架，一般用于经济型数控车床上。

(2) 卧式回转刀架　其回转轴与机床主轴平行，沿回转刀架的径向或轴向安装刀具。径向安装的刀具大多用于外圆柱面和端面加工；轴向安装的刀具大多用于内孔加工。这类回转刀架的工位数最多达 20 个，一般有 8 工位、10 工位、12 工位和 14 工位四种。刀架的松开—夹紧和回转等动作，可以是全电动或全液压或电动回转、液压松开—夹紧。刀位计数常采用光电编码器，这类编码器是数控机床上最常用的位置检测元件，采用非接触式光电转角检测装置，其码盘上透光和遮光带按刀位数相应编码，把光电脉冲信息与刀架的机械角位移相互间精确转换。图 12－24 所示的数控车床自动回转刀架为卧式回转刀架结构，其换刀过程为：当接收到数控系统发出的换刀指令后，回转头被松开，转到指令规定的工位，重新夹紧回转头，并发出结束信号。当机床处在自动加工过程中，接到换刀指令的刀号后，数控系统会自动判别进行就近换刀，即回转头可以正转(顺时针转)，也可以反转(逆时针转)以就近调整工位，选用刀具刀号；当手动操纵机床时，则仅允许回转头顺时针方向转动换刀。

12.3.3　数控车床的分类

1. *按数控系统的功能分类*

(1) 经济型数控车床　常采用开环伺服控制系统，没有进给位移检测反馈装置，由步进电动机驱动。其控制系统常采用单板机或单片机。这类车床结构简单,价格低廉,也没有刀尖圆角半径自动补偿和恒线速度切削功能。

(2) 全功能型数控车床　如图 12-22 所示。常采用半闭环或闭环控制系统,具有高刚度、高精度和高效率等使用性能。

(3) 车削中心　除了如图 12-22 所示的数控车床的结构和性能外,还配置了刀库、换刀装置、分度机构、铣削动力头等,具备多工序复合加工能力。当工件一次装夹后,可进行车、铣、钻、铰、攻丝等回转体表面多种加工工序的综合加工。

2. 按主轴配置形式分类

(1) 卧式数控车床　机床主轴位于水平状态,可细分为水平导轨和倾斜导轨卧式数控车床两类,倾斜导轨的结构具有更大的刚性,且易于排屑。

(2) 立式数控车床　其机床主轴呈垂直状态,工件装夹在圆形工作台上,同普通立式车床一样,这类机床主要加工长度短而直径大的盘状大型复杂件。

此外,也有按机床工艺性能分为螺纹数控车床、活塞数控车床和曲轴数控车床等。

12.3.4 数控车削加工

1. 工艺规程的制订

工艺规程是加工过程中的指导性文件。数控车床的全部动作,都由程序指令控制。所以,数控车削加工工艺规程,不仅包括了零件的整个工艺过程,还详细列出了每一工步的切削用量、进给路线、所用刀具及参数等。

理想的工艺规程的制订,不仅应保证加工出符合设计图规定的合格零件,又能合理运用数控车床的功能和充分发挥其能力。因此,在编程前,必须正确地制订详细的工艺规程。由于零件生产规模和车间具体条件的差异,应根据具体情况,选择经济、合理的工艺程序。

2. 切削用量的选择

数控车削编程时,须将每道工序每一工步的切削用量,写入程序指令。其具体步骤和选择原则如下:

粗车时,首先选取尽量大一些的背吃刀量 a_p,以使切去同样厚度的余量下用最少的走刀次数,并选用较大的进给量 f,以利断屑。最后才确定一合适的切削速度 v_c。根据这一合适的切削速度和工件直径,由下式计算出主轴转速,

$$v_c=\frac{\pi d \cdot n}{1000}$$

式中　v_c——切削速度(m/min),按刀具材料及其耐用度决定;

n——主轴转速(r/min);

d——工件直径(mm)。

最后,根据上述计算值,按机床说明书,选取与之接近的转速。

所以,粗车时,切削用量的选择原则,以提高生产率、减少刀具消耗、降低加工成本为主。

精车时,加工精度和表面粗糙度要求较高,加工余量不大且均匀,所以选用较小的背吃刀量 a_p 和进给量 f;同时选用高性能的刀具材料和合理的刀具几何参数,且可选用尽可能高些的切削速度 v_c,以利提高加工质量。

当选取切削用量时,无论粗、精车,都应限于机床说明书规定的切削用量范围内。表

12－3所列为数控车床切削用量常用值范围,供编程前,制订工艺规程时参考。

表 12－3 数控车床切削用量常用值范围

工件	工序	a_p/mm	f/(mm/r)	v_c/(m/min)	刀具
碳钢 $\sigma_b \leqslant 600$MPa	粗加工	5～7	0.2～0.4	60～80	YT 类硬质合金
	粗加工	2～3	0.2～0.4	80～120	
	精加工	0.2～0.3	0.1～0.2	120～150	
	钻中心孔			500～800r/min	18—4—1 高速钢
	钻孔		0.1～0.2	～30	
	切断		0.1～0.2	70～110	YT 类硬质合金
铸铁 ≤200HBS	粗加工		0.2～0.4	50～70	YG 类硬质合金
	精加工		0.1～0.2	70～100	
	切断		0.1～0.2	50～70	

3. 对刀点、换刀点的确定

编写程序时,先应决定刀具在工件坐标系内起始运动的位置,即刀具相对于工件运动的起点,程序起始点,亦即起刀点,这一点常以对刀来决定,所以又称为对刀点。为便于检查,减少尺寸换算和累积误差,对刀点应与设计基准和工艺基准重合,如以外圆和孔定位的工件,应取外圆和孔中心线与工件端面的交点作为起刀点(对刀点)。

手工操作时,由手工对刀操作,将刀具的刀位点置于对刀点上,使之重合。因为刀具的刀位点是它的定位基准点,车刀的刀位点是它的刀尖圆弧中心,钻头、中心钻等是其钻尖。手工对刀操作,精度和效率低,常用光学对刀仪、机械对刀仪和自动对刀仪,精度和效率高。

零件加工过程中须换刀的,应规定换刀点,即决定把刀架转动调换所用刀具的具体位置,显然,它应离开工件一定距离,以转动刀架时,不与工件、夹紧装置和其他附件相碰为准。

对刀的准确程度,将直接影响零件的加工精度。对于加工精度要求较高的工件,可采用千分表找正对刀,使刀位点与对刀点重合,但耗时长,效率较低。图 12－26 所示,用百分表在机床上进行对刀:将磁性表座固定于机床主轴端面上,手工面板输入 M03,主轴低速旋转。然后,手工操作使旋转着的表头依 X、Y、Z 顺序逐渐靠近被测工件圆柱面或孔壁;手工操作,渐渐减少脉冲发生器的 X、Y 轴向移动量,以使表头旋转一周时,其偏跳量限于规定的同轴度公差内,如同轴度 0.02mm,则主轴旋转中心与被测工件的圆柱面或孔中心的重合度达到图纸规定的要求。最后,将刀具沿 Z 轴移至工件一端,而确定了工件坐标系在机床坐标系中的位置或偏置量。

这种对刀方法精度高,使用也广泛,但较麻烦,耗时长。图 12－27 所示为电子传感对刀装置。对刀时,将其插入主轴巢内,这时,其轴线与主轴线重合,手工操作,缓缓地将对刀装置前端的钢球与工件壁靠近,当与工件基准面接触时,其电子电路通过机床和工件予以接通,指示灯亮,须反复操作几次,以提高重复定位精度,最高定位精度也可达 0.002mm。不过,工件必须是良导体,才能使用,且所测的基准面须是光基准。

由此可知,不管用哪种方法对刀,其目的须使机床主轴中心线与其端面的交点和对刀点相重合,从机床的坐标显示屏上,确定该对刀点在机床坐标系中的位置,也就明确了该加工件的工件坐标系在机床坐标系上的具体位置。

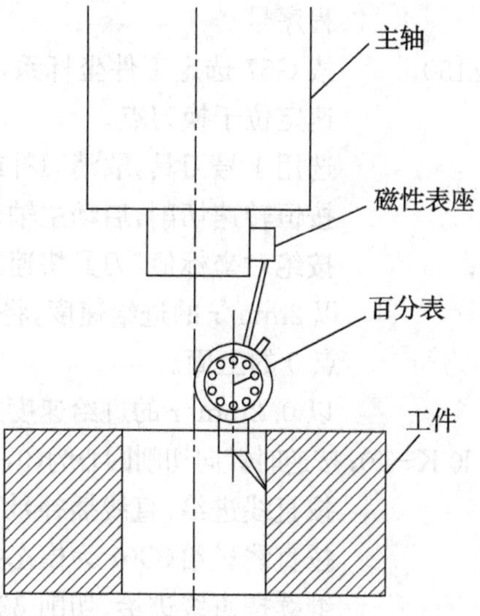

图 12-26 用百分表在机床上进行对刀

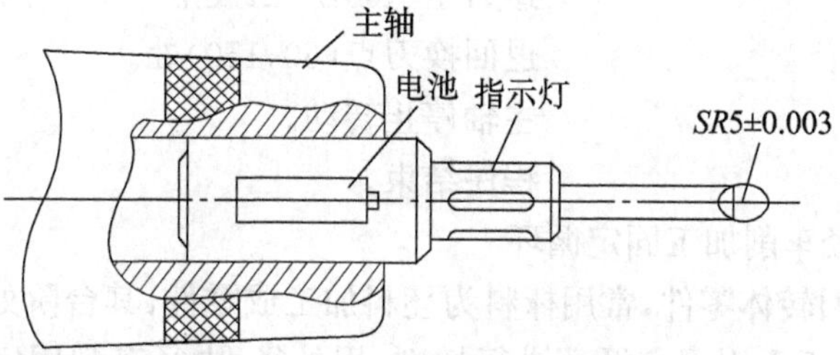

图 12-27 电子传感对刀装置

此外，还可采用机外对刀仪对刀和试切对刀等方法。

4. 加工实例与操作

(1) 球面和圆锥表面的车削加工

图 12-28 所示的球端圆锥体零件，精车余量为 0.15mm(即粗车后留给精车的加工余量)，现需进行精加工。其加工过程的程序格式：

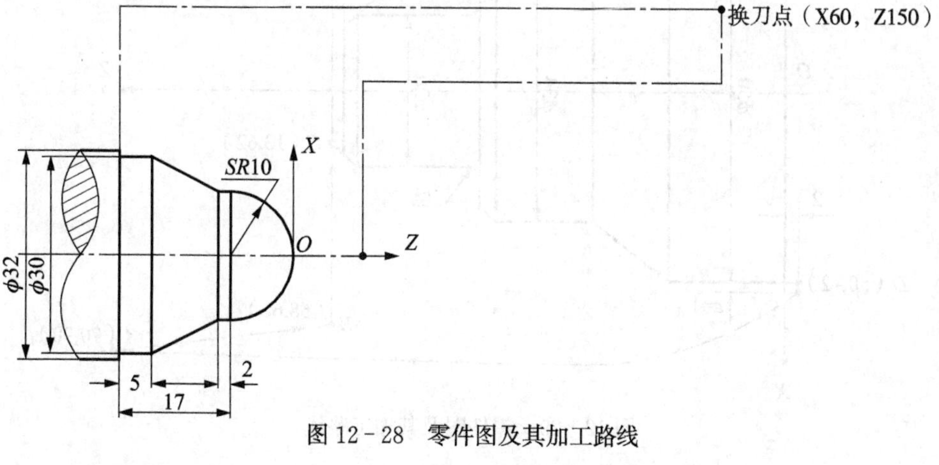

图 12-28 零件图及其加工路线

CHX0021	程序号
N10 G57 G00 G90X60Z150;	按 G57 选定工件坐标系,用绝对坐标值编程,刀具快速定位于换刀点。
N20 T0100;	选用 1 号刀具,取消刀补或偏置量。
N30 G97 S400 M03;	按恒转速切削,启动主轴正转,转速为 400r/min。
N40 G90 G00 X40 Z10;	按绝对坐标值,刀具快速定位于 $X40\ Z10$ 处。
N50 G01 Z0 G95 F2;	以 2mm/r 的进给速度,将刀具慢慢移至工件坐标系原点 0 的上面。
N60 X0 F0.2;	以 0.2mm/r 的进给速度加工球顶处。
N70 G03 G37 X10 Z—10 I0 K—10;	按逆时针向切削圆心为(0,—10)的球面至 $X10\ Z-10$ 处。
N80 G01X10Z—12	按直线进给(直线插补)切削 $\phi20$ 圆柱表面。
N90X15 Z—22;	按直线进给(G01 为模态指令,有续效),切削圆锥体。
N100 Z—27;	继续按直线进给,切削 $\phi30$ 的圆柱表面。
N110X16;	继续按直线进给,切削 $\phi30$ 左端台阶面。
N120X60;	退刀至 X60Z—27 处。
N130 G00 Z150;	退回换刀点(60,150)处。
N140 M05;	主轴停止转动。
M30;	程序结束。

(2) 零件内、外径车削加工固定循环

图 12-29 所示回转体零件,常用棒料为坯料加工成零件,其台阶处须经多次粗车,最后才能精车成型。而适于采用固定循环进行切削,用外径、内径车削固定循环指令 G71,只需在程序中指定精车加工路线,系统会自动给出适宜的粗车路线,完成多次粗车切削循环,最终达到精车余量的要求。其加工过程的程序格式:

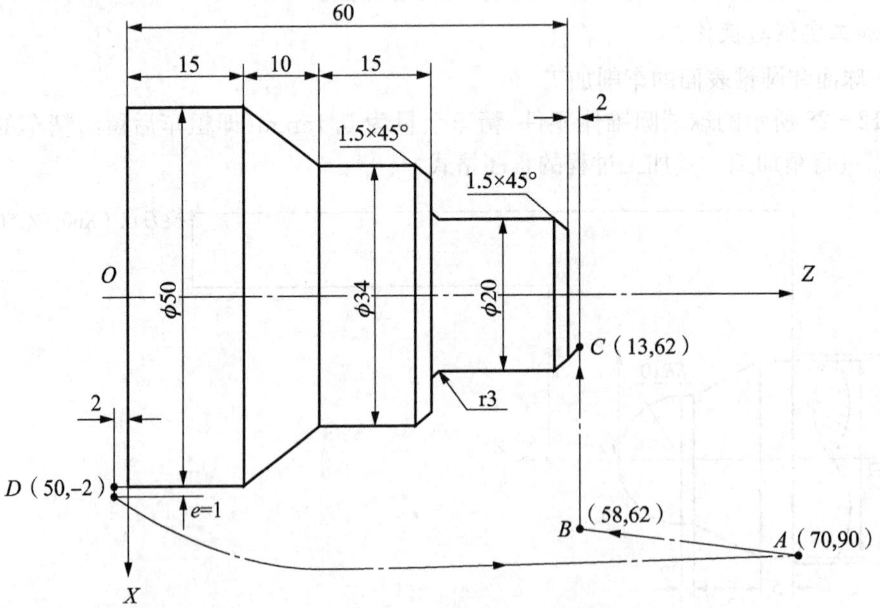

图 12-29 零件图及其加工路线

O0071	程序号
N10 G98 G92X70 Z90；	按固定循环，回到固定循环起始点(70,90)。
N20 T 0101；	选用1号刀，取1号刀补或偏置量。
N30 M03 S700；	启动主轴正转，700r/min。
N40 G00 X58 Z62；	刀具快速定位至 $B(58,62)$。
N50 G71 U3 R1 P60 Q140X0.3 Z0.3 F200；	用内、外径粗车固定循环指令G71，作固定循环。粗加工背吃刀量 $a_p=3$，退刀量1；程序段N60～N140为精加工路线，X 向精车余量0.3(直径上)、Z 向精车余量0.3；进给速度200mm/min。
N60 G00 X13 Z62 F500；	刀具快速定位至 C 点，直径 $\phi13$，Z62处，改变刀具进给速度为500mm/min。
N70 G01 X20 Z58.5；	直线进给(直线插补)至 $X20$ $Z58.5$ 处，倒角 $1.5\times45°$。
N80 X20. Z43；	利用模态指令G01，加工圆柱面至下一倒角开始处。
N90 G03 X26 Z40 R3；	用圆弧插补加工 $R3$ 的圆弧。
N100 G01 X31；	用G01直线进给切台阶端面。
N110 X34 Z38.5	用续效指令G01倒角至 $X34$ $Z38.5$ 处。
N120 Z25；	用续效指令G01加工圆柱面至Z25处。
N130 X50 Z15；	用续效指令G01切圆锥面至 $X50$ $Z15$ 处。
N140 Z−2；	用续效指令G01切圆柱面 $\phi50$ 总长17mm，至 $X50$ $Z-2$ 处。
N150 G00 X70 Z90；	刀具快速返回固定循环起始点 $A(70,90)$。
N160 M05；	主轴停止。
N170 M02；	程序结束。此时主轴停转、切削液关闭，数控装置和机床复位。

12.4 数控铣床

12.4.1 数控铣床的工作原理和用途

1. 数控铣床的工作原理

数控铣床(Numerically controlled milling machine)如同数控车床一样，也是由数控系统操纵和控制，通过伺服电动机，驱动各运动部件。其数控系统按功能不同，也可分为经济型数控铣床、全功能型数控铣床和高速铣削数控铣床。

(1) 经济型数控铣床　采用开环控制，如图12-10所示，称为经济型数控系统，例如Siemens公司的Sinumerik 802 S型数控系统适用于控制和驱动步进电动机，可以控制三根进给轴和一根主轴,能实现三坐标联动。装备了这类数控系统的铣床,功能单一,成本较低,加工精度一般,可用于加工一般性复杂程度的零件,如加工面为平面、沟槽、台阶等的盘、套类零件;孔及孔系的钻、扩、镗和铰加工,以及圆柱或圆锥内、外螺纹加工;至于一些几何形状较简单的模具等表面,只要两轴半或三轴联动的,也可以用这类铣床加工。

(2) 全功能型数控铣床　采用半闭环或闭环型数控系统,如 Fanuc(日本"发那科")公司的 Fanuc Oi—MA 和 Fanuc Oi—mate MA 都能用于铣床,前者可控轴数为 4 轴,联动轴数也是 4 轴;后者为可控轴数 3 轴,联动轴数也是 3 轴;又如我国华中世纪星数控系列的 HNC—21/22M 也用于铣床数控系统,最多联动轴数也是 4 轴。具有这类数控系统的铣床,功能扩大,工艺适应性强,使用范围较广,不仅能加工经济型数控铣床所能加工的平面轮廓,如图12-5 和图 12-6 所示,以及较简单的空间曲面,如图 12-7 所示;还可以四轴联动的加工方法,加工如各类飞机机身纵向大梁整体结构的变截面空间曲面,如图 12-30 所示,工件外形犹如等强度槽钢,两腿与腰呈锐角相接,腰高沿长度方向连续变化,中部高两端矮,用圆柱形铣刀周边刃切削方式,在这种铣床上,除三坐标轴移动联动外,还使刀具轴线边绕自身旋转完成切削过程的主运动外,边绕轴线上 O_1 点作连续摆动,而需要四坐标联动,才能加工。

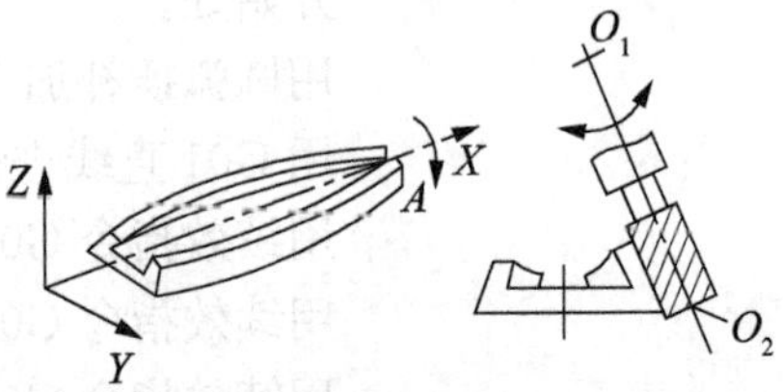

图 12-30　四轴联动铣削机身纵向大梁

(3) 高速切削数控铣床　速度和精度是数控铣床的重要指标,直接涉及机床的生产效率和产品质量。高速铣削和强力铣削是铣削加工的发展方向,技术较成熟,应用渐广。这类机床具有高性能的主传动系统,传递功率大,刚度高,抗振性好,热变形小;进给传动精度高;配有功能齐全的 CNC 系统和伺服系统,并选用切削性能良好的刀具系统和合理的几何参数。切削时的主轴转速大多在 8000～40000r/min,进给速度在 10～30m/min,常用于加工面积较大的空间曲面或大型箱体件和大型模具等。

这类铣床大多为双柱龙门结构,以保证其整体刚性和高强度,并兼具卧式和立式主轴的铣削功能。

2. 数控铣床的用途

数控铣床用途十分广泛,举凡简单几何表面,如平面、沟槽(直槽、燕尾槽、梯形槽、V 形槽、齿槽、螺旋槽等)、内腔(通孔内腔、盲孔内腔等)、台阶等,仅需两坐标轴联动下,都可加工;复杂的立体几何表面,这类表面的发生线是一曲线,成形运动的轨迹又是一曲线,如球面、椭球面、双曲面、抛物面等二次曲面,常需三坐标轴联动,或四轴,甚至五轴联动下,才能加工出来,如图 12-30 所示,在四轴联动下铣削飞机机身大梁的整体结构。图 12-31 所示,在五轴联动下铣削舰船螺旋桨叶面,除了三根移动坐标的联动外,铣刀轴线需连续摆动,切削叶面导程角 λ_i 和径向叶形线后倾角 α,而需五轴联动。

孔和孔系零件,也可在数控铣床上加工,如钻、扩、镗、铰等,以及三角形、梯形截形的圆

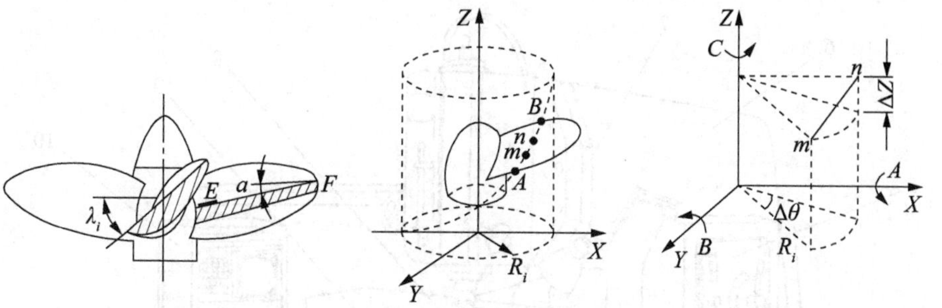

图 12-31 五轴联动铣削舰船螺旋桨叶片

柱、圆锥内、外螺纹的加工。

综上所述，工作台台面宽度在 400mm 以下的升降台式数控铣床，不论是卧式或立式主轴的，大多为可控轴数三轴，两轴联动。另一轴作周期性进给运动的，常称为两轴半联动，如图 12-6 所示，常用于加工简单的平面型几何表面。如果再加上回转联动的 A 坐标或 B 坐标，即增加一个数控分度头和数控回转工作台，其数控系统成为四坐标轴或五坐标轴联动，就可用来加工立体几何表面了。

12.4.2 数控铣床的典型结构

数控铣床分为数控立式铣床，数控卧式铣床和数控龙门铣床。

数控立式铣床的主轴与机床工作台台面相互垂直，工件装卸方便，加工过程中也便于观察。采用固定式立柱，主轴箱沿立柱可上下移动，工作台不升降，由平衡锤平衡主轴箱的重量。为提高结构刚性，主轴轴线与立柱导轨面间的距离不能过大，所以这种结构主要为中、小规格的数控铣床，图 12-32 所示，即为数控立式铣床的典型结构。

数控卧式铣床的主轴与机床工作台台面相互平行，并配有数控回转工作台，可在加工过程中一次装夹下顺序加工工件的各个侧面。

数控龙门铣床都是大规格的数控铣床，加工高强度材料的大型整体结构零件，诸如各类航空器的整体高强度构件和高强度的大型模具等。为保证机床整体结构的强度和刚性，机床具有双立柱的龙门结构和大规格的水平工作台，便于工件的吊装和定位。

1. 总体配置和主要技术参数

如图 12-32 数控铣床的结构所示，其主轴与工作台台面相互垂直，是数控立式铣床。机床总体配置为床身 6 固定在机床底座 1 上，安装并支承各部件；操纵台 10 装有 CRT 显示器(Charactron tube, CRT，字码管)、各种开关、按钮和指示灯；工作台 16 和横拖板 12 装在升降台 15 上，通过伺服电动机 13，14，4 可分别驱动工作台、横拖板和升降台，实现 X,Y,Z 三个坐标轴向的进给运动；电器箱 2 内装有机床电气部分的接触器、继电器等；床身后面是变压器箱 3；机床数控系统安装在数控柜 7 内；终点开关(挡铁)8，11 控制工作台的纵向行程限位；挡铁 9 是纵向参考点挡铁；机床主轴变速手柄和开关按钮等都集中在机床左侧的操作面板上，便于调整转速和主轴转向、启动、停止，以及切削液泵的启动和停止。

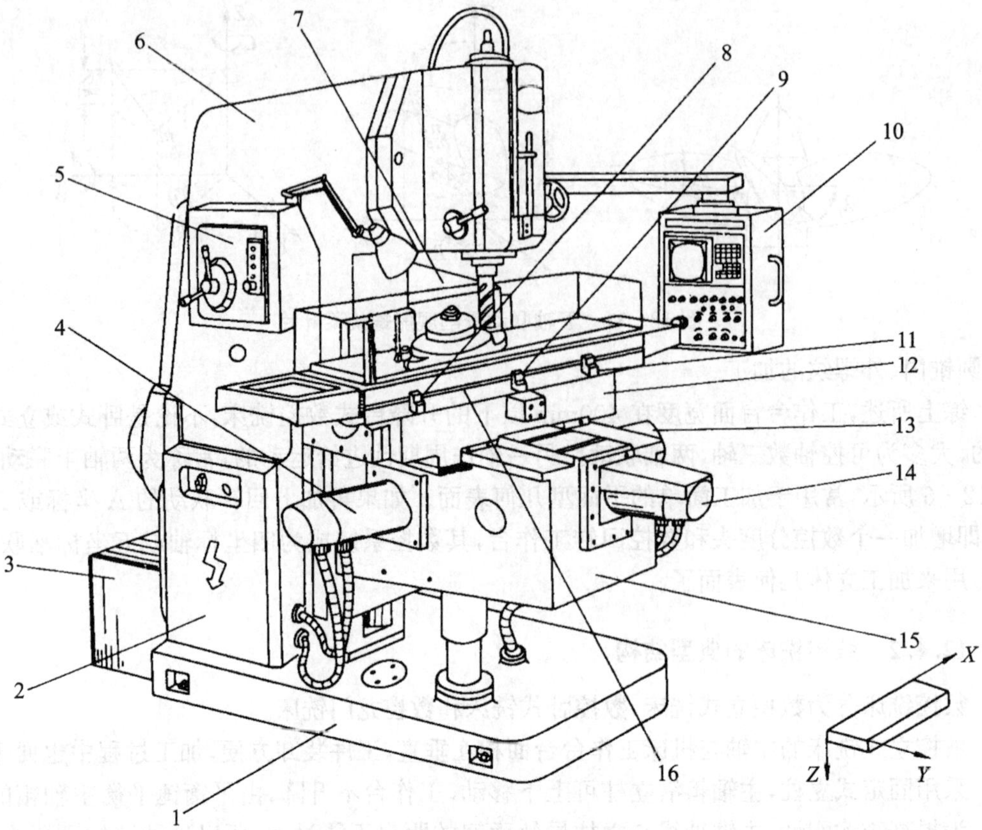

图 12-32　数控铣床的结构

1—底座；2—电器箱；3—变压器箱；4—升降台伺服电动机；5—操作面板；6—床身；7—数控装置；8,9,11—限位挡铁(终点开关)；10—操纵台；12-横拖板；13—纵向进给伺服电动机；14—横向进给伺服电动机；15—升降台；16—工作台

下面以 XK5040A 数控立式铣床为例，列出其主要技术参数：

工作台工作面积(长×宽)	1600mm×400mm
工作台纵向行程(X 轴)	900mm
工作台横向行程(Y 轴)	375mm
工作台垂直行程(Z 轴)	400mm
工作台后侧面至床身垂直导轨距离	30～405mm
工作台 T 形槽数、槽宽和槽间距	3×18mm×100mm
主轴孔锥度	7：24 圆锥柄 50 号(GB 10944—1989)
主轴孔直径	27mm
主轴套筒移动距离	70mm
主轴轴端到工作台台面间的距离	50～450mm
主轴轴线至床身垂直导轨的距离	430mm

主轴转速范围	30～1500r/min
主轴转速级数	18
工作台纵向进给量	10～1500mm/min
工作台横向进给量	10～1500mm/min
工作台垂直进给量	10～600mm/min
主电动机功率	7.5kW
机床外形尺寸(长×宽×高)	2495mm×2100mm×2170mm

机床的CNC系统配置Fanuc—3MA数控系统；半闭环控制检测与反馈系统，其检测装置为脉冲编码器，各坐标轴的最小移动量和最小定位量达 $1\mu m$；可控轴数为 X,Y,Z 三坐标轴，联动轴数为两轴。

2. *传动系统*

(1) 主传动系统　数控立式铣床的主运动是机床主轴的旋转运动，由主电动机(7.5kW、1450r/min)驱动，见图12-33所示。经三角带轮 $\phi140/\phi285mm$ 传动至轴Ⅰ，经三联滑移齿轮组传动轴Ⅱ，再经三联齿轮组传动轴Ⅲ，又经双联滑移齿轮组传动轴Ⅳ，经45°锥齿轮副传动垂直轴Ⅴ，再由圆柱齿轮副，带动机床主轴旋转。其传动路线表达式为：

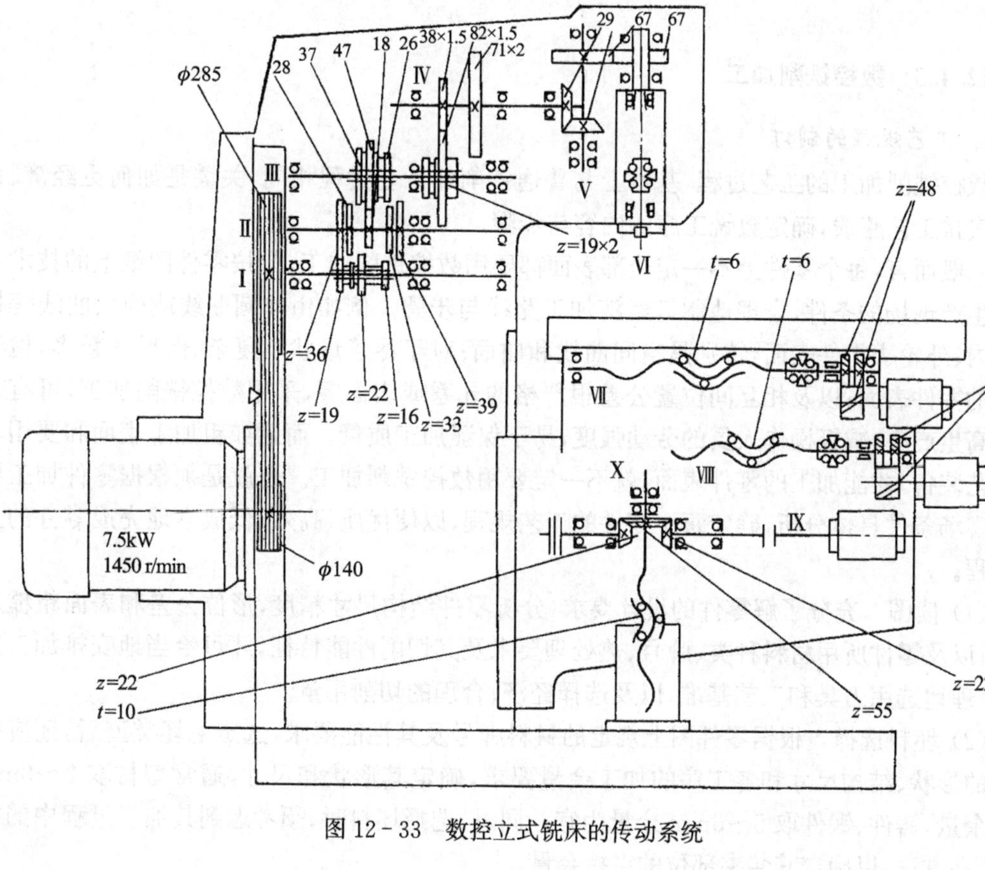

图12-33　数控立式铣床的传动系统

$$\text{电动机}\frac{\phi140}{\phi285}—\text{Ⅰ}—\begin{bmatrix}\frac{19}{36}\\\frac{22}{33}\\\frac{16}{39}\end{bmatrix}—\text{Ⅱ}—\begin{bmatrix}\frac{28}{37}\\\frac{18}{47}\\\frac{39}{26}\end{bmatrix}—\text{Ⅲ}—\begin{bmatrix}\frac{82}{38}\\\frac{19}{71}\end{bmatrix}—\text{Ⅳ}—\frac{29}{29}—\text{Ⅴ}—\frac{67}{67}—\text{Ⅵ(主轴)}$$

欲改变主轴转速,可通过机床左侧操作面板上的变速手柄,移动主轴箱内的滑移齿轮副,而得 18 挡转速(从 30～1500r/min),以供不同材料,各种规格、各种精度要求工件的加工之需。

(2) 进给传动系统　机床的进给运动可分别为工作台的纵向进给、横向进给和垂直方向的进给。纵向和横向进给运动都是独立驱动,分别由 FB—15 型直流变速伺服电动机驱动,各自经圆柱斜齿轮副 $\frac{48}{48}$或$\frac{36}{36}$,带动纵向或横向滚珠螺丝杠转动,驱动与之配合的滚珠螺母产生平移运动,而螺母直接连接在工作台或横拖板上,从而,只要变换电动机转速,工作台就产生相应的纵向或横向进给,两者的进给量从 10～1500mm/ min 间变换。

垂直方向的进给运动也是独立驱动,由 FB—25 型直流变速伺服电动机驱动,经圆锥齿轮副$\frac{22}{55}$带动垂直进给滚珠丝杠,驱动工作台产生垂直位移。每一丝杠的螺距,见图 12 - 33 所示。

12.4.3　数控铣削加工

1. 工艺规程的制订

数控铣削加工的工艺过程,基本上与普通铣削加工艺过程相同,关键是如何更经济、合理地安排工艺路线,确定数铣工序的内容与步骤。

一般而言,每个零件上不一定全部表面都要用数控铣削加工,应按零件图纸上的技术要求与生产现场的条件,合理地制订经济加工路线与步骤。例如由非圆曲线或列表曲线等构成的内、外轮廓零件表面,特别是空间曲线和曲面;对于尽管形状不复杂,但尺寸繁多,检测困难的零件表面;以及相互间位置公差很严格的孔系或表面等,采用数控铣削加工,可有效地提高生产率,减轻操作人员的劳动强度,易于保证加工质量。而诸如粗加工表面和要用专用工艺装备,才能加工的零件表面,就不一定要用数控铣削加工。也就是须根据零件加工要求和现场条件具体分析,确定每个零件的工艺规程,以便优质、高效、低成本地完成零件的生产过程。

(1) 读图　充分了解零件的设计要求,分析零件结构尺寸精度,形位公差和表面粗糙度要求;以及零件所用材料种类、牌号、热处理要求及其切削性能特征,才可恰当地安排加工工序,合理地选用刀具和工艺基准,以及选择经济、合理的切削用量。

(2) 坯料选择　根据零件图上规定的材料牌号及其性能要求,选定毛坯类型后,还应按零件的形状、结构尺寸和各工序的加工余量要求,确定其形状和尺寸,通常型材取 2～3mm 加工余量,铸件、锻件取 5～6mm 余量为宜。同时,选择坯料时,须考虑到其加工过程中的定位、装夹方法,以确定其装夹部位的夹持余量。

(3) 工艺分析和加工方法　如前所述,通常生产情况下,并不是零件的每一表面均需由数控机床加工，必须根据经济、合理的原则选择加工方法。所以选用数控铣削的基本加工表面如下：

由多种几何形状组成的复杂曲线或列表曲线构成的轮廓表面，特别是空间曲面，如图 12-30、12-31 所示的加工表面，其加工方案常用高速钢或硬质合金球头立铣刀，在数控铣床上按粗铣—半精铣—精铣的加工顺序进行切削加工。

显然，其关键还是取决于工厂现有加工设备的条件，也就是：

① 在经济型和全功能型数控铣床上加工时，为了发挥好数控加工的特长，常与普通机床联用，先在普通卧式铣床或立式铣床上进行粗加工和半精加工，然后，在数控铣床上精加工。这两道工序间，列入工序间热处理。如此安排的工艺路线，可以达到较高的生产效率和经济性。例如调质钢零件(如模具等)加工的工艺路线应安排如下：普通铣床上粗铣—工序间热处理(调质)—半精铣—数控铣床上精铣—除应力—粗磨—最终热处理(淬火、回火、氮化)—校正—精磨或研磨—检验。

为了减小各工序间多次装卸的定位累积误差，在零件加工过程中，必须仔细选择定位装夹方式和多个工序统一使用的工艺基准。

② 在高速切削数控铣床上加工时，可实现高速切削加工和强力切削、超硬切削。由于数控系统功能强，可履行多坐标联动，机床功率大，部件刚度高，可承受很高的切削功率和切削用量。从而，有可能将粗加工切削余量在一次进给中全部切除，而减少进给次数。这类机床又能自动改变转速，可以在一次定位装夹中完成粗、半精和精加工内容，只要选取经济、合理的切削用量、适当的刀具及其切削部分几何参数，采取充分冷却刀具切削部分的有效方法，就能在一次装夹中完成全部加工，且达到很高的加工精度和表面质量。例如调质钢模具零件的加工工艺路线，可安排如下：毛坯预热处理(调质)—数控铣床上粗铣、半精铣—除应力—最终热处理(淬火、回火、氮化)—校正—数控铣床上精铣——检验。

(4) 数控加工工序单　简称为工序单，它是数控加工工艺规程的主要内容，由以下部分组成。

① 加工零件图要目，零件制造图图号、零件名称、材料、装配图图号。

② 工序和工步顺序，每一工序或工步的加工项目、技术要求、所用机床、夹具、刀具、量具。

③ 工序或工步说明，在每一工序或工步简图上，列出编程原点、对刀点、换刀点，刀具切入点和退出点和刀具补偿等。

总之，工艺规程设计时，应考虑到加工全过程，以使操作者将按此工艺规程完成零件的正确加工。

(5) 切削用量　加工时的铣削用量是铣削工艺设计和编程的重要内容，应根据工件材料、零件图技术要求、刀具材料和规格，以及所用机床性能(刚度、功率等)具体确定。

2. 加工实例与操作

图 12-34 所示的零件图轮廓的铣削加工，从读零件图开始，分析并制订其工艺规程、加工路线，对各线段节点进行数值计算，选用最合理的加工方法、选定机床、刀具、夹紧方法和夹具、量具，然后进行编程和加工操作，最终进行成品检验。

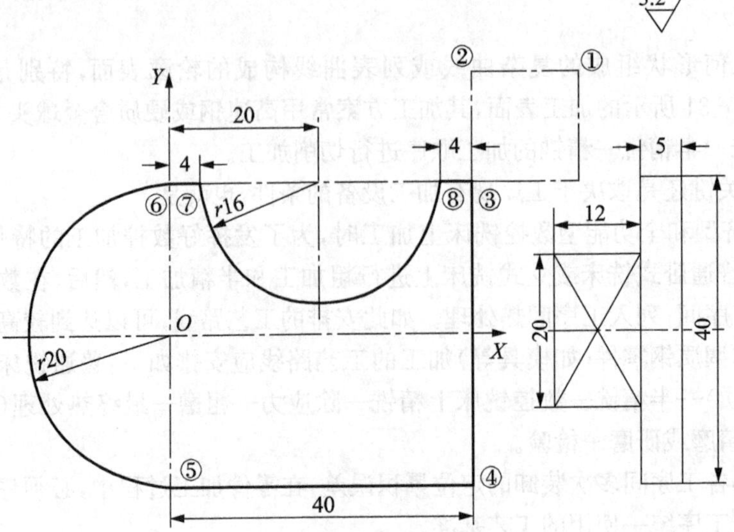

图 12-34 零件图及其加工路线

(1) 制订加工工艺规程

图示为精加工工件,其轮廓已经经粗铣加工,要求表面粗糙度 R_a 为 3.2μm,须进行精铣,其工序为精铣,选用刀具为直柄或莫氏(Morse)锥柄 d12mm 立铣刀(细齿),刀齿较多,切削平稳,保证表面加工质量要求,数控铣削加工工序卡如表 12-4 所示。

表 12-4 数控铣削加工工序卡

工序号	工序内容	刀具号	规格·名称	主轴转速 n(r·min^{-1})	进给速度 v_f(mm·min^{-1})
1	轮廓精铣	T01	d12 立铣刀	613.8(v_c=23m·min^{-1})	15(f=0.024mm·r^{-1})

选用加工设备:数控铣床上加工。

选择装夹定位方法和夹具:因工件不大,又是精加工,切削力不大,可采用数控铣床通用夹具,机用平口精密虎钳装夹。操作时,工件安装在钳口中间部位,虎钳本身安装时,须以固定钳口找正定位,然后,装夹工件时,以固定钳口平面为定位基准,另一面定位基准面是底面,须垫上平行块垫铁,工件紧贴底面,防止工件上浮。

刀具的选择如表 12-5 所示。

表 12-5 数控铣削加工刀具卡

工序号	刀具号	刀具名称	刀柄类型	刀具直径(mm)	长度补偿 H(mm)	半径补偿 D(mm)
1	T01	d12 立铣刀	直柄或莫氏锥柄	12	H01(按测量值)	D01=6

切削用量选择:铣削速度 v_c、进给速度 v_f、铣削深度 a_p 或铣削宽度 a_e 总称为铣削用量要素,其使用数值须根据机床说明书所列,按工件材料,如铸铁、碳钢、有色金属等,加工工序,诸如粗加工、半精加工、精加工等,以及图纸规定的其他工艺要求,结合现场实际条件来选择确定。

进给路线的确定,刀具切削零件轮廓时,须沿零件轮廓切向切入,图 12-34 所示零件的加工路线为：起刀点①—②—③—④—⑤—⑥—⑦—⑧—①。

数值计算：从起刀点开始，直到零件轮廓加工完毕，须将整个轮廓分解成若干简单几何图形，如平面、圆弧面等，就应计算其相互邻接的节点坐标：

先建立工件坐标系 $O(X,Y)$，然后，确定各节点在此坐标系中的坐标数值，

节点①(55,35)

节点②(40,35)

节点③(40,20)

节点④(40,−20)

节点⑤(0,−20)

节点⑥(0,20)

节点⑦(4,20)

节点⑧(36,20)

(2)加工程序：

O1016	程序号
N10 G90 G40 G49 G80 G54；	绝对坐标编程，安全保护指令(取消刀具半径补偿、长度补偿和固定循环)，选用已设定的工件坐标系。
N20 G00 X55 Y35；	快速定位于起刀点①。
N30 M03 S1000；	启动主轴正转(顺时针向转动)，转速 1000r /min。
N40 Z10 M07；	主轴快速定位于工件表面上方 10mm 处，开启切削液 1 号泵。
N50 G01 Z0 F200；	以直线插补进给速度 200mm/min，缓缓接近工件表面。
N60 G91 Z−6；	相对坐标，以增量值编程，主轴带着刀具沿 Z 轴下伸 6mm，以切削出整个工件厚度的轮廓。G01、F200 是模态指令，持续有效。
N70 G90 G17 G41 X40 D01；	绝对坐标编程，在 X-Y 平面内，建立刀具左补偿，补偿号 D01，至点②。
N80 Y−20；	以直线插补，进给速度 200mm/min 切削工件右侧面。
N90 X0；	继续左补偿切削④—⑤底面。
N100 G02 G17 X0 Y20 I0 J20；	在 X-Y 平面内，顺时针向切削左侧圆弧面。
N110 G01 G41 X4；	在 X-Y 平面内，左补偿，直线进给切削⑥—⑦平面。
N120 G03 G17 X36 Y20 R16；	在 X-Y 平面内，左补偿，逆时针向圆弧插补，圆弧半径 16mm，切削内圆弧表面。
N130 G01 G90 X55；	以绝对坐标编程，左补偿，仍在 X-Y 平面内，切削⑧—③平面。
N140 G40 Y35；	取消刀具半径补偿，刀具中心(铣刀轴心线)移至①。
N150 G00 Z150；	刀具返回起刀点安全位置(X55 Y35 Z150)。
N160 M09 M05	关闭切削液，主轴停止转动。
N170 M30	程序全结束，机床返回，准备下一个工件的加工。

从上面的应用实例中可见，必须从读零件图开始，充分了解设计要求和技术条件，制订

出详细的加工工艺规程后,才能制订加工工艺路线和编写加工程序。所以读懂零件图是第一步,也是最重要的一步。

12.5 脉冲数控电火花线切割加工

12.5.1 基础知识

1. 工作原理

电火花线切割加工(Wire Cut Electrical Discharge Machining)是利用钼丝为工具电极,接高频脉冲电源的负极,对接该电源正极的工件,进行脉冲火花放电切割加工。根据电极丝走丝速度大小,分为高速走丝切割机(WEDM－HS)和低速走丝切割机(WEDM—LS)两种加工方法和两类机床。

图 12-35 为高速走丝电火花线切割机床原理图,钼丝 4 为工具电极,储丝筒 7 使钼丝作往复移动,脉冲电源 3 供给专用电源。在加工区域浇注工艺液(电介质),起冷却、润滑、清洗和防锈作用。工作台带着工件 2 在水平面内沿 X、Y 向直角坐标轴线,按规定的控制程序,随加工表面火花间隙状态做伺服进给运动,将工件切割成型。

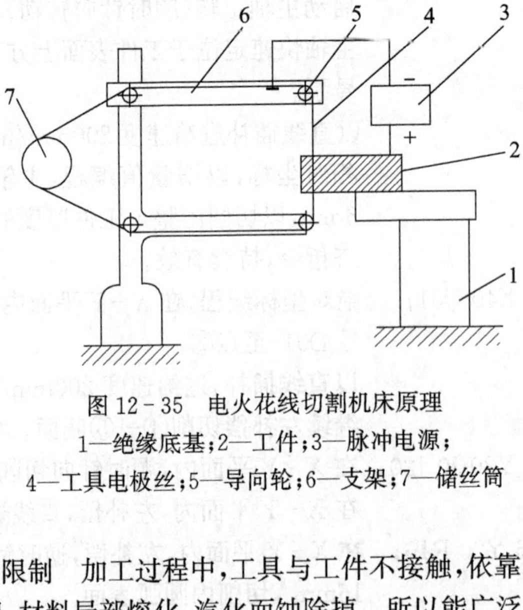

图 12-35 电火花线切割机床原理
1—绝缘底基;2—工件;3—脉冲电源;
4—工具电极丝;5—导向轮;6—支架;7—储丝筒

2. 加工特点

(1) 工件硬度不受限制 加工过程中,工具与工件不接触,依靠两者间的间歇性火花放电,发生局部、瞬时高温,材料局部熔化、汽化而蚀除掉。所以能广泛用于淬硬钢、不锈钢、模具钢和硬质合金等高硬度材料,以及模具等复杂形状、高精度表面的加工。

(2) 间歇性地放电,以使所产生的热量有时间传导与扩散掉,并将切屑冲走,所以须采用脉冲电源。

(3) 工艺液介质只起冷却、润滑、清洗和防锈作用,冷却工具电极和工件材料;润滑和防护相对运动表面;把加工过程中产生的电蚀金属颗粒废料,从加工间隙内清除掉;还能防护机床部件不会生锈与腐蚀。

(4) 工具电极为外购钼丝，节省了工具准备等时间，切缝很窄，节约了工件材料，又可加工出很精致的工件。

(5) 通过脉冲参数的调节，可以在同一台机床上连续进行粗、半精、精加工工序。

3. 电火花线切割机床的基本结构

(1) 床身　整体铸造结构，由纵向、横向运动工作台、走丝机构和线架的支承基础构成。内部安装工作电源和工艺液系统(图 12-36)。

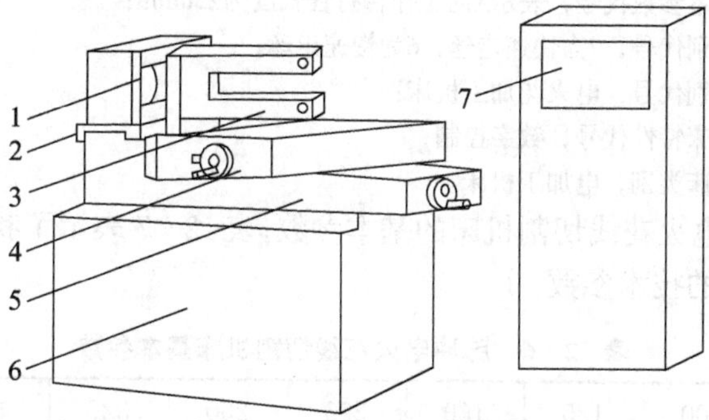

图 12-36　脉冲电火花线切割机床

1—储丝筒；2—走丝溜板；3—丝架；4—上工作台；
5—下工作台；6—床身；7—脉冲电源及微机控制柜

(2) 工作台　台面上有十字滑板、滚动导轨，通过丝杆-螺母副将电动机的旋转运动，转变为工件台的直线平移运动。

(3) 走丝机构　使工具电极以恒定速度移动，并维持恒定的张力，以保证切缝的尺寸精度和形位精度。电动机通过联轴节与储丝筒连接，由换向装置控制正反向往复运动。

(4) 数控装置　加工过程中，自动控制工具电极相对于工件的运动和进给，以完成对工件形状和尺寸的加工要求，并维持稳定的切割过程，在高速走丝切割机上，这种精确控制工具电极与工件间相对运动轨迹的数控装置，采用步进电动机开环系统；在低速走丝切割机上，常用伺服电动机半闭环系统；而超精密线切割机床，则用伺服电动机与光栅的闭环系统，参见图 12-10、图 12-11、图 12-12 所示。

(5) 进给控制　根据加工间隙的平均电压或火花放电状态的变化，由变频电路自动调整伺服进给速度，自动地保持在一定放电间隙下稳定工作。

(6) 短路退回　当发生短路时，工具电极会沿所经轨迹，自动快速退回，以消除短路，防止断丝。

(7) 偏移补偿　由于工具电极丝有一定粗细，工作时造成一定宽度的割缝。所以在加工零件轮廓时，电极丝中心轨迹应向零件边界尺寸外偏移，以补偿放电间隙和电极丝的半径值；加工内表面时，应向内偏移，这也可称为偏移补偿。

(8) 自适应控制　加工厚度变化的工件时，机床能自动改变预置进给速度和加工过程中的电气参数值，如工作电流、脉冲宽度等，而不需人工调节。

(9) 自动找正中心　处在加工孔时的工具电极丝，能自动地找正孔中心，并停止在该位置上。

(10) 工艺液系统　加工时，须连续不断地向加工区域注入工艺液，以冷却、润滑工具电极丝和工件，排除电蚀产物，保持工作区域和电极的清洁，才能保持火花放电持续不断地进行;还要起良好的防锈作用,机床部件不致受到腐蚀和生锈。这一系统由贮槽、齿轮泵、控制阀、管道和滤网等组成。

4. 机床型号和技术参数

我国机床型号的编制,按 GB/T 15375—2008《金属切削机床型号编制方法》的规定进行命名,以汉语拼音和阿拉伯数字组成,表示机床类别、型号、特性和基本参数。

如:D K 7 7 25

- 25——基本参数代号,表示X向工作台行程长度为250mm;
- 7——型别代号,7为快速走丝,6为慢速走丝;
- 7——组别代号,电火花加工机床;
- K——机床特性代号,数字控制;
- D——机床类别,电加工机床。

表 12-6 所示为电火花线切割机床的基本参数;表 12-7 表示了我国生产的主要型号数控电火花线切割机床的技术参数。

表 12-6 脉冲电火花线切割机床基本参数

工作台	横向行程	100		125		160		200		250		320		400		500		630	
	纵向行程	125	160	160	200	200	250	250	320	320	400	400	500	500	630	630	800	800	1000
	最大承载量 kg	10	15	20	25	40	50	60	80	120	160	200	250	320	500	500	630	960	1200
工件尺寸	最大宽度	125		160		200		250		320		400		500		630		800	
	最大长度	200	250	250	320	320	400	400	500	500	630	630	800	800	1000	1000	1250	1250	1600
	最大切割厚度	40、60、80、100、120、180、200、250、300、350、400、450、500、550、600																	
最大切割锥度		0°、3°、6°、9°、12°、15°、18°(18°以上,每挡间隔,增加 6°)																	

表 12-7 国产脉冲电火花线切割机床主要技术参数

机床型号	DK7725	DK7732	DK7740	DK7763
台面尺寸	420×600	450×660	500×750	680×1250
工作行程	250×320	320×400	400×500	630×800
可加工厚度	50~250	50~250	50~350	50~350
最大切割斜度	±1.5°/100	±1.5°/100	±1.5°/100	±1.5°/100
钼丝直径	0.12~0.20	0.12~0.20	0.12~0.20	0.12~0.20
走丝速度(m/s)	0.5~11	0.5~11	0.5~11	0.5~11
机床电源	3—380V 50Hz	3—380V 50Hz	3—380V 50Hz	3—380V 50Hz
功率(kVA)	1.2	1.2	2	3
机床外形尺寸	1200×700×1400	1230×760×1400	1000×900×1400	2100×2000×1800

12.5.2 工艺程序的编制

加工前,必须先读懂读通零件制造图,然后,按图纸规定的技术要求,选择并制订切割工艺过程程序,确定各项工艺参数,再按所用机床的程序格式进行编程。

1. 3B 程序格式

线切割机床上常用的程序格式是 3B 代码程序格式,其编码顺序如表 12-8 所示。

表 12-8 五指令 3B 程序格式

程序段序号	B	X	B	Y	B	J	G	Z
	分隔符	坐标	分隔符	坐标	分隔符	计数长度	计数方向	加工指令

其中 X、Y——相对增量坐标值标识符

J——加工线段计数长度标识符

G——加工线段计数方向标识符

Z——加工指令标识符

MJ——程序结束，加工完毕，停机标识符

(1) 坐标系的确立　与普通机床的规定一样，操作者站立的一面，称为机床前面；相对的另一面为切割机的后面。站在机床前面，工作台左右移动方向为 X 轴，向右为正；前后方向为 Y 轴，向前为正。用上述格式编程时，采用相对坐标系，每一程序段的坐标原点，随程序段的改变而移动。切割直线段时，以该直线起点为坐标系原点，其 X、Y 坐标值，表示该直线段的终点坐标；切削圆弧时，以该圆弧的圆心为坐标系原点，其 X、Y 坐标值，表示该圆弧的起点坐标，单位为微米(μm)。

(2) 计数方向和计数长度的决定　无论是加工直线或圆弧，计数方向随终点的位置而定。加工直线段时，终点靠近的轴线，即为计数方向轴，若终点处在 45°线上，则取 X、Y 轴均可；加工圆弧时，终点靠近 X 轴的，计数方向取 Y 轴；反之，取 X 轴。终点在 45°线上的，任取 X、Y 轴均可。图 12-37 所示为加工直线段时计数长度的决定方法。当切割直线段$\overline{OA}$时，计数方向为 X 轴；计数长度值取 X 轴上的投影长度$\overline{OB}$。图 12-38 所示为加工半径为 $R800\mu$m 的圆弧$\widehat{MN}$时，计数方向为 X 轴，终点在 Y 轴上。计数长度为 800×3，即$\widehat{MN}$在 X 轴上投影的绝对值之和，2400μm。在部分机床上输入计数长度数值，须用六位数，如 2400μm，输入时应为 002400，例如 DK7700 系列机床。

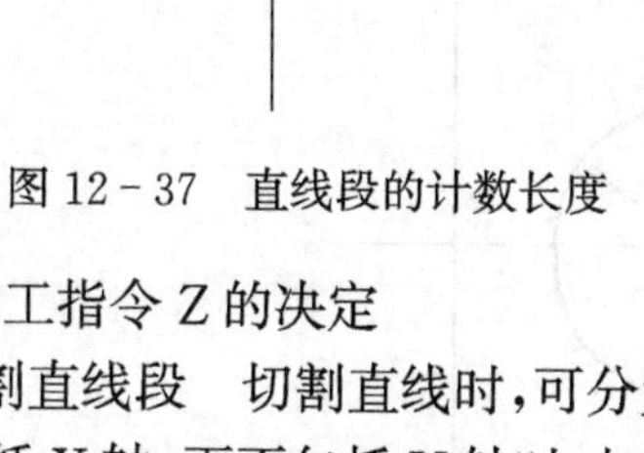

图 12-37　直线段的计数长度

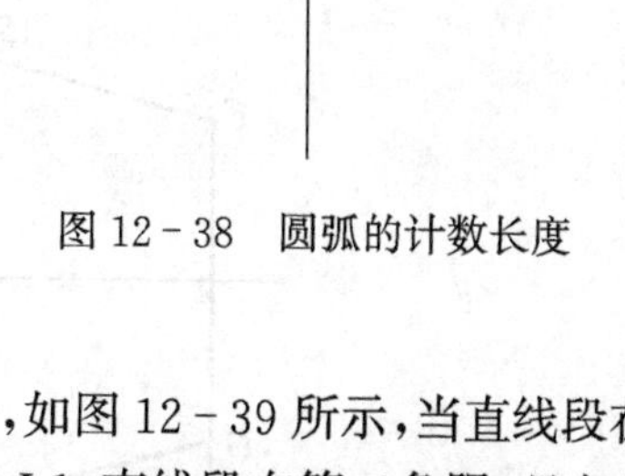

图 12-38　圆弧的计数长度

(3) 加工指令 Z 的决定

① 切割直线段　切割直线时，可分为四种指令，如图 12-39 所示，当直线段在第一象限内时，且包括 X 轴，而不包括 Y 轴时，加工指令记为 L1；直线段在第二象限，且包括 Y 轴，而不包括 X 轴时，加工指令为 L2；所加工的直线段在第三象限，且包括 X 轴，而不包括 Y 轴时，加工指令为 L3；处在第四象限，包括 Y 轴，而不包括 X 轴时，加工指令为 L4。

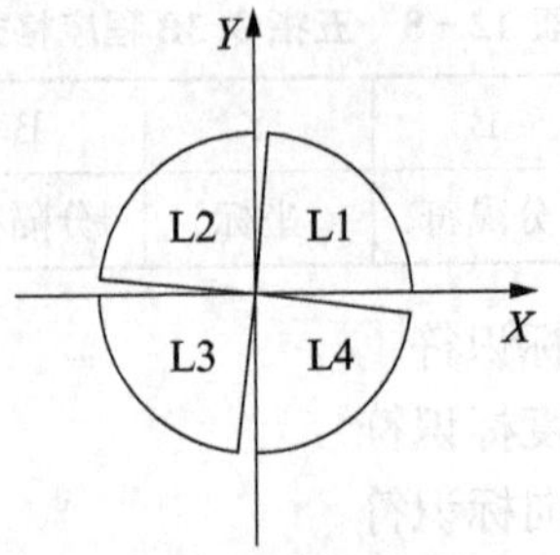

图 12 - 39　直线段加工指令

② 切割圆弧

(a) 顺时针方向切割　当切割起点在第一象限,包括 Y 轴,而不包括 X 轴时,加工指令记为 SR1,如图 12 - 40(a)所示;当起点在第二象限,包括 X 轴,而不包括 Y 轴时,加工指令记为 SR2;起点在第三象限,包括 Y 轴,而不包括 X 轴时,记为 SR3;起点在第四象限,包括 X 轴,而不包括 Y 轴时,记为 SR4。

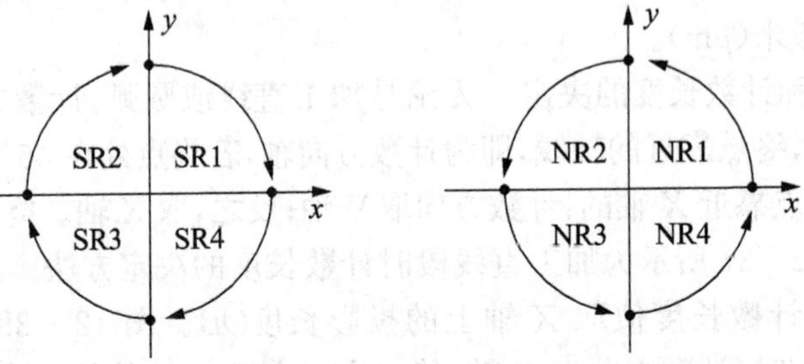

(a) 顺时针方向切割　　(b) 逆时针方向切割

图 12 - 40　圆弧加工指令

(b) 逆时针方向切割　当切割起点在第一象限,包括 X 轴,而不包括 Y 轴时,加工指令记为 NR1;起点在第二象限,包括 Y 轴,而不包括 X 轴时,记为 NR2;起点在第三象限,包括 X 轴,而不包括 Y 轴时,记为 NR3;起点在第四象限,包括 Y 轴,而不包括 X 轴时,记为 NR4。

2. *编程方法*

以图 12 - 41 的零件制造图为例,用 3B 编程格式,编写线切割加工程序。

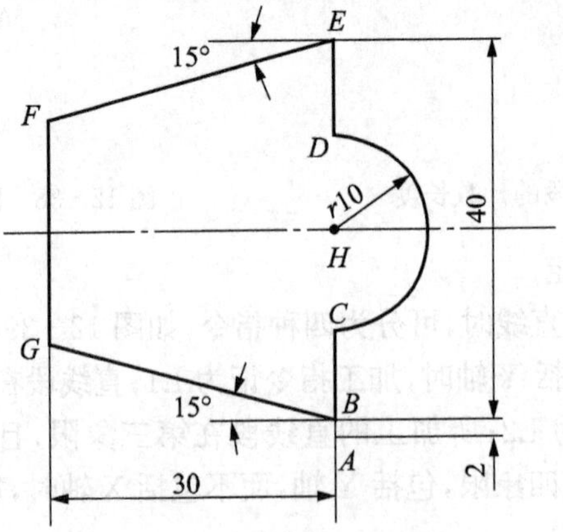

图 12 - 41　零件制造图之一

(1) 切割工艺过程分析

① 起割点 A,从坯料边缘切入,记下 A 点坐标为 A(0,0),切至 B(0,2)。切割线段$\overline{AB}$时的计数方向记为 GY,因终点在 Y 轴上。$\overline{AB}$直线段的计数长度值等于 2000μm。加工指令记为 L2,因为所割的$\overline{AB}$线段处在第二象限内。

② 切割线段$\overline{BC}$,按相对坐标取值。这时,坐标原点取在 B(0,0),切至 C(0,10),切割线段$\overline{BC}$时的计数方向记为 GY,因其终点 C 点在 Y 轴上。$\overline{BC}$的计数长度值等于 10000μm;加工指令记为 L2,因为$\overline{BC}$处在第二象限内。

③ 切割圆弧$\overset{\frown}{CD}$,仍按相对坐标取值。这时,坐标原点取在 H(0,0),从 C(0,−10)切至 D(0,10);计数方向计为 GX,因为终点 D 处在 Y 轴上;$\overset{\frown}{CD}$的计数长度值等于 20000μm;加工指令记为 NR4,因为逆时针向切割,起点在 Y 轴上,处在第四象限内。

④ 切割线段$\overline{DE}$,按相对坐标取值。这时,坐标原点取在 D(0,0),切至 E(0,10);计数方向记为 GY,因其终点在 Y 轴上;$\overline{DE}$的计数长度值为 10000μm;加工指令记为 L2,因该线段处在第二象限内。

⑤ 切斜线段$\overline{EF}$,按相对坐标取值。这时,坐标原点取在 E(0,0),切至 F(30,8.038);计数方向记为 GX,因其终点靠近 X 轴线;$\overline{EF}$的计数长度值等于 30000μm,即线段$\overline{EF}$在 X 轴上的投影长度;加工指令记为 L3,因该线段处在第三象限内。

⑥ 切割线段$\overline{FG}$,按相对坐标取值。这时,坐标原点取在 F(0,0),切至 G(0,23.924);计数方向记为 GY,因其终点处在 Y 轴上;$\overline{FG}$的计数长度值为 23924μm,即线段$\overline{FG}$在 Y 轴上的投影长度;加工指令记为 L4,因为它处在第四象限内。

⑦ 切割线段$\overline{GB}$,按相对坐标取值。这时,坐标原点为 G(0,0),切至 B(30,8.038);计数方向记为 GX,因为线段$\overline{GB}$靠近 X 轴;$\overline{GB}$的计数长度值为 30000μm;即线段在 X 轴上的投影长度;加工指令记为 L4,因为它处在第四象限内,且从 Y 轴开始加工。

⑧ 最后,工具电极丝退回,即线段$\overline{BA}$,仍按相对坐标取值。这时,坐标原点为 B(0,0),至 A(0,2);计数方向记为 GY,因为$\overline{BA}$处在 Y 轴上;$\overline{BA}$的计数长度值等于 2000μm,即线段$\overline{BA}$在 Y 轴上的投影长度;加工指令记为 L4,因为它处在第四象限内,且从 Y 轴开始加工的。当工具电极丝返回 A 点后,加工结束。

(2) 程序编制

根据上述工艺过程分析,图 12-41 所示零件线切割时的加工程序编写如下,每一线段,编为一个程序段。

程序段序号	加工程序
1	BB2000 B2000 GYL2
2	BB10000 B10000 GYL2
3	BB20000 B20000 GXNR4
4	BB10000 B10000 GYL2
5	B30000 B8038 B30000 GXL3
6	BB23924 B23924 GYL4
7	B30000 B8038 B30000 GXL4
8	BB2000 B2000 GYL4
9	MJ

12.5.3 图标命令工艺程序的编制和切割操作方法

以上所叙述的操作工艺过程是先在数控编程室内,充分读通零件图,然后根据图面要求,制订详细的加工工艺规程,选定工艺参数。按 3B 格式编制好数控线切割程序。经模拟仿真校验合格后,通过 DNC 实时通信主机输入 WEDM 控制系统后,即可安装工件,打开丝筒,开启工艺液,进入切割加工。此时,机床屏幕一直处于加工控制屏幕状态。

对于单件、小批量,较简单的零件,可采用机床具有的另一种更直接、简便的操作系统和方法——图标命令编程系统,在机床的编程屏幕上绘图和编程后,直接输入 WEDM 控制系统进行加工切割。

1. 编程和操作方法:

(1)实例一,以图 12-42 所示零件的切割工艺过程为例,采用图标命令编程系统,在编程屏幕上直接绘图和编程。先将机床的控制屏幕,通过点击屏幕左上角的[TP]切换标志(也可单击 ESC 键),即切换成编程屏幕。此时,机床仍将按设定的参数和状态运行和切割加工,因为所编程序尚未输入机床内。

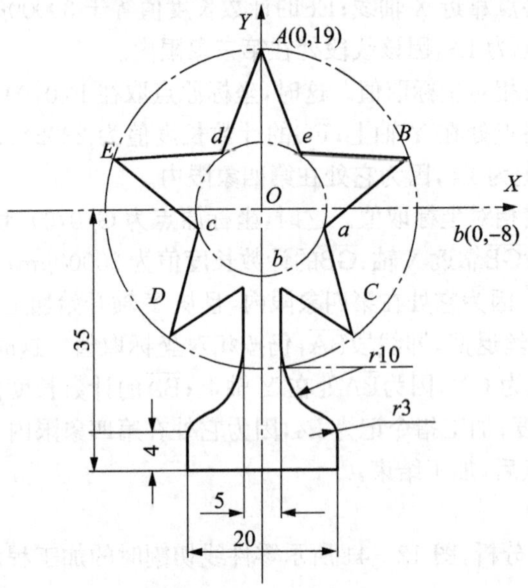

名称		模板	
材料		Q235 δ6	
件数	1	比例	1∶1

图 12-42 零件制造图之二

在编程屏幕的左侧,已显示着 20 个图标。操作步骤如下:

① 光标移至点图标上,单击鼠标左键,系统进入点输入状态。然后,将光标移至键盘命令框,在其下方框内输入(0,19),回车,完成了该点的输入,编程屏幕上显示该点呈"+"形。

② 光标移至辅助圆输入图标上,单击左键,系统进入辅助圆输入状态,以 A(0,19)点为起点,O(0,0)为圆心,作辅助圆。

③ 光标选择编辑—等分—等角复制,光标呈"田"字形,移至等分中心位置,即辅助圆圆

心 O(0,0)，单击左键，屏幕出现参数框，将等分和份数均设为 5，单击[YES]，退出。

光标移至 A 点上，呈手指状时，单击左键，得等分点 A、B、C、D、E 各点。

④ 同理，以 O(0,0)为圆心，b 点为起点，等角复制 5 等分，得 a、b、c、d、e 各点。

⑤ 光标移至直线输入图标上，单击鼠标左键，图标呈深色，系统进入直线输入状态。然后，将光标移至点 A，按下左键不松开，移至 e 点，松开左键，单击[YES]键，退出。

同理，连接 $\overline{eB}$、$\overline{Ba}$、$\overline{aC}$、$\overline{Cb}$ 线段

⑥ 作 $X=2.5$ 直线：光标选择编辑—平移—线段自身平移项，光标置于 Y 轴上，呈手指状，按下左键不放开，平移光标，见屏幕上参数框内显示平移距离达 2.5mm 时，松开左键，单击[YES]键，退出。与 $\overline{Cb}$ 相交。

⑦ 同理，作 Y＝－35 直线，长为 10mm，两端点分别为(0，－35)、(10，－35)。从(10，－35)点作垂线 X＝10，长为 4mm。

⑧ 在圆图标状态下，将光标移至圆心(7，－31)，按下左键不放开，移至与直线 X＝10 在点(7，－31)相切时，屏幕上显示出红色圆弧时，放开左键，按[YES]键，退出。

⑨ 同理，作圆心(12.5，－19)的圆弧与直线 x＝2.5 相切，且同时与小圆弧相切，参见屏幕显示框。

⑩ 光标选择编辑—镜像—垂直轴镜像菜单，屏幕右上角出现镜像线提示时，光标移至对称线(Y 轴)上，光标呈手指状，单击左键，即完成整个零件图图形的编程。

⑪ 在清理图标下，用鼠标右键选取并删除各辅助线段，屏幕上呈剪刀光标，剪去无效线段。

(2) 实例二，图 12-43 所示的零件，也采用图标命令编程系统编程，具体操作方法和步骤如下：

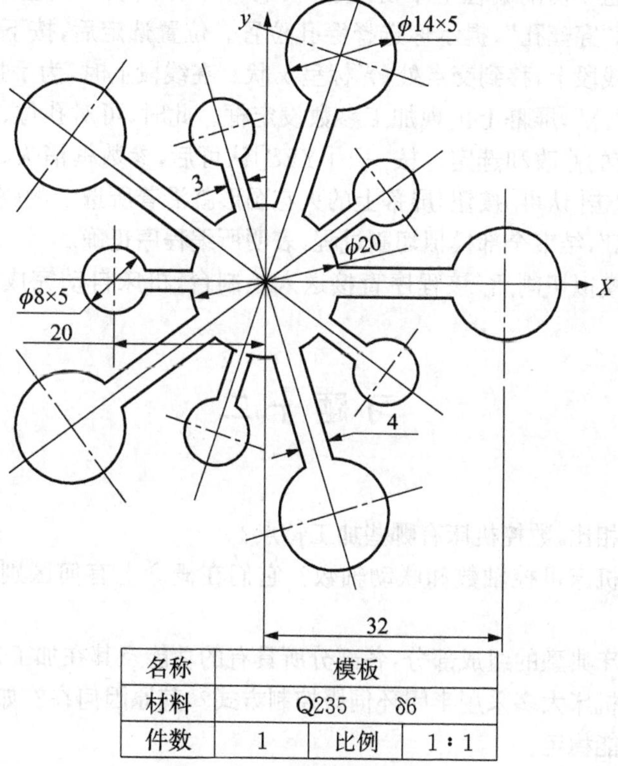

名称	模板		
材料	Q235　δ6		
件数	1	比例	1∶1

图 12-43　零件制造图之三

① 光标移至编程屏幕左边的圆图标内,单击左键,圆图标显深色,进入圆图标编程状态。

然后,把光标移至屏幕上键盘命令框。在其下方框内输入 x 轴上的 3 个圆,输入格式如下:(x,y),半径值(回车),即:(0,0),10(回车);(32,0),7(回车);(−20,0),4(回车)。

② 作 $y=1.5$ 直线:光标选择编辑—平移—线段自身平移项,将光标置于 x 轴上,呈手指状。按下左键不放开,平移光标,见屏幕上参数框内显示平移距离达 1.5mm 时,松开左键,单击[Yes]键,退出。所作直线与左右两圆相交为止。

同理,作 $y=2$ 直线,与左右两圆相交为止。

③ 光标选择编辑—镜像—水平轴镜像菜单,屏幕右上角出现镜像线提示时,光标移至对称线(x 轴)上,光标呈手指状,单击左键,即得 x 轴上下对称的两直线。

④ 在清理图标下,用鼠标右键(调整键)选取并删除多余线段,屏幕上呈剪刀状光标,剪去无效线段。

⑤ 光标选择编辑—等分—等角复制,光标呈“田”字形,移至等分中心位置,即坐标原点 0(0,0),单击左键,屏幕上出现参数框,将等分和份数均设为 5,单击[YES]退出。光标移至等分体上(32,0),呈手指状时,单击左键(命令键),得全部等分图形。

⑥ 在清理图标下,用鼠标右键,删掉多余线段,完成零件图形。

2. 模拟切割和切割加工

以上两例,详细阐述了图标命令编程的操作方法和具体步骤。下面将叙述检验已编程序正确性的模拟切割的操作方法和步骤。最后,阐述对工件的切割加工。

光标在编程按钮—切割编程上单击左键,屏幕左下方出现工具包图标,取出丝架状光标,屏幕右上方显示“穿丝孔”,提示你选择穿孔位置。位置选定后,按下左键不放开并移动光标至切割的首条线段上,移到交点处,光标呈 x 状。在线段上时,为手指状。放开左键,该点处出现一指示牌“△”,屏幕上出现加工参数设定框。此时,可对孔位、起割点、补偿量、过渡圆弧半径,作相应的修改和选定。按一下[YES]认可后,参数框消失。出现路径选择框,路径选定后,光标单击[认可]按钮,屏幕上的火花图形就沿着所选定的路径,进行模拟切割,到终点时,显示“OK”,结束全部模拟切割过程,表明所编程序正确。

完成了零件的模拟切割后,该程序直接送入控制台,机床自动完成对工件的切割加工过程。

习 题 十 二

1. 思考题

(1) 与普通机床相比,数控机床有哪些加工特点?

(2) 什么叫数控机床可控轴数和联动轴数?它们在概念上有何区别?实际使用中有何差异?

(3) 试述数控机床典型的组成部分,各部分所具有的功能及其在加工过程中的作用。

(4) 为什么数控机床大多采用半闭环伺服控制方式?其原因何在?如何达到既简化结构又使控制性能稳定?

(5) 题图 12-1 所示是什么视图？在什么机床上如何观察？其中：

① Z 表示什么轴？X 表示什么轴？其正、负方向如何确定？

② O 是什么点？是固定点？还是任意浮动点？

③ O_1 是什么点？是固定点还是浮动点？

④ $\phi\alpha$ 和 β 是什么尺寸？是恒定的还是任意选取的？

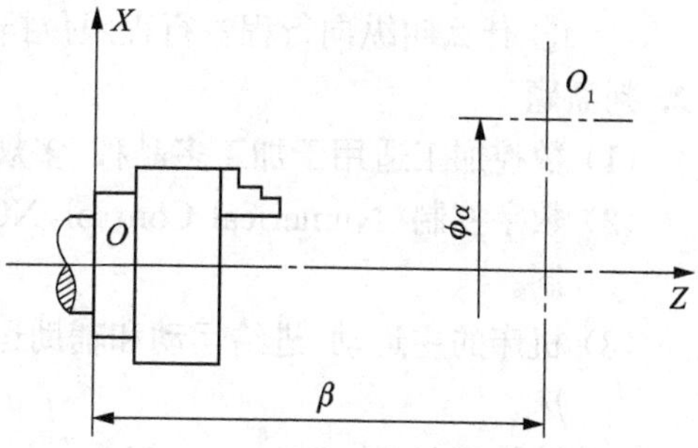

题图 12-1

⑤ 这台机床的刀架是前置式刀架还是后置式刀架？

(6) 题图 12-2 所示是什么视图？在什么机床上？如何观察？其中：

① Z 表示什么轴？X、Y 表示什么轴？其正、负方向如何确定？

② O 点是什么点？是固定点还是任意浮动的点？

③ 试与题图 12-1 比较，它的 O_1 点在哪里？它的 $\phi\alpha$ 和 β 尺寸是多少？为什么？

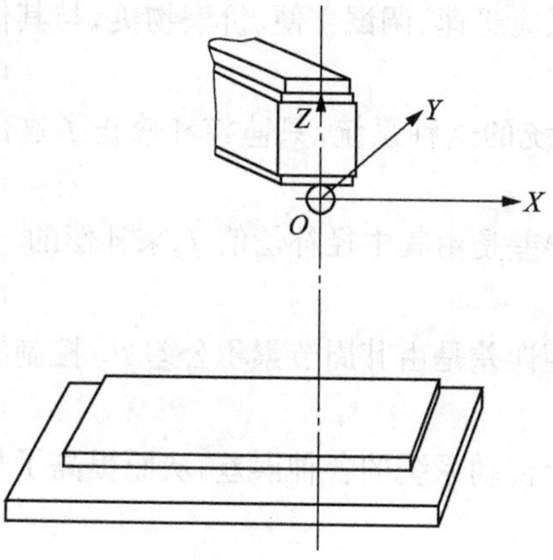

题图 12-2

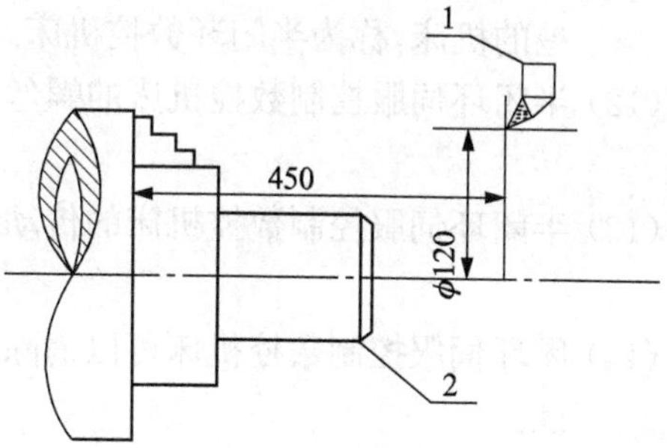

题图 12-3

(7) 机床经回零操作后，经过对刀，已确定了刀具的刀位点距工件设计基准的距离，如题图 12-3 所示。试确定：

① 编程坐标系程序段；

② 该坐标系原点(零点)；

③ 该刀位点在上述坐标系中称为什么点？在加工过程中，又称为什么点？

④ 这种机床是前置式刀架还是后置式刀架？为什么？

(8) 与普通机床相比，数控车床的进给传动系统的特点何在？带来了哪些优越性？

(9) 你认识立式数控铣床吗？

① 为什么称它是立式？它的主轴与工作台在哪里？相互是否垂直？

② 支承各部件的床身在哪里？安装着床身的底座在哪里？

③ 装有 CRT 显示器和操作面板的操纵台在哪里？其上的各种开关、按钮和指示灯都熟悉吗？

④ 横滑板和工作台在哪里？它们是怎样安置的？其排列的次序如何？

⑤ 什么叫纵向行程？行程限位挡铁和行程左右转换挡铁各在哪里？怎样调整？

2. 判断题

(1) 数控加工适用于加工多品种、多规格、更新换代周期短的产品。 (　　)

(2) 数字控制(Numerical Control，NC)是指利用数字指令对机床运动件的动作实施控制。 (　　)

(3) 机床的主运动、进给运动和辅助运动都由数字信息来控制和操纵的机床，称为数控机床。 (　　)

(4) 计算机控制(Computer Numerical Control，CNC)是指电脑作为机床数控系统的核心部件。 (　　)

(5) 数控机床的辅助装置都是由380V或220V的强电系统操纵的。 (　　)

(6) 半闭环、闭环数控机床都没有检测、反馈装置。 (　　)

(7) 数控机床伺服系统包括主轴伺服系统和进给伺服系统。 (　　)

(8) 卧式加工中心的主轴是垂直设置的。 (　　)

(9) 开环控制数控机床的信息流是单向的，只流出，不反馈给控制系统。 (　　)

(10) 开环控制数控机床结构简单、工作稳定、反应迅速、调试方便、价廉物美，与其他控制系统相比，精度很高。 (　　)

(11) 通过检测进给丝杆转角，再反馈给数控系统的这种系统，只监控和修正了这部分误差的机床，称为半闭环数控机床。 (　　)

(12) 半闭环伺服控制数控机床的螺丝杆螺距误差是由其中径补偿值 f_p 来补偿的。 (　　)

(13) 半闭环伺服控制数控机床的传动齿轮齿距误差是由其周节累积公差 F_p 控制的。 (　　)

(14) 闭环伺服控制数控机床可以消除机床整个传动系统的各种误差，从而提高了加工精度。 (　　)

(15) 闭环伺服控制数控机床可以检测机床工作台的瞬时实际位移量。 (　　)

(16) 闭环伺服控制数控机床由于电路复杂、价格昂贵、维修和调试麻烦，所以加工成本高，应用不广。 (　　)

(17) 闭环伺服控制数控机床的速度检测装置，将电动机的实际转速变成电信号，反馈给控制系统，与指令值进行比较并纠正以保证其转速经常变化。 (　　)

3. 填空题

(1) 普通机床由________来控制机床运转；数控机床通过________控制机床运转。

(2) 信息载体也称________，是操作者与________间的________，记录着各种________，以控制机床的________，实施对________的________。常用的载体有________、________和________。

(3) 载体上的各种加工信息，通过________设备进入________。常用的输入设备有________、________等，也可由________上的________直接输入程序。

(4) 机床CNC系统接收来自________或________的________，经运算和处理后，输出________，操纵________完成相应________。

(5) 伺服系统的作用是由它接收________送来的________，转换为________，亦即机床运动件的________。常用的________是________ mm/脉冲和________ mm/脉冲。所以伺服系统的________、________和________对零件的________、________和________影响甚大。

(6) ________是机床的执行部分，由________、________、________和________组成。

(7) 数控机床的辅助系统，主要包括了________（Automatic Tool Changer，ATC）、________（Automatic Pallet Changer，APC）、________、________、________、________、________和________等。它们都由强电（380V或220V）操纵。

(8) ________和________把主轴和工作台的位移量、位移速度等________，并转换成________，反馈给________，与________的相应参数比较，如有________，就发出________，予以________。

(9) 数控机床主传动系统的优点是________、________、________和________。

(10) 数控机床进给传动系统，采用了____________、____________，提高了________，减小了________。

(11) 数控机床都是________，切削速度________，为操作________，采用了________和________。

(12) 数控机床是________，消除了________，所以________，尺寸________，质量________。

(13) 数控机床切削用量________时，加工过程________，不需要________，可连续完成________，减少________，从而提高了________，还改善了________。

(14) 利用数控机床加工，当产品需要改型时，只要调整________和________等，即可加工出新规格的零件。

(15) 按控制系统的功能特点，数控机床可分为：1. ________，2. ________，3. ________ 3类。

(16) 为了快速且精确定位，________机床的刀具先快后慢地趋近________，以保持其________，如数控钻床、数控冲床等。

(17) 为了加工任意曲线、圆弧等，________需严格控制刀具的________，由联动________进行连续的________。这就是________联动CNC数控机床。

(18) 不带________的控制系统，称为________控制系统，其进给部件的移动速度和移动量，取决于驱动________的________和________。

(19) 制订零件加工工艺规程，必需的原始依据，有：①________；②________（产量）；③________；④________等。据此，才能确定________，包括________、________、________、________、________和________等。

(20) 数控车床都有________和________功能，由________和________构成的简单几何形状的工件，须预先计算出工件轮廓各个________的________和________的坐标值，得出各个________的________、________和________的________坐标值，以供编程。

4. 选择题

(1) 题图12-4所示，从点A(140,800)加工到点B(200,170)直线段的绝对坐标程序段为(　　)。

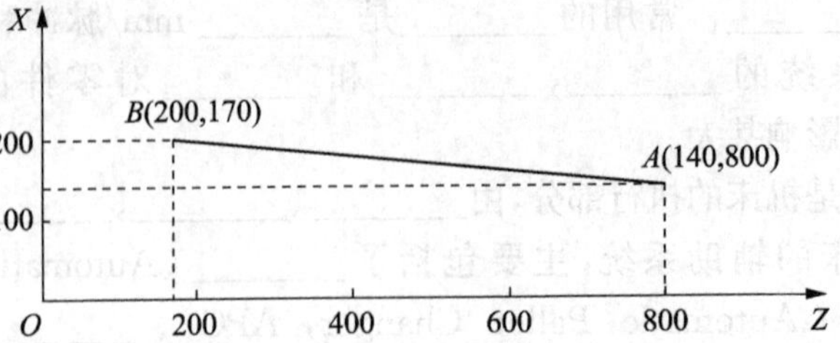

题图 12-4　直线插补指令的应用

1. G90G01X200Z170F50;　　　　　　2. G91G01X60Z-630F50。

(2) 题图 12-5 所示,从点 $A(60,110)$ 快速移动至点 $B(300,750)$,用相对坐标编程,其程序段为(　　)。

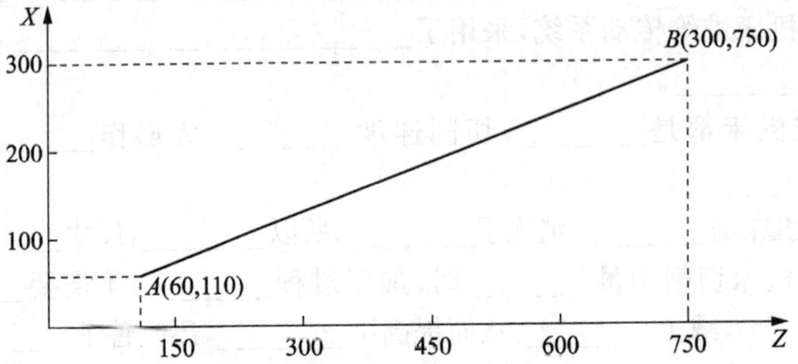

题图 12-5　快速定位指令的应用

1. G90G00X300Z750;　　　　　　2. G91G00X240Y640

(3) 数控机床上,将脉冲信号转换成机床运动部件运动的组成件,称为(　　)。

1. 控制介质;　2. 数控装置;　3. 伺服系统;　4. 机床本体

(4) 数控加工编程时,应用的刀具补偿如下,其中(　　)是错误的。

1. 刀具半径左补偿;　　　　2. 刀具长度补偿;

3. 刀具直径补偿;　　　　　4. 刀具半径右补偿

(5) 一个完整的数控加工程序,由程序起始部分、(　　)和程序结束部分组成。

1. 几个分程序;　2. 一个程序段;　3. 若干个功能指令;　4. 若干个程序段

(6) 一个程序段,由程序段号和若干个(　　)组成。

1. 数字;　　2. 符号;　　3. 语言;　　4. 功能字

(7) 按机标(JB/T)3051—1999 规定,数控机床编程时,采用(　　)规则。

1. 按实际切削运动而定;　　　　2. 按坐标系;

3. 工件相对静止,刀具运动;　　4. 刀具相对静止,工件运动

(8) 数控机床都是取平行于实现切削运动的主轴轴线为(　　),且刀具远离工件的方向为(　　)。

1. X 轴;　　2. Y 轴;　　3. Z 轴;　　4. A 轴;

5. 正方向;　　6. 负方向

(9) 使主轴顺时针方向旋转的指令代码为(　　)。

1. M03;　　2. M04;　　3. M02;　　4. M05

(10) 仅在本程序段有效，下一程序段用到时，还需写上的指令代码，称为(　　)。
1. 模态指令；　2. 续效指令；　3. 非模态指令；　4. 辅助功能指令

(11) 数控机床在进行加工前，必须完成手动回零(回参考点)操作，以建立(　　)。
1. 工件坐标系；2. 机床坐标系；　3. 机械零点；　4. 工件零点

(12) 在(　　)模式下，可由 CNC 操作面板上的键盘把程序输入机床数控装置，所输入的数据在荧屏上可显示出来。
1. 手动数据输入(MDI)；　2. 点动(JOG)；
3. 编辑(EDIT)；　4. 自动(AUTO)

参 考 文 献

[1] 孙以安,鞠鲁粤. 金工实习. 上海:上海交通大学出版社,1999.
[2] 王孝达. 金属工艺学. 北京:高等教育出版社,1997.
[3] 杨森. 金属工艺实习. 北京:机械工业出版社,1997.
[4] 张木青,宋小青. 制造技术基础实践,北京:机械工业出版社,2002.
[5] 王天曦,李鸿儒. 电子技术工艺基础. 北京:清华大学出版社,2000.
[6] 周元兴. 电工与电子技术基础. 北京:机械工业出版社,2002.
[7] 章忠全. 电子技术基础实验及课程设计. 北京:中国电力出版社,1999.
[8] 王兆义. 电工电子技术基础. 北京:高等教育出版社,2003.
[9] 陈定明,冯澜. 电工技术及实训. 北京:机械工业出版社,2002.
[10] 林亨,邓修权. 先进制造系统和管理系统. 北京:高等教育出版社,2002.
[11] 来新民. 质量检测与控制. 北京:高等教育出版社,2002.
[12] 鄂峻峤. 互换性与测量技术基础. 石家庄:河北科学技术出版社,1985.
[13] 谢希德. 当代科技新学科. 重庆:重庆出版社,1993.
[14] G. 萨尔文迪. 现代管理工程手册. 北京:机械工业出版社,1987.
[15] 陈敏恒,等. 化工原理. 北京:化学工业出版社, 1999.
[16] 吴重光. 化工仿真实习指南. 北京:化学工业出版社,1999.